内 燃 机

安士杰　刘振明　赵建华　陈　萍　编著

国防工业出版社
·北京·

内容简介

本书系统地阐述了舰用大功率柴油机的工作原理、结构、使用管理、操纵,以及柴油机的性能分析和计算方法。在内容上以原理为主线,围绕基本概念、基本理论、基本操纵使用方法进行阐述和分析。全书内容紧密联系实际,紧密结合内燃机高新技术,力求做到理论与实践相结合,讲述深入浅出,图文并茂,通俗易懂,既可作为本科学生的专业教材,又可作为行业专业人员的参考书。

图书在版编目(CIP)数据

内燃机/安士杰等编著. —北京:国防工业出版社,2022.11
ISBN 978-7-118-12557-3

Ⅰ.①内… Ⅱ.①安… Ⅲ.①内燃机 Ⅳ.①TK4

中国版本图书馆 CIP 数据核字(2022)第 193884 号

※

国防工业出版社出版发行

(北京市海淀区紫竹院南路23号 邮政编码100048)
三河市天利华印刷装订有限公司印刷
新华书店经售

*

开本 787×1092 1/16 印张 24¼ 字数 538 千字
2022 年 11 月第 1 版第 1 次印刷 印数 1—3000 册 定价 92.00 元

(本书如有印装错误,我社负责调换)

国防书店:(010)88540777　　书店传真:(010)88540776
发行业务:(010)88540717　　发行传真:(010)88540762

前　言

本书是以高速大功率柴油机为主体,将内燃机原理、结构、测试、强度分析有机结合为一体的综合性教材。

本书旨在打牢基础、拓宽专长、介绍本专业的高新技术,在内容上着重从基本概念、基本理论、基本操纵使用进行阐述和分析,力求做到有深度、有广度,使学生学习之后,对内燃机有比较深入的理解。

本书涵盖的信息量大,各章间既相互联系,又基本独立。在编写过程中,紧紧抓住原理这条主线,紧密结合实际装备,着重培养学生分析问题和解决问题的能力。

本书共10章,第1、10章由安士杰教授编写,第2、3章由安士杰教授、聂涛讲师编写,第4、5章由赵建华副教授、王银讲师编写,第6、7章由刘振明副教授、吴昕讲师编写,第8章、第9章由陈萍副教授、周磊讲师编写。全书由安士杰教授统稿,限于编者的学识经验,书中难免存在一些问题,恳请使用者提出宝贵意见。

作　者
2022年1月

目 录

第1章 绪论 ··· 1

1.1 柴油机基本概念 ·· 1
1.1.1 柴油机的定义 ·· 1
1.1.2 柴油机基本结构及参数 ·· 2
1.1.3 柴油机工作原理 ·· 4

1.2 柴油机工作循环 ·· 9
1.2.1 柴油机理想循环 ·· 10
1.2.2 柴油机实际循环 ·· 12

1.3 柴油机的主要性能指标 ··· 18
1.3.1 指示参数 ··· 18
1.3.2 有效参数及机械效率 ·· 20
1.3.3 其他性能指标 ··· 24

1.4 柴油机的分类和发展 ··· 26
1.4.1 柴油机的分类 ··· 26
1.4.2 柴油机的发展 ··· 29
1.4.3 现代柴油机的结构特点 ··· 30
1.4.4 现代柴油机提高经济性的主要途径 ···························· 31

思考题 ·· 32

第2章 柴油机主体机件 ··· 33

2.1 燃烧室组件 ··· 33
2.1.1 工作条件及要求 ·· 33
2.1.2 气缸 ··· 34
2.1.3 活塞组件 ··· 40
2.1.4 气缸盖 ·· 51

2.2 动力传递组件 ·· 53
2.2.1 连杆 ··· 53
2.2.2 曲轴 ··· 61

2.3 机体及主轴承 ·· 67
2.3.1 机体 ··· 67
2.3.2 主轴承 ·· 69

思考题 ·· 72

第3章 柴油机换气 … 73

3.1 换气系统结构 … 73
3.1.1 气门机构 … 74
3.1.2 凸轮机构 … 79
3.1.3 传动装置 … 81

3.2 柴油机换气过程 … 85
3.2.1 四冲程柴油机的换气过程 … 85
3.2.2 二冲程柴油机的换气过程 … 89

3.3 评定柴油机换气质量的指标参数 … 92
3.3.1 残余废气系数与扫气效率 … 93
3.3.2 充量系数 … 93
3.3.3 扫气系数与给气比 … 94
3.3.4 泵气功与泵气损失 … 95

3.4 影响换气质量的因素 … 97
3.4.1 充量系数分析 … 98
3.4.2 影响ϕ_c的因素分析 … 98

3.5 电控换气系统 … 101
3.5.1 可变配气系统在柴油机上的应用 … 102
3.5.2 可变配气系统的结构和工作原理 … 102

思考题 … 105

第4章 可燃混合气形成及燃烧 … 106

4.1 可燃混合气形成概述 … 106

4.2 柴油机燃油系统 … 107
4.2.1 高压燃油喷射系统 … 108
4.2.2 低压输送系统 … 117
4.2.3 电控燃油喷射系统 … 119

4.3 燃油喷射及雾化 … 121
4.3.1 喷油压力的建立及变化 … 121
4.3.2 喷油规律 … 124
4.3.3 燃油的雾化和分布 … 128
4.3.4 不正常喷射及其消除 … 131
4.3.5 气体运动与燃烧室 … 132

4.4 柴油机燃烧过程 … 139
4.4.1 柴油机的燃烧机理 … 139
4.4.2 柴油机燃烧过程及要求 … 141
4.4.3 燃烧过程参数及其测量 … 143

4.5 改善柴油机燃烧的基本途径 … 146
4.5.1 影响柴油机燃烧的主要因素 … 146

  4.5.2　改善柴油机燃烧的基本途径 149
 4.6　柴油机排放简介 151
  4.6.1　柴油机排放物生成机理及影响因素 151
  4.6.2　柴油机排放控制 157
  4.6.3　柴油机的排放标准 159
  4.6.4　烟度测量及烟气分析 160
 思考题 163

第5章　柴油机增压 164

 5.1　增压原理 164
  5.1.1　增压的目的 164
  5.1.2　增压方式 164
  5.1.3　废气能量的利用 166
 5.2　柴油机的涡轮增压系统 169
  5.2.1　定压系统 169
  5.2.2　脉冲系统 170
  5.2.3　脉冲转换器、多脉冲系统及MPC系统 173
 5.3　涡轮增压器 175
  5.3.1　离心式压气机 175
  5.3.2　废气涡轮 185
  5.3.3　柴油机涡轮增压器实例 197
 5.4　涡轮增压器与柴油机的匹配 199
  5.4.1　柴油机的通流特性 199
  5.4.2　柴油机和增压器的配合 202
  5.4.3　涡轮增压柴油机的运行特点及改善措施 209
 5.5　高增压及新型增压系统 213
  5.5.1　二级涡轮增压系统 214
  5.5.2　补燃增压系统（Hyperbar增压系统） 215
  5.5.3　低温高增压系统（Miller循环） 216
  5.5.4　带动力涡轮的增压系统 217
 思考题 218

第6章　润滑、冷却系统 220

 6.1　润滑系统 220
  6.1.1　润滑的作用及方法 220
  6.1.2　润滑系统的组成及分类 221
  6.1.3　润滑系统的主要部件 223
 6.2　冷却系统 228
  6.2.1　冷却系统组成及形式 229
  6.2.2　冷却系统的主要部件 232

思考题 ··· 236

第7章 柴油机操纵与控制 ··· 237

7.1 启动系统 ··· 237
7.1.1 电启动 ··· 237
7.1.2 空气启动 ··· 240
7.1.3 保证可靠启动的措施 ··· 244

7.2 柴油机的调速 ··· 247
7.2.1 调速器作用及分类 ··· 247
7.2.2 调速器性能 ··· 249
7.2.3 典型调速器 ··· 252

7.3 柴油机换向 ··· 257
7.3.1 概述 ··· 257
7.3.2 双凸轮换向 ··· 258
7.3.3 单凸轮换向 ··· 260

7.4 操纵系统 ··· 262
7.4.1 概述 ··· 262
7.4.2 典型操纵系统 ··· 263

思考题 ··· 268

第8章 柴油机特性 ··· 269

8.1 概述 ··· 269

8.2 柴油机的负荷特性与万有特性 ··· 270
8.2.1 柴油机的负荷特性 ··· 270
8.2.2 柴油机万有特性 ··· 274

8.3 柴油机的速度特性 ··· 276
8.3.1 概述 ··· 276
8.3.2 性能指标变化规律 ··· 277
8.3.3 速度特性的实用意义 ··· 281

8.4 柴油机的推进特性 ··· 282
8.4.1 推进特性性能指标变化规律 ··· 282
8.4.2 对几个管理问题的分析 ··· 285

8.5 柴油机的功率标定及许用工作范围 ··· 286
8.5.1 柴油机功率的标定 ··· 286
8.5.2 柴油机许用工作范围 ··· 287

思考题 ··· 291

第9章 柴油机使用管理及故障分析 ··· 292

9.1 柴油机使用管理 ··· 292
9.1.1 柴油机的启动 ··· 292

        9.1.2 柴油机运转中的管理 ··· 294
        9.1.3 柴油机停车 ··· 298
   9.2 柴油机故障分析及排除 ·· 299
        9.2.1 概述 ··· 299
        9.2.2 柴油机故障分析方法 ·· 304
   9.3 柴油机的维护保养 ··· 312
        9.3.1 概述 ··· 312
        9.3.2 船舶柴油机的维护保养制度 ·· 313
        9.3.3 典型柴油机维护保养要求 ·· 314
   思考题 ·· 329

第10章 柴油机动力学及热力学分析 ·· 330
   10.1 曲柄－连杆机构的运动学和动力学 ······································· 330
        10.1.1 活塞的位移、速度、加速度 ······································ 331
        10.1.2 曲柄－连杆机构的往复惯性力和离心惯性力 ················· 333
        10.1.3 曲柄－连杆机构的作用力分析与动力学计算 ················· 335
   10.2 柴油机平衡性计算和平衡方法 ·· 339
        10.2.1 单缸柴油机振动力源分析及平衡 ································· 339
        10.2.2 直列式多缸柴油机振动力 ··· 343
        10.2.3 直列式多缸柴油机平衡 ·· 349
        10.2.4 V型发动机振动力源与直列式发动机振动力源的主要区别 ··· 353
   10.3 柴油机循环参数分析 ·· 353
        10.3.1 柴油机热平衡分析 ·· 353
        10.3.2 柴油机机械损失与机械效率分析 ································· 356
        10.3.3 柴油机指示效率分析 ··· 359
        10.3.4 对平均指示压力的分析 ·· 362
   10.4 柴油机近似热力计算 ·· 364
        10.4.1 燃料热化学计算 ··· 364
        10.4.2 过程参数估算 ·· 366
        10.4.3 四冲程柴油机实际近似 $p-V$ 示功图的绘制 ·················· 373
        10.4.4 平均指示压力 p_{mi} 和指示热效率 η_{it} 的计算 ········ 373
   思考题 ·· 374

参考文献 ·· 375

第1章 绪　　论

内燃机的基本特征是燃料在它的气缸①内部燃烧释放出热能,直接以燃气为工质推动气缸内的活塞做功。活塞所做的机械功经曲柄连杆机构汇集,经曲轴以回转运动形式带动耗功机械(如螺旋桨、发电机等)。本书所指的内燃机只限于柴油机。

柴油机由于在各种动力机械中热效率最高,功率范围宽广,启动迅速、维修方便,运行安全,使用寿命较长,因而得到广泛应用,在国民经济和国防建设中处于重要地位。特别在船舶方面,柴油机作为主机和辅机更是占统治地位。

海军轻型水面船舶除部分使用燃气轮机或柴油机与燃气轮机联合装置作为动力装置外,大多数以柴油机作为动力装置。这些舰艇有猎潜艇、扫雷艇、巡逻艇、炮艇、鱼雷快艇、导弹快艇、登陆舰及辅助舰等。近年来,大型水面舰艇有逐渐采用燃气轮机作为主机的趋势,但有些护卫舰、驱逐舰仍以柴油机或柴油机与燃气轮机联合装置作为动力装置。除核动力装置外,所有常规潜艇都以柴油机作为主机。

1.1　柴油机基本概念

1.1.1　柴油机的定义

1. 热机

热机是把热能转换成机械能的动力机械,它的基本工作原理是燃料在一个特设的装置中燃烧,将化学能转变为热能以加热工质,然后将这种具有热能的工质导入发动机,把工质的热能转变为机械能。显然,在热机的工作过程中进行两次能量转换,即将燃料的化学能转变为热能,再将热能转变为机械能。根据燃料燃烧场所的不同,热机又可分为外燃机和内燃机两大类。柴油机、汽油机、燃气轮机及蒸汽机是热机中较典型的机型。

2. 外燃机与内燃机

在外燃机(如蒸汽机)中,燃料的燃烧发生在机器外部特设的锅炉中,燃料燃烧时化学能转变为燃烧产物的热能,并将此热能通过锅炉壁传给水,使水变成水蒸气,再将水蒸气引入汽轮机内,膨胀做功,使水蒸气的热能转变为机械能推动机械运动。在蒸汽机中推动机械做功的工质为水蒸气,在燃气和水的热传递过程中存在着较大能量损失,因此外燃机的热效率相对较低。往复式蒸汽机和蒸汽轮机都属于外燃机。

在内燃机中,燃料的燃烧是在机器内部进行的,燃烧产生的化学能转变为燃烧产物的热能,燃烧产物膨胀直接推动机械运动做功,燃烧产物(燃气)就是做功的工质。两次能量的转换过程均发生在内燃机内部。由于采用内部燃烧,从能量转换角度看,内燃机能量损失小,具有较高的热效率。另外,由于内燃机不需要庞大的外围锅炉设备,在尺寸和重量等方面比外燃

---

① 柴油机用"气缸",蒸汽机用"汽缸"。

机具有优越性,因而在与外燃机的竞争中处于有利地位。内燃机按运转方式的不同可分为往复式内燃机和回转式内燃机,按使用燃料的不同可分为柴油机、汽油机和煤气机等。

柴油机和汽油机均属于往复式内燃机,它们都具有内燃机的基本优点,但又具有各自的工作特点。因而,它们在工作原理、经济性以及使用范围上均有差异,表1-1为柴油机与汽油机的比较。

由此可以看出,柴油机是一种压缩发火的往复式内燃机。柴油机与其他热机相比,除热效率高外,还具有如下优点:

(1) 功率范围广。单机功率为1~68000kW,因此其应用领域十分广泛。

(2) 机动性好。柴油机正常启动只需3~5s的时间,并能很快达到全功率,有宽广的转速负荷调节范围,并可直接反转,操作简便,能适应船舶航行的各种要求。

(3) 尺寸小和重量轻。柴油机属于内燃机,不需要锅炉等大型的外围附属设备,适合于在交通运输等动力装置中应用,特别对于船舶,有利于机舱的布置。

基于上述优点,内燃动力在民用及中小型军用船舶中获得广泛应用。

当然,柴油机也有一些缺点,主要有以下几点:

(1) 柴油机的振动与噪声较大,存在机身振动、轴系扭转振动和噪声。

(2) 柴油机气缸内气体压力的变化剧烈,并产生周期性变化的冲击和振动,使受力机件产生较大的机械应力和疲劳裂纹,甚至出现故障和破损。

(3) 燃烧室组件直接受到高温高压燃气的作用,工作条件恶劣,机件受到热应力的作用,使强度下降,直接影响到柴油机的可靠性和寿命。

表1-1 柴油机与汽油机的比较

	柴油机	汽油机
燃料(燃烧工质)	柴油或劣质燃油	汽油
点火方式	压缩自行燃烧	电火花塞点燃
混合气形成方式	气缸内混合	气缸外混合
压缩比	12~22	6~10
有效热效率	0.30~0.55	0.15~0.40

1.1.2 柴油机基本结构及参数

1.1.2.1 柴油机基本结构

柴油机主要由固定部件、运动部件以及辅助系统组成。其主要部件如图1-1所示。

1. 固定部件

固定部件主要包括机座、机体、气缸盖、气缸套和主轴承等。固定部件构成柴油机主体,用于支承运动部件并由气缸盖、气缸套与活塞组件组成燃烧室。

2. 运动部件

运动部件主要包括活塞组件、连杆组件和曲轴组件等。它们构成曲柄连杆机构,使活塞的往复运动转换为曲轴的回转运动,实现热能向机械能的转换。

3. 辅助系统

柴油机辅助系统有换气系统(由配气机构的气门组件、气门传动组件、凸轮轴及其传动机构和进、排气管道等组成)、燃油系统(由低压输送系统的日用油柜、燃油滤清器和输送泵等以

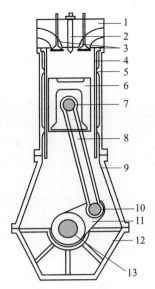

1—气缸盖；2—喷油器；3—气门；4—气缸套；5—机体；6—活塞；7—活塞销；
8—连杆；9—机架；10—曲柄销；11—曲柄；12—机座；13—曲轴。

图 1-1 柴油机主要部件

及高压喷射系统的喷油泵、高压油管及喷油器等组成)、冷却系统、润滑系统以及启动、换向和调速等系统。

柴油机的基本结构可以使进入气缸的新鲜空气被压缩以提高温度和压力，并以压缩点火方式使喷射进入气缸的燃料燃烧，所产生的高温高压工质在气缸中膨胀，推动活塞运动，再通过曲柄连杆机构转变为曲轴的回转运动，从而带动工作机械，最后还可将气缸内的废气排出，再吸入新鲜空气，进行下一个工作循环。

1.1.2.2 柴油机基本结构参数

柴油机的基本结构参数如图 1-2 所示，主要包括：

(1) 上止点(TDC)：活塞在气缸中运行的最高位置，也就是活塞离曲轴中心线最远的位置。

(2) 下止点(BDC)：活塞在气缸中运行的最低位置，也就是活塞离曲轴中心线最近的位置。

(3) 曲柄半径 R：曲轴的曲柄销中心线与主轴颈中心线的距离。

(4) 活塞行程 S：活塞从上止点运行到下止点间的直线距离，简称行程。它等于曲轴曲柄半径 R 的 2 倍。活塞运行一个行程时曲轴转动 180°。

(5) 气缸直径 D：气缸的内径，简称缸径。

(6) 行程缸径比 S/D：活塞行程 S 与气缸直径 D 的比值。

(7) 余隙高度 h_c：活塞在上止点时活塞的最高顶面与气缸盖底平面之间的垂直距离。

(8) 压缩容积 V_c：活塞在气缸内位于上止点时，在活塞顶上方的全部空间容积，也称为燃烧室容积。

(9) 气缸工作容积 V_s：活塞在气缸中从上止点运行到下止点时所扫过的容积，则

$$V_s = \frac{\pi}{4} D^2 S \tag{1-1}$$

(10) 气缸总容积 V_a：活塞在气缸内位于下止点时，活塞顶以上的气缸全部容积，则

$$V_a = V_s + V_c \tag{1-2}$$

(11) 压缩比 ε_c：气缸总容积 V_a 与压缩容积 V_c 之比，也为几何压缩比，即

$$\varepsilon_c = \frac{V_a}{V_c} = \frac{V_s + V_c}{V_c} = 1 + \frac{V_s}{V_c} \tag{1-3}$$

目前，柴油机的压缩比 ε_c 一般为 12~22，中、高速机的压缩比高于低速机的压缩比。

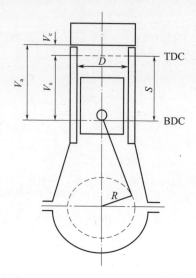

图 1-2 柴油机基本结构参数

1.1.3 柴油机工作原理

1.1.3.1 四冲程柴油机工作原理

根据柴油机的工作特点，燃油在柴油机气缸中燃烧做功必须通过进气、压缩、燃烧膨胀和排气四个过程。包括上述四个过程的全部热力循环过程称为柴油机工作过程，包括上述四个过程的周而复始的循环称为工作循环。对往复式柴油机可用 $p-V$ 示功图清楚地描绘其工作循环中各过程的进行情况。现将每一工作循环按活塞行程分为如图 1-3 所示的四个阶段。

1. 进气冲程

活塞从上止点下行，进气门 a 已打开。由于活塞下行的抽吸作用，新鲜空气充入气缸。为了能充入更多的空气，进气门一般在上止点前提前开启（曲柄位于点1），在下止点后延迟关闭（曲柄位于点2），进气门开启的延续角度 φ_{1-2}（图中阴影线部分）为 220°~250°。

2. 压缩冲程

活塞从下止点向上运动，自进气门 a 关闭（曲柄到达点2）开始压缩，一直到活塞到达上止点（曲柄到达点3）为止。第一行程吸入的新鲜空气经压缩后，压力增高到 3~6MPa，温度升至 600~700℃（燃油的自燃温度为 210~270℃）。将压缩终点时的压力和温度分别用符号 p_c 和 t_c 表示。在压缩过程的后期由喷油器 c 喷入气缸的燃油与高温空气混合、加热，并自行发火燃烧。曲轴转角 φ_{2-3} 表示压缩过程，为 140°~160°。

3. 燃烧膨胀冲程

活塞在上止点附近，由于燃油猛烈燃烧，使气缸内的压力和温度急剧升高，压力达 8~15MPa，甚至 20MPa 以上，温度为 1400~1800℃ 或更高些。将燃烧产生的最高压力称为最高

爆发压力,简称爆压,用 p_{max} 表示。高温高压的燃气(工质)膨胀推动活塞下行而做功。由于气缸容积逐渐增大使压力下降,在上止点后的某一时刻(曲柄位于点4)燃烧基本结束,此时温度接近最高点。膨胀一直到排气门 b 开启时结束。与进气门相同,排气门 b 总是在活塞到达下止点前提早开启(曲柄位于点5),曲轴转角 φ_{3-4-5} 表示燃烧和膨胀过程。

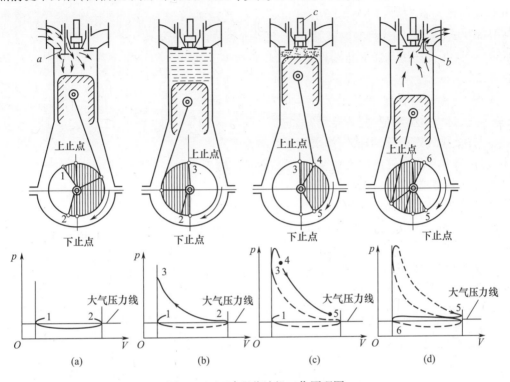

图1-3 四冲程柴油机工作原理图
(a)第一冲程——进气;(b)第二冲程——压缩;(c)第三冲程——燃烧与膨胀;(d)第四冲程——排气。

4. 排气冲程

在上一冲程末,排气门 b 开启时,活塞尚在下行,废气靠气缸内外压力差经排气门排出。

当活塞越过下止点开始上行时,活塞将废气推出,排气门一直延迟到活塞越过上止点后(曲柄位于点6)才关闭。排气过程用曲轴转角 φ_{5-6} 表示,为 $230°\sim 260°$。

在上止点之前,排气门还没有关闭,进气门再次打开,又重复第一冲程,开始第二个工作循环,以维持柴油机的持续稳定运转。虽然进气门在上止点之前1点打开,但由于此时气缸内的气体压力仍高于外界大气压力,气缸内无法进气,只有当气缸内气体压力降低到等于或低于外界大气压力时,气缸才开始进气。由此可见,四冲程非增压柴油机的实际进气始点不是在上止点前而是在上止点后的某一时刻。进、排气门在上、下止点前后开启或关闭的时刻称为气门定时(同样喷油器开启的时刻称为喷油定时)。气门定时通常用相应的上、下止点间的曲柄转角来表示。将柴油机的工作过程按曲柄所在位置及旋转角度依次表示定时的圆图称为定时图,如图1-4所示。

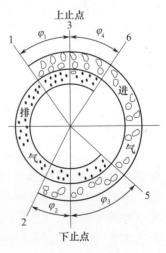

图1-4 气门定时图

由图1-4可见,为了提高进排气量,进、排气门的开启和关闭均不在上、下止点,而是提前开启、延后关闭,进气门在点1开启、点2关闭,排气门在点5开启、点6关闭。进气门开启瞬时,曲柄位置与上止点之间的曲轴转角称为进气门开启提前角,见图中的 φ_1;进气门关闭瞬时,曲柄位置与下止点之间的曲轴转角称为进气门关闭延后角,见图中的 φ_2;依此类推,排气门开启提前角为 φ_3,排气门关闭延后角为 φ_4。进气持续角为 $\varphi_1 + 180° + \varphi_2$,排气持续角为 $\varphi_3 + 180° + \varphi_4$,显然,四冲程柴油机的进、排气行程所占曲轴转角均大于180°,换气总曲轴转角为450°~500°,而压缩与膨胀行程所占曲轴转角均小于180°。凸轮作用角为相应各过程持续角的1/2。

由图1-4还可看到,在上止点前后的一段曲轴转角内,进、排气门有一个同时打开的角度,称为进、排气重叠角(气门重叠角)。它等于进气提前角+排气滞后角,即 $\varphi_1 + \varphi_4$。由于此时气缸与进、排气管相通,当排气按惯性流动将近停止时,因新鲜空气充入气缸,继续将废气清扫出气缸,有利于将气缸内的废气彻底清除,故常称之为"燃烧室扫气"。此时,由于进入气缸的新鲜空气温度较低,当它扫过时可以降低柴油机燃烧室组件的热负荷。当然,这时不可避免地会有部分新鲜空气从排气门流失而降低空气利用率。增压柴油机因气缸热负荷大,常采用加大气门重叠角的办法,以改善柴油机机件的工作条件、延长柴油机承受高温部件的工作寿命。

气门定时不仅取决于柴油机类型、转速、进、排气门凸轮的形状,在实际运转中还由于磨损、间隙以及振动等而发生改变,柴油机使用管理人员必须定期进行测量和调整。柴油机气门正时和气门重叠角的一般范围列于表1-2。

表1-2 四冲程柴油机气门正时和气门重叠角

名称	非增压		增压	
	开启	关闭	开启	关闭
进气门	上止点前:15°~30°	下止点前:10°~30°	上止点前:40°~80°	下止点前:20°~40°
排气门	下止点前:35°~45°	上止点前:35°~45°	下止点前:40°~50°	上止点前:40°~50°
重叠角	25°~50°		80°~130°	

1.1.3.2 二冲程柴油机工作原理

二冲程柴油机把进气、压缩、燃烧、膨胀、排气过程紧缩在活塞的两个活塞行程内完成,使曲轴仅旋转一周就完成一个工作循环,如图1-5所示。

二冲程柴油机与四冲程柴油机不同,其气缸上设有气口,图1-5中气缸右侧为排气口,左侧为进气口。排气口比进气口略高,进、排气口的开关均由活塞控制。此外,二冲程柴油机设有扫气泵,扫气泵预先将空气压缩并送入扫气箱中,扫气箱中的空气压力(扫气压力)要比大气压力高。

1. 换气—压缩冲程

活塞由下止点向上运动。在活塞遮住进气口之前,新鲜空气通过进气口充入气缸,并将气缸内的废气经排气口排出。当活塞上行到将进气口全部遮闭时(点1),新鲜空气就停进入气缸。当排气口被活塞遮闭后(点2),气缸内的空气就被上行的活塞压缩,压力和温度也随之升高。在活塞到达上止点前的某一时刻(点2′),柴油经喷油器喷入气缸,并与高温高压空气混合后着火燃烧。在这一行程中,进行了换气(曲线0-1-2)、压缩(曲线2-3)和喷油着火燃烧过程。

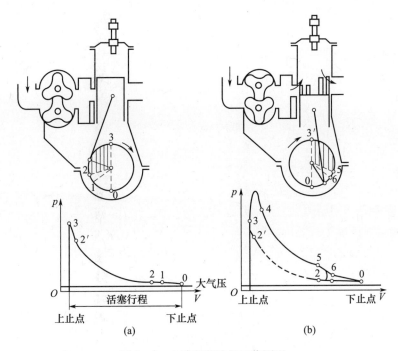

图1-5 二冲程柴油机工作原理
(a)换气—压缩行程;(b)膨胀—换气行程。

2. 膨胀—换气冲程

活塞由上止点向下运动。在此行程的初期,燃烧仍在继续猛烈地进行,到点4才基本结束。高温高压的燃气膨胀推动活塞下行做功。当活塞下行将排气口打开时(点5),由于此时气缸内燃气的压力和温度仍较高,分别为0.5~0.6MPa和600~800℃,因而气缸内燃气借助于气缸内外的压差经排气口高速排出,气缸内的压力也随之下降,当气缸内压力下降到接近扫气压力时,下行的活塞将进气口打开。新鲜空气便通过进气口充入气缸,清扫废气,将气缸内的废气经排气口排出。这个过程一直延续到下一个循环活塞再次上行将进气口关闭时为止。

在这一冲程中,进行了燃烧与膨胀(曲线3-4-5)、排气(曲线5-6)和部分扫气(曲线6-0)过程。

通常情况下,二冲程柴油机的燃烧和膨胀冲程占90°~120°曲轴转角,换气过程占130°~150°曲轴转角,压缩冲程约占120°曲轴转角。

图1-6为ESDZ43/82B型二冲程柴油机正时图。由图可见,二冲程柴油机是将进气和排气过程合并到压缩与膨胀冲程中进行,从而省略两个冲程。在换气过程中,活塞不做有效功,这部分活塞冲程容积 ΔV_s 称为损失容积(即进、排气口(阀)全部关闭瞬时的气缸容积)。换气过程气缸工作容积损失的多少用损失容积 ΔV_s 与几何工作容积 V_s 的比值表示,称为冲程损失系数,即

$$\psi_s = \frac{\Delta V_s}{V_s} \tag{1-4}$$

实际压缩过程始点2的气缸容积为

$$V_a' = V_s + V_c - \Delta V_s = V_s(1 - \psi_s) + V_c \tag{1-5}$$

对于二冲程柴油机,其实际压缩比(有效压缩比)为

$$\varepsilon_{ce} = \frac{V_a'}{V_c} = \frac{V_s(1-\psi_s) + V_c}{V_c} = \frac{V_s}{V_c}(1-\psi_s) + 1 \quad (1-6)$$

故实际压缩比与几何压缩比之间存在下列关系：

$$\varepsilon_{ce} = (\varepsilon_c - 1)(1-\psi_s) + 1 = \varepsilon_c(1-\psi_s) + \psi_s \quad (1-7)$$

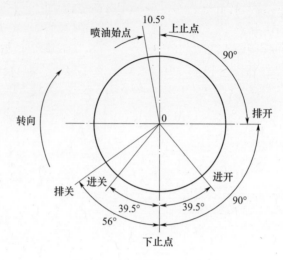

图 1-6 二冲程柴油机正时图

从四冲程柴油机和二冲程柴油机的基本工作原理出发，可以得到以下结论：

(1) 二冲程由于换气时间短(换气角度仅为四冲程柴油机的 1/3 左右)、新旧气体易掺混，所以二冲程柴油机换气质量较四冲程柴油机差，耗气量也较大。

(2) 二冲程柴油机曲轴转一圈就有一个工作冲程，因而在相同工作条件下它的回转要比四冲程柴油机均匀，飞轮尺寸小，输出功率较四冲程柴油机大。但是，由于做功频繁，燃烧室组件的热负荷比四冲程的高，并给高增压带来困难。

(3) 在相同转速和功率条件下，二冲程柴油机的尺寸和质量比四冲程柴油机小。

(4) 对于两台气缸尺寸及转速相同的非增压柴油机，理论上二冲程柴油机的做功能力为四冲程柴油机的 2 倍。但是，由于二冲程柴油机存在冲程损失容积，使有效膨胀行程缩短，再加上换气质量差及扫气泵消耗曲轴的有效功，使得二冲程柴油机的功率仅为四冲程柴油机的 1.6~1.7 倍。

(5) 在相同转速下，由于二冲程柴油机每一转供油一次，凸轮轴转速高，因此喷油泵工作热负荷较高，喷油嘴热负荷也较高，容易引起喷孔堵塞。

1.1.3.3 增压柴油机的工作特点

提高柴油机的进气压力，可使进气的密度增加，从而在同样的气缸容积中充进更多的空气，以便喷入更多的燃油，做更多的功。这种用增加进气压力来提高柴油机功率的方法称为"增压"。增压是提高柴油机功率的主要途径之一。

预先对新鲜空气进行压缩的压气机，可以由柴油机的曲轴通过齿轮等机械驱动，这种增压方式称为机械增压。也可由柴油机气缸排出的废气的能量在涡轮机中膨胀做功，由涡轮机来驱动，称为废气涡轮增压。采用机械增压方法后，在保持柴油机原结构尺寸的情况下，虽然功率得到提高，但由于增压器要消耗曲轴的有效输出功，使柴油机经济性的提高受到了限制，效率较低，故目前已较少采用。废气涡轮增压既能提高柴油机平均有效压力 p_{me} 和有效功率 P^d，同时又可利用废气能量，降低油耗率，提高柴油机的经济性，是一种最好的柴油机增压方式。

图 1-7 为一种具有废气涡轮增压的二冲程柴油机工作原理图。新鲜空气经入口 f 进入离心式压气机 e,经压气机压缩后压力和温度升高,然后由连接管经冷却器 g 冷却后进入进气总管 h 和扫气箱 i,当活塞打开气缸下部的扫气口 a 时被压缩的新鲜空气进入气缸。而废气则通过气缸盖上的排气门 b 排出,经入口 j 进入废气涡轮机 d,废气涡轮从废气中获得能量而带动压气机高速回转。新鲜空气在气缸内工作循环的各主要过程——压缩、燃烧和膨胀的进行情况与非增压柴油机一样,只是由于采取了增压,使各过程的压力和温度有所增高。至于换气过程,则与非增压的二冲程柴油机相似。由于排气门置于气缸盖中央,在排气门两侧斜装两个喷油器 c。四冲程增压柴油机的工作原理和二冲程基本相同。

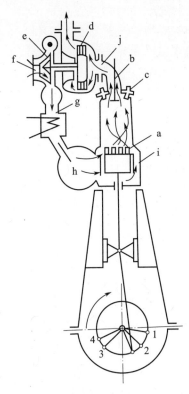

a—扫气口；b—排气门；c—喷油器；d—废气涡轮机；e—离心式压气机；
f—入口；g—冷却器；h—进气总管；i—扫气箱；j—入口。

图 1-7 废发涡轮增压二冲程柴油机

1.2 柴油机工作循环

柴油机气缸内的热力循环由进气、压缩、燃烧膨胀和排气过程组成。这些过程都是非常复杂的不可逆过程,其工质在质和量上都有变化,而且存在着向冷源散热的损失、换热损失、流阻损失、不完全燃烧损失、不及时燃烧损失和漏气损失等。为了抓住实质,揭露主要矛盾,便于计算分析,把柴油机工作过程理想化和抽象化,只考虑向冷源散热,而不考虑其他损失,也就是从热力学角度去分析柴油机的循环过程。这种简化了的柴油机循环通常称为柴油机的理想循环。

利用对柴油机理想循环的探讨,便于求得柴油机对于热量的最大理论利用率,评定其工作循环热力过程不完善的程度,找出提高其做功能力和经济性的途径。

柴油机的理想循环建立在以下假定的基础上:

(1) 在整个循环内,工质为理想气体,比热容不随温度而变化,化学成分也不改变,由外界热源向工质加热代替燃油燃烧供热。

(2) 压缩和膨胀过程按等熵过程进行,因此不考虑热交换、摩擦、流动阻力等损失;其他热力过程也都是可逆过程。

(3) 循环是封闭的,周而复始,不更换工质,工质的数量保持不变,在循环中没有进、排气过程,也无泄漏损失。

(4) 采用工质向外界冷源放热代替废气排出时所带走的热量。

理想循环中假定的理想气体是不存在的,因此在理想循环的计算中常用室温下的干燥空气作为近似的理想气体,其绝热指数 $k=1.4$,并假定此值在膨胀和压缩过程中不发生变化。在英、美的书籍中常把理想循环称为空气标准循环。

1.2.1 柴油机理想循环

图 1-8 是柴油机理想混合加热循环的 $p-V$ 图和 $T-S$ 图。在这个循环中,工质由初始点 a 经过绝热压缩到 c 点,然后由热源在定容条件下加热到 y 点,继而在定压条件下加热到 z 点,加入的热量依次分别为 Q_1'、Q_1'',总加热量 Q_1 为 Q_1'、Q_1'' 之和;然后工质再绝热膨胀到 b 点;最后沿定容线 bf 放出热量 Q_2',沿定压线 fa 放出热量 Q_2'',总放热量 Q_2 为 Q_2'、Q_2'' 之和,放热后,工质又回到 a 点。

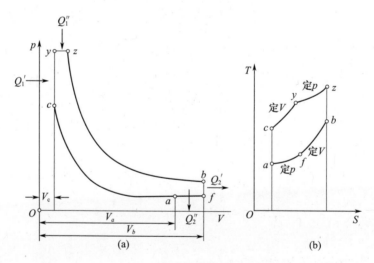

图 1-8 柴油机的理想循环简图

在极端情况下,全部加热量 Q_1 可能仅在定容 ($Q_1 = Q_1'$) 或定压 ($Q_1 = Q_1''$) 下加入,为定容加热循环和定压加热循环。

为了表征循环的特性,下面建立循环中各过程参数间的相互关系,以揭示各循环间的共同本质及其差异。

循环最高压力 p_z 与压缩终点压力 p_c 的比值称为压力升高比,即

$$\lambda = \frac{p_z}{p_c} \tag{1-8}$$

加热终点的容积 V_z 与压缩终点的容积 V_c 的比值称为初膨胀比,即

$$\rho = \frac{V_z}{V_c} \qquad (1-9)$$

膨胀终点的容积 V_b 与加热终点的容积 V_z 的比值称为后膨胀比,即

$$\delta = \frac{V_b}{V_z} \qquad (1-10)$$

膨胀终点的容积 V_b 与压缩始点的容积 V_a 的比值称为气缸容积变化比,即

$$\psi = \frac{V_b}{V_a} \qquad (1-11)$$

参数 ε、ρ 和 δ、ψ 存在下列关系:

$$\rho\delta = \frac{V_z}{V_c} \cdot \frac{V_b}{V_z} = \frac{V_b}{V_c} = \frac{V_a}{V_c} \cdot \frac{V_b}{V_a} = \varepsilon\psi \qquad (1-12)$$

循环的热效率是用来评定循环过程完善程度的指标。热效率为转变为循环功的热量 W_t 对循环中加进的全部热量 Q_1 的比值,即

$$\eta_t = \frac{W_t}{Q_1} = \frac{Q_1 - Q_2}{Q_1} = 1 - \frac{Q_2}{Q_1} = 1 - \frac{Q_2' + Q_2''}{Q_1' + Q_1''} \qquad (1-13)$$

将图 1-7 所示循环中加入及放出的热量用比热容及各特征点的温度表示,可得

$$Q_1' + Q_1'' = c_V(T_y - T_c) + c_p(T_z - T_y)$$

$$Q_2' + Q_2'' = c_V(T_b - T_f) + c_p(T_f - T_a)$$

式中: c_V 为工质的定容比热容; c_p 为工质的定压比热容。

将上式代入式(1-13),可得

$$\eta_t = 1 - \frac{T_b - T_f + k(T_f - T_a)}{T_y - T_a + k(T_z - T_y)} \qquad (1-14)$$

式中: k 为绝热指数, $k = c_p/c_V$。

为了便于分析,可用压缩初始温度 T_a 表示式(1-14)中的其他温度,即

$$T_f = \psi T_a, T_c = T_a \varepsilon^{k-1}, T_y = T_a \varepsilon^{k-1} \lambda, T_z = T_a \varepsilon^{k-1} \lambda \rho$$

$$T_b = T_z \delta^{1-k} = T_a \lambda \rho \left(\frac{\varepsilon}{\delta}\right)^{k-1} = T_a \lambda \rho^k \psi^{(1-k)}$$

将以上关系式代入式(1-14),可得

$$\eta_t = 1 - \frac{\psi(\lambda \rho^k \psi^{-k} - 1) + k(\psi - 1)}{\varepsilon^{k-1}[\lambda - 1 + k\lambda(\rho - 1)]} \qquad (1-15)$$

通常情况下,柴油机的压缩比和膨胀比相等,即 $\psi = 1$,则式(1-15)可简化为

$$\eta_{tm} = 1 - \frac{\lambda \rho^k - 1}{\varepsilon^{k-1}[\lambda - 1 + k\lambda(\rho - 1)]} \qquad (1-16)$$

定容放热的混合加热循环,简称混合加热循环。

进一步假定加给工质的热量 Q_1 全部在定容过程完成,即 $\rho = 1$,则可得

$$\eta_{tv} = 1 - \frac{1}{\varepsilon^{k-1}} \tag{1-17}$$

等容加热等容放热循环,简称等容加热循环,也称为奥托循环。

等容循环是各种汽油机、煤气机的热力学计算基础。

假定加给工质的热量 Q_1 全部在定压过程完成,即 $\lambda = 1$,则可得

$$\eta_{tp} = 1 - \frac{\rho^k - 1}{\varepsilon^{k-1} k(\rho - 1)} \tag{1-18}$$

等压加热等容放热循环,简称等压加热循环,也称为狄塞尔循环。

由于柴油机中燃烧大部分在等压下完成,因此等压循环是柴油机的热力学计算基础。

对上述三种理论循环的热效率进行分析比较可以得知,当循环加热量相同,且压缩比相同的条件下,等容加热循环的热效率大于等压循环的热效率,而混合循环的热效率介于两者之间,即

$$\eta_{tv} > \eta_{tm} > \eta_{tp}$$

当循环加热量相同,且最大循环压力相同的条件下,等压加热循环的热效率大于等容循环的热效率,而混合循环的热效率介于两者之间,即

$$\eta_{tp} > \eta_{tm} > \eta_{tv}$$

上述理论循环的研究,可以指出发动机中产生热量可用度的极限,并指明发动机实际循环在热力学上的不完善之处,以及提高经济性的途径。

1.2.2 柴油机实际循环

内燃机的实际循环是工质在气缸中实际所经历的物理、化学过程。实际循环示功图如图 1-9 所示。

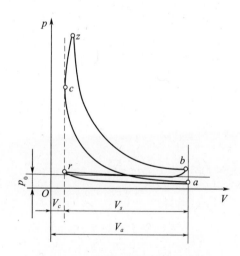

图 1-9 柴油机实际循环示功图

实际循环与理论循环相比,热效率较低,循环做的功也较小,这是因为实际循环比理想循环有较多的损失。具体表现在以下方面:

(1) 工质不同。理论循环的工质是理想气体,它的物理及化学性质在整个循环中是不变的。在实际循环中,燃烧前的工质是新鲜空气和上一循环残留废气的混合气;燃烧过程中及燃烧后,工质的成分变为燃烧产物,不仅成分有变化,而且容积数量即摩尔数也发生变化;在

1300K温度以上燃烧产物有发生高温分解的现象,会降低最高燃烧温度。使循环热效率下降。

理想循环工质的比热容,是不随温度变化而变化的;实际循环工质是空气和燃烧产物的混合物,它们的比热容,随温度升高而增大,如加热量Q_1相同,实际循环达到的最高温度较理想循环为低。

(2) 存在气体流动损失。理想循环是闭式循环,工质在循环中以保持均匀状态的缓慢速度流动,假定没有任何流动阻力损失。在实际循环中,每个循环的工质必须更换,有进气行程和排气行程。工质在进、排气行程中以一定的速度流经进、排气管,进、排气道和进、排气门,有一定的流阻损失。工质在气缸中的运动,以及在使用分开式燃烧室的柴油机中,空气流入和燃气流出副燃烧室,也都会引起一定的流阻损失。

(3) 存在传热损失。在理想循环中,假定工质与气缸盖、活塞顶、气缸壁及进、排气门等受热件完全没有热交换。在实际循环中,必须对这些受热件进行有效的冷却才能保证内燃机的可靠运转。部分热量从冷却系统中传出去,使循环的热效率和循环功都有所下降。

(4) 存在燃烧不及时、后燃及不完全燃烧损失。在理想循环中,如图1-8所示,工质在气缸中是均匀的,由于定容加热是瞬时完成的,定压加热是在yz阶段内完成的,所以其示功图的上方呈方角形。在实际循环中,燃烧不可能是瞬时的,它必然需要一定的时间完成这一过程。由于常在上止点前提前喷油、着火,导致在压缩行程终了前,活塞在压缩行程末期承受较大的压缩功;到了上止点后,活塞开始下移,燃烧继续进行,它先使压力线偏离纵坐标轴向外向上引伸,达到最高压力后又使压力线向外向下延伸与膨胀线圆滑相接,所以其示功图的上方呈圆弧形,从而减小了部分示功图面积。这就是燃烧不及时,在压缩行程末端和燃烧的最大压力处引起的损失。

在一般柴油机中,最高压力点后仍有少量燃油来不及烧完而继续燃烧,视内燃机转速的快慢,后燃可能延续到上止点后400~800°CA才能结束。此外,还有很少量的燃油未来得及燃烧即随排气排出,引起不完全燃烧损失。

(5) 存在漏气损失。在理想循环中,工质的数量是完全不变的。在实际循环中,活塞环与气缸壁之间常有微量工质漏出,一般约为总量的0.2%,导致膨胀功减少。

柴油机的实际循环一般包括压缩、燃烧、膨胀和换气等多个过程,上面已就实际循环与理想循环的差异做了一般性的比较,下面再逐一讨论压缩过程和膨胀过程,以进一步阐明两种循环之间的差别。燃烧过程和换气过程将在本书专门的章节中进行详细的论述,本节仅做概略性的介绍。

1.2.2.1 压缩过程

在理想循环中,压缩过程开始于下止点,结束于上止点,它是一个等熵过程,在整个过程中工质数量与比热容没有变化,与周壁没有热交换。而在内燃机的实际循环中,压缩过程比理想循环要复杂得多,工质与周壁之间存在着复杂的热交换过程,换热不仅有数量上的变化,而且有方向上的改变,压缩不是一个简单的等熵过程,而是一个复杂的多变过程。同时,过程也不像理想循环那样正好开始于下止点,结束于上止点。在四冲程柴油机中,压缩过程起始于进气门完全关闭时刻,直到上止点前燃油开始着火瞬刻为止;在二冲程柴油机中,压缩过程是当活塞完全遮闭扫气孔(如排气孔后关,则为遮闭排气孔)时开始,直到活塞到达上止点附近的燃油着火点为止。

因此,压缩过程存在着失效行程。此外,在内燃机实际循环中由于存在不可避免的漏气损失,工质温度也是变化的,因此工质数量不总是保持不变,比热容也并不是常量,只不过是为使问题简化而在讨论中把工质数量和比热容看成一个常量,以利于实际问题的讨论而已。

压缩过程的作用主要如下:

(1) 保证柴油机有较高的热效率。根据前面理想循环热力学分析可知,在循环加热量(循环喷油量)一定的情况下,随着循环压缩终点温度的提高,燃烧过程的燃烧温度相应提高,因而能明显提高循环热效率。

(2) 为柴油机的发火、燃烧创造必要和良好的条件。从柴油机燃烧特点来说,要求柴油机压缩终点要有足够高的温度和压力,以保证喷入燃烧室的燃油能可靠地自行发火、燃烧。为此,压缩终点空气温度必须比该压力下的燃油着火温度高 200~300℃,即 $T_c \geqslant$ 柴油该压力下自燃温度 + (200~300℃) ≈ 500℃。

要保证压缩终点压力和温度,就决定了柴油机正常工作的最低压缩比。但是,实际上压缩比的取值应该远高于上面所说的最低压缩比,其原因如下:

(1) 提高压缩终点的温度可使燃油着火滞燃期缩短,在这种情况下,发火燃烧时不会导致压力的急剧升高,从而保证了发动机柔和的工作。

(2) 较高的压缩终点温度使发动机具备低温工作的可能性,以及可靠的冷机启动性能。

(3) 提高压缩比使发动机具有较高的循环热效率。

各种柴油机的压缩比上限往往受到多种因素的限制,这是由于提高压缩比将使压缩终点的压力 p_c 以及相应的最高燃烧压力 p_z 均有所增加,从而曲柄连杆机构要承受较大的机械负荷。此外,随着作用于活塞上的最大压力升高,柴油机内克服摩擦所消耗的功率也必然增大,使发动机机械磨损加剧,机械效率下降,增压发动机更加如此。同时,在使用高压缩比时,随着燃烧温度的增长,由于二氧化碳气体的分解形成一氧化碳,以及燃烧产物中的一氧化氮的数量增加,使内燃机排放的气体毒性加剧。因此,选择柴油机压缩比的依据反而是其最小值,只要它能保证燃油可靠着火即可。事实上,当压缩比高于一定数值时,对热效率的影响并不显著,选择高压缩比反而得不偿失。

如上所述,内燃机实际循环的压缩过程是一个很复杂的过程,工质与气缸壁之间存在热交换,热流的方向在不同时期内也各不相同。图 1-10 为 $p-V$ 图中实际的压缩曲线。

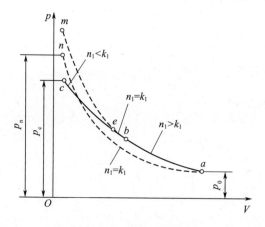

图 1-10 实际压缩曲线

在压缩初期,工质的温度常低于周围表面(气缸套、气缸头及活塞顶面)的温度,因此在压缩行程前半部分内被压缩的工质从这些表面吸热进一步加温,实际压缩曲线 ab 就要比绝热压缩曲线 an 要陡,多变压缩指数 n_1 大于绝热指数 k_1。随着压缩过程的继续进行,工质温度逐渐增高,由壁面所吸入的相对热量逐渐减少,因而多变压缩指数也不断减小,当压缩到某一时刻(图中 b 点)被压缩工质的平均温度与燃烧室内表面的平均温度相等时,工质与周围表面的换热就终止,也就是说,在这个瞬时(图中 be 段)的压缩过程才是绝热的,其时,多变压缩指数 n_1 等于绝热指数 k_1。压缩过程再继续进行,工质温度进一步增高,热流方向就会改变,开始由被压缩的工质向燃烧室表面放热,因此,实际压缩曲线 ec 就变得比绝热压缩曲线 em 平坦,多变压缩指数 n_1 小于绝热指数 k_1。可见 n_1 一直在变化,实际压缩过程是一个变指数过程。在实际上变化着的多变压缩指数可用某一个平均压缩指数 $n_1 = 1.32 \sim 1.39$ 代替。这个数值表明,在整个压缩阶段内多半会有某些热量传出去。但是,总的传热量不大,内燃机实际循环的压缩过程十分接近绝热过程。

许多因素影响多变压缩指数 n_1 的大小,其中,周壁散热强度及充量扰动的速度、气缸尺度、曲轴转速等为主要影响因素。

散热强度对 n_1 的影响是十分明显的,如气缸套和气缸头采用水冷,并提高冷却水的循环速度,活塞采取冷却措施以及充量在气缸内的强烈扰动,都会强烈地影响工质的向外散热,这就使多变压缩指数 n_1 减小。水冷发动机较风冷发动机的 n_1 小,就是散热对 n_1 影响的一个最好例证。

发动机气缸的几何尺寸 D、S 越大,气缸的相对散热面 F/V 越小,工质的相对散热量也就越少,而 n_1 越大。在气缸几何尺寸较小的发动机中,平均多变压缩指数通常要小一些。尤其是在具有相同 D、S 的情况下,分开式燃烧室发动机的 n_1 要比直喷式燃烧室发动机的低,这是分开式燃烧室发动机的相对散热面积大、散热量多的缘故;同时也说明了在小缸径分开式燃烧室发动机中为保证可靠启动和低速运转常取较高压缩比的原因。

发动机转速 n 对 n_1 的影响也是显而易见的。当转速提高时,工质向周壁的散热时间相对地缩短,向周壁的散热量也就减少,因此 n_1 增大。当转速很高时,压缩过程接近绝热过程。

压缩比、负荷、漏气等也是影响 n_1 的因素,但影响很小,在此不加以讨论。

在确定了 ε_c 和 n_1 的值之后,压缩终点的状态参数可由多变状态方程加以确定:

$$p_c = p_a \varepsilon_c^{n_1} (\text{MPa}) \tag{1-19}$$

$$T_c = T_a \varepsilon_c^{n_1-1} (\text{K}) \tag{1-20}$$

1.2.2.2 燃烧过程

燃烧过程是将燃料中的化学能转变为热能的过程,是内燃机工作循环中一个十分重要的阶段。燃烧过程在内燃机示功图上如图 1-9 中的 cz 线所示。

在如图 1-8 所示的理想循环中,燃烧是在等容、等压及等容与等压下进行的,燃烧阶段气缸内的压力变化在示功图上是平行于纵坐标或横坐标的直线,不存在任何损失。但在实际循环中,由于燃烧需要进行一定的时间,燃烧速度也不是均匀的,燃烧前气缸内集聚的可燃混合气,着火后燃烧进行得较快,但又不是瞬时的,与活塞的运动也不同步,所以在示功图上燃烧阶段的压力线 cz 不是一段直线,既不平行于纵坐标,也不平行于横坐标,而是以一段圆弧线与压缩线和膨胀线圆滑相接,构成如图 1-9 所示的四冲程内燃机实际循环的示功图。同样理由,二冲程内燃机的燃烧也经历大体相同的过程。

实际循环与理想循环的燃烧过程不同,特别表现在示功图上与压缩线和膨胀线相连的燃烧线 cz 由直线变为圆弧线。这是燃烧不及时、传热等造成的,再加上燃烧过程中的高温热分解、比热容变化、后燃、燃烧不完全损失等,使燃烧过程的工质状态参数 T_z 及 p_z 大大低于理想循环的状态参数值,循环的热效率及循环中所做的功也由于这些损失而降低。

关于可燃混合气的形成、燃料的着火、燃烧进行的历程、燃烧物质及燃烧产物的计算等,将在后面详细述及。

1.2.2.3 膨胀过程

膨胀过程是内燃机的做功过程,在这个过程中工质的部分热能转变为机械功。在理想循环中,膨胀过程为绝热的等熵过程。而内燃机实际循环的膨胀过程则是一个比压缩过程更为复杂的热力过程,除了在压缩过程中存在工质与周壁间的热交换和漏气损失外,还出现后燃现象和在高温时被裂解了的物质的复合现象。其原因如下:

(1) 膨胀过程是燃烧过程的后继过程,内燃机燃烧过程的后期实际上渗透于膨胀过程的初期,膨胀过程中的后燃或多或少总是存在的。后燃情况的长短视内燃机具体情况不同而异,在正常情况下在上止点后400~600°CA处结束。此后工质在气缸中继续膨胀做功。为了便于分析计算,常以示功图的最大燃烧压力点 z 作为膨胀过程的起点,而以排气门开启的 b 点作为终点。在示功图的 zb 膨胀线上,实际上前阶段是以燃烧过程的缓燃阶段和后燃为主的,后一阶段才是以工质膨胀为主的热力过程,在膨胀过程初期的缓燃及后燃中,放热率急骤增加,以后逐渐降低。在这个过程中,不仅放出热量,也改变了工质的成分和数量。

(2) 在膨胀过程中还发生高温分解产物的重新化合。在燃烧过程中由高温分解产生的产物,在膨胀过程中由于温度下降又重新化合,因而放出热量,工质成分也发生了变化。高温分解产物的重新化合在膨胀过程初期较为强烈,以后逐渐减弱。

(3) 工质向周壁传热的情况也是比较复杂的。工质与周壁的温度差不断变化,活塞靠近上止点时两者的温度差最大,活塞靠近下止点时,两者温度差最小。活塞在膨胀过程中逐步下行时,散热面积不断扩大,而且活塞运动的速度也在不断变化。工质对周壁传热的传热系数也在改变。这些使膨胀过程中工质向周壁的传热情况变得相当复杂。

(4) 通过活塞环及气缸壁之间的间隙,工质有微量泄漏,改变了工质数量。

(5) 在膨胀过程中,工质成分和温度不断变化,因而工质的比热容也在不断变化。膨胀过程可以用多变方程式 $pV^{n_2} = C$ 表示,多变膨胀指数 n_2 为变值。图1-11为膨胀过程 n_2 值变化的情况。

在膨胀初期的 zz_1 段,当后燃较为严重时发出的热量较多,过程接近等温膨胀,即 $n_2 \approx 1$。膨胀继续进行,在 z_1z_2 段,后燃及分解产物重新化合,所发出的热量虽比初期为少,但仍高于工质散往周壁的热量,工质仍是受热的,即 $dQ > 0$,这时 $n_2 < k_2$,但大于 zz_1 阶段的 n_2 值。

在 z_2z_3 阶段,后燃已经减少,但分解产物的化合作用仍在进行。两者发出的热量接近工质传给周壁的热量,可以用等熵方程式来表达其状态变化,即 $dQ = 0$,这时 $n_2 = k_2$。

过程进行到达点 z_3 后,后燃已经消失,高温分解产物化合作用仍在进行,但发出的热量已低于工质传给周壁的热量。这一阶段(图中 z_3b 段)的膨胀是散热膨胀,即 $dQ < 0$,这时 $n_2 > k_2$,到接近 b 点时只有工质传热。

在柴油机工作过程计算中,为了简化计算,常用一个假定的不变的平均多变膨胀指数 n_2 来代替实际变化的多变膨胀指数。用不变的平均多变膨胀指数 n_2 计算的膨胀终点参数 p_b 和 T_b 应与实际相符合。

影响 n_2 的因素有柴油机的转速、燃烧速度、气缸尺寸及负荷情况等。

(1) 当转速 n 增加时,由于膨胀过程的时间缩短,使工质往周壁散热的时间缩短,散热损失减少,由于 n 提高,后燃增加,使膨胀阶段缸内工质的温度增高,由于膨胀过程的总时间缩短,使漏气量减少,所以其总的效果是使 n_2 变小,如图 1-12 所示。

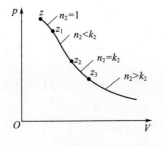

图 1-11 柴油机膨胀过程曲线

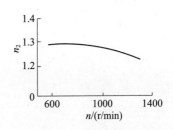

图 1-12 n_2 随转速 n 变化曲线

(2) 燃烧速度主要依燃料种类、混合情况及工质的温度、压力而定。燃烧速率越高,在稳燃燃烧阶段烧掉的燃料就越多,后燃就越少。也就是说,在燃烧阶段的热利用系数 ξ_z 增大, n_2 也增大。

(3) 当 S/D 保持一定时,若气缸尺寸大,则工质的相对散热表面小,而且相对的漏气缝隙面积也减小,因此 n_2 变小。

(4) 在转速不变的情况下,若负荷减小,则工质的平均温度下降,散热少, n_2 也减小,但这种影响较小。

在工作过程计算中,一般是根据经验资料选取 n_2 的值,上述诸因素的分析,可帮助人们根据具体情况恰当选定 n_2 的值。当选定了平均多变膨胀指数 n_2 后,可按下面公式求出膨胀过程终点的工质状态参数 p_b 和 T_b 值:

膨胀曲线的方程式为

$$pV^{n_2} = C$$

则

$$p_z V_z^{n_2} = p_b V_b^{n_2} \tag{1-21}$$

或

$$p_b = \left(\frac{V_z}{V_b}\right)^{n_2} p_z \tag{1-22}$$

将 $\delta = \dfrac{V_b}{V_z}$ 代入式(1-22),可得

$$p_b = p_z \times \frac{1}{\delta^{n_2}} \tag{1-23}$$

在膨胀过程中,工质摩尔数变化很小。假定工质摩尔数不变,根据 z 点及 b 点的状态方程式可得

$$\frac{p_z V_z}{p_b V_b} = \frac{T_z}{T_b} \tag{1-24}$$

或

$$T_b = \frac{p_b V_b}{p_z V_z} T_z \tag{1-25}$$

由式(1-21)可得

$$\frac{p_b V_b}{p_z V_z} = \left(\frac{V_z}{V_b}\right)^{n_2-1} = \frac{1}{\delta^{n_2-1}} \tag{1-26}$$

将式(1-26)代入式(1-25),可得

$$T_b = T_z \times \frac{1}{\delta^{n_2-1}} \tag{1-27}$$

1.2.2.4 换气过程

由于理想循环是闭式循环,因此工质在循环中周而复始地运行,没有更换工质的过程,即没有任何换气过程。

在内燃机的实际循环中,必须先排出上一循环燃烧、膨胀做功后的废气,重新吸入新鲜空气和燃料再燃烧、膨胀做功,才能使循环继续进行。内燃机的排气过程和进气过程共同构成内燃机的换气过程。

由于进气系统对充量的流动具有流动阻力(如图1-9的 ra 线所示),所以四冲程非增压内燃机的进气过程的压力常低于大气压力。由于活塞运动的速度是不均匀的,因此进气过程的压力是有起伏波动的。

在排气过程中,活塞由下止点向上止点运动。排气系统的阻力将增加废气离开气缸的压力,使排气压力高于大气压力。由于活塞运动的速度是不均匀的,因此排气过程的压力也是波动的。

关于柴油机的换气过程将在后续章节专门讨论。

1.3 柴油机的主要性能指标

性能是认识和衡量柴油机的标志。柴油机性能可以划分为动力性能、经济性能、可靠性能、紧凑性能和环保性能五个指标体系。

本节主要分析表征柴油机动力性能指标和经济性能指标的各种参数以及相互关系,对可靠性、紧凑性和环保性指标也做简单介绍。

柴油机的整个能量转换过程经过两个阶段:第一阶段是喷入气缸的燃油经过燃烧使燃油所含的化学能转化为热能;第二阶段是将热能转变为机械功输出。第二阶段的能量转换又分为两步,第一步是通过气缸内工质的压缩和膨胀推动活塞运动,将热能转换为活塞所吸收的膨胀功——指示功;第二步是经过活塞、连杆、曲轴的传递运动,将活塞吸收的指示功转变为可使曲轴承担外部负荷的有效功。能量每经过一次转换,都要产生一些损失。

在柴油机性能参数中,指示参数表示从燃油化学能到指示功这一阶段转化能量的数量及效率,有效参数表示从燃油化学能到有效功整个转换过程所转换的能量数量和效率。

1.3.1 指示参数

1.3.1.1 平均指示压力

柴油机的指示功是指柴油机一个气缸内的工质每循环作用于活塞上的有用功。指示功的大小可用 $p-V$ 图上压缩线和膨胀线之间的面积来确定。

图1-13为三种柴油机的 $p-V$ 图。从图1-13(a)、(b)中可以看出,非增压四冲程柴油机和增压四冲程柴油机的示功图有两个闭合面积,一个是高压闭合面积 A_{F1},另一个为低压闭

合面积 A_{F2}。根据定义，柴油机的指示功为 $A_{F1}+A_{F2}$，但由于 A_{F2} 的测量包含在机械损失测量中且难于分开，通常将 A_{F2}（称为泵气功，可能为正，也可能为负）计入机械损失中，因此四冲程柴油机的指示功为 A_{F1}。二冲程柴油机的指示功为 A_{F1}。

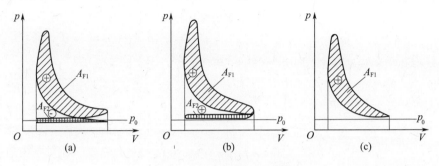

图 1-13 柴油机的示功图

指示功可用燃烧分析仪采集缸内示功图后积分求得，即

$$w_i = \int p\mathrm{d}V \tag{1-28}$$

指示功反映了柴油机气缸在一个循环中所获得的有用功数量，它除了和循环中热功转换的有效程度有关外，还和气缸容积的大小有关。为能更清楚地对不同工作容积柴油机工作循环的热功转换有效程度进行比较，引入平均指示压力。其定义为柴油机每缸每循环单位气缸工作容积获得的指示功，即

$$p_{mi} = W_i/V_s \tag{1-29}$$

从物理概念看，其单位与压力相同，故也可以看成平均指示压力是一个假想不变的压力，以这个压力作用在活塞顶上使活塞移动一个冲程做的功即为循环的指示功 w_i。

平均指示压力是从实际循环的角度评价柴油机气缸工作容积热功转换利用率高低的参数，是评价柴油机动力性能的一个重要指标。

柴油机在标定工况时，p_{mi} 的一般范围如下：

四冲程非增压柴油机　　　　0.6~1.0MPa
四冲程增压柴油机　　　　　0.9~3.5MPa
二冲程柴油机　　　　　　　0.4~1.3MPa

1.3.1.2 指示功率

柴油机的指示功率是整机单位时间内所做的指示功。若采用国际单位制，则有

$$P_i = 2 \times \frac{p_{mi}V_s ni}{\tau} \tag{1-30}$$

式中：n 为柴油机转速；i 为柴油机气缸数；τ 为冲程系数，四冲程 $\tau=4$，二冲程 $\tau=2$。

在实际应用中，通常采用 p_{mi}(MPa)、V_s(L)、n(r/min)、P_i(kW)代入式(1-30)，可得

$$P_i = \frac{p_{mi}V_s ni}{30\tau} \tag{1-31}$$

1.3.1.3 指示热效率及指示耗油率

指示效率为指示功与获得这部分指示功所消耗的燃油发热量之比，即

$$\eta_{it} = W_i/Q_1 = W_i/(g_b H_u) \tag{1-32}$$

式中：g_b 为循环射油量；H_u 为燃油低热值。

它表明气缸中将燃油化学能转变为指示功的有效程度。

指示耗油率为单位指示功的耗油量（$g/(kW \cdot g)$），即

$$b_i = B/P_i \times 10^3 \tag{1-33}$$

式中：B 为整机小时耗油量。

指示效率和指示耗油率都是表示经济性的参数，两者之间的关系为

$$\eta_{it} = \frac{3.6 \times 10^6}{H_u b_i} \tag{1-34}$$

柴油机 η_{it} 和 b_i 的一般范围如下：

	η_{it}	$b_i(g/(kW \cdot h))$
四冲程柴油机	0.43～0.50	170～210
二冲程柴油机	0.40～0.48	175～215

1.3.2 有效参数及机械效率

有效参数是指曲轴输出端的动力性参数和经济性参数，它表示柴油机中从燃油化学能到曲轴输出端可供输出的有效功全部转换过程所转换数量和效率的一组参数。

与指示参数类似，有效参数包括有效功率、平均有效压力、升功率、有效效率和有效耗油率。

1.3.2.1 有效功率、平均有效压力及升功率

有效功率是整台柴油机在单位时间内所输出的有效功。柴油机的有效功率通常是用测功器和转速计测量获得输出扭矩和转速后计算获得，即

$$P^d = T_{tq} \cdot \frac{2\pi n}{60} \times 10^{-3} = \frac{T_{tq} n}{9550} \tag{1-35}$$

式中：T_{tq} 为发动机输出转矩（$N \cdot m$）。

平均有效压力定义为整台柴油机平均单位气缸工作容积在一个循环输出的有效功。它是实际工作中最常用的动力性指标之一。

根据其定义，参照式（1-31）可得

$$P^d = \frac{p_{me} V_s n i}{30\tau} \tag{1-36}$$

$$p_{me} = \frac{30\tau P^d}{V_s n i} \tag{1-37}$$

柴油机在标定工况时，p_{me} 的一般范围如下：

四冲程非增压柴油机	0.35～0.8 MPa
二冲程非增压柴油机	0.50～0.7 MPa
四冲程增压柴油机	0.80～3.0 MPa
二冲程增压柴油机	0.80～1.8 MPa

升功率的定义为在额定工况下，柴油机每升气缸工作容积所发出的有效功率。根据定义可得

$$P_{\mathrm{L}} = \frac{P^{\mathrm{d}}}{V_{\mathrm{s}}i} = \frac{p_{\mathrm{me}}n}{30\tau} \tag{1-38}$$

由式(1-38)可以看出,柴油机升功率与平均有效压力与转速的乘积成正比,它不仅与单位工作容积有效功的强度有关,还与单位时间内完成的循环次数有关,因此它是对气缸工作容积利用率的总体评价。P_{L}越大,柴油机的强化程度越高,相应的柴油机尺寸就越小。

1.3.2.2 有效效率及有效耗油率

有效效率是指有效功与获得这部分有效功所消耗的燃油发热量之比,即

$$\eta_{\mathrm{et}} = \frac{W_{\mathrm{e}}}{g_{\mathrm{b}}H_{\mathrm{u}}} \tag{1-39}$$

它表明柴油机整个能量转换过程中能量转换的有效程度。

有效耗油率是指单位有效功所消耗的燃油量(g/(kW·h)),即

$$b_{\mathrm{e}} = B/P_{\mathrm{e}} \times 10^3 \tag{1-40}$$

有效效率和有效耗油率都是表示柴油机整机经济性的参数,两者之间的关系为

$$\eta_{\mathrm{et}} = \frac{3.6 \times 10^6}{H_{\mathrm{u}}b_{\mathrm{e}}} \tag{1-41}$$

柴油机 η_{et} 和 b_{e} 的一般范围如下:

	η_{it}	$b_{\mathrm{i}}(\mathrm{g}/(\mathrm{kW}\cdot\mathrm{h}))$
四冲程非增压柴油机	0.30~0.40	230~270
二冲程非增压柴油机	0.30~0.38	245~290
四冲程增压柴油机	0.35~0.45	195~220

1.3.2.3 机械损失及机械效率

1. 定义

从能量转换层面看,指示参数反映了气缸内从燃油化学能到指示功的转换过程,而有效参数则反映了从燃油化学能到有效功的全部转换过程,差别在于有效参数多反映了从指示功到有效功的机械传递过程。

用 W_{m}、p_{mm}、P_{m} 分别表示在机械传递过程中相应于每缸每循环损失的功、平均机械损失压力和机械损失功率,则有

$$\begin{cases} W_{\mathrm{m}} = W_{\mathrm{i}} - W_{\mathrm{e}} \\ p_{\mathrm{mm}} = p_{\mathrm{mi}} - p_{\mathrm{me}} \\ P_{\mathrm{m}} = P_{\mathrm{i}} - P_{\mathrm{e}} \end{cases} \tag{1-42}$$

定义有效功率与指示功率之比为机械效率,则有

$$\eta_{\mathrm{m}} = \frac{P_{\mathrm{e}}}{P_{\mathrm{i}}} = \frac{p_{\mathrm{me}}}{p_{\mathrm{mi}}} = \frac{W_{\mathrm{e}}}{W_{\mathrm{i}}} \tag{1-43}$$

由此可得有效效率、指示效率与机械效率的关系为

$$\eta_{\mathrm{et}} = \frac{W_{\mathrm{e}}}{g_{\mathrm{b}}H_{\mathrm{u}}} = \frac{W_{\mathrm{i}}}{g_{\mathrm{b}}H_{\mathrm{u}}} \times \frac{W_{\mathrm{e}}}{W_{\mathrm{i}}} = \eta_{\mathrm{it}}\eta_{\mathrm{m}} \tag{1-44}$$

还可得到有效耗油率、指示耗油率与机械效率的关系为

$$b_{e} = \frac{B}{P^{d}} \times 10^{3} = \frac{B}{P_{i}} \times 10^{3} \cdot \frac{P_{i}}{P^{d}} = b_{i}/\eta_{m} \qquad (1-45)$$

2. 机械损失的组成

柴油机的机械损失是由摩擦损失功、泵气功、带动辅助机械耗功和机械驱动压气机或扫气泵耗功四个部分组成,即

$$p_{mm} = p_{mmf} + p_{mmp} + p_{mma} + p_{mmc} \qquad (1-46a)$$

$$P_{m} = P_{mf} + P_{mp} + P_{ma} + P_{mc} \qquad (1-46b)$$

式中:p_{mmf}、P_{mf} 为平均摩擦损失压力和摩擦损失功率;p_{mmp}、P_{mp} 为平均泵气压力和泵气功率;p_{mma}、P_{ma} 为平均带辅助机械损失压力和带辅助机械损失功率;p_{mmc}、P_{mc} 为平均带压气机或扫气泵损失压力和带压气机或扫气泵损失功率。

1) 摩擦损失

摩擦损失是在活塞将所获得的指示功经连杆、曲轴向外传递时因摩擦而损耗的功。这些损失包括活塞、连杆、曲轴、凸轮轴及配气机构等处轴承和摩擦副的摩擦损耗。整个摩擦损失功占指示功的 10%~15%。在整个摩擦损耗中,活塞与缸壁之间的摩擦损失占 55%~65%,其次是连杆、曲轴等处的摩擦损失占 35%~45%,配气机械的摩擦损失只占 2%~3%,曲轴、飞轮、连杆机构在运动时与空气间的摩擦损失甚微,可忽略。

活塞的摩擦损失主要是由活塞裙部与缸壁之间润滑油的黏度摩擦引起,这一损失随转速增加而迅速增长,在高速机中甚至可达很高的数值,而与燃气压力的大小几乎无关;其次是活塞环与缸壁之间的摩擦损失,这一损失与燃气压力的大小成正比,而与柴油机的转速几乎无关。

曲轴轴承在正常情况下应为完全液体润滑,摩擦系数很小,滑油的黏度阻力是这部分损失的决定因素,它与轴承表面圆周速度的平方成正比。但在启动和润滑不足时,摩擦系数将显著增大,转动阻力和摩擦都显著增加。

2) 泵气功

泵气功是指四冲程柴油机在排气和进气过程中,工质流动时活塞所消耗或获得的能量。对非增压四冲程柴油机来说,这部分功为损失,在标定工况下,为 $(2\%\sim3\%)p_{mi}$。对增压柴油机来说,在 $p_{K} > p_{T}$ 的情况下,这部分功为活塞获得的正功。实际上,它是压气机所输出的推挤功 $(p_{s}-p_{T})V_{h}\phi_{s}$ 的回收部分。在涡轮增压时,推挤功 $(p_{s}-p_{T})V_{h}\phi_{s}$ 来源于废气涡轮的输出功;在机械增压时,则来源于曲轴驱动压气机的耗功 p_{mmc}。

理论上讲,换气过程属于整个循环的一部分,泵气功应与指示功同时计算。但是,由于在实际测定机械损失时很难将它与其他机械损失区分开,因此习惯上将它计算在机械损失中。

3) 带动辅助机械耗功

辅助机械是指为保证柴油机正常工作必不可少的部件总成,如冷却水泵、滑油泵、燃油泵、调速器等。这些机械所消耗的能量随柴油机转速和滑油、燃油黏度的增高而增加,其数值一般为 $(1\%\sim3\%)p_{mi}$。其中冷却水泵和滑油泵耗功较多。

4) 驱动压气机和扫气泵耗功

机械增压柴油机的压气机和一般二冲程柴油机的扫气泵都由曲轴驱动,需耗费指示功。这部分损失随柴油机转速、空气流量、空气压力的提高而增加。四冲程柴油机机械传动压气机耗功一般为 $(5\%\sim10\%)p_{i}$,二冲程柴油机扫气泵耗功一般为 $(5\%\sim15\%)p_{mi}$。

综上所述,各部分损失约在下列范围内:
摩擦损失功　　　$p_{mmf} = (0.10 \sim 0.15)p_{mi}$
泵气损失功　　　$p_{mmp} = (0.02 \sim 0.03)p_{mi}$
压气机耗功(四冲程)　　$p_{mmc} = (0.05 \sim 0.10)p_{mi}$
扫气泵耗功(二冲程)　　$p_{mmc} = (0.01 \sim 0.03)p_{mi}$
辅助机械耗功　　　$p_{mma} = (0.01 \sim 0.03)p_{mi}$
在机械损失内部各项损失所占比例大致如下:
活塞摩擦损失　　（$0.45 \sim 0.65$）p_{mm}
活塞、连杆、曲轴总摩擦损失　　（$0.60 \sim 0.75$）p_{mm}
泵气损失　　（$0.10 \sim 0.20$）p_{mm}
传动配气机构损失　　（$0.02 \sim 0.03$）p_{mm}

根据以上数据可以看到,机械损失占去指示功的相当一部分,其中活塞与缸壁的摩擦损失又占最大比例,其次是曲轴、连杆等轴承的摩擦损失。从而应认识到,在管理工作中保证这些机件的正确配合和润滑是非常重要的,既可以减少机械损失,提高机械效率,又可减少机件的磨损,延长使用寿命。

3. 机械效率的测定方法

测定柴油机机械效率的方法有多种,通常采用的有以下四种。

1) 直接法

直接测取缸内示功图可以计算出平均指示压力。从测功器的读数可以计算出有效功率和平均有效压力。这种直接法运用时受到很多限制。多数小缸径内燃机没有检爆阀,即使有检爆阀的内燃机,多数用户也不具备绘制示功图的条件。

2) 倒拖法

倒拖法的基本思路是通过分别测得有效功率和机械损失功率以求机械效率的方法,可以避免求指示功率的诸多不便。在试车台上测量有效功率之后,停止燃油喷射,然后用电动机拖动内燃机至原来有效功率测定时的转速,电动机消耗的功率即为该内燃机的机械损失功率。显然,所测得的机械损失功率没有考虑到由于内燃机不发火而引起的负荷影响,也没考虑到涡轮增压柴油机的泵气损失变化。

3) 轮流断油法

对多缸机可以采取各缸轮流断油的方法,即用 $i-1$ 个缸发火的办法来带动 i 缸内燃机运转。断油前后的有效功率差,就是断油缸的指示功率,即

$$P_i^j = P^d - P_e^j \tag{1-47}$$

式中：P_i^j 为断油缸的指示功率；P^d 为整机有效功率；P_e^j 为断油后整机有效功率。

$$P_i = \sum_{j=1}^{n} P_i^j \tag{1-48}$$

显然,首先要保证断油前后各缸的喷油量不变,其次要保证断油前后内燃机的转速不变。这就需要将各缸喷油泵的油量调节齿条固定,断油后通过减少负荷来恢复内燃机转速。这样测得的结果会比倒拖法测得的结果更准一些。但操作难度相对大一些,这种方法也未考虑断油前后涡轮增压器的变化。倒拖法和轮流断油法均不适用涡轮增压柴油机的机械效率测定。

4）油耗线法

在转速一定时，柴油机低负荷范围内的油耗量与负荷成正比。利用这种线性关系就可推算出空车运行时的平均机械损失压力，即

$$p_{mm} = B_0/c \tag{1-49}$$

式中：B_0 为空车时的耗油量；c 为油耗线的斜率，$c = B_f/p_{me}$。

测量柴油机在低负荷时的油耗，然后将油耗线从 $p_{me}=0$ 空车的油耗点沿直线延伸至与横坐标的交点至 $p_{me}=0$ 点的距离，即为该转速的平均机械损失压力。这个方法相对来说是最易实现的。

1.3.3 其他性能指标

1.3.3.1 可靠性

可靠性衡量指标主要有可靠度、平均无故障时间、寿命和可维修性。

1. 可靠度

柴油机的可靠度和一般产品的可靠度一样，定义为柴油机在规定的时间内和规定的条件下完成规定功能的概率。显然可靠度是时间 t 的函数，记为 $R(t)$。当用 N 台柴油机作为样本观察时，到 t 时该还有 $N_s(t)$ 台柴油机在正常运行，N 台柴油机的可靠度为

$$\bar{R}(t) = \frac{N_s(t)}{N} \tag{1-50}$$

观察的台数足够大，则该型柴油机的可靠度为

$$R(t) = \lim_{N \to \infty} \bar{R}(t) \tag{1-51}$$

显然，可靠度 $R(t)$ 只有制造厂商通过产品质量的跟踪调查统计才能得出。

2. 平均无故障时间及故障率

从使用管理的角度而言，用户最关心的性能之一是使用中的柴油机的故障率 $\lambda(t)$ 和平均无故障时间（MTBF）。故障率是某种产品在 t 时刻时单位时间内发生故障的产品数。它也是一个概率，其表达式为

$$\lambda(t) = \frac{f(t)}{R(t)} \tag{1-52}$$

式中：$f(t)$ 为故障分布密度。

在实际运行的柴油机中，MTBF 是通过多次故障发生时间的统计求得。平均无故障时间是在寿命期内工作时间与故障次数之比，即

$$\text{MTBF} = \frac{\sum_{i=1}^{N} T_i}{N} = \int_0^{\infty} tF(t)\,\mathrm{d}t = \int_0^{\infty} R(t)\,\mathrm{d}t \tag{1-53}$$

式中：T_i 为第 i 次故障发生时的运行时间。

3. 寿命

可靠度所定义的一定时间，是指在柴油机的寿命之内。用 L_T 表示柴油机寿命，则上述的 $R(t)$、$F(t)$ 中 $0 < t \leq L_T$。柴油机这类可维修设备，寿命有以下具体的规定。

1) 大修期

大修期是指由制造厂供货时提出在正常使用条件下,柴油机主要机件需做全面拆卸检查和修复的运行小时数。大修期反映了整机的运行使用周期和持续运行的能力。有些柴油机还规定了以开始运行为起点的总时间,一般以年计算。对于非连续运行的机组,运行小时数未到而装机运行的年限会到达大修期。目前柴油机的大修期范围为1000~50000h。

2) 吊缸检查期

柴油机燃烧室组件的工作条件较差,所以在大修期内就要进行气缸盖拆卸和将活塞吊出气缸进行检查、保养和修理。吊缸检查期反映了排气门、活塞环和连杆大端轴承等易损件的可靠性和持久性。吊缸检查期以运行小时计。一般在大修期内有1~2次吊缸检查。对有一些柴油机的某些可靠性薄弱的环节也规定了检查期,如对喷油器的检查期等。

4. 可维修性

可维修性反映了发现检查和排除故障的难度,也是用户关注的问题之一。衡量可维修性的指标是平均修复时间(MTTR),即

$$\mathrm{MTTR} = \frac{1}{n}\sum_{i=1}^{n} T_{ri} \qquad (1-54)$$

式中:n 为统计的修理次数;T_{ri} 为第 i 次修理的修复时间。

影响 MTTR 的因素很多,主要包括装备本身及管理人员两个方面。柴油机制造厂提供的产品,其易损件是否便于接近和更换属装备本身。管理人员的技术水平和组织管理水平则是另一个重要的方面。

1.3.3.2 紧凑性

船用柴油机的重量、尺寸对舰船总体布局和性能影响较大。衡量紧凑性的指标可用绝对值和相对值。

1. 总尺寸

整机的长、宽、高是衡量尺寸的绝对指标。它取决于柴油机的缸径、行程、气缸中心距和气缸数,以及多缸机的气缸排列和涡轮增压器等大件的布置。船用柴油机还应提供整机的重心位置和吊缸的预留高度。

2. 干重

干重是指不含油、水的总零部件质量(kg)。柴油机的干重与材料、工艺及对可靠性、寿命的要求有关。

3. 质量功率比

单位功率的质量可衡量不同柴油机之间的重量水平。质量功率比(kg/kW)为

$$G_{sp} = \frac{G_g}{P_e} \qquad (1-55)$$

式中:G_g 为柴油机干重(kg)。

比重量小柴油机用于高速轻型的小艇,其价格高而寿命较短。柴油机比重量的范围很宽,一般为1~50kg/kW。

4. 容积比

升功率高的柴油机其容积比也会大一些,但容积比是对整机而不是只对气缸容积而言。它涉及整机布置的紧凑性。容积比为

$$N_{\text{V}} = \frac{P_{\text{e}}}{LBH} \quad\quad (1-56)$$

式中:L 为柴油机总长(m);B 为柴油机总宽(m);H 为柴油机总高(m)。

柴油机的容积比范围较宽,为 $22 \sim 368 \text{kW/m}^3$。

1.3.3.3 环保性

柴油机对环境的污染主要集中于排气及振动噪声这两个方面。

1. 排放指标

柴油机除排出 CO_2 和 H_2O 外,主要有害物质为 CO、NO_x、HC 和颗粒物质。燃料中还有少量有害的物质,如 S 和 Pb 等。

CO、NO_x 和 HC 等的限制排放指标有两类:一类是用它们在总排气量中所占的百分比来衡量;另一类则按柴油机的功率限制,一般用 $g/(kW \cdot h)$ 表示。颗粒排放则可以用烟度值来衡量。由于现代社会对环境的要求越来越高,柴油机的排放限制也越来越严。

2. 振动与噪声

噪声除振动造成结构噪声外,还有燃烧和进、排气造成的辐射噪声。一般用声功率的分贝值 dB(A) 来表达,其控制标准为 $95 \sim 110 \text{dB(A)}$。振动是柴油机制造质量的综合反映,用振动烈度(m/s)来衡量,此处不详述。

1.4 柴油机的分类和发展

1.4.1 柴油机的分类

1.4.1.1 按工作循环分类

按工作循环方式可分为四冲程柴油机和二冲程柴油机。四冲程柴油机换气质量优于二冲程柴油机,适用于高转速。

二冲程柴油机单缸功率大、比重量较小,由于换气质量差,常用于低转速大功率柴油机。

二冲程柴油机按扫气方式又分为横流扫气、回流扫气和直流扫气等类型。

1.4.1.2 按进气方式分类

按进气方式可分为非增压柴油机、增压无中冷柴油机和增压带中冷柴油机。

按压气机的驱动方式分为机械增压柴油机和废气涡轮增压柴油机;按增压程度可分为低增压柴油机、中增压柴油机、高增压柴油机和超高增压柴油机。

1.4.1.3 按曲轴转速及活塞平均速度分类

柴油机的速度可以用曲轴转速 n 和活塞平均速度 v_{m} 作为分类的指标。

按曲轴转速 n 将船舶柴油机分为低速、中速及高速时,其范围如下:

低速柴油机　　$n \leq 300 \text{r/min}$

中速柴油机　　$300 \text{r/min} < n < 1000 \text{r/min}$

高速柴油机　　$n > 1000 \text{r/min}$

按活塞平均速度 v_{m} 划分,其范围如下:

低速柴油机　　$v_{\text{m}} < 6 \text{m/s}$

中速柴油机　　$6 \text{m/s} \leq v_{\text{m}} < 9 \text{m/s}$

高速柴油机　　$v_{\text{m}} \geq 9 \text{m/s}$

1.4.1.4 按活塞类型分类

按活塞结构可以分为筒形活塞柴油机和十字头式活塞柴油机。图1-14(a)为筒形活塞式柴油机,它的特点是活塞1的高度较大,活塞上下运动时的导向作用由活塞本身下部的筒形裙部来承担。活塞通过活塞销直接与活塞杆2的小端相连,在运动时活塞与气缸壁之间产生侧推力。活塞底部与曲轴箱相通,气缸多采用飞溅润滑,气缸壁上流下的润滑油直接流入曲轴箱内。这种结构的优点是结构简单、紧凑、轻便,发动机高度较小。它的缺点是由于运动时活塞和缸套承受侧推力,因而活塞与气缸壁之间的磨损较大,工作可靠性较差。目前,高速及中速柴油机都采用这种构造形式。

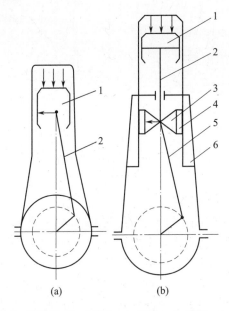

1—活塞;2—活塞杆;3—十字头;4—滑块;5—连杆;6—导板。

图1-14 筒形活塞式和十字头式柴油机简图
(a)筒形活塞式;(b)十字头式。

图1-14(b)是十字头式柴油机。它的特点是活塞1的高度较小,活塞杆2与气缸中心线平行,活塞1与活塞杆2相连,活塞杆2下端通过十字头3上的十字头销与连杆5的小端相连接。十字头的滑块4在导板6上滑动。活塞上下运动时的导向作用主要由十字头承担,侧推力产生在滑块与导板之间。由于活塞不起导向作用而且与气缸套壁之间没有侧推力,与筒形活塞柴油机相比,它们之间允许有较大的间隙,且磨损较小,不易擦伤或卡死。又由于活塞杆只做垂直方向的直线运动,可以在气缸下部设一隔板,把气缸下部和曲轴箱空间隔开,防止气缸由于燃烧重油产生的脏油、烟灰和燃气流入曲轴箱,污染曲轴箱底的润滑油,又可避免曲轴箱油污染扫气空气,还可利用这一隔板在活塞下方空间形成活塞底泵,作为辅助的扫气泵。它的缺点是柴油机高度和质量增大,结构复杂。目前大型低速二冲程柴油机都采用十字头式柴油机。

1.4.1.5 按气缸布置方式分类

具有两个或两个以上的直立气缸并呈一列布置的柴油机称为直列式柴油机,如图1-15(a)所示。船用柴油机均为多缸机,通常多为直列纵向排列。由于受曲轴刚性限制其最多缸数一般不超过12缸。对超过12缸者多采用V形布置,即把两个气缸中心线布置在同一平面内,其气缸中心线呈V形并用一根曲轴输出功率,如图1-15(b)所示。V形柴油机的气缸夹角多为90°、60°或45°,其缸数可高达18缸甚至24缸。采用V形结构,缩短了整机长度,具有较高的单机功率和较小的比重量,中、高速柴油机多采用此种结构。

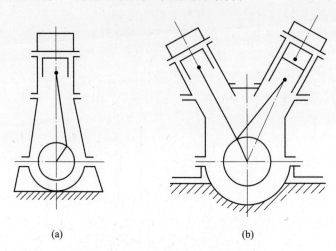

图1-15 直列式与V形柴油机简图
(a)直列式;(b)V形。

1.4.1.6 按柴油机是否可倒转分类

船用柴油机可分为可倒转柴油机与不可倒转柴油机两类,如图1-16所示。作为船舶主机的大型低速二冲程柴油机,通常皆具有倒转机构。由于它与螺旋桨直接连接,船舶倒航时即用倒车机构使发动机旋转方向倒转,以驱动螺旋桨倒转。中速大功率柴油机作为船舶主机时多设计成可倒转柴油机,它通过或不通过减速齿轮箱与螺旋桨连接。由于中速大功率柴油机还可用作发电机原动机,只要减少或更改少数部件,就可改为不可倒转柴油机。高速大功率船用柴油机结构紧凑,不易安装倒转机构,都设计成不可倒转柴油机。它通过后传动装置中的倒顺车离合器、减速齿轮箱和液力偶合器与螺旋桨连接,由倒顺车离合器完成螺旋桨的倒转动作要求。

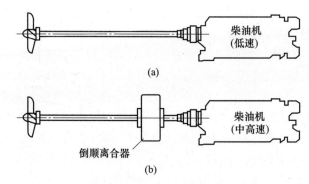

图1-16 可倒转柴油机与不可倒转式柴油机
(a)可倒转;(b)不可倒转。

1.4.1.7 按柴油机转动方向分类

柴油机转向按我国国标规定,从船尾向船首看(由功率输出端向自由端看),曲轴运转时正车方向朝顺时针方向旋转,称"右旋"柴油机或称"右型"柴油机;反之即为"左旋"柴油机或称"左型"柴油机。一般常用的为"右型"柴油机。当船舶采用双桨时,则常采用两螺旋桨对称向内旋转形式,以提高船舶的操纵航行性能,此时常采用左、右两台柴油机。国外某些柴油机的转向与我国规定相反,应予注意。

1.4.1.8　按左、右单列机分类

面向飞轮端,排气管位于气缸中心线所在平面右侧的单列柴油机称为右单列柴油机,排气管位于气缸中心线所在平面左侧的单列柴油机称为左单列柴油机。

船舶主机要求功率大、寿命长、经济可靠,质量和尺度也应尽可能轻小。在这些要求中,主机的寿命和工作可靠是第一位的,质量和尺度等则是第二位的。虽然低速二冲程十字头式柴油机的质量和尺度大,但寿命长且经济可靠是其突出的优点,因而被广泛地用作船舶主机。

中速柴油机大多为四冲程筒形活塞式直列与 V 形柴油机。这种柴油机近来使用劣质燃料油获得较大的成功,且燃油消耗率已接近低速机水平,由于质量和尺度较小,单机功率有较大的提高,因而在滚装船、集装箱船、海峡轮渡、液化气船等一些特种船舶中有广泛的应用。但中速机的运转管理要求高,使用寿命与可靠性还是比低速机较差。

船舶辅机的单机功率不大,与发电机相连要求有较高的转速,故均采用中、高速四冲程柴油机。为了满足轻小的要求,中、高速柴油机都无例外地采用无十字头式柴油机。这种中、高速无十字头式柴油机的寿命和工作可靠性较低速十字头式柴油机差,为此,在船上都设有备用辅机,以便保证船舶的安全航行。

1.4.2　柴油机的发展

自 1897 年德国工程师 Rudolf Diesel 在 MAN 公司研制成功第一台实际使用的柴油机以来,柴油机已有百年以上的历史,并得到了广泛的应用。知道它的过去,可以加深对现状的理解,也可以展望它的进一步发展趋势。

1.4.2.1　早期

最早的热机是往复蒸汽机,至今已有两个半世纪的历史。由于燃料的热量要经过燃气传给水蒸气(工质)才能转化为机械功,它的效率不高。人们一直在寻求用燃气直接做功的内燃机去取代用水蒸气作工质的外燃机。直到 1860 年,伦诺(Lenbir)才给市场提供了第一台无压缩的火花点火内燃机。它用大气压力下的煤气与空气混合作工质,当活塞下行时先吸入可燃混合气,待活塞下行至行程中部时点火燃烧并膨胀做功。活塞膨胀至下止点后,上行将废气排出气缸。这种内燃机的效率最高只有 5%,并不比当时的蒸汽机高多少。虽经改进后使效率提高至 11%,但整个销售量在欧洲和北美仅近万台。自无压缩内燃机问世以来,人们一直在探索提高其效率的途径。罗茨(Rochs)的法国专利提出了四冲程循环的原理,并提出了提高内燃机效率的途径。增加气缸容积和循环速度以减少散热损失,提高燃烧终点的压力和增大膨胀比以提高热能的利用,但并没有能形成产品。1876 年,奥托(Otto)的四冲程点燃机正式运行,使点燃机的效率提高至 14% 以上,奠定了四冲程点燃机的基础,它的质量只有无压缩点燃机的 1/3。至 1890 年它的销售量为无压缩点燃机的 10 倍。应该说,奥托是当代内燃机的发明者。1880 年成功研制出二冲程内燃机。由于转速提高,效率已提高至 18%。但是由于压缩的工质是可燃混合气,因此压缩比一直限制在 4 以下,以避免燃气自行发火而失控。为了增大压缩比,德国工程师狄赛尔(Diesel)于 1892 年提出了压燃机的专利,并于 1896 年与 MAN 公司合作造出了第一台柴油机,使内燃机的效率提高了 1 倍。内燃机以其经济性优越在各个领域获得了广泛应用。

1.4.2.2 近期

柴油机进入市场的 100 年发展很快。其经历有三个明显的阶段,或称为柴油机发展的三个里程碑。

1. 机械喷射的出现

早期的柴油机采用压缩空气将燃油喷散进入气缸,称为气力喷射系统。因此,柴油机的运行离不开高压空气站,影响了效率的提高,也使其应用范围受到限制。1910 年,英国首先在小缸径柴油机上实现了由机械式喷油泵加压的喷射系统,并于 1920 年开始用于船用大功率柴油机上。机力喷射系统取代了气力喷射系统,使柴油机喷射系统大为简化,提高了它的机械效率,并拓宽了它的使用范围。

2. 增压技术

1911—1914 年,瑞士的波许(Bosch)首先完成了用废气涡轮增压器的配机增压试验。1925 年成功地装在 MAN 公司生产的四冲程柴油机上,使功率提高了 50%。增压技术的进步使柴油机的功率成倍增长且耗油率明显下降。1951 年,丹麦 B&W 公司最早在二冲程柴油机上采用废气涡轮增压技术。由于增压器效率的提高和增压技术的进步使柴油机的单机功率提高了近 30 倍,而增压技术与燃烧技术的进步已使某些柴油机的效率提高 1 倍,达到了 52%。

3. 微电脑的应用

近年来,由于电子计算机技术的迅速发展,使柴油机领域发生了重大的变革。除计算机辅助设计(CAD)和计算机辅助制造(CAM)等的应用外,从直接应用微电脑的数字式电子调速器开始,现在已在柴油机上用电子计算机进行运行状态的监测和自动控制,进一步使柴油机成为可以随环境和工况条件实现多目标油耗、排放、爆压等优化控制的对象,从适应性强的灵活柴油机发展为智能型的柴油机。如 MAN、B&W 公司的 32/40 和 16/24 这种用双凸轮轴的柴油机都用电子液压控制取代了定时的复杂机械控制。

1.4.3 现代柴油机的结构特点

现代船用大型低速柴油机在总体结构上以长行程或超长行程为主,其具有以下结构特点。

1. 从总体结构上增加强载度和提高经济性

(1) 气缸尺寸采用长行程或超长行程。S/D 对二冲程柴油机的换气品质影响较大,在直流扫气的二冲程式柴油机上,S/D 过小则换气品质恶化,S/D 较大则换气品质较好;在回流扫气的二冲程柴油机上,若 S/D 过大则换气品质恶化,S/D 较小则换气品质较好。目前,大型低速二冲程柴油机采用长行程或超长行程,以改善燃油经济,则直流扫气已成为唯一可选择的换气形式,有利于提高换气品质和混合气形成质量。因而从历史发展看,二冲程低速机的 S/D 增加很快。四冲程柴油机的换气品质受 S/D 的影响较大,当缸径一定时,吸排气能力受活塞速度限制,当活塞速度上升到一定限度时因节流会引起充气系数下降,因而四冲程柴油机的 S/D 不如二冲程低速机的 S/D 大,但四冲程柴油机仍有长冲程的趋势。

(2) 增大压缩比 ε_c,提高爆发压力 p_{max}。现代船用低速柴油机为了提高经济性,采用了适当增大压缩比的措施,把压缩比由 10 左右提高到 16~19。提高 p_{max} 值同样可以提高柴油机的做功能力,降低燃油消耗率,提高柴油机的经济性。

(3) 采用动力涡轮系统。现代新型废气涡轮增压器的效率可高达 76%,大于为满足增压器功率平衡所需的效率(64%)。因此,在柴油机正常运转时利用部分废气带动一个专设的动力涡轮,并将其做的机械功通过齿轮传送给曲轴,可提高柴油机效率。

(4) 轴带发电机。采用轴带发电机在航行期间可停止柴油发电机运转。此装置并不直接降低柴油机油耗率,但可以提高船舶动力装置的经济性。轴带发电机可使油耗率较低的主柴油机供应电力,节省柴油发电机运转时的燃油消耗,减少柴油发电机的数量与维修费用,但同时也增加了船舶的初期投资和设备的维护工作。

2. 改进结构强度,提高部件的机械负荷和热负荷能力

(1) 燃烧室组件普遍采用钻孔冷却提高承受热负荷能力。现代超长行程柴油机燃烧室组件的热负荷和机械负荷已达到相当高的程度,成为限制柴油机继续提高增压度的主要因素。为了合理解决这一技术难题,普遍采用了钻孔冷却结构,这是一种最佳的"薄壁强背"结构形式。近年来,在活塞头的钻孔冷却中又附设了喷管装置,以加强其冷却效果。

(2) 喷油泵采用可变喷油正时(VIT)机构。VIT 机构可在柴油机负荷变化时自动调整其喷油提前角,保证在低负荷时柴油机有较高的 p_{max} 值,而在较高负荷时柴油机的 p_{max} 值基本保持不变,既可以提高柴油机低负荷运转的经济性又可限制柴油机高负荷运转的机械负荷。

3. 改进结构,提高整机可靠性

(1) 采用旋转式排气门及液压式气门传动机构提高换气系统可靠性。旋转式排气门可使排气门在启闭时有微小的圆周运动,保证气门密封面磨损均匀、贴合严密,提高了排气门的可靠性。液压式气门传动机构改变了沿用几十年的机械式气门传动机构,延长了气门机构的使用寿命、减轻了排气门的噪声,成为现代直流换气柴油机广泛采用的气门及气门传动机构。

(2) 采用薄壁轴承,提高轴承可靠性。超长行程柴油机的十字头轴承和曲柄销轴承均承受着巨大的单向冲击性负荷,为了提高它们的可靠性,广泛使用了薄壁轴承,尤其对十字头轴承使用一种高锡铝薄壁轴承以改善其使用性能。

(3) 采用独立的气缸润滑系统,提高活塞运动件的可靠性及寿命。在大型船用柴油机缸径和冲程普遍较大的情况下,为保证活塞和气缸套的可靠润滑,采用专门的气缸润滑系统,气缸注油量随负荷自动调整,以保证气缸套可靠的润滑,提高活塞运动件的可靠性及寿命。

(4) 采用焊接曲轴和在曲轴上增设轴向减振器,提高曲轴可靠性。焊接曲轴是把单位曲柄通过焊接而组成一个整体的焊接型曲轴。这种曲轴制造工艺可大大减小曲轴的重量,这是现代曲轴制造工艺中的一项重要成就,目前这种曲轴已在长冲程大型低速机中得到应用。

超长行程柴油机的发展使曲轴轴向刚度变弱,容易产生轴向振动。因而,现代超长行程柴油机在曲轴前端增设轴向减振器,以有效地消减曲轴的轴向振动。

1.4.4 现代柴油机提高经济性的主要途径

当代船用柴油机发展中的显著特点是提高经济性,近 10 年来在提高经济性方面取得了成效,各种节能措施相继出现并日趋完善,主要有以下措施:

(1) 采用定压涡轮增压系统和高效率涡轮增压器。在高增压柴油机上采用定压涡轮增压系统代替脉冲涡轮增压系统是一种发展趋势,同时提高增压器效率,改进增压器与柴油机的配合,都可显著降低燃油消耗率。目前,多数低速二冲程船用柴油机已由脉冲增压系统改为定压增压系统,四冲程中速大功率柴油机的某些机型也都已改用定压增压系统。

(2) 增加行程缸径比 S/D。增大 S/D 一方面可增加燃气的膨胀功,另一方面可在保持活塞平均速度 V_m 不变的情况下大幅度降低柴油机转速,由此可显著提高螺旋桨效率。长行程或超长行程成为现代船用大型低速柴油机总体结构上的一大显著特点。

(3) 提高最高爆发压力 p_{max} 和平均有效压力 p_{me} 之比。由理论循环的研究和实践证实,提

高 p_{max}/p_{me}，可显著提高循环经济性（但同时也大幅度增大了机械负荷）。现代船用柴油机分别采取了增大 p_{max} 和降低 p_{me} 的节能措施，目前，p_{max} 已增大到 13~15MPa，甚至 18MPa；降低 p_{me}，即降功率使用。这种节能措施被现代柴油机广泛采用。

（4）增大压缩比 ε_c。在高增压柴油机上为了保证部件有足够的机械强度，过去一贯采用的措施是通过降低压缩比以限制 p_{max}，但由此也降低了经济性，显然，这种措施已不符合现代柴油机的发展需求。现代船用柴油机根据理论循环的研究仍然采用了适当增大压缩比的措施。

（5）提高机械效率 η_m。提高机械效率 η_m 的潜力有限，而且难度较大。现代柴油机采用短裙活塞，并由 5 道活塞环减为 4 道活塞环，尽量减少活塞的摩擦损失，以提高机械效率，由此可使机械效率提高到 93%。

（6）采用动力涡轮系统。现代大型低速柴油机由于废气涡轮增压器效率的大幅度提高，使得在柴油机正常运转时可利用部分柴油机排气带动一个专设的动力涡轮，并将其所做的功通过齿轮传送给曲轴。

思考题

1. 何谓内燃机的理想循环？研究理想循环有什么实际意义？
2. 试以循环热效率来分析、比较各种形式的理想循环。分析影响热效率的因素，探讨提高热效率的途径。
3. 内燃机的实际循环与理想循环存在哪些差异？为使实际循环更接近理想循环可采取哪些可行的措施？从中是否能得出某些提高内燃机性能的有益启示？
4. 压缩比的定义是什么？压缩比的大小对热效率的影响如何？应按什么原则来取定压缩比？
5. 多变压缩指数 n_1 和多变膨胀指数 n_2 为什么是一个变数？各自的影响因素有哪些？

第 2 章 柴油机主体机件

柴油机主体机件是指构成柴油机主体结构的零部件,是柴油机完成两次能量转换的依靠,也是柴油机的关重件,其技术状态对柴油机的寿命和工作性能起决定性作用。

柴油机的主体机件主要包括组成燃烧室的燃烧室组件、传递动力的动力传递组件、支承柴油机骨架的机体及主轴承。

2.1 燃烧室组件

燃烧室组件包括气缸、气缸盖、活塞组三大部分。它们的共同任务是组成燃烧室,并把燃气的作用力通过活塞经连杆传给曲轴。柴油机工作时,燃油在这里燃烧,同时燃气也在这里膨胀。图 2-1 为燃烧室组件的结构示意图。

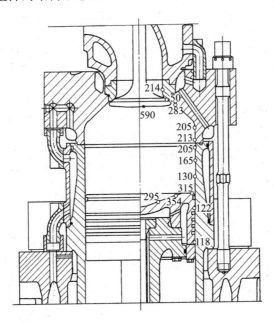

图 2-1 柴油机燃烧室组件

2.1.1 工作条件及要求

燃烧室组件由于受高温高压燃气的作用,需要承受脉动的机械应力、热应力、腐蚀及烧蚀。同时,还有运动部件与固定部件之间因摩擦而引起的磨损,冷却水的腐蚀、穴蚀,零部件间的安装应力,以及因结构复杂、金属材料分布不均匀引起的应力集中等。因此,燃烧室组件的负荷表现为热负荷、机械负荷、摩擦磨损和腐蚀。

热负荷是指受热部件所受热应力、热流量和热应变等的强烈程度。柴油机的热负荷是指燃烧室等接触高温的部件在高温下降低或丧失其工作能力,或零部件各部分之间的温度分布不均匀存在着温度差,引起热应力和热变形。热负荷过高已成为制约柴油机强化度提高的主要因素。

热负荷过高对燃烧室组件所引起的危害主要有:材料的力学性能降低,承载能力下降;使受热部件膨胀、变形,改变原来的工作间隙;润滑表面的滑油迅速变质、结焦、蒸发乃至被烧掉;有些部件(如活塞顶)的受热面被烧蚀;受热部件承受的热应力增大,产生疲劳破坏等。因此,运转中柴油机的热负荷限制在一定范围之内,对柴油机经济、安全、可靠地运转十分重要。

机械负荷指柴油机部件承受最高燃烧压力、惯性力、振动冲击等的强烈程度,用零部件承受的机械应力(拉、压、弯、扭及复合应力)表示。柴油机的机械负荷主要来自气体压力、惯性力、安装预紧力,以及由振动、变形引起的附加应力等,其中以气体压力和惯性力为主要负荷源。从管理方面来说,影响最大的是气体力和安装预紧力。柴油机的机械负荷有两个特点:一是周期交变;二是具有冲击性。

燃烧室组件承受的应力,除上述以外,在铸件内还不可避免地存在铸造应力。这些应力中,有高频的,也有低频的。燃烧室组件所承受的应力是按一定的关系叠加起来的综合应力,要使燃烧室组件工作可靠,必须要有合理的结构来保证。

柴油机各相对运动部件表面之间的摩擦是不可避免的,如活塞环与气缸套、十字头滑块与导板、轴与轴承,以及传动齿轮、链轮等。摩擦的存在,要消耗柴油机的部分有效功,使机械效率下降,造成能量的损失,尤其是活塞环与气缸套之间的摩擦损失占柴油机全部摩擦损失的55%以上。因此,保证气缸具有良好的工作状态十分重要。

磨损是材料在摩擦中相互作用的结果,是一个十分复杂的表面变化过程,在摩擦表面上会发生各种物理、化学和机械的作用,根据磨损机理的不同,可将磨损分为黏着磨损、腐蚀磨损和磨料磨损。

综上所述,燃烧室组件同时承受着热负荷和机械负荷的作用,相对运动的部件之间还有摩擦和磨损。因此,为保证该组件的正常工作,必须解决好以下四个主要问题:

(1)组件之间具有良好的密封性,使漏气量达到最低限度。漏气不仅会降低功率,影响内燃机的正常启动,而且可能引起机件发生故障。

(2)组件应有足够的强度和刚度。

(3)组件应散热良好,这可让机件各部分温度分布较均匀,并处于安全范围。

(4)活塞和气缸之间应有良好的润滑,这可降低机件磨损速度,延长使用寿命。

2.1.2 气缸

2.1.2.1 气缸的构造

气缸通常由气缸体和气缸套组成,气缸体一般为机体的一部分。

气缸套是圆筒形部件,它安装在机体的气缸孔内,其顶部被气缸盖压紧和密封,里面装着往复运动的活塞组件。气缸套的主要功用如下:

(1)与活塞组件、气缸盖构成燃烧室。

(2)通过气缸套将部分热量传给冷却水,以保证活塞组件和气缸套本身在高温高压条件下正常工作。

(3)引导活塞组件做往复运动,在筒形活塞四冲程柴油机中还承受活塞的侧推力作用。

(4) 在二冲程柴油机中,气缸套设有气口,通过活塞控制气口的启闭。

气缸套工作条件十分恶劣,内表面直接与燃气接触,受到高温高压燃气的作用,湿式气缸套外部直接与冷却水接触,内外温差大。所以气缸套受到很大的机械应力和热应力,并受到燃气的化学侵蚀和冷却水的腐蚀作用。另外,与活塞产生摩擦,在筒形活塞式柴油机中还有侧推力的作用,使气缸套磨损加剧。因此,对气缸套的要求如下:

(1) 气缸套应有足够的强度和刚度,以承受热负荷和机械负荷的作用。

(2) 气缸套工作表面应有较高的精度和较低的粗糙度,有良好的耐磨性和耐腐蚀性,有良好的润滑条件和可靠的冷却条件。

(3) 保证对气缸工作容积和冷却水腔有可靠的气密与水密作用。

(4) 对二冲程柴油机气缸套要有合理的气口形状和截面积。

气缸体的作用是支承气缸套和容纳冷却水,形成冷却空间。

气缸体有每缸一个的单体式,有几个缸的缸体铸成一体的分组式,还有所有气缸体铸成一体的整体式。在尺寸较大的柴油机中,为制造、拆装和维修方便,气缸体多做成单体式或分组式。在中小型柴油机中,为减小尺寸和质量,增加刚性,气缸体不仅做成整体式,而且中小型柴油机的气缸体往往与机架或曲轴箱制成一体。

气缸体多采用灰铸铁铸造。气缸套采用灰铸铁、耐磨合金铸铁或球墨铸铁,高速柴油机也有采用氮化钢。为提高气缸套的耐磨性和抗腐蚀性,可采用对气缸套内表面进行多孔性镀铬、氮化、磷化、表面淬火和喷镀耐磨合金等工艺措施。为防止气缸套穴蚀损坏,增加气缸套的刚性、减小活塞与气缸套的配合间隙以减小振动,以及冷却系统的正确设计是较为有效的措施。

按照气缸冷却水套结构形式的不同,气缸套可分为干式、湿式和水套式三种。

图2-2(a)为湿式气缸套。湿式气缸套的主要特点是,气缸套的外表面直接与冷却水接触,所以冷却效果好,制造维修方便。但是缸壁厚度较大,而且必须要有可靠的冷却水密封措施,以防止冷却水漏入曲柄箱中。由于它的突出优点,现在的船用柴油机广泛采用湿式气缸套。

图2-2(b)为干式气缸套。干式气缸套的主要特点是,气缸套的外表面不和冷却水直接接触,而是紧紧地贴合在气缸体的圆柱形镗孔中,冷却水套设置在气缸体内,燃气传给气缸套的热量,再经过气缸体传给冷却水(如GM6-71柴油机)。气缸套可以做得很薄,有利于节约合金材料,但加工精度要求较高。气缸体内孔和气缸套外表面均需精密加工,以保证气缸套与气缸体紧密贴合,保证良好的散热。因此,只适用于大批量生产的小型高速柴油机。干式气缸套的主要优点是可以保证整个缸套获得较好的强度和刚度,冷却水腔中没有防漏问题;缺点是传热效果较差、制造工艺、装配维修要求高,具有一定的难度。

图2-2(c)为水套式气缸套。气缸的冷却水套与气缸套铸成一体,然后安装于气缸体中,这种形式主要应用于二冲程柴油机(如GM12-567型、GM16-278型等柴油机)中。整个气缸套用长螺栓与气缸盖连成一体,然后依靠气缸盖上的凸肩支承在机体上。冷却水由气缸下部的环形冷却水道进入,通过气孔之间的水孔进入上部水腔。气缸下部有两个环形支承部,它们分别由机体来支承。为防止漏水,在支承部设置橡胶圈,采用这种结构时,气孔部分不存在防漏问题。

气缸套一般用上凸缘作轴向定位,与气缸体上部的支承相配合,由气缸盖压紧在气缸体中,气缸套下端是不固定的,受热后可以自由伸长。为保证燃烧室的密封,气缸套顶部与气缸

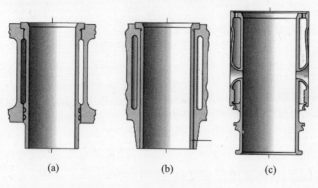

图 2-2 柴油机的气缸套

盖之间常用一只紫铜垫圈,该垫圈除防止漏气外,也可更换厚薄,作调整压缩比之用。气缸套凸缘下端面与缸体支承面之间也装有紫铜垫片,用以密封冷却水。气缸套外圆与缸体内孔之间有一定间隙,允许气缸套受热时在径向向外自由膨胀。气缸套下部外圆处有几道环形槽,用作装橡胶密封圈,以防止漏水。

气缸套的裂纹多见于气缸套上部凸肩处,过渡圆角处,水套加强筋处以及气口附近,其原因是热应力与机械应力的共同作用。

2.1.2.2 气缸套的润滑与冷却

气缸套润滑有飞溅和注油两种方式。筒形活塞式柴油机一般可凭借飞溅到气缸套内壁上的滑油来润滑,但十字头式柴油机有横隔板隔开,故必须配备专用的气缸润滑油注油器。此时,气缸套上开有注油孔和布油槽,注油孔位置一般在活塞上止点时第一、二道环之间。布油槽与注油孔成倾斜向下布置呈"八"字形,布油槽宜浅些、窄些为好。

有些中速柴油机因燃用含硫量高的重油,除了飞溅润滑外,还辅以注油润滑,其注油孔位置一般在活塞位于下止点时活塞环带区域。

为降低气缸套的温度、减小热应力、防止滑油结焦、保持气缸套与活塞的正常工作间隙,要对气缸进行冷却,借以保持气缸的温度在允许的范围内,壁温不可过高或过低。

气缸广泛采用淡水循环冷却。冷却水由冷却水空间的最低处进入,由最高处排出,以确保冷却水充满冷却腔空间,并防止由冷却水带入的空气和生成的蒸汽滞留形成气囊。有些柴油机的冷却水沿切向引入并绕气缸套螺旋形上升,从而使气缸套得到均匀的冷却。水在流动中不得有死水区,以防气缸套局部过热。为了加强对气缸套上部的冷却,常采用螺旋形水道、钻孔冷却等措施。冷却水空间要尽量宽敞,水的流速不可过高,进出水不要有急剧的压力变化,以防止产生空泡腐蚀。

气缸套上部受燃气高温、高压作用及气缸盖螺栓紧固力的作用。在高增压机中,气缸套上部的热负荷和机械负荷都很大。为减小气缸套上部的机械应力和热应力,降低气缸套上部和第一道活塞环的温度,气缸套凸肩做得又高又厚,并在凸肩中钻孔冷却。孔与气缸套内表面的距离既要保证活塞环工作区有足够的低温以利润滑,又要防止温度过低,以免引起过大的腐蚀磨损。

气缸套中工作条件最恶劣部位是气缸套上部凸肩区,因其壁面较厚,多发生由热负荷过大而产生的裂纹故障。为了合理解决此问题,当代柴油机采用凸肩区钻孔冷却,而有一些柴油机采取将燃烧室上移至气缸盖内或下移至凸肩区下方的技术措施。

2.1.2.3 气缸套的密封

为保证冷却水腔的密封性,在柴油机中,一般采用如下措施。

1. 在气缸套上部的凸缘采取的措施

(1) 接触面处研磨配合。

(2) 在接触面处加紫铜垫圈。

(3) 在支承台阶处装耐热橡皮圈。

2. 在气缸套下部定位带处采取的措施

该处的防漏措施主要是在定位带处设置橡皮圈,安装时将橡皮圈挤压在定位带内面。根据橡皮圈安装方法的不同,具体结构有以下类型(图2-3):

(1) 在气缸套下部定位带处开有2~5道环形槽(槽的断面为圆弧形或者方形),每个槽内安装一个橡皮圈(图2-3(a)、(b))。这种类型应用比较普遍。有的柴油机气缸体上开有检查孔(图2-3b),用来检查橡皮圈的工作是否正常。

(2) 气缸套下定位带处做成台阶状(图2-3(c)、(d)),一定数量的橡皮圈都安装在台阶上。当把气缸体装进曲轴箱上时,利用曲轴箱的支承面把橡皮圈挤紧。这种类型应用在某些轻型高速柴油机中。台阶上共装四个橡皮圈,每两橡皮之间放一个隔离环,最下一道橡皮圈用支承环托住,然后连同压紧环一道压在曲轴箱的支承面上,这种结构的防漏效果较好,但结构太复杂。

(3) 有些柴油机将橡皮圈装在气缸套下定位带的外表面与机体下平面接触处,然后用螺钉通过压盖把它压紧(图2-3(e))。

(4) 在有的轻型柴油机中,为防止气缸套下部定位带处表面穴蚀,在配合面端部(靠近水腔一侧)设置一道长方形断面的橡皮面。

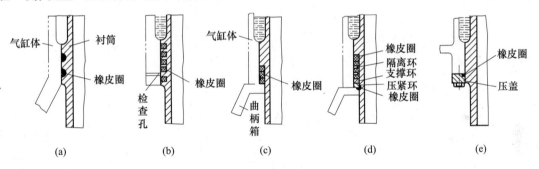

图2-3 气缸套下部的防漏

为了保证正常工作,每种机型对橡皮圈的尺寸规格都有具体规定。尺寸太小,会降低防漏效果;尺寸太大,可能引起气缸套下定位带处的变形,从而影响活塞与气缸套之间的正常配合。

在二冲程柴油机中,气缸套中部气孔部分一般需要采用相应的防漏措施。图2-4所示的为LMC型柴油机气缸套。气孔以上的空间为冷却水腔,气孔以下部分为空气室。上、下两部分空间的防漏主要是在气孔上部定位带处的环形槽内安装橡皮圈来实现。

2.1.2.4 气缸套的磨损、穴蚀与拉缸

1. 气缸套的磨损

气缸套因热负荷的作用,可能会出现裂纹损伤。另外,气缸套的磨损和穴蚀也是影响柴油机寿命的主要因素。因此,要求气缸套具有一定强度和刚度,以承受热负荷和机械负荷的作

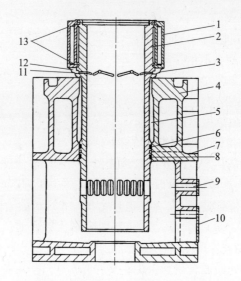

1—冷却水套；2—气缸套；3—接管；4—气缸体；5—冷却水腔；6,8—密封圈；
7—检漏孔；9—检查孔；10—孔盖；11—注油孔；12—压板；13—密封圈。

图 2-4 LMC 型柴油机气缸

用，并使之在工作中不致产生过大的变形。气缸内表面经工艺处理，具有一定的精度、粗糙度和耐磨性能以及抗蚀能力。

正常情况下，气缸套的磨损速度很小，当铸铁气缸套的磨损率不大于 0.1mm/kh，或镀铬气缸套的磨损率不大于 0.01~0.03mm/kh，且气缸套内圆表面磨损较均匀能够保证良好的密封和润滑时，称为正常磨损。若气缸套的磨损速率超过上述范围或出现较严重的不均匀磨损时，称为异常磨损。不同情况下的气缸套表面磨损情况如图 2-5 所示。

正常气缸套表面的磨损情况如图 2-5(a)所示。从轴向看上端磨损和下端磨损均较大，中部较小。从周向看垂直于曲轴中心线的方向承受侧压力，磨损较大。

气缸套沿轴线方向（纵截面）呈锥形，即上部磨损比下部大，其正常磨损最严重的位置在活塞位于上止点附近，在第一道活塞环对应的部位往往形成磨脊。这是因为在活塞上止点第一道环对应的气缸套位置存在如下特征：

（1）温度高，油膜难以建立。
（2）活塞速度低，对润滑不利。
（3）存在低温腐蚀磨损。
（4）发生不同程度的黏着磨损。

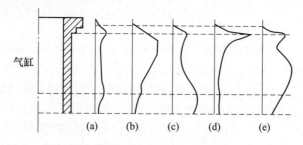

图 2-5 气缸套镜面的磨损情况

2. 气缸套的磨损

气缸套不正常磨损的原因很多,不同的原因磨损情况各不相同。

1) 磨粒磨损(图2-6(b)、(c))

图2-6(b)主要是因为进气吸入大量尘埃或严重积碳形成的磨粒磨损。由于尘埃从上部吸入,积碳也是在上部形成,故气缸套中上部磨损大。

图2-6(c)是在滑油被污染后,含有大量硬质微粒而形成的磨粒磨损。由于滑油是从下往上甩,在微粒的重力作用下,气缸套镜面下部落的微粒多,磨损较大。

气缸套磨粒磨损的特征是在镜面上沿活塞运动方向有均匀的平行直线状的拉伤痕迹。

2) 黏着磨损(图2-5(d))

一般发生在气缸套上部靠近第一环处,若在上止点时这里温度过高,滑油黏度过低,不能建立油膜,活塞环、活塞和镜面发生金属直接接触,并由摩擦形成局部高温,如果热量不能及时散走,就会使接触面产生黏结,出现黏着磨损。较大范围的黏着磨损会出现不均匀不规则边缘的沟痕和皱折,也就是通常所说的"拉缸"。

3) 腐蚀磨损(图2-5(e))

腐蚀磨损是由于低温启动频繁或使用高硫柴油引起的。当气缸壁温度较低时,燃气中的水蒸气在一定的压力下会凝结在镜面上,而燃气中的SO_2、CO_2等溶于水中时形成酸性腐蚀液,气缸上部腐蚀使磨损量增大,而磨损剥落的金属微粒在中部造成严重的磨粒磨损。腐蚀磨损时在镜面上常出现疏松的小孔穴。

除了以上三种不正常磨损外,气缸变形、中心线不正等原因也会造成异常磨损。这几种不正常磨损常常是两种或多种情况同时存在。

由于活塞侧推力的作用,气缸套磨损后会出现椭圆度,其长轴在承受侧推力方向上。

为提高气缸套耐磨性,可采取以下措施:

(1) 注意柴油机运转初期的磨合,经磨合后,可大大降低运转期的磨损。

(2) 冷却水温度不能太低,以防酸腐蚀。

(3) 对气缸套镜面进行淬火、氮化或多孔性镀铬处理,以提高其耐磨性。

(4) 采用珩磨加工工艺,提高气缸套内孔的几何精度,使其内部产生网状花纹以保持油膜,防止拉缸。

(5) 加强对空气、润滑油的滤清以减少磨料磨损。

3. 拉缸的原因及预防

拉缸是活塞与气缸套或活塞环与气缸套之间滑动面上发生的一种激烈的表面损伤,通常是一种严重的黏着磨损,有时是严重的磨粒磨损。拉缸时一般要出现轴向的较深的深褐色或深蓝色的条纹和熔化黏着现象,有时在镀铬层上产生与滑动方向相垂直的严重裂纹。拉缸时磨损率很大(有时比正常磨损大几十倍),并使密封性受到严重破坏,拉缸严重时会出现抱缸,使柴油机憋停。

产生金属直接接触的原因不同,拉缸常常在以下两个时机出现。

1) 出现在磨合阶段的早期拉缸

设计、制造以及装配不当,导致气缸套与活塞间的间隙不合适、活塞或气缸套的异常变形、局部区域冷却或润滑不良、摩擦表面太粗糙或太光滑等,使得油膜受到局部破坏,出现金属直接接触。

在一定的压力和相对速度下,面积很小的直接接触,产生很大的压强和剪应力,引起金属的较大变形,出现瞬时高温,导致金属的局部熔化和黏着。在高速相对运动时把黏着金属撕开,撕开后迅速降温,金属得到淬火,变成坚硬的熔结生成物或碳化物,它像把刀子把表面层刮落下来,从而使表面形成不规律的条纹沟槽。随着熔化黏结范围的扩大,表面温度升高,滑油流失严重,直接接触的范围扩大,甚至出现抱缸(咬缸)。

防止早期拉缸的基本措施就是正确地组织磨合,保证按柴油机规定磨合程序进行。

2) 出现在长期工作后的晚期拉缸

长期运转使各处的磨损量比较大。由于活塞环的较大磨损,一方面其弹力下降,容易卡在槽里;另一方面,燃气的泄漏量增加,活塞被漏气加热,活塞环槽中的滑油容易结胶使活塞环卡死在槽内。一旦环卡死(或折断),漏气量大增,活塞裙部和气缸套的温度迅速增加,滑油流失更加严重,导致金属直接接触并发展成拉缸。

防止晚期拉缸的措施是按柴油机维护保养规定进行预防性维修,保证柴油机机件的运动间隙及零件可靠工作。

2.1.3 活塞组件

活塞分为筒形活塞和十字头式活塞两大类。筒形活塞组件由活塞本体、活塞环和活塞销组成,十字头活塞组件由活塞本体、活塞环和活塞杆组成。

活塞组件的作用如下:

(1) 承受燃气的作用力,并通过连杆传给曲轴。

(2) 保证燃烧室的密封性,防止燃气漏入曲柄箱,同时防止滑油窜入燃烧室。

(3) 在二冲程柴油机中,控制气孔的开闭。

对活塞组件的具体要求如下:

(1) 密封。活塞与气缸套之间既要做相对运动又要保持燃烧室内高温、高压的气体不会大量泄漏而影响内燃机有效做功。当气缸内气压较低时,又要防止曲柄箱内的润滑油漏进燃烧室而增大滑油的消耗和在燃烧室内结胶。

(2) 散热。通过适当散热以控制组件承受的热负荷在允许范围内。

(3) 强度。在减小活塞质量的同时,保证活塞有足够的强度与刚度,使组件能可靠运行。

(4) 耐磨。减少磨损以降低传递动力过程中的能量损耗,延长使用寿命。

2.1.3.1 活塞

柴油机工作时,巨大的气体压力作用在活塞顶上,活塞的运动速度不但很高,而且它的大小和方向不断迅速变化,所以惯性力很大。惯性力随活塞质量和曲轴转速的增大而增加。此外,活塞在工作时,由于连杆倾斜所产生的侧推力使它紧压在气缸壁上,该力的方向和大小不断变化,因而使活塞时而冲击气缸的这一边,时而冲击另一边(指连杆摆动平面上),加之润滑条件较差,使得活塞和气缸之间摩擦严重。活塞顶部直接与高温燃气接触,由于活塞的散热条件较差,因而顶部温度较高,而且各处的温度差别也较大。上述情况说明,无论是受力方面还是受热方面,对活塞来说都是比较严重的,这也是影响活塞工作可靠性和使用寿命的根源。

1. 活塞的结构

活塞本体由活塞头部和活塞裙部两部分组成。头部包括直接承受高压、高温燃气的活塞顶部,以及安装防漏环的防漏部。裙部包括承受侧推力的圆柱面以及安装活塞销的毂部。这两部分的分界没有严格的统一规定,一般根据防漏部最下一道活塞环的位置来确定,从这一道活塞环开始,以上部分称为头部,以下部分称为裙部。

活塞顶承受燃烧气体的压力,所以应具有足够的机械强度。活塞顶的形状要与燃烧室配合,采用分开式燃烧室的柴油机,大部分用平顶活塞。

在近代中高速强载柴油机中,最高爆发压力已达 15~18MPa,为了保证活塞顶部具有足够的机械强度以及足够的刚度,不致使上部环槽变形太大,应该保证其一定的厚度,但顶部的加厚会引起热应力的增大。因此,从减小热应力的角度,希望顶部尽可能薄一些。为了解决这一矛盾,采取的措施之一是采用"薄壁强背"多支承结构,同时还采取适当的冷却措施,如图 2-6 所示。这样既可以增加活塞顶的强度,又可以增大其散热面积。

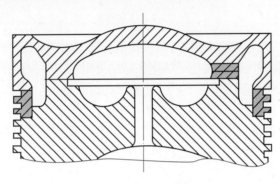

图 2-6 活塞的薄壁强背结构

在活塞顶部下方制有环槽,槽中装有活塞环,能有效地防止燃气的泄漏,保证燃烧室的密封性。

在头部的环形槽中安装一定数量的防漏环。它除了保证燃烧室的密封性以外,在没有专门冷却装置的活塞中,高温燃气传给活塞顶部的热量,主要是通过活塞环经过气缸壁传给冷却水,由于环槽背后的壁部较厚,这样保证了热流能够顺利通过。

由于柴油机工作时的气缸压力较高,因此柴油机的活塞环槽数较多。一般在前几道环槽中安装防漏环,其余的环槽中安装刮油环,此外在活塞裙部也安装着刮油环。

活塞裙部也称为活塞的导向部,它的作用是把活塞的动力传给连杆,承受活塞的侧压力,并使活塞在气缸内保持上下方向运动时的稳定。

活塞裙部有活塞销座,用来安装活塞销。为了增大强度,销座通常具有与防漏部连着的肋条或凸出部。

裙部的长短影响着整个活塞组的重量,从而影响工作时产生的惯性力,同时也影响着传递侧推力的承压面积,这两个方面的影响是相互矛盾的。在高速机中由于要求活塞具有较小的重量,以便减小活塞组件产生的惯性力,所以裙部长度与直径之比一般较中速机小。但在二冲程柴油机中,裙部长度一般应能保证活塞到达上止点位置时,下端仍能盖住气缸上的气孔。

为保证活塞在气缸中的正常运动,活塞侧表面与气缸套之间必须留有间隙,间隙的大小对活塞和气缸套的使用寿命产生很大影响。在柴油机工作时,由于活塞各部分的受热程度不同,其温度从顶部开始自上而下逐步降低,为适应这一特点,活塞侧表面加工成各种型线,如图 2-7 所示,加工时,活塞的直径从下而上逐步略有缩小。这样在工作时,各部分的膨胀量,会使活塞的外侧表面形状向圆柱面形状变化,从而保证了正常间隙。

活塞工作时,裙部也会发生不均匀变形,原因如下:

(1) 销座附近的材料分布不均匀。即使在温度不是很高时,活塞由于受热膨胀,也会破坏

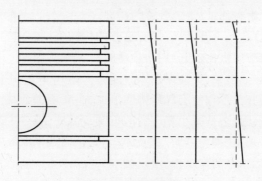

图 2-7　活塞型线

裙部正确的圆柱面形状,使它成为椭圆形,其长轴沿着活塞销中心线方向,如图 2-8(a)所示,图中实线是裙部受热前的外形,虚线是受热膨胀后的外形。

(2) 侧推力的作用使裙部变成图 2-8(b)所示的椭圆形。

(3) 顶部承受气体压力所引起的变形如图 2-8(c)所示。

上述变形有可能使裙部与气缸之间的间隙局部消失,引起强烈的摩擦。在特别严重的情况下活塞会卡死在气缸内,以至于造成连杆的弯曲或折断。

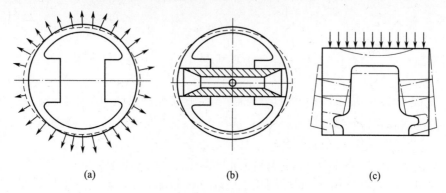

图 2-8　活塞裙部的变形

为避免上述情况的发生,一般采取如下措施:

(1) 将裙部事先做成椭圆形,其短轴沿活塞销中心线方向(图 2-9(a))。

(2) 将裙部外侧靠近销座附近的材料剜去一层(图 2-9(b))。

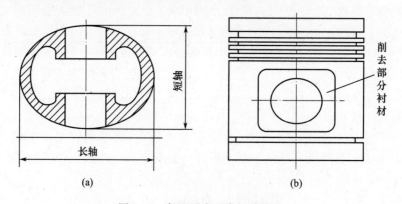

图 2-9　保证活塞正常间隙措施

采取这些措施后,即使裙部出现机械变形和热变形,仍能保持正常的工作间隙。

2. 活塞的材料

活塞目前常用的材料主要有铸铁(合金铸铁、球墨铸铁)、钢(碳钢、耐热合金钢)和铝合金。

铸铁易于浇铸,工艺性好,耐磨、耐腐蚀性好,机械强度较高,价格低廉,线膨胀系数小。

铸铁活塞线膨胀系数与气缸套很接近,故活塞与气缸套间允许有较小的间隙。它是制造发动机活塞最基本的材料。其缺点是密度大,导热性比铝合金差。

钢的机械强度高,但耐磨性较差,成本较高。钢主要用于大功率中低速柴油机,因为它们的活塞机械负荷和热负荷都很高,往往用耐热合金钢作为受热最严重的活塞头部材料。

铝合金的密度小,仅为铸铁的1/3左右,导热系数比铸铁高2倍左右,利于散热,但热强度差,线膨胀系数大。因此,活塞与气缸套之间的冷态间隙要求较大,造成冷车启动困难,并且在冷车启动和低负荷时使活塞对气缸套的撞击加剧。铝合金的耐磨性也较差,成本也较高。因此,仅用于制造中小型高速柴油机的活塞,以减少往复惯性力。

近年来,随着单缸功率的不断提高,柴油机的强化程度越来越大,目前高强化柴油机的平均有效压力已达到 1.6~2.4MPa,使活塞所承受的最大爆发压力超过20MPa,其机械负荷和热负荷也越来越高,因而越来越广泛地采用不同材料制造组合式活塞。活塞头部用耐热合金钢制成,以减小活塞顶厚度,降低热应力。裙部则用铝合金制造,以减小质量和惯性力。顶部与裙多采用螺栓连接形式,连接时要具有足够的预紧力。

3. 活塞的冷却

随着柴油机强化程度的提高,燃烧室组件的热负荷和机械负荷也相应增加,成为影响柴油机工作可靠性的重要问题之一。当温度超过一定限度时,活塞环槽(尤其是第一道环槽)就会积碳和结胶,从而引起活塞环卡死和拉缸,另外,材料的强度也会因温度的过高而迅速降低,因此在国内外大功率柴油机中,冷却式活塞的应用越来越广泛。

冷却活塞所采用的冷却液为滑油或淡水。在箱式柴油机中普遍采用滑油,在十字头式柴油机中有的采用淡水。

在冷却式活塞中,燃气传给顶部的热量,主要由冷却液体带走,因此它的头部结构与非冷却式活塞的结构有着明显的区别。图2-10(a)为非冷却式活塞,图2-10(b)为冷却式活塞。冷却式活塞的结构特点是,顶部厚度较薄,并有若干筋条。这样在保证足够强度条件下,可以扩大热交换面积,提高冷却效果。此外,与头部的交界处设有环形槽,这样既加强了活塞顶边缘部分的冷却,又限制了活塞顶导向气环的热流,从而改善了气环的工作条件。

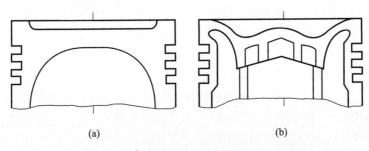

图2-10 非冷却式活塞与冷却式活塞头部结构
(a)非冷却式;(b)冷却式。

油冷活塞的结构有整体式和组合式两种。在组合式活塞中,活塞的不同部分,根据其不同的工作条件,采用不同材料制造,然后连接成一体。

按照冷却方式的不同,油冷活塞分为以下三种形式:

(1) 喷淋冷却。图2-11为用于GM6-71型柴油机的油冷活塞。滑油在压力作用下,经过连杆杆身的内部油道,从喷嘴1中喷出,喷出的油流冲刷着活塞顶中央部分的背面,并吸收热量,然后掉入曲柄箱。在油流冲刷顶部过程中,使活塞得到冷却。这种冷却形式制造简单,冷却不均匀,顶部的冷却效果较好,但对环带部分的冷却较差。

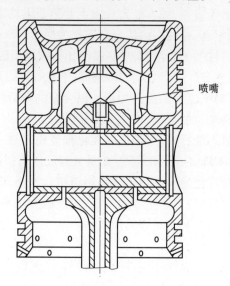

图2-11 喷淋冷却式活塞

(2) 振荡冷却。这种冷却方式的主要特点是:在活塞头部设有冷却腔,其内部的滑油(或水)保持一定的液面,但不完全充满。当活塞高速往复运动时,冷却腔内的滑油(或水)产生强烈的振荡,并冲刷着顶部的内表面,从而有效地冷却活塞顶。这种方式和自由喷射式比较,环带部分的冷却效果较好。

图2-12为12PC2-5柴油机活塞。头部1用合金钢制成,裙部5用铸铝制成,两者用双头螺栓11和螺母固紧。头部和裙部之间构成冷却室,并用密封圈3防漏。密封环用耐热耐油的合成橡胶制成。为了保证顶部的凹槽与气门的位置相对应,头部和裙部的相对位置由定位销13来保证。

活塞销7用合金钢制成,表面进行热处理和渗碳,两端安装挡圈6来限制其轴向移动。销内安装有套管9,两者之间构成一条滑油通道。套管与销的接触面处安装密封圈10,并用卡圈8来限制套管的轴向移动。

滑油从连杆上头部经活塞销中部的油孔进入活塞销和套管之间的油道,然后经活塞销两端的油孔流向销毂上的油槽。滑油从这里经裙部的油孔进入冷却室的外部环形空间,然后经过油孔进入头部的中央,最后经中心孔流出。油流路线如图2-12中箭头所示。

该活塞采用4个防漏环2和2个刮油环4。刮油环的背部安装弹簧,用来控制刮油环的弹力,同时刮油环都安装在裙部上面,这样既控制了滑油的耗量,也能保证裙部的良好润滑。

(3) 循环式冷却。这种方式的主要特点是:压力油均匀地在头部的冷却油道内流动,使头部各处得到均匀有效的冷却。

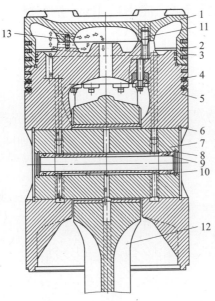

1—头部；2—防漏环；3—密封圈；4—刮油环；5—裙部；6—挡圈；7—活塞销；
8—卡圈；9—套管；10—密封圈；11—双头螺栓；12—连杆；13—定位销。

图 2-12 振荡冷却式活塞

图 2-13 为 12VE390ZC 柴油机活塞。头部由钢制的活塞顶、防漏部和底部三部分焊接而成。在活塞顶内开有 3 圈环形冷却槽，当上述三部分焊在一起后，环形槽互相沟通并形成一条蛇形油道。裙部用铸铁铸成，在外表面上镶有 3 道耐磨铜环，以提高活塞的工作寿命。头部和裙部用 6 只螺栓连成一体。活塞销座用铝锻制，装入裙部以后用卡环卡住，以防脱出，并通过上下两柱面来保持与裙部的正确相对位置。上肩面与裙部接触处安放垫片，用来调整燃烧室高度，从而调整压缩比。活塞销装在销座上的衬套内。销座的顶部有一个柱形空间，通过杯形

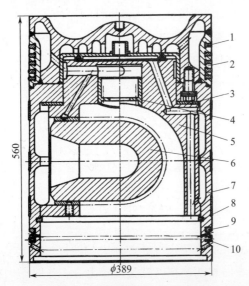

1—活塞环；2—头部；3—调整垫片；4—杯形座；5—活塞销座；6—活塞销；7—裙部；
8—卡环；9—密封刮油环；10—刮油环。

图 2-13 循环冷却式活塞

座与连杆上头部的油路连通。杯形座的下端弧形面借弹簧的弹力紧贴在连杆上。柱形空间由两个水平油道与冷却室连通。

工作时,压力油从连杆上头部经杯形座进入柱形空间,再经水平油道进入环形油室,首先冷却环带部分,然后经油孔进入蛇形油道冷却活塞顶,最后从顶部中央流出,经油道排入曲柄箱。

在新型 Sulzer RTA 系列柴油机中,采用了如图 2-14 所示的喷射-振荡式冷却方式。冷却油通过喷嘴直接喷射到活塞顶下部的冷却钻孔中,并且在排出冷却腔之前在冷却腔内振荡,喷射和振荡的双重效果确保了低的活塞表面温度并避免表面的烧蚀。

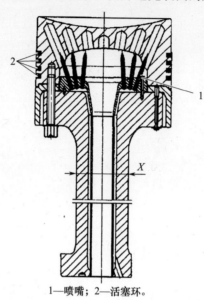

1—喷嘴;2—活塞环。

图 2-14 喷射-振荡式冷却

2.1.3.2 活塞环

活塞环按功用可分为气环(密封环)和油环两种,油环又有刮油环和布油环之分。因筒形活塞式柴油机中气缸采用飞溅润滑,甩到气缸套表面的滑油较多,故筒形活塞上装有密封环和刮油环,布油环仅在部分柴油机中使用。十字头式活塞上一般只装密封环,在裙部较长的活塞上还装承磨环。某些老式十字头式柴油机活塞上也安装有布油环。

1. 气环

气环的功用是阻止气体从燃烧室中漏出,保证燃烧室的良好密封性,同时把活塞顶吸收的热量有效地传给与气缸壁。

活塞环特别是第一道气环在活塞顶部直接受到高温、高压燃气的作用,其他各环也受到燃气不同程度的作用,高温使环的弹性、疲劳强度等力学性能降低。活塞环的润滑条件也受到限制,特别是第一、二道气环的润滑条件最差,处于边界润滑状态,使得它与气缸套、活塞环槽之间产生严重的摩擦和磨损。

在自由状态下,气环的平均直径比气缸直径大,装进气缸以后,处于弯曲变形状态。由于材料的弹性作用,环的外表面紧紧贴在气缸套内壁上。工作时作用在环背的燃气压力,也进一步增加了这种压紧程度。由于气环紧压在气缸壁上而且处于润滑不良条件下工作,因而受到强烈的摩擦作用,外表面产生严重的磨损。

气环之所以能起防漏作用,主要是由于在活塞和气缸之间的缝隙中装上气环以后,构成了一个曲折不连续的气道,把燃烧室和曲柄箱隔开,如图2-15所示。高压燃气经活塞头部与气缸之间的间隙漏出时受到气环的阻挠,只能进入环槽与环之间的端面间隙、环内径与环槽底外径间的径向间隙和气环的开口间隙才能逸出。通过这条曲径气体的压力会因节流效应而降低。如第一道环槽内的压力为 p_1,第二道环槽内压力为 p_2,如此逐级降压而起到防漏作用。p_1 和 p_2 也形成了将环进一步压向气缸套和环槽端面的压紧力,使气环能形成更好的密封带。显然,环数越多,密封效果越好,同时也增大了活塞与气缸间的摩擦损失和活塞组的尺寸和质量。此外,气环与气缸的贴合情况,端面与环槽的贴合情况,以及气环接口形状和各道环接口的相互安装位置,对防漏效果也有一定的影响。

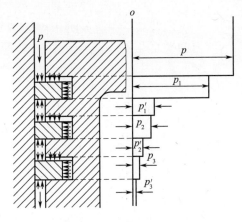

图2-15 活塞环密封原理

在不采用专门冷却装置的活塞中,燃气传给活塞顶的热量绝大部分从气环传给气缸,这样,工作时气环就处于较高温度下,尤其是第一道环显得更加突出。因此,制造活塞环的材料,应该具有很高的机械强度和弹性,而且高温条件下能保持稳定,还应具有良好的耐磨性,与气缸表面配合工作时,能很快地与气缸表面磨合。

活塞环应有良好的密封性,耐磨,特别是抗黏着磨损的性能要高,要有适当的弹性,足够的强度和热稳定性。活塞环的表面硬度以稍高于气缸套为宜。

气环的截面一般为矩形,长边为半径方向以增大弹性。为了改善气环与气缸套表面的径向磨合和接触要求,有图2-16所示的各种截面形状。用图2-16(d)所示的斜圆柱面可以减少密封带的面积增大压紧力,图2-16(e)、(f)两种截面的弯曲中性轴与气缸中心线间有交角存在,环在弯曲后会发生如图2-17所示的扭转变形,也能起到图2-16(d)环那样的改善密封作用。筒状环(图2-16(h))、嵌铜环(图2-16(g)、(i))和柱面开槽环(图2-16(c))可以避免环与气缸套表面之间的拉伤。梯形环(图2-16(b))需与梯形环槽配合,主要用于环槽温度高的第一道气环。当侧推力方向改变使活塞横向移动时,梯形气环在环槽内横向移动有利于清除环槽内的异物,防止气环在环槽内卡滞。

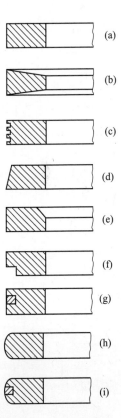

图2-16 气环截面形状

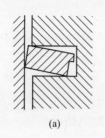

图 2-17 活塞环扭转变形

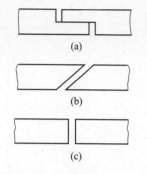

图 2-18 活塞环的切口形状

活塞环的切口形状有三种,如图 2-18 所示。最常见的是直切口,它的特点是制造方便,但密封性稍差。搭接切口密封性较好,但制造复杂,多用于大型低速柴油机。斜切口的性能介于两者之间,斜切口的角度通常为 30°~45°。

活塞环的间隙分为开口间隙、平面间隙(端面间隙)及环背间隙。开口间隙为工作状态下切口的垂直距离。平面间隙为环端面与环槽上或下面的垂直间隙。该间隙值有一定规定要求,活塞环的平面间隙和开口间隙一般为第一、二道环最大,依次减小。间隙过大造成漏气严重,间隙过小,活塞环受热膨胀时,又会造成卡死或折断事故。

活塞环安装在活塞上时,各道环的切口位置应相互错开一定角度,不可装在一条直线上,否则会影响气密性。

二冲程柴油机在环的搭口部分要倒角,以防止与气口挂碰。但倒角不宜过大,否则会因漏气较多易折断。某些机型采用搭口校正环,使用时环不做倒角,它在冷态时做成搭口处略向内弯,在热态时伸展与缸壁贴合。要注意上两道环的校正值较大,安装时不要装错。

气环的数量应该足以保证燃烧室的一定密封性要求。从燃烧室漏出的气量,随着燃烧室气体压力的增加而增加,随着活塞运动速度的增加而减小。具体数量根据柴油机的不同特点来确定,一般为 2~5 道,高速机所采用的数量较少。

制造气环的材料要弹性较好、摩擦系数小、耐磨、耐高温,有良好的初期磨合性、储油性和耐酸腐蚀。一般用合金铸铁、可锻铸铁、球墨铸铁。为提高气环的工作能力常采用镀硬铬以提高耐磨性,采用松孔性镀铬以提高表面润滑性与利于磨合,内表面刻纹以提高弹性,环外表面开设蓄油沟槽,环外表面镀铜以利磨合,喷镀钼以防黏着磨损等。

2. 刮油环

柴油机工作时,保证活塞组与气缸之间正常润滑的滑油一般通过飞溅(有的通过压力供给)方法来供给。飞溅到气缸壁表面的滑油数量相当多,而且分布不均匀。气环在完成密封作用的同时,还存在不断地把大量滑油送进燃烧室的"泵油"作用,这不仅会造成滑油的浪费,而且会影响柴油机的正常工作,因此必须安装刮油环。

气环的"泵油"过程如图 2-19 所示。当活塞向下运动时,环在某段时间内,靠在环槽上端面处(图 2-19(a)),缸壁上的滑油被挤进环槽下面和内侧的间隙中。当活塞向上运动时,在某段时间内,环靠在环槽下端面处(图 2-19(b)),滑油从间隙挤进上方。这个过程的不断重复,滑油便不断地进入燃烧室。

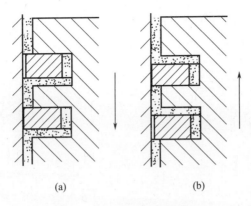

图 2-19 活塞环的泵油过程

刮油环的功用是:把气缸壁上多余的滑油刮回曲柄箱,以防止大量滑油进入燃烧室;同时让足够的滑油均匀分布在气缸壁上,保证活塞侧表面和气环的润滑需要。

为较好地完成刮油作用,要求刮油环具有较高的径向压力、良好的弹性、合理的截面形状及畅通的回油通道。刮油环的环背几乎没有气体压力,故应设法提高环的弹力。

刮油环与气环比较,结构上有以下特点:

(1) 与气缸壁的接触面较小,以保证较大的单位面积压力。

(2) 环与槽之间的端面间隙较小,以减小环的抽吸作用。

(3) 具有收集滑油的空间,让滑油从这里经活塞上油孔流进曲柄箱。

图 2-20 为各种刮油环的断面形状,但是它们的工作过程有以下两种方式:

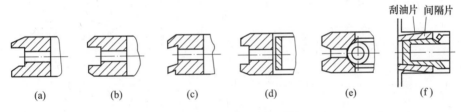

图 2-20 刮油环断面形状

(1) 带锥面的刮油环的刮油过程(图 2-21)。当活塞上行时,滑油在锥面上形成油楔,迫使刮油环离开气缸壁而形成一道缝隙,让滑油留在气缸壁上,这样避免了滑油进入燃烧室;但当活塞下行时,由于没有油楔作用,因而刮油环紧紧贴在气缸壁上,将过多的滑油刮下,并从活塞上的回油孔中流进曲柄箱。在安装时,带锥面的边必须向着燃烧室,否则将产生相反的结果。

(2) 不带锥面的刮油环的刮油过程(图 2-22)。活塞下行时,被刮油环下边缘刮下的滑油,通过油孔 3 流进曲柄箱;从下边缘和气缸壁之间穿过的滑油,通过小孔 2(或切槽),流到环的背面也最后流进曲柄箱。当活塞向上运动时,刮油环的上边缘刮下的滑油,也能从孔 3 流进曲柄箱。

刮油环的数目一般为 2~3 个,一般布置在箱部的上下端,但在二冲程柴油机中刮油环一般全装在活塞裙部的下端,当活塞位于上死点位置时,刮油环仍能位于气孔的下边缘以下,这样可以减小滑油经气孔的泄漏量。但在某些四冲程高速强载的柴油机中,刮油环全装在裙部的上端,这样有利于裙部的润滑。

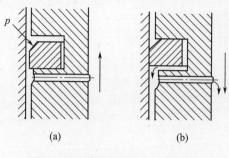
图2-21 锥面刮油环的工作过程

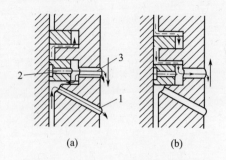
图2-22 无锥面刮油环的工作过程

2.1.3.3 活塞销

活塞销的功用是连接活塞和连杆,并把活塞上的作用力传给连杆。活塞销连接活塞和连杆小端并传递周期变化的气体力和惯性力,还受到连杆小端和销座的摩擦和磨损。活塞销受活塞限制,本身尺寸小,脉动冲击性机械应力很大。活塞销作为连杆小端的摆动轴,工作时相对滑动速度不大,但由于活塞传递热量,工作温度较高,同时承压面比压较大以及销座和活塞销工作时变形,都对润滑油膜起破坏作用,润滑条件较差。

活塞销工作条件恶劣,因此要求活塞销有足够的刚度和耐疲劳强度、抗冲击韧性,耐磨损和质量小。此外,还应具有较高的形状和尺寸精度,较低的表面粗糙度。

为了适应这种工作条件,要求活塞销具有高的强度、韧性、耐磨性,一般采用优质碳钢或合金钢锻造,外表面通过渗碳、淬火、氮化等措施使表面硬度高而内部韧性好,以提高耐磨性。为减小质量,活塞销都做成中空结构,或把内孔加工成一定的锥度。常见结构如图2-23所示。

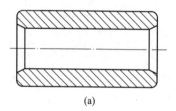
图2-23 活塞销

根据活塞销与活塞和连杆连接方式的不同,活塞销的安装方式分为固定式和浮动式两种。

在固定式安装中,活塞销和活塞之间或者和连杆上头部之间没有相对运动。但在浮动式安装中,活塞销与活塞以及连杆上头部之间都能产生相对运动。当前船用柴油机中,广泛采用浮动式。这是因为该方式结构简单,由于摩擦表面相对滑动速度小,因此磨损较小,而且也比较均匀。

为了防止浮动式活塞销工作时产生轴向移动而损伤气缸套表面,通常用图2-24所示的挡圈或铝合金制的挡盖作轴向定位。其中图2-24(a)中挡圈卡入活塞销座的环形槽中,用于限制活塞销左右窜动,图2-24(b)中的挡盖采用软金属制成,卡紧在活塞销两端,防止活塞销轴向窜动划伤气缸套。

在浮动式中,活塞销与销座孔之间的配合精度要求很高。因为间隙过大,会引起额外的冲击载荷;间隙过小,又不能保证润滑,甚至引起销与销座孔咬死。在铝制活塞中,由于铝合金的热膨胀系数比钢大,因而,工作时活塞销与销座孔之间的配合间隙变大。为保证工作时两者之

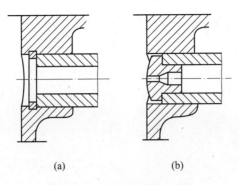

图 2-24 活塞销的轴向定位

间仍保持较小的配合间隙,在冷状态下装配时两者的配合比较紧,有时出现过盈配合。因此,装配时必须将活塞加热,使销孔尺寸胀大后,再将活塞销装入。严禁采用冷敲方法强硬压入,以免拉伤销孔表面,破坏配合精度。

活塞销的损坏可能引起严重事故,因此制成后要经过严格检验,带有润滑油孔的活塞销更要注意。常用磁性探伤和 X 射线来检查金属中是否有隐蔽的缺陷,如表面裂痕、内部裂缝和含有杂质等。

活塞销依靠连杆小头上的孔或活塞销座上小孔中流下来的润滑油进行润滑。有的柴油机连杆上有油道,滑油由连杆大头输送到小头,润滑活塞销。

2.1.4 气缸盖

气缸盖的功用,除了封闭气缸工作循环空间和组成燃烧室的一个壁面外,还用来安装喷油器、气门机构、启动阀、示功阀(又称检爆阀)、安全阀等部件,其内部设置有进、排气通道和冷却水腔,在采用分隔式燃烧室时,其内部还需设置辅助燃烧室。所以,气缸盖是柴油机中结构较复杂的零件。其上安装的安全阀是为了防止燃烧室内气体压力过高而引起事故。当燃气压力超过允许范围时,它自动跳开放气,这不仅使气缸内压力得到降低,保护了机件的安全,同时也向管理人员发出了警告信号。示功阀的功用是用来安装示功器、传感器及压力测量仪表等,也可以用来检查燃油的燃烧情况。盘车时打开此阀可减少阻力矩。

气缸盖的工作条件十分恶劣:一方面要承受气缸盖螺栓安装时预紧力所产生的安装应力,气缸内周期性变化的气体压力所产生的高频脉动的机械应力;另一方面,气缸盖底板还要受到高温燃气的剧烈加热和腐蚀。由于燃烧气体的高温加热和排气的高速冲刷,使气缸盖底板的中心区和排气门孔周围的温度最高,有的高达 400~480℃,而气缸盖的外围和冷却水侧的温度则相对较低,使气缸内部材料中温度分布很不均匀,再由于气缸盖螺栓紧固力的约束,使高温部分材料的热膨胀受到抑制,从而造成气门孔之间、气门孔与喷油器孔之间的狭窄区域(也称"鼻梁区")产生很大的热应力。

因此,为了提高气缸盖对热负荷和机械负荷的承载能力,必须做到:①合理选择材料和结构形式;②采用较薄的气缸盖底板,加强冷却以降低壁面温度和温差;③从结构上采取措施减小对底板热膨胀的约束;④增大气缸盖的刚度尽量减小应力集中的状况出现。

1. 气缸盖的结构形式

气缸盖的结构形式随柴油机的构型不同而不同,主要与柴油机尺寸、换气方式、燃烧室形成和强化程度等因素有关,一般分为两种结构形式。

1) 单制式

单制式就是每缸一个气缸盖。由于其制造工艺较简单,拆装与维修方便,密封性可靠,系列化、通用化程度高,所以广泛用于中大型柴油机上。

MTU396 柴油机气缸盖为单制式特种灰铸铁铸件,用气缸盖螺栓固定在机体上并在上部密封气缸,如图 2-25 所示。机体与气缸盖分界处有一块支承板和一片气缸盖垫片密封。冷却水流道的过渡部位靠密封垫圈密封。

气缸盖上面用气缸盖罩盖密封。每只气缸盖上安装两个进气门和两个排气门,它们布置在以喷油器为中心的同心圆上,进气门采用气门杆密封,防止柴油机滑油侵入燃烧室。

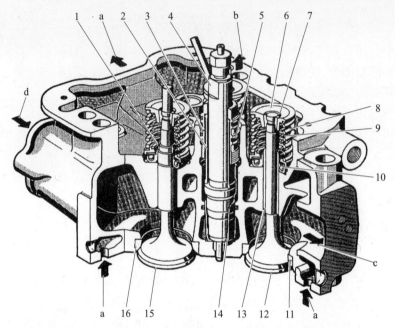

1—进气门杆油封;2—压紧衬套;3—压紧螺套;4—喷油器;5—O形环;6—弹簧座;
7—气门锁块;8—气门外弹簧;9—气门内弹簧;10—气门旋转机构;11—排气门座圈;
12—排气门;13—气门导管;14—保护套;15—进气门;16—进气门座圈。
a—发动机冷却液;b—发动机润滑油;c—排气;d—进气。

图 2-25 MTU396 柴油机气缸盖

气门有一套转阀机构,装在气门导套上。气门由两只气门弹簧压紧在它的座面上,排气门的气门杆比进气门短,进气门头部比排气门头部大。相邻两气缸盖之间的缸盖螺栓是共用的。进气门采用滑油润滑,专门有一台计量滑油泵供给滑油。整个气缸头采用循环冷却水冷却。

2) 合制式

合制式就是将整台柴油机所有气缸盖或一个气缸排的气缸盖或两三个气缸的气缸盖合制成一体。这种形式的气缸盖具有结构紧凑、可增强机体的刚性、减少柴油机纵向尺寸等优点;但加工要求高、拆卸安装不方便,即使只有一个气缸出了故障也得拆下全部气缸盖才能维修该缸。因此,一般多用于轻型高速柴油机中。还有的柴油机将气缸盖与气缸体做成一体,气缸套从曲轴箱端装入气缸体。

图 2-26 为 135 柴油机气缸盖,为合制式气缸盖,保证两个气缸的正常工作。气缸盖上装有两套进排气门以及两套喷油器,进气门比排气门稍大,喷油器斜装在气缸盖上,喷油器中心线与气缸盖中心线夹角为 15°。

图 2-26　135 柴油机气缸盖

2. 气缸盖的防漏措施

防止气缸盖和气缸套之间的接触面漏气,是保证燃烧室密封性的重要环节。气缸盖与气缸套之间的密封是一种高温、高压条件下的密封,是柴油机中在技术上较难密封的位置之一。其具体措施有如下三种:

(1) 保证接触面之间具有一定的粗糙度。

(2) 在接触面之间垫上耐高温的软金属。

(3) 保证固定螺栓具有一定的预紧力,且各螺栓受力均匀。

3. 气缸盖的材料

气缸盖的材料一般为合金铸铁、球墨铸铁等。有些大型低速二冲程柴油机则采用组合材料制作气缸盖,其受高温、高压部分采用铸钢或锻钢材料,其余部分用铸铁。有些高速轻型柴油机中,则采用铝合金材料制作气缸盖。

2.2　动力传递组件

动力传递组件包括活塞组、连杆和曲轴,它们的共同任务如下:

(1) 把燃气的作用力传递出去,带动推进器、发电机或其他装置运转。

(2) 把活塞的直线往复运动转变成曲轴的旋转运动。

工作时,它们都处于高速运动条件下,而且运动比较复杂,同时承受着气体压力和惯性力的共同作用,在相对运动的接触面之间(连杆小端和活塞销之间、大端与曲柄销之间、主轴颈与主轴承之间)摩擦非常剧烈。

为保证动力传递组件的正常工作,必须解决好以下三个主要问题:

(1) 各部分的连接安装必须正确可靠,否则,会降低柴油机的使用寿命甚至带来严重的事故。

(2) 具有足够的强度和刚度,以便能承受负荷的作用。

(3) 采用有效的减磨措施,以保证柴油机的可靠运转和性能的充分发挥,并延长使用寿命。

2.2.1　连杆

连杆是活塞或十字头与曲轴之间的连接件。通过连杆将活塞的往复运动转变为曲轴的回转运动,并将作用在活塞上的气体力和惯性力传给曲轴,使曲轴对外输出功。

连杆由小端、大端和杆身三部分组成,用碳钢或合金钢锻制。小端和大端的结构形式取决于柴油机的类型(箱式或十字头式)和气缸排列(单列或多列)。

连杆的工作状态如下:

(1) 连杆承受由活塞传来的周期性气体压力和活塞连杆组的往复惯性力的作用。在四冲程柴油机中连杆大部分时间受压、小部分时间受拉,二冲程增压柴油机连杆始终受压。在四冲程柴油机中,在排气行程末期和进气行程初期的一段曲轴转角内,由于向上的惯性力大于气体力,使连杆受拉,而在其余时刻均受压,所以在四冲程柴油机中,连杆有时受拉、有时受压。

(2) 在连杆摆动平面内,受到连杆本身运动惯性力引起的附加弯矩的作用,连杆大/小端轴承与曲柄销、十字头销(或活塞销)存在摩擦与磨损。

(3) 连杆的小端随活塞做往复运动,大端随曲柄销做回转运动。杆身在小端和大端运动的合成下,绕着往复运动的活塞销或十字头销摆动,杆身上任意一点的运动轨迹近似呈椭圆。

根据连杆的工作状态,要求如下:

(1) 连杆必须耐疲劳、抗冲击,具有足够的强度和刚度(尤其是抗弯强度)。

(2) 连杆轴承工作可靠、寿命长。

(3) 连杆长度尽量短,以降低发动机的高度和减小总质量。

(4) 连杆要质量小(特别是中高速机)、加工容易、拆装修理方便。

根据柴油机结构形式的不同,柴油机连杆可分为单列式连杆、V形连杆和十字头式连杆。

2.2.1.1 单列式柴油机连杆

图2-27是单列式连杆的典型结构,它通常由小端、杆身及大端组成。

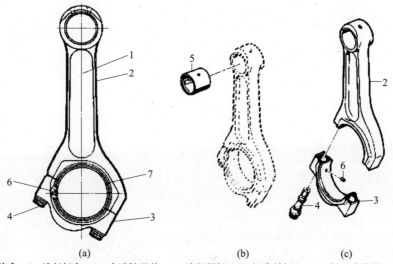

1—连杆总成;2—连杆杆身;3—大端轴承盖;4—连杆螺钉;5—活塞销衬套;6—轴瓦定位销;7—大端轴瓦。

图2-27 典型单列式柴油机连杆

1. 小端

连杆小端是活塞销的轴承,通过活塞销与活塞连接,一般与杆身制成一体,小端孔内压入锡青铜衬套或浇有轴承合金的衬套。

连杆小端主要结构如图2-28所示。圆柱形连杆小端用于工字形杆身,由模锻而成,如

图2-28(a)所示;球形连杆小端用于圆形杆身,由自由锻造毛坯车削加工成形,如图2-28(b)所示。

由于四冲程柴油机的连杆小端上部要承受往复惯性力的拉伸作用,因此,有用偏心圆弧来增加顶部中央截面抗弯能力的结构,如图2-28(c)所示。图2-28(d)、(e)是采用锥形或阶梯形活塞销座时相适应的连杆小端结构形式,其连杆小端下部主要承压面被增大。

二冲程柴油机的活塞销总是压在小头下半轴承上,因此其连杆小端衬套内表面制有许多油槽,以保证轴承内有充裕的润滑油,如图2-28(f)所示。

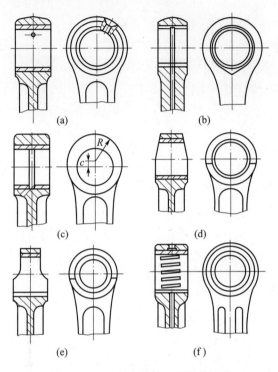

图2-28 连杆小端的主要结构形式

向衬套供给滑油的方式有以下两种:

(1)飞溅润滑。在小端的上方或侧方钻有油孔,曲轴箱内飞溅起来的滑油通过该孔进入衬套工作面。高速四冲程柴油机多采用这种方式。

(2)压力润滑。在连杆杆身内钻有油道,将连杆大端与小端连通,滑油通过该油道从大端进入衬套内。中、低速四冲程柴油机和二冲程柴油机多采用这种方式。

为保证从启动到正常运转的各种情况下都能获得良好的润滑,避免严重磨损,衬套表面通常开有纵向油槽,以帮助滑油的分布。有的衬套只在下半部开有油槽,有的则整个表面开有油槽。油槽形状分直线和螺旋线形两种。

2. 杆身

杆身是连接小端和大端的部分。它的截面形状主要有圆形、工字形两种基本结构,杆身形状如图2-29所示。轻型高速柴油机的连杆杆身通常采用工字形截面。工字形截面在一定截面面积条件下,与圆形比较,其抗弯性能好,具有小的质量和大的刚度。圆形截面多用于低速机的连杆,杆身虽然它在材料分布上不大合理,但在制造加工方面则比较简便,有些中速机的连杆杆身也采用这种截面。

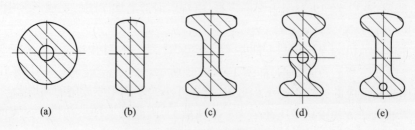

图 2-29 连杆杆身截面形状

3. 大端

大端是连杆与曲柄销的连接部分,通过轴承中心剖分成上下两部分,一般采用螺栓(或螺钉)连接成一体。检修装配柴油机时,为便于活塞-连杆组从气缸中向上抽出,一般上半部与杆身制成一体。但在中速和低速机中,有的上半部与杆身分制,其优点是便于制造和修理,利用分界面的垫片可调整燃烧室高度,从而调整压缩比;主要缺点是下头部质量增大。为保证连杆中心线通过下头部中心,在杆身与下头部结合面上有定位凸台。

大端剖分的方式有以下两种:

(1) 平切口剖分:剖分面与连杆中心线垂直。

(2) 斜切口剖分:剖分面与连杆中心线成 30°~60°夹角。

斜切口剖分方式的主要优点是使连杆的下部横向(与连杆中心线垂直方向)尺寸缩小,从而保证了在曲柄销直径较大情况下,连杆仍能通过气缸套进行拆装。

连杆大端应具有足够的刚度,以保证轴承内表面具有准确的圆筒形,这是保证大端获得有效润滑的重要条件。为保证两部分的装配精度,工作时不产生位置的错动,在连接时除要求螺栓具有一定的预紧力外,还要求它们之间具有可靠的定位。定位方法通常采用以下几种:

(1) 利用连杆螺栓上的柱面定位(图 2-30(a))。

(2) 利用销钉定位(图 2-30(b))。

(3) 利用套筒定位(图 2-30(c))。

(4) 利用凸肩定位(图 2-30(d))。

(5) 利用锯齿面定位(图 2-30(e))。

在斜切口结构中,以锯齿定位的方法应用最多,因为它具有较高的抗剪切能力。

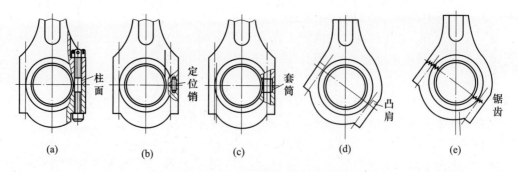

图 2-30 连杆大端定位方式

大端轴承一般为滑动式轴承,轴瓦由两半组成。它的背垫材料主要是低碳钢,有的采用青铜或铸铁。轴瓦正面浇铸一层减磨合金层,它是保证轴承正常工作的关键组成部分。为了改善合金层表面性能与疲劳强度,在其表面再覆盖一层极薄的软金属合金。在低速柴油机的连杆大端中,有的将合金层直接浇铸在轴承孔的表面。轴瓦的表面可以是平整的,也可以在其上面开布油槽。柴油机使用的轴瓦合金有巴氏合金、铜基合金和铝基合金三大类。大型低速船用柴油机以往常使用巴氏合金作为轴承合金材料,但现在已很少采用,主要采用高锡铝合金。高锡铝合金具有良好的力学性能和耐腐蚀性能,承载能力强。在高速大功率柴油机和中速柴油机的轴承中,铜铅合金得到了广泛应用。其优点是承载能力大,耐疲劳性能好,而且其机械性能受温度变化的影响不明显;缺点是其表面性能(如抗咬合性、嵌藏性等)差。铜铅合金中的铅易受酸腐蚀。

根据轴瓦壁厚的不同,轴瓦可分为厚壁和薄壁两种。区分厚薄的标准目前尚无统一规定。有的资料提出,厚壁轴瓦的壁厚($t \geq 0.095$)×轴承内径(D),薄壁轴瓦的壁厚($t = 0.02 \sim 0.065$)×轴承内径(D)。

厚壁轴瓦背垫刚度大,本身能保证轴承孔具有一定的形状和尺寸,但互换性差。这种结构仅用于大型低速船用柴油机中。薄壁轴瓦的背垫薄且富于弹性,装配时依靠较大的过盈量紧贴在轴承座孔内。轴承的尺寸和精度完全由轴承座孔与背垫的精度来保证,结构十分紧凑、质量小、互换性好、成本低,合金层较薄,能提高它的疲劳强度和承载能力。它是目前中高速柴油机轴瓦的主要结构形式。

上、下轴瓦安装在轴承座和轴承盖之间,当通过螺栓以一定的预紧力把轴承盖扣紧在轴承座上时,轴瓦的外圆柱面与轴承座和轴承盖所构成的内孔紧密配合,并产生一定过盈量,牢固地连接成一体,轴瓦内孔形成一个具有一定精度的轴孔。当轴颈安装在轴孔以后,构成具有一定间隙的相对运动摩擦面。

为保证轴承的正常工作,过盈量必须适当。轴瓦工作时,由于摩擦产生的热量,除通过滑油带走的一部分以外,还有一部分通过轴瓦与轴承座的贴合面由下头部散出。如果过盈量不足,则轴瓦背面与轴承座贴合不良,使热量不易散走,造成轴瓦工作面烧坏。相反,如果过盈量太大,则会出现上下轴瓦接合部产生严重的突出变形,以致损伤曲柄销。

为了防止安装时轴瓦接合部出现突出变形,造成该部位配合间隙过小,通常采用如下措施:

(1) 将轴瓦靠近接合部附近的厚度减薄。

(2) 将接合部附近削成一条斜槽。该槽的宽度约为轴瓦宽度的2/3,两端留有一定边缘,以免滑油流失。此外,该槽还有以下作用:储存一部分滑油,以便更好地分布到整个轴承的宽度范围,同时把滑油中的杂质储存在这里。

为了保证轴瓦相对于轴承座不产生轴向移动和转动,常采用以下措施来定位:

(1) 将轴瓦的分界面处冲压出一个小唇部,它高出于瓦背,利用它卡在轴承座或轴承盖的凹盖内,如图2-31(a)所示。

(2) 靠装在轴承座和轴承盖上的销钉定位,如图2-31(b)所示。

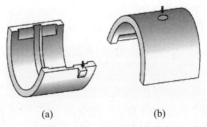

图2-31 轴瓦的定位

4. 连杆螺栓

连杆螺栓工作时承受着交变负荷的作用,是保证大端可靠连接的重要零件。连杆螺栓的脱落、松弛和折断,将会带来极其严重的后果,它不仅会使连杆本身遭到破坏,而且可能导致整个柴油机的报废,甚至危及人身安全。因此,对连杆螺栓的设计、安装和维护,都应引起充分注意。

连杆螺栓主要有螺钉型和螺栓型两大类。螺钉型的特点是:螺钉穿过连杆大端盖上的孔,直接旋入连杆大端上的螺纹孔中,斜切口的大端,常采用这种形式。螺栓型的特点是:螺栓穿过连杆大端和连杆大端盖上的螺栓孔,然后用螺母固紧。图2-32为几种典型连杆螺栓结构。

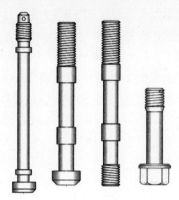

图2-32 典型连杆螺栓

连杆螺栓一般采用优质合金钢锻制,其数量为2~6个。

为保证大端的可靠连接,安装连杆螺栓时采取如下措施:

(1) 保证各螺栓有一定的预紧力,而且各螺栓受力均匀。

(2) 保证连杆螺栓的止松装置处于良好状态。

连杆螺栓预紧后,由于载荷的冲击和柴油机的振动,螺栓会逐渐松开,致使预紧力减小甚至消失,因此必须设置止松装置。常见的止松方法如下:

① 用开口销锁紧,开口销的尺寸必须合乎标准,否则容易脱落,每次拆装时要求换新。

② 螺母用锁紧挡圈锁紧,防止转动。

③ 螺纹镀铜,镀铜层的厚度一般为0.008~0.012mm。由于铜的质地较软,螺栓旋紧后会产生塑性变形,从而保证了结合面更好地结合在一起,增强了自锁能力。

④ 用防松剂,拧螺母时,先涂上防松剂,然后拧紧。

(3) 避免螺栓承受附加作用力。这就要求螺栓中心线与支承面必须保持垂直,两侧受力必须均匀,以免安装时产生弯曲。

2.2.1.2 V形柴油机连杆

在V形柴油机中,两排对应气缸的连杆安装在曲轴的同一曲柄销上。与单列式柴油机连杆相比,其结构方面的特点主要反映在连杆大端上。按连接方式的不同,其连杆主要有如图2-33所示的三种基本结构形式。

1. 主副式连杆(又称关节式连杆)

图2-33(a)为主副式连杆。其特点是:一排气缸的连杆大端直接安装在曲柄销上,该连杆称为主连杆,另一排对应的连杆称为副连杆,它的下端通过圆柱销(副连杆销)连接在主连杆的大端。

这种形式的优点是:大端刚度较好,两排对应气缸的中心线处于同一平面上,气缸中心距短,曲柄销的轴承负荷较小。缺点是:两排气缸的活塞连杆组的运动规律不相同,主、副连杆所在气缸的活塞行程不一样,主连杆的杆身以及主连杆所在气缸承受着副连杆传来的附加载荷,而且结构复杂,造价较高。

2. 叉片式连杆

图 2-33(b)为叉片式连杆,两个连杆都安装在同一曲柄销上,其中一个连杆的大端做成叉状,称为叉式连杆;另一个连杆的结构与单列式柴油机连杆相同,在大端插装在叉形部的空挡内,称为片式连杆。虽然叉片式连杆的两个连杆结构不同,但两个连杆的运动规律完全一样,而且两排对应气缸的中心线位于同一平面上。它的缺点是:主连杆大端的刚性较差,而且结构也较复杂,因而应用甚少。

3. 并列式连杆

图 2-33(c)为并列式连杆,两排对应气缸的两个连杆大端并排地装在同一曲柄销上。其主要特点是:左、右两排气缸所采用的连杆结构完全相同,这给制造和维修带来极大方便,而且两排气缸的活塞连杆组的运动规律完全相同。该类型存在的问题是:两排对应气缸的中心线不在同一平面上,而是沿曲轴方向错开一段距离,因此曲轴和机体的纵向尺寸加长,造成曲轴的刚度降低,机体结构变得复杂。但由于它的结构简单,便于生产和维修,因而在现代柴油机中应用相当普遍。

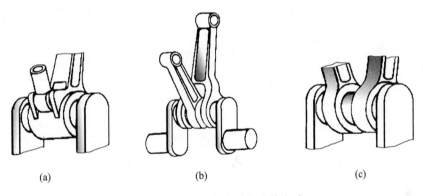

图 2-33 V 形连杆大端的连接方式

2.2.1.3 十字头式柴油机连杆

十字头组是十字头低速柴油机特有的部件,由十字头销、十字头滑块和十字头轴承(连杆小端轴承)等组成。十字头导板则固定在机架上。

十字头组的主要作用是连接活塞杆与连杆组件,将燃气压力和活塞惯性力传给连杆,承受曲柄连杆机构的侧推力并作为活塞运动的导向。

十字头的工作条件主要包括以下五个方面:

(1) 十字头本体要承受强大的冲击负荷,十字头滑块则需承受侧推力(其大小和方向周期变化)的作用。

(2) 十字头轴承比压大。十字头销的直径、长度受限制,尺寸较小,其负荷大而承压面积小。

(3) 十字头销和轴承座在工作时的变形会导致轴承负荷分布不均匀。十字头销在爆发压力作用下产生弯曲变形,连杆的小端也向外张开,使十字头轴承下瓦的内侧受力较大,即在连杆小端轴承内侧形成应力集中,并破坏油膜的正常建立。

(4) 轴承润滑条件差且单向受力。十字头销在轴承内做摆动运动,相对速度小,活塞在上、下止点位置时,摆动角速度最大,而曲柄销在左右水平位置时,摆动角速度为零,且单向受力,使销始终压在轴承下瓦上,不利于滑油的供给和油膜的形成,十字头轴承常处于边界润滑状态。

(5) 十字头销与轴承及滑块与导板间均存在着摩擦和磨损。根据十字头的工作条件,要求十字头具有足够的强度、刚度、耐冲击性,以及很低的表面粗糙度和耐磨性,滑块和导板要求有足够的强度、刚度和耐磨性。十字头销一般用优质碳钢(40号、45号钢)锻造,有时也用合金钢。滑块用铸钢制造,导板则常由铸铁制成。

图 2-34 为十字头式柴油机的结构示意图。十字头销 3 与曲轴平行布置,它将活塞杆 2 和连杆 7 连接在一起,连杆小端可绕十字头销摆动,在十字头两端配置有滑块 4,每个滑块沿设在机架上的导板 5、6 表面上滑动。导板 5 承受正车膨胀行程(以及倒车压缩行程)的侧推力,称为正车导板。导板 6 承受倒车膨胀行程(以及正车压缩行程)的侧推力,称为倒车导板。正、倒车导板分设在十字头左右两侧的结构形式称双导板式。正、倒车导板处在十字头同一侧的形式,称为单导板式。单导板式结构简单、制造安装方便,布置较紧凑,受力较合理。但由于导板、滑块位于连杆摆动平面上,使检修困难,且倒车导板承压面积小,工作可靠性下降,现已很少采用。

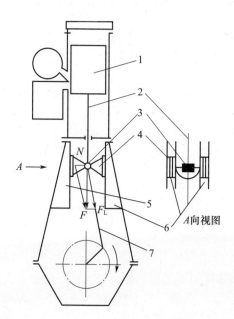

1—活塞;2—活塞杆;3—十字头销;4—滑块;5—正车导板;6—倒车导板;7—连杆。

图 2-34 十字头式柴油机示意图

双导板式正、倒车承压面相同,工作平衡可靠性好,导板设在机架的横向隔板上,连杆摆动平面宽敞,由机器的两侧进行检修较为方便,应用广泛。

十字头轴承在比压大、润滑条件差、单向受力且受力不均的情况下工作,是柴油机中工作条件最恶劣、故障最多的轴承。因此,该轴承允许有细小裂纹存在,而不必急于换新。许多大型主机工作一段时间后,在冲击性机械负荷和不良润滑条件下,十字头轴承逐渐损坏,白合金

由细小的裂纹发展成"龟裂",最后不得不换新轴承。为提高其可靠性,一般从结构、材料、工艺等方面考虑,采取以下的措施:

(1) 减小轴承比压,包括限制柴油机最高爆发压力、加大十字头销直径以增大承压面积并提高刚度、加大轴颈与轴瓦的接触包角、采用全支承式轴承等。

(2) 使轴承负荷分布均匀,包括采用自整位式轴承、采用刚性结构提高十字头销与轴承座的刚度、采用反变形法拂刮轴瓦、增大承压面的贴合面积等。

(3) 保证良好的润滑和冷却,包括保证油压、合理开设油槽、保证合适的轴承间隙、缩短连杆长度增加十字头轴承摆动角度和角速度等。

(4) 采用薄壁轴瓦提高抗疲劳强度,采用抗疲劳强度高的轴承材料。新型柴油机十字头轴承大多采用锡基白合金薄壁轴瓦和高锡铝合金薄壁轴瓦。

(5) 降低十字头销表面粗糙度。表面粗糙度对油膜形成影响极大,并影响十字头销抗疲劳强度。更换轴承时,必须同时检查测量和抛光轴颈,并提高轴承内圆的加工精度。

2.2.2 曲轴

曲轴的作用是通过连杆将活塞的往复运动转变成回转运动,汇集各气缸所做的功并向外输出,带动柴油机的附属设备,如喷油泵、气门、启动空气分配器、离心式调速器,在中小型柴油机中,为了简化系统,曲轴还带动滑油泵、燃油泵、冷却水泵等,少数柴油机曲轴还带动空气压缩机。

曲轴是柴油机中最重要的机件之一,也是受力最复杂的机件。其工作条件主要有以下几个特点:

(1) 受力复杂。曲轴受到各气缸交变的气体力、往复惯性力和离心力及其产生的弯矩和扭矩的作用,使曲轴产生很大交变的弯曲和扭转应力与变形。

(2) 应力集中严重。曲轴形状弯曲复杂,截面变化急剧,使曲轴内部应力分布极不均匀,尤其在曲柄臂与轴颈的过渡圆角处及油孔周围产生严重的应力集中现象。曲柄臂与曲柄销的过渡圆角处应力集中最为严重。

(3) 附加应力大。曲轴形状又细又长,刚性很差,是一个弹性体,在径向力、切向力和扭矩的作用下会产生扭转、横向和纵向振动。当曲轴的自振频率较低时,在发动机工作转速范围内可能出现共振,使振幅大大增加,产生很大的附加应力。扭振将引起传动齿轮的噪声和疲劳,使柴油机定时不准,导致工作过程恶化。横向振动会因曲轴弯曲过大使轴颈与轴承磨损加剧甚至不能正常工作。

(4) 轴颈磨损。曲轴承受交变冲击性负荷的作用,以及经常启动、停车,使轴承不易保证良好的润滑状态,导致轴颈磨损,严重时引起轴承烧损。特别是在润滑不良、机座或船体变形、轴承间隙不合适、超负荷运转或频繁起停柴油机时,轴颈磨损将明显加剧。

因此,对曲轴要求如下:

(1) 足够的强度和刚度,工作时变形小,使轴承负荷均匀。

(2) 轴颈应具有足够的承压面积(轴承比压低)。

(3) 轴颈应具有良好的耐磨性、加工精度和较低的粗糙度,并允许多次车削修复。

(4) 具有合理的曲柄排列和发火顺序,以减小曲轴及主轴承的负荷,使柴油机运转平稳,平衡性好,扭转振动小,有利于增压系统的布置。

2.2.2.1 曲轴的组成及基本构型

1. 曲轴的基本组成

曲轴由若干个单元曲柄、自由端(前端)和功率输出端(后端)组成,图2-35(b)为典型曲轴组成结构图。

1)单元曲柄

曲柄是曲轴的基本单元,它由曲柄销、曲柄臂和主轴颈组成,如图2-35(a)所示。

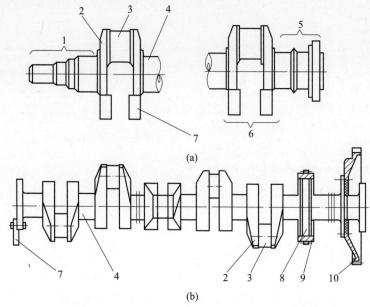

1—自由端;2—曲柄臂;3—曲柄销;4—主轴颈;5—功率输出端;
6—单位曲柄;7—平衡块;8—推力环;9—齿轮;10—飞轮。

图2-35 曲轴的基本组成

曲柄销和主轴颈一般均制成空心可以减小质量,又能保证其有足够的扭转和弯曲刚度。钢制轴颈的外圆表面一般均硬化(淬火、喷丸)抛光,以保证其疲劳强度和提高耐磨性。

润滑主轴颈和曲柄销的滑油,一般首先由主油路分别送入主轴承,然后通过内部的油路进入曲柄销,润滑连杆大端轴承。图2-36为六种输油的方式。

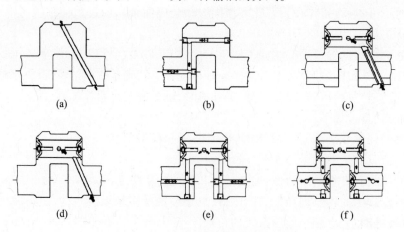

图2-36 曲轴内部油路的六种形式

当利用曲柄销内孔作为油道时,可利用离心力的作用使滑油进一步净化。其原理如图2-37所示。进入曲柄销内腔的滑油,随曲柄销一起高速旋转。在离心力的作用下,滑油中的固体杂质和胶质物,被甩向内孔外侧(距主轴颈中心较远的一侧),干净的滑油则通过短油管流向轴颈表面。附在内壁的杂质必须定时进行清除。

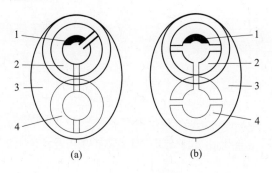

1—杂物;2—曲柄销;3—曲柄臂;4—主轴颈。

图2-37 机油的净化

曲柄臂是曲轴中受力最复杂而结构最薄弱的部分。工作时它承受着弯曲和扭转作用。图2-38是常见的三种曲柄臂形状。中高速柴油机的曲柄臂断面普遍采用椭圆形,因为它具有较高的抵抗弯曲和扭转的能力,而且材料的利用率较高。某些轻型高速柴油机的曲柄臂断面为便于加工制造而采用圆形。

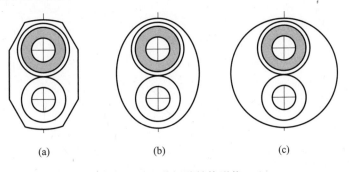

图2-38 曲柄臂结构形状

曲柄臂与主轴颈、曲柄销连接处,由于断面的突然变化,易引起严重的应力集中,为此,这些地方均采用适当半径的圆弧来连接。

2)自由端(前端)

自由端是指与功率输出端相对的一端,因为该端不与负载连接,所以称为自由端。该端多安装传动齿轮和减振器。

3)功率输出端(后端)

功率输出端是指与尾轴、发电机或其他负载相连接的一端,这一端也安装着飞轮和传动柴油机其他附属装置的齿轮,所以也称为飞轮端。

曲轴的功率输出端与负载设备的连接有以下三种方式:

(1)键连接。曲轴与从动部分用平键(或花键)连接,并用螺母压紧,如图2-39(a)所示。

(2)静液压锥面过盈配合连接。曲轴的功率输出端为一光滑圆锥,利用液压把带有锥孔的轮毂撑开并套入锥体上,依靠一定的过盈量紧密地压合在一起,如图2-39(b)所示。

（3）螺栓连接。输出端有凸缘，通过螺栓将曲轴与从动部连成一体，如图2-39(c)所示。

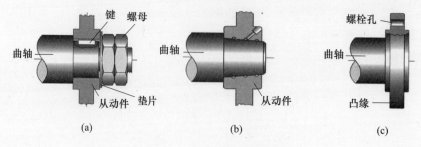

图2-39 功率输出端连接方式

2. 曲轴的油封

曲轴是要从曲柄箱外壳体伸出才能与负载相连接的。为了减少滑油自曲轴箱的两端向外泄漏，在曲轴上设有油封装置。常见的油封装置大致有以下四种：

（1）填料油封。利用具有一定弹性的填料（如油毛毡、石棉绳等）与轴颈的表面贴合，以防止滑油外漏。通常在机体罩壳上加工有梯形截面槽，将填料均匀连续地放在槽内，如图2-40(a)所示。

（2）橡胶弹簧式油封。它是依靠橡胶材料和弹簧的弹性，以一定的压力贴合在轴颈的表面上，以阻止滑油外漏，如图2-40(b)所示。

（3）甩油盘。利用离心力作用来实现油封。甩油盘为一喇叭口状，装在曲轴上并靠近罩壳内侧。当滑油流到甩油盘与曲轴的连接处时，滑油在离心力的作用下，沿甩油盘外表面向外缘甩出将滑油挡在壳体内，如图2-40(c)所示。

（4）挡油螺纹槽。它是在与机体罩壳相配合的一段轴颈表面上车制出矩形螺纹槽（有的将螺纹槽加工在单独的零件上，然后安装在轴颈上）。螺纹槽随曲轴旋转时，由于滑油的黏性而附着在罩壳上，不能随曲轴旋转，从而利用螺纹斜槽上轴线方向的分力，将滑油推挤回壳体内。这种装置只能按一种转向工作，如图2-40(d)所示。

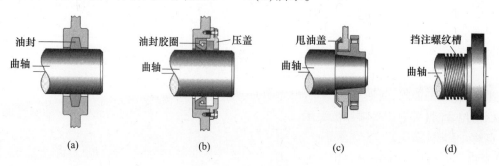

图2-40 曲轴油封装置

在许多高速柴油机中，往往是同时选用上述两种或多种防漏方式，以便获得更好的效果。

3. 曲轴的基本结构形式

曲轴的结构分为整体式和组合式两大类。

（1）整体式曲轴。整体式曲轴是把所有的曲柄以及自由端和功率输出端做成一个整体机件。它的优点是具有较高的强度和刚度、结构紧凑、质量小；缺点是加工复杂。整体式曲轴在大功率高中速柴油机中普遍采用。

（2）组合式曲轴。组合式曲轴是把整个曲轴分成若干部分，分别进行加工，然后组装成一体。它的优点是加工方便,便于系列产品通用;缺点是结构的刚度和强度较差,装配工作较复杂。组合式曲轴的组合方式多种多样,有的把曲柄销、曲柄臂、主轴颈分别制造,然后套合成一体,这种形式的曲轴,往往将曲柄臂和主轴颈合为一体,并采用滚动轴承。

4. 制造曲轴的材料及热处理工艺

曲轴常用碳钢或合金钢锻制,或用球墨铸铁铸造。

一般柴油机的曲轴用优质碳素钢进行锻造就可以满足机械性能的需要,球墨铸铁铸造的曲轴,在疲劳强度上与碳钢曲轴差不多,同时它还具有价格低廉、容易铸造成最合理的形状,耐磨性好和对应力集中的敏感性较小等优点,但球墨铸铁也有弹性模量、延伸率和冲击韧性较低等缺点,所以常用于强载度不太高的中高速柴油机曲轴。在强载度比较大的中高速柴油机中,为了提高曲轴的疲劳强度和耐磨性能,通常采用合金钢来制作曲轴。

由于曲轴的特殊工作条件的需要,主轴颈和曲柄销在工作中承受巨大载荷,而且在轴承中高速运转,因此它们的工作面除要求很高的加工精度以外,通常还要进行淬火和氮化处理,以提高耐磨性,同时保持材料内部的弹性和韧性。

2.2.2.2 曲柄的排列及发火次序

曲轴的曲柄是以气缸的缸号命名的。气缸的缸号排列方式有两种:一种由自由端排起;另一种由功率输出端排起。我国和大多数国家采用自由端算起。多缸机各曲柄的排列与柴油机的冲程数、气缸数和发火顺序有关。曲柄排列应考虑以下五点:

(1) 各气缸发火间隔角应相等,使柴油机动力输出均匀。二冲程柴油机相邻发火的两个气缸的曲柄夹角为 $360°/i$,四冲程柴油机为 $720°/i$,i 为柴油机气缸数。

(2) 应尽量避免相邻气缸连续发火,以减轻相邻气缸间的主轴承负荷。

(3) 要使柴油机有良好的平衡性。合理的曲柄排列可使引起振动的力和力矩减至最小。

(4) 要使曲轴扭转振动的振幅最小。

(5) 在脉冲增压柴油机中,为了防止排气互相干扰,各气缸的排气管要分组连接,要求柴油机有相应的发火次序,便于各气缸排气管分组连接和增压器的布置。

要同时满足上述要求往往是不可能的,只能满足某些主要要求而兼顾其他。

图 2-41 为常见的二冲程六缸柴油机曲柄排列及曲柄端视图。其较佳发火顺序为 1-6-2-4-3-5,由图可知,发火间隔角相等,即 $360°/6 = 60°$;另外,若将排气管分为 1、2、3 和 4、5、6 两组,每组和一台增压器相连,排气不会相互干扰(因为同组各缸的排气间隔角为 120°,而二冲程柴油机的排气持续角也约为 120°),并使结构简单、紧凑,又便于拆装。当已知某一缸曲柄的位置时,可由曲柄端视图判断其他各缸的工作状态,如图中所示,当第 1 缸处于发火上止点时,第 6 缸压缩、第 5 缸膨胀、第 4 缸进气。

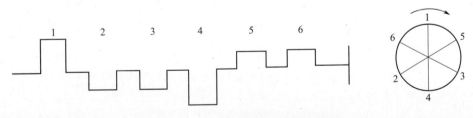

图 2-41 二冲程六缸柴油机曲柄排列

图 2-42 为常见的六缸四冲程柴油机的曲柄排列图。由图可知,发火顺序有 4 种方案:
①1—5—3—6—2—4;②1—5—4—6—2—3;③1—2—3—6—5—4;④1—2—4—6—5—3。

发火间隔角为 720°/6 = 120°，但方案②、③、④都有相邻气缸连续发火的现象，按曲柄排列的要求，方案①较佳。

按方案①，气缸 1、3、2 和 5、6、4 的排气间隔都是 240°，而四冲程柴油机的排气持续角也约为 240°。因此，每 3 个相邻的气缸 1、2、3 和 4、5、6 都可以接到一起，共连一台增压器，而不会发生排气干扰，符合上述的第(5)项要求。

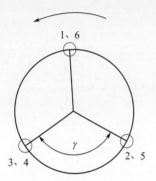

图 2 - 42　六缸四冲程柴油机曲柄排列

由此可见，四冲程奇数缸数和二冲程单列式柴油机的曲轴每个曲柄都处在不同的方向上。而四冲程偶数缸数的单列式柴油机的曲轴，必然出现两个曲柄处在同一方向上。如图 2 - 42 所示，第 1 缸与第 6 缸的曲柄夹角是 0°，但工作相位相差 360°。当第 1 缸处于发火上止点位置时，第 6 缸吸气，第 5 缸压缩，第 2 缸排气，第 3 缸吸气，第 4 缸膨胀。

V 形柴油机的曲柄排列，则普遍采用插入式发火，即两列的发火顺序及发火间隔彼此完全相同，总的发火顺序则为这两列的发火顺序根据气缸间的夹角关系进行穿插形成。

例如，八缸 V 形四冲程柴油机，每列四缸，每列的发火间隔都是 720°/4 = 180°，发火顺序均为 1—2—4—3。为避免混乱，第一列用 $1_I—2_I—4_I—3_I$ 表示，第二列用 $1_{II}—2_{II}—4_{II}—3_{II}$ 表示。气缸夹角为 γ。若气缸 1_{II} 比气缸 1_I 落后 γ 角发火，则其总的发火顺序为 $1_I—1_{II}—2_I—2_{II}—4_I—4_{II}—3_I—3_{II}$。若气缸 1_{II} 比气缸 1_I 落后 $360°+\gamma$，即 1_I 发火后跟随着是 1_{II} 进气，1_I 与 1_{II} 不连续发火，则对轴承负荷有利。此种情况下总的发火顺序为 $1_I—4_{II}—2_I—3_{II}—4_I—1_{II}—3_I—2_{II}$。

2.2.2.3　曲轴减振器

柴油机的曲轴及其所带动的轴系是一个具有一定质量和扭转刚度的弹性系统。在周期变化的外力矩作用下该系统就会按照外力矩的频率产生强迫的扭转振动。当外力矩的频率变化与某一振型固有频率相等时，系统就会发生共振。共振时，振幅会不断增大，从而使轴系产生很大的附加应力。当该附加应力达到或超过该轴的疲劳极限时，就会造成曲轴的损坏甚至折断，还会使传动齿轮系的噪声增大、齿面点蚀等。

安装减振器是消除扭振威胁的一项有效措施。减振器的结构多种多样，但是基本上可以分为以下三类：

(1) 阻尼型。阻尼型减振器的特点是用阻尼来消除激振能量以达到减振的目的。硅油减振器就属此例。

(2) 动力型。动力型减振器的特点是利用共振时的动力效应产生一个与干扰力矩大小相等、方向相反的反抗力矩改变系统的振动形式来达到减振的目的。摆式减振器就属此例。

(3) 混合型。混合型减振器兼有上述两种减振器的特点，既有阻尼的减振效果，又有较大的柔度，靠改变振型来减振。

图 2 - 43 是 MTU956 柴油机的混合型减振器，它与硅油减振器的主要区别是在曲轴自由端上的主轮毂 1 与次轮毂(或惯性体)4 之间不是放硅油，而是安放了 8 组叠片弹簧 8，每组弹簧由若干片不同直径的开口圆筒形弹簧片组成。每个弹簧组中间装有行程限位销 7，用来限制弹簧片的变形量。

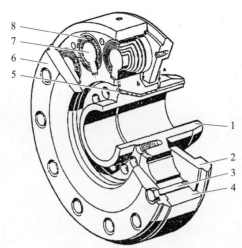

1—主轮毂；2—两半式侧板；3—螺栓；4—次轮毂；5—节流阀；6—整体式侧板；7—行程限位销；
8—叠片弹簧；a—滑油进油；b—滑油回油。

图 2-43 MTU956 减振器

它通过主轮毂液压装配在曲轴自由端。次轮毂通过叠片弹簧与主轮毂弹性连接。叠片弹簧由多只轴向剖分的卷筒式弹簧钢片组成。行程限位销防止叠片弹簧组旋转，限制叠片弹簧的行程和负荷。

减振器的主轮毂与曲轴刚性连接并与曲轴一起做旋转运动。次轮毂通过叠片弹簧与主轮毂连接并且同步运行。曲轴扭振时，轮毂与惯性体之间的相对运动使弹簧片受挤压和弯曲。一方面，由于各片弹簧的直径不同，因而变形情况不同，弹簧片之间会发生相对运动，产生摩擦，加上弹簧片之间有润滑油的吸入与挤出构成减振阻尼；另一方面，由于弹簧的柔度较大，从而可以通过改变系统的振型来达到减振作用。

进入叠片弹簧腔室的滑油可以减轻叠片的摩擦和由摩擦引起的磨损。叠片弹簧排出的滑油带走热量，减弱振动。叠片弹簧在滑油中发生的摩擦实际上很小。由曲轴连续不断流入的滑油防止减振器过热。滑油经减振器侧板的内表面上的环形间隙流回油底壳。

2.3 机体及主轴承

2.3.1 机体

机体是柴油机的基本骨架，它的作用是提供曲轴、主轴承、燃烧室以及各种辅助机械及系统的安装和固定位置，提供整机在船舶上的安装支座等。

2.3.1.1 机体的主要结构形式

机体主要由气缸体和曲轴箱两大部分组成。气缸体是安装气缸的构架，也是组成水道或气道的一部分。曲轴箱是支承曲轴的构架，也是曲轴的运转空间。按照这两部分的组合方法的不同，机体的主要结构形式基本上可区分为以下四类：

(1) 气缸体-曲轴箱体式。如图 2-44(a) 所示，气缸体和曲轴箱分开制造，然后用螺栓连接成一体。安装曲轴的主轴承悬挂在曲轴箱的下方，承油盘安装在底部。

(2) 机架-承油盘式。如图 2-44(b) 所示，气缸体和曲轴箱合制成一体（机架），一般称这种结构的机体为机架。主轴承的安装采用悬挂式,承油盘安装在机架底部。

(3) 机架-机座式。如图2-44(c)所示,气缸体和曲轴箱合制成一体(机架),主轴承安放在机座上,机座还具有承油盘的作用,机架和机座之间用螺栓连接。

(4) 隧道式机体。如图2-44(d)所示,气缸体和曲轴箱合制成一体,其主要特点是有完整的主轴承孔。在小型柴油机中,承油盘与上述部分制成一体,但在大功率柴油机中,承油盘分制,然后用螺栓固定在机体的底部。这种形式的机体的强度和刚度都较好,但制造和维修较复杂,如拆装曲轴时,要求把机体侧向竖立起来。

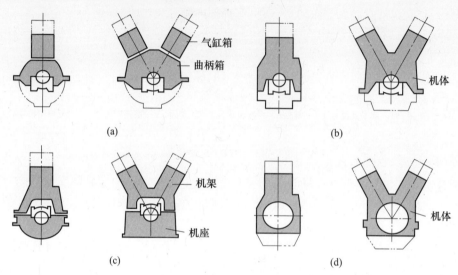

图2-44 机体的主要结构形式

机体的材料一般采用铸铁、铸铝、铸钢或钢板(焊接)。有的机体部分采用铸件,部分采用焊件,再将二者结合成一体。在船用柴油机中,铸铝机体只用于具有特殊要求的高速轻型机中。在大功率柴油机中,采用钢材制造机体非常普遍,特别是在生产批量不大的中低速柴油机时应用更多。

2.3.1.2 贯穿螺栓

贯穿螺栓是柴油机中最长、最重要的螺栓,主要用于大中型柴油机。它的作用是将机座、机架和气缸体三者或其中二者连成一个刚性整体,使这些固定机件只承受压应力而不承受拉应力。这是因为固定机件的结构较复杂,若在结合面处用短螺栓连接,在拉力作用下,各部分受力将很不均匀,难以准确计算。采用贯穿螺栓结构,拉力由贯穿螺栓承担,螺栓的作用力可以准确计算。在安装后气缸体、机架与机座三者只受压应力不受拉应力,这样既合理利用了材料抗压能力优于抗拉能力的特点,又提高了柴油机整体的刚度和承受机械负荷的能力。

贯穿螺栓采用优质钢制成,强度高,可承受很大的拉伸应力。贯穿螺栓并不起定位作用,在被连接的各固定件之间仍有定位销或紧配螺栓,以便装配时对中和防止柴油机运转时这些机件之间产生横向移动。

大型低速柴油机的贯穿螺栓又细又长,易产生纵向、横向振动而断裂。为改变贯穿螺栓振动频率(使振动频率提高),防止发生共振,通常在其中部装有防振夹箍,在水平方向有两个支头螺钉,在贯穿螺栓完全上紧后将其顶紧在气缸体上。在使用中,支头螺钉不能有松动,应每年检查一次。

大型低速柴油机贯穿螺栓都采用液压拉伸器上紧和松开。以螺栓的伸长量衡量其预紧度的大小，预紧度的大小要符合规定，以保证发动机工作时机件不出现拉伸应力，维持各联结件的紧密性，保证运动机件的正常工作。

贯穿螺栓要从中央到两端交替成对地上紧。上紧分为两个阶段进行，每个阶段应达到的螺栓伸长量或泵油压力应符合说明书规定。贯穿螺栓上紧后，应检查螺母、垫圈与气缸体上支承面之间的贴合状况。通常用测量曲轴拐挡差的方法来验证贯穿螺栓的紧固质量。

有的柴油机贯穿螺栓，如S-MC-C型柴油机，以双贯穿螺栓取代了传统的单贯穿螺栓，而且不再一直插到机座底部，而是拧入到机座顶部的螺孔之中，这样就大大缩短了贯穿螺栓的长度。研究表明，采用这种双贯穿螺栓结构，可以减小主轴承座孔由于贯穿螺栓上紧引起的变形，减小十字头导板变形并改善滑块的滑动状态、简化机座和主轴承座的焊接过程。

贯穿螺栓的预紧力应定期进行检查。新发动机运转1年后，应全部检查一次。以后一般每4年应检查一次。贯穿螺栓预紧后应注意将其中部的连接套或止动螺钉固紧。

2.3.2 主轴承

主轴承是支承曲轴可靠运转的重要部分。主轴承的主要作用是支承曲轴，保证曲轴的工作轴线，减小摩擦和磨损。有些柴油机还有一道主轴承（常为最后一道）起着曲轴轴向止推定位作用，称为止推轴承。

主轴承工作时承受气体压力和惯性力的作用，而且在工作面上摩擦剧烈。其工作条件主要有以下三个特点：

(1) 承受曲轴传来的气体力、惯性力的作用，轴承负荷大。
(2) 摩擦、磨损，主轴承合金的硬度和强度远低于轴颈，因此比轴颈有较大的磨损。
(3) 摩擦还使轴承发热，轴承还受到变质滑油的腐蚀。

因此，对主轴承要求如下：

(1) 足够的强度、刚度和承载能力，在工作温度下有足够的热强度和热硬度。
(2) 良好的耐磨性和耐腐蚀性，并能均布滑油和散走摩擦热量。
(3) 有正确而固定的位置，精确的尺寸与轴承间隙。

2.3.2.1 主轴承的结构形式

主轴承按摩擦方式可分为滑动轴承和滚动轴承两大类。按主轴承安装方式可分为三种。

1. 座式

该结构用于机架-机座式机体中。轴瓦安装在机座上，然后用轴承盖扣紧。扣紧的方法也有两种：一是利用螺栓在轴承盖的两侧，如图2-45(a)所示，称为旁压式，如8-300型柴油机的主轴承；二是利用撑杆螺栓（它们的长度可调节）顶在轴承盖上，如图2-45(b)所示，称为顶压式，如RND型、RTA型柴油机主轴承。

2. 悬挂式

该结构用于机架-承油盘式和气缸体-曲轴箱式机体中。轴瓦利用轴承盖悬挂在机架或曲轴箱的横隔板上。图2-45(c)是这种形式的典型结构，其应用相当普遍。图2-45(d)所示形式的主要特点是，它除采用悬挂式轴承盖（相当轴承座）以外，上部还利用另一轴承盖通过撑杆螺栓来顶紧，如PC2-5型、GM16-278型等柴油机的主轴承。

3. 隧道式

它用于隧道式机体中。主轴承采用两种类型：一是采用滚动轴承，如图2-45(e)所示，按一定配合要求将轴承装进轴承孔中,如 12-180ZC、135 型等柴油机主轴承;二是在隧道孔中安装滑动轴承,如图 2-45(f)所示,轴承座安装在孔中,如 PA4-185 型、UEV42/56 型等柴油机的主轴承。

滑动轴承的轴瓦安装在轴承座和轴承盖之间,然后用螺栓或支承螺柱固紧,并采取锁紧措施。为使主轴承孔保持必要的几何精度,除安装时符合规定的扭紧力矩外,还必须保证轴承盖和轴承座之间具有可靠的定位。常见的定位方法有以下三种:

(1)侧面定位。利用轴承盖与轴承座的两侧垂直面定位,二者紧密配合,保证不产生横向错移。

(2)锯齿面定位。轴承盖和轴承座的结合面加工成锯齿形,安装时二者互相紧密咬合在一起。

(3)套筒(或定位销)定位。在轴承盖或轴承座之间安装套筒(或定位销)。

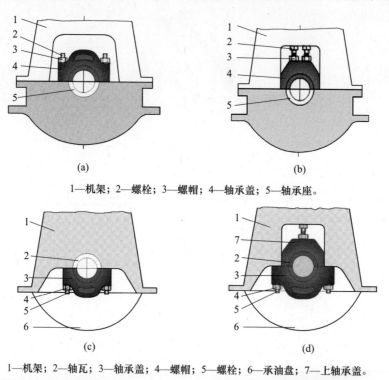
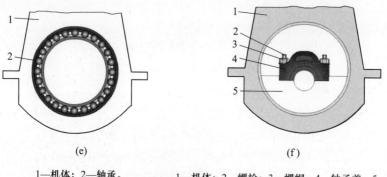

图 2-45 主轴承的安装方式

2.3.2.2 推力轴承

一些小型机和轴向推力不大的柴油机（如发电柴油机），在其飞轮端的最后一个主轴承座上通常设有止推轴承，起曲轴的轴向定位作用，如图 2-46 所示。在最后一道主轴瓦上做出翻边，并浇有减磨合金，使其与主轴颈两侧的小圆台阶相配合，以限制曲轴轴向移动。当曲轴受热变形时，曲轴可向自由端伸长。

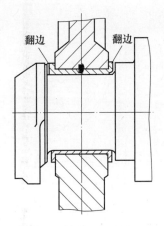

图 2-46 止推轴承

船用主机通过轴系带动螺旋桨。螺旋桨圆周向所受到的力形成的扭矩，即为柴油机所要克服的阻力矩，而作用在螺旋桨上的轴向力就是使船舶前进的推力（或后退的拉力）。上述止推轴承显然无法承受如此巨大的轴向力，为此，在柴油机飞轮端专门设置一个推力轴承。螺旋桨的推力通过尾轴、中间轴和推力轴作用到推力轴承上，并通过推力轴承传给船体，推动船舶前进。因此，推力轴承的作用是传递轴系轴向推（拉）力，并为轴系轴向定位。

在曲轴和推力轴直接连接时，推力轴承也起到曲轴轴向定位作用。

推力轴承有滚动式及滑动式两种。滚动式推力轴承由于承受的推力较小，多用于中小型柴油机，大中型柴油机多用滑动式。滑动式推力轴承又有多环式和单环式之分。多环式由于其可靠性差，已不再使用。目前广泛使用的是单环式推力轴承，如图 2-47 所示。

单环式推力轴承主要由推力轴承座 1、推力轴 3、扇形推力块 5、调整垫圈 6 和支持轴承 2 等零件组成。推力轴承座 1 一般与发动机机座连成一体。推力轴 3 由优质钢锻造而成，与曲轴可用紧配螺栓连接或红套成一体，现代新型超长行程柴油机的推力轴都与曲轴一体锻造并位于机架内部，可减小柴油机的轴向尺寸。推力轴中部锻有一个圆盘形的推力环，推力环位于支持轴承 2 之间，与推力块相接触。

推力轴承的关键部件是推力块，它分布在推力环两侧，每排沿圆周方向设置 6 块（一般 6~12 块），排成约占 2/3 圆周的扇形面。位于主机端的一排承受主机正车时的轴向推力，称为正车推力块；位于飞轮端的一排承受主机倒车时的轴向推力，称为倒车推力块。推力块结构随机型的不同而有所差别，但工作原理相同。

正车运转时，螺旋桨的轴向推力通过尾轴和中间轴传到推力环，推力环通过正车推力块和调整垫圈 6（推力盘）将推力传给柴油机机座，又通过地脚螺栓传给船体，推动船舶前进。

为防止推力块跟随推力环转动，在正、倒车推力块的上方都设有压板 8 来定位。推力环与推力块之间由滑油润滑，滑油来自主轴承滑油系统。润滑和冷却滑油从喷管 9 不断地喷到正、倒车推力块和推力环上，润滑以后的滑油落入油池中，并经溢流口流入发动机机座油底壳中。

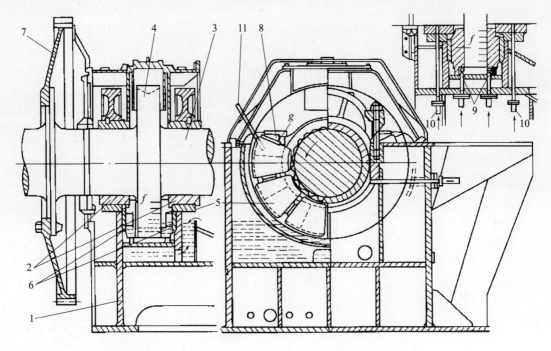

1—推力轴承座；2—支持轴承；3—推力轴；4—推力环；5—扇形推力块；6—调整垫圈；7—飞轮；8—压板；9—喷管；10—滑油管；11—温度计。

图 2-47 单环式推力轴承

溢流口的位置较高，使得油池总有部分存油浸润着推力块和推力环，即使断油，也不致损坏轴承，为防止滑油从轴颈处漏出机外，在轴颈上设有轴封。

思考题

1. 根据燃烧室组件的任务和工作条件，为保证该组件的正常工作，必须解决好哪些问题？
2. 什么是气缸套的穴蚀？产生的原因是什么？提高气缸套抗穴蚀能力主要有哪些方法？
3. 防止气缸盖和气缸接触面之间漏气，是保证燃烧室密封性的重要环节。防止漏气的措施有哪些？
4. 由于活塞不仅传递动力而且是燃烧室的一壁，因此应对它提出哪些要求？
5. 减少活塞销的磨损采用了哪两种连接形式？它们是怎样减少磨损的？

第3章 柴油机换气

柴油机的换气是指从排气门开启到进气门关闭的整个过程。换气过程的基本任务是将本循环已完成膨胀做功的废气排出气缸外,并将新鲜空气充入气缸,以保证再次喷入气缸的燃油及时完全燃烧所需要的氧气,从而实现柴油机工作循环得以周而复始不断进行。另外,新鲜空气进入气缸时,对受热机件有冷却作用,可降低其热负荷。因此,换气过程必然对柴油机的燃烧过程甚至整机性能以及可靠性都有很大的影响。

对换气过程的基本要求是:排出废气干净,充填新鲜空气充足,并且为完成换气过程消耗的功要少。

3.1 换气系统结构

柴油机换气系统又称为配气机构,它是实现柴油机进气和排气过程的控制机构,典型的配气机构如图 3-1 所示。它的功用是按照柴油机工作过程的顺序,定时地打开或关闭进、排气门,让新鲜空气进入气缸,把膨胀做功后的废气排出。要确保废气排得干净、新鲜空气进得尽量多,气门必须有足够大的流通截面积,而且在最大开度停留的时间尽可能长,所以气门开关的时间和开关的速度都是至关重要的。

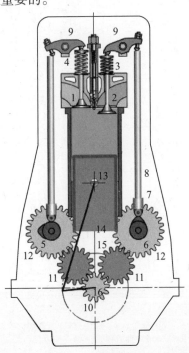

1—进气门;2—排气门;3—弹簧;4—弹簧承盘;5—进气凸轮;6—排气凸轮;
7—从动部;8—推杆;9—摇臂;10、11、12—传动齿轮。
图 3-1 配气机构简图

柴油机的配气机构一般由下列部分组成：

（1）气门机构。气缸盖上的进、排气孔，分别由进气门1和排气门2控制。弹簧3通过弹簧承盘4的作用使气门紧密地关闭着气孔，让燃烧室与外界隔绝。当把气门顶开时，废气可经排气孔排出，新鲜空气也可经进气孔进入气缸。

（2）凸轮轴。气门的开启由凸轮轴上的凸轮来控制。凸轮轴上的凸轮5和6分别控制进气门和排气门。它们按照工作循环和发火次序的要求，适时地开启进、排气门，完成气缸内的换气任务。

（3）传动装置。它的功用是保证曲轴带动凸轮轴旋转，同时保证凸轮轴根据一定的相位控制气门的开启和关闭。曲轴对凸轮轴的传动通过齿轮10、11、12来实现，凸轮轴对气门的传动通过从动部7、推杆8和摇臂9来实现。

3.1.1 气门机构

气门机构由气门、气门座、气门导管、气门弹簧和气门旋转器等部件组成。根据气门机构结构特点可分为不带阀壳式和带阀壳式两大类。图3-2为一种船用大功率中速柴油机的进、排气门结构，其进气门为不带阀壳式结构，排气门采用阀壳式结构并用水冷却。不带阀壳的气门机构直接装在气缸盖上。这种气门机构不用水冷，结构简单。但当气门需要修理时，必须先拆下气缸盖才能拆下气门，一般多用于中小型柴油机。带阀壳式的气门机构是将气门、气门座、气门导管和气门弹簧等部件都装配在独立的阀壳中，再把阀壳用强力双头螺栓紧固在气缸

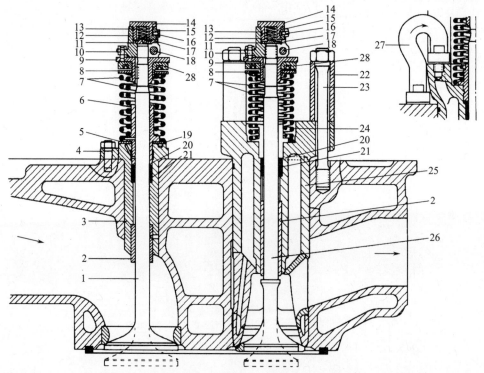

1—进气门；2,6,24—气门导管衬套；3—气门导管；4—螺柱；5—弹簧板；7—气门弹簧；8—滑键；9—弹簧承盘；10—锁紧螺栓；11—圆片；12—紧固件；13—推力弹簧；14—推力件；15—座；16—定位螺栓；17—固定件；18—紧固螺栓；19—定位销；20—固定环；21—密封环；22—套管；23—双头螺栓；25—阀壳；26—排气门；27—弯管；28—气门旋转器。

图3-2 气门机构

74

盖的阀孔中，阀壳式气门机构多用于大功率中低速柴油机。

阀壳一般由本体、流道和气门座组成。这三部分之间有定位销定位和垫片防漏，气门座与本体分开制造的目的在于气门座为易损部件，损坏时调换方便。气门杆上有从油道流入的滑油起润滑气门杆的作用，气缸盖冷却水经弯管进入阀壳流道，对气门座进行强制循环冷却。

与不带阀壳式气门机构相比，带阀壳式气门机构有如下特点：

(1) 气缸盖结构简单。
(2) 拆装、维修气门方便。
(3) 有利于气门的冷却。
(4) 气门机构结构较复杂。

3.1.1.1 气门

气门是直接控制进、排气通道开启和关闭的零件，由气门头部和气门杆组成。

气门的工作条件十分恶劣，它经常和高温燃气接触，吸收的热量主要通过气门座、导管传给冷却水，一小部分则通过气门杆上部散发到大气，散热条件差。特别是排气门，在排气过程中还要受到高温和具有腐蚀性气体的高速冲刷，平均温度高达 650～800℃，进气门平均温度也高达 450～500℃，过高的温度会使材料的力学性能降低，从而引起气门头部的挠曲变形，甚至造成气门杆在导管中卡滞，这些都会使气门头部和气门头部的接触面贴合不紧，影响燃烧室的密封性。燃气中的硫、钠、钒氧化物的聚合物对高温的气门和气门座金属表面有腐蚀作用，可加速锥面的磨损。

工作过程中气门不断地做往复运动，在惯性力和弹簧力的作用下，气门头部和气门座承受着巨大而且频繁的冲击，气门杆与气门导管在润滑不良条件下工作，磨损比较严重，气门杆顶部与传动件之间也存在着严重的冲击磨损。

根据气门的工作条件，为保证它工作良好、使用可靠而且寿命较长，在结构材料方面应满足以下要求：

(1) 具有足够的热强度，在高温条件下能承受较大的冲击负荷，并保证良好的密封性。
(2) 具有合理的外形尺寸，气流阻力小，同时能将吸收的热量顺利地传递出去。
(3) 具有良好的耐磨性和抗腐蚀性。

1. 气门头部

气门头部是气门的核心部分，其形状不仅影响气流流动阻力、气密性，同时也对其温度场、刚度和强度有重要影响。常用的气门头部形状如图 3-3 所示。

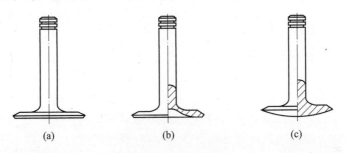

图 3-3 气门头部形状

(1) 平底气门(图 3-3(a))。其形状简单，受热面较小，有一定刚度，在各类柴油机中应用最为广泛。为了减小流动阻力，可适当增加气门盘面与气门杆间过渡圆角半径，在提高气门头部刚度的同时,也使气门盘不易变形,但这将使气门质量增加。

(2) 凹底气门(图3-3(b))。其特点是可以获得较大的过渡圆角半径,减小气流流动阻力,但其受热面积增大,刚度减小,因此多用于小缸径柴油机。

(3) 凸底气门(图3-3(c))。其特点是可增大气门刚度,减小变形,改善气流流动性能,但其质量及受热面加大,多用于高速大功率柴油机的排气门,排气门内可中空充钠以改善其冷却。

气门头部锥面的锥角,安装时和气门座一道进行研磨配合,形成一条密封带。气门头部和气门杆之间采用大半径的圆弧连接,这样,一方面减小了气流的阻力,另一方面提高了刚度,使气门头部不容易产生变形。

2. 气门杆

气门杆对气门运动起导向作用并可通过其向外传热,它承受配气机构产生的侧压力作用。因此,气门杆必须与气门导管同轴,且还应与气门导管保持合适的配合间隙,才能保证良好的散热和正确的导向。

气门接收热量的25%～35%通过气门杆传出,所以增大气门杆直径和减小杆与导管之间的间隙都有利于气门散热、降低气门温度。气门杆直径的确定通常与气门的传动方式有关:当气门采用顶置凸轮轴直接驱动时,由于其受较大的侧推力,因此取较大值;当侧推力较小时,可取较小值。一般气门杆直径与气门盘直径的比值为20%～35%。通常为了加工等方便,同型机进、排气门杆直径相等。

气门杆头部要同气门弹簧承盘结合,传递弹簧力,同时需承受驱动件的接触压力。为了增加气门杆头部的承压和耐磨能力,采取的措施有:①淬火,其硬度不低于HRC50;②采用硬度较高的承压帽;③堆焊特种合金。

气门的数量根据气流通道截面积的需要来确定。在气门直流式二冲程柴油机中,排气门一般采用2个或4个,个别采用1个。在四冲程柴油机中进气门(或排气门)一般采用1个或2个,也有采用3个气门的。为了改善换气效果,气门头部的尺寸一般在气缸盖的结构尺寸允许条件下,尽可能增大。有的柴油机进气门和排气门结构尺寸以及材料完全相同,这样它们可以互换使用,制造也较简单。但有的柴油机进排气门的结构尺寸和材料不一样,一般进气门的头部直径比排气门的头部直径大,这主要是为了获得更高的新鲜空气充填效果。

气门普遍采用耐热合金钢材料制造,进气门工作温度较低,通常采用合金结构钢,而排气门由于工作温度较高,一般采用优质合金钢。气门座采用合金铸铁或者耐热合金钢材料。为了使阀面和座面耐磨和耐腐蚀,高增压和燃用重油的柴油机气门在气门座和阀面上采用堆焊钴基硬质合金等。

3.1.1.2 气门导管和气门座

1. 气门导管

气门导管的功用是作为气门运动的导向面,保证气门正确地落在气门座上,不致造成歪斜而发生漏气现象。另外,气门所吸收的部分热量,也通过它传递出去。导管是一个压入气缸盖内的圆筒体,一般用外圆上的凸肩来定位。有的没有凸肩,但规定有一定的压入深度。

工作中气门导管的温度较高,容易积碳,从而阻碍着气门在导管内的运动,同时导管是在半干摩擦条件下工作,因此要求导管材料具有良好的耐磨性和良好的导热能力,一般采用铸铁,有的采用青铜和铁基粉末冶金。

气门导管内孔与气门气门杆的配合精度要求较高,而且间隙应适当。如果间隙过大,则气门运动时产生摇摆现象,使气门座磨损不均匀,传热效果下降,同时也会出现漏气和漏油现象,而漏油是造成柴油机滑油耗量增加的重要原因之一。相反,如果间隙过小,则易产生气门卡死现象。在某些柴油机中,为减小漏气和漏油现象的发生,在导管的内孔中装有青铜管,这样可以使得气门导管内孔与气门气门杆间的间隙较小。

2. 气门座

气门头部锥面与气缸盖上支承面(气门座)之间必须研磨配合,使两者配合面之间形成一圈密封带。由于工作时气门与气门座之间存在着严重的冲击,对排气门来说还遭受着废气的腐蚀,因此气门座部分的材料要求具有较好的耐磨性和耐腐蚀性。

当采用铝合金气缸盖时,为了提高支承面的耐磨性,避免软金属表面被打坏,通常采用单独镶入的气门座。在采用铸铁气缸盖的非强化柴油机中,一般没有单独的气门座,但在一些强化的柴油机中,即使气缸盖采用铸铁制造,也采用单制的气门座,气门座常选用较基体金属硬而且耐热性较好的材料,一般采用铸铁、青铜和钢。

气门座在气缸盖上的固定形式常见的有以下两种:

(1) 圆柱面过盈配合。装配时利用液态氮作为冷却剂,将气门座冷缩后装入气缸盖的座孔中,如图3-4(a)所示。

(2) 锥面过盈配合。利用锥度把气门座压入座孔中使其保持一定的过盈量,并采用如下措施防止气门座脱落:

① 气门座的外表面等环形槽。当把气门座压入气缸盖时,气缸盖的材料被挤入槽中,如图3-4(b)所示。

② 气门座的大端倒角。在气门座压入座穴以后,将气缸盖材料敛缝,如图3-4(c)所示。

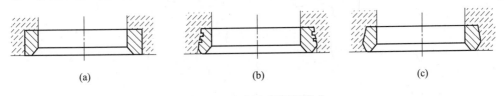

图3-4 气门座的固定形式

3.1.1.3 气门弹簧

气门弹簧的作用如下:

(1) 在气门关闭时,保证气门头部与气门座之间的密封;

(2) 在气门开启时,保证传动机构不因运动件质量惯性力的作用而互相分离。

工作中,气门弹簧承受着频繁的交变负荷的作用,容易造成疲劳破坏而断裂。为保证正常工作,气门弹簧必须具有足够的弹力,但也不能太大,否则会造成气门落座时,出现严重的冲击。此外,气门弹簧还必须具有较高的疲劳强度。

气门弹簧采用优质弹簧钢绕制而成,表面进行抛光或喷丸处理,以提高它的疲劳强度。为防止在使用过程中因锈蚀而造成疲劳破坏,气门弹簧表面通常进行氧化或镀锌等保护处理。拆检时,应将气门弹簧清洗干净,仔细检查表面有无裂纹或严重锈蚀现象,进行及时处理;否则,弹簧断裂,不仅影响柴油机的正常换气,而且气门落入气缸后,将会撞击活塞顶面和气缸壁面,影响其正常工作。气门弹簧长期在较高温度条件下工作,会造成弹力下降,从而使气门和气门座配合不严,出现漏气现象,甚至引起锁紧装置脱导。

气门弹簧多采用等螺距圆柱形螺旋弹簧,即相邻两圈的距离相等。通常每个气门采用

2根弹簧，中小型柴油机的气门常采用单根弹簧，少数轻型高速大功率柴油机采用3根弹簧。采用多弹簧时，由于两个弹簧的自振频率不同，可以防止共振造成断裂的危险；另外，即使其中一根弹簧断裂，其他弹簧还可以支承气门，不致落入气缸内而造成重大事故。采用多弹簧时，通常内外弹簧的旋向相反，以防止一根弹簧断裂后卡入另一根弹簧圈内。

为了更有效地防止气门弹簧因共振引起断裂，有的柴油机采用变螺距弹簧，即弹簧相邻两圈的距离是变化的，在工作时，工作圈数和自振频率不断变化着，因而可以避免共振。安装时，弹簧螺距大的一端应该朝上放置。

气门弹簧装在气门杆的外侧，一端支承在气缸盖上，另一端支承在弹簧承盘上。弹簧承盘与气门杆之间的连接有以下两种方式：

（1）锥形块连接（图3-5(a)）。气门杆的上端制有安放锥形块的环形槽。锥形块由两半组成，外部表面为锥形，中间空心部分为圆形。锥形块的中间空心部分卡在气门杆的环形槽内，外面的锥形面卡在弹簧承盘的锥形孔内。这种方法结构简单、工作可靠、拆装简便，应用极为广泛。

（2）螺纹连接（图3-5(b)）。弹簧承盘通过内螺纹拧在气门杆上端的外螺纹上，用锁紧螺母和制动垫圈锁紧。制动垫圈的一端弯到锁紧螺母的一个棱面上，而另一端则嵌入弹簧承盘的孔中。这种结构目前应用并不普遍，不仅因为结构烦琐，而且螺纹凹口往往造成气门杆断裂。

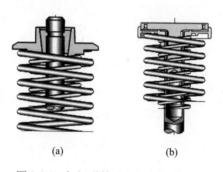

图3-5 气门弹簧承盘与阀杆的连接

3.1.1.4 气门旋转器

气门机构在柴油机工作中，由于条件恶劣，容易造成气门锥面与座面之间腐蚀、磨损不均、密封性能下降等问题，为此，在大功率中高速柴油机上通常装有气门旋转器，使气门在开关的过程中缓慢旋转。

1. 气门旋转器作用

气门旋转器的作用是使气门作缓慢旋转运动，从而有利于以下方面：

（1）改善其散热条件，可使气门工作温度下降30℃左右。

（2）使气门头部受热均匀，改善气门头部温度场和热应力状态。

（3）减少或消除燃烧残余物在气门锥面上的沉积。

（4）改善气门杆与气门导管之间的润滑条件。

2. 气门旋转器的工作原理

图3-6为气门旋转器结构。当气门处于关闭状态时，气门弹簧的张力通过座盘、碟形弹簧片、座帽和锥形块传给气门，使气门盘与气门座紧密贴合。这时，钢球位于槽的浅端，碟形弹簧片也处于压缩变形状态。

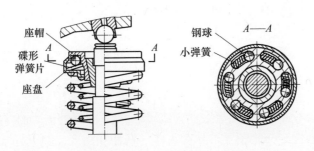

图 3-6 气门旋转器

当气门开启时，气门弹簧和碟形弹簧片受到压缩，碟形弹簧片发生变形，并迫使钢球由槽的浅端朝深端方向滚动。于是通过小弹簧推动座帽旋转一定角度，并通过锥形块的作用，气门也跟着旋转相同的角度。气门旋转器使气门旋转 5~15r/min。

当气门关闭时，碟形弹簧片对小钢球卸载。于是，在小弹簧的作用下，小钢珠由深处滚向浅处，为下一次旋转气门做准备。

3.1.2 凸轮机构

凸轮机构的作用：准确地按时开启和关闭气门，保证柴油机的正常换气。凸轮的型线和与曲轴相位是实现其功用的基本保证。

3.1.2.1 凸轮的外形及其在轴上的排列

凸轮是凸轮轴的基本组成部分，它的外形如图 3-7 所示。图中：R 为凸轮基圆的半径；h 为凸轮尖的高度，决定气门开启的最大开度；θ 角为凸轮的作用角，决定气门开启的总时间。当凸轮沿箭头所示方向旋转，a 点与传动机构接触时，气门开启，到 c 点时气门开度最大，然后开度逐渐减小，直到 b 点气门完全关闭。

凸轮的外形应该保证气门能够快速地开启和关闭，并尽可能地在全开位置停留较长时间，从而使得气门有较大的开启时间和面积，而且配气机构的惯性力也不会太大。这样才能保证配气机构换气质量良好，工作可靠，而且使用寿命较长。

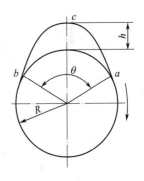

图 3-7 凸轮的外形

凸轮作用角的大小根据进排气总的时间要求来确定，也和机型有关。对二冲程直流式柴油机来说，曲轴转一圈，排气门打开一次，所以凸轮的作用角等于排气过程的曲柄转角。对四冲程柴油机来说，曲轴转两圈，进排气门各开一次，所以凸轮的作用角等于进、排气过程曲柄转角的 1/2。凸轮作用角与配气相角的关系如下：

进气凸轮作用角为

$$\theta_1 = \frac{1}{2}(180° + \alpha_1 + \alpha_2)$$

式中：α_1 为进气门开启提前角；α_2 为进气门关闭延迟角。

排气凸轮作用角为

$$\theta_2 = \frac{1}{2}(180° + \beta_1 + \beta_2)$$

式中:β_1 为排气门开启提前角;β_2 为排气门关闭延迟角。

为了保证柴油机各缸工作循环的顺利进行,每缸的凸轮与曲轴必须保持严格的相对位置,同时各缸的同名凸轮(控制进气的凸轮或控制排气的凸轮)的相对位置必须与柴油机发火次序相对应。

3.1.2.2 凸轮轴结构及材料

工作时凸轮的外表面与传动装置之间为线接触,而且承受冲击力的作用,因此凸轮的表面必须具有较高的耐磨性。凸轮轴要求具有足够的韧性和刚度,能承受冲击载荷,受力后变形较小。

凸轮轴一般采用优质碳钢或合金钢锻制,有的采用球墨铸铁制造。凸轮工作面和轴颈表面进行精加工,并经淬火渗碳表面硬化处理,以提高其耐磨性。

按凸轮轴结构可分为整体式和组合式两种,采用何种结构通常取决于机型布置、加工工艺和安装及维修等各种因素。

1. 整体式凸轮轴

其特点是凸轮与凸轮轴制成一体,凸轮轴可分为二段或三段分别制造,也可制成一根整轴。分别制造的各段通过法兰连接。由于轴上凸轮与凸轮轴为一体,因此当单一凸轮失效后,需整轴更换。通常用于凸轮轴造价不高的小型高速柴油机上。多缸机各缸配气凸轮间的相位关系靠制造保证,无法在装配时进行单缸正时调整。

2. 分制式凸轮轴

为了克服整体凸轮轴上述的弱点,在大中型中低速柴油机上,由于凸轮轴造价及拆装、调整等因素的影响,多采用分制式凸轮轴,即将轴与凸轮分别制造后装配成凸轮轴。

分制式凸轮在轴上的安装方法分无键连接和有键连接两种。

采用无键连接时,凸轮的内孔与轴外径之间保持一定的过盈量,如图 3-8(a)所示。安装时,采用如下方法:

(1) 采用事先将凸轮加热,然后把它套在轴上。

(2) 采用专用工具(在凸轮轴的一端安装一段锥形轴),利用滑油压力把内孔胀大,然后把凸轮推到规定位置。在凸轮内孔的中部有环形槽,因油孔与外部连通,当把压力滑油输入内部时(采用专用工具),内孔胀大,这时就可以把凸轮调整到规定位置。当把滑油卸压后,凸轮就固紧在轴上。

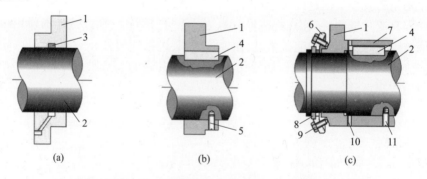

1—凸轮;2—轴;3—环形槽;4—键;5—螺钉;6—套环;7—套筒;
8—止推环;9—压紧螺钉;10—齿牙;11—止位螺钉。

图 3-8 分制凸轮在轴上的安装方式

采用有键连接时,有以下两种情况:

(1) 整制凸轮。在轴和凸轮上布有键槽,安装时将凸轮加热,放在规定位置,如图3-8(b)所示。由于凸轮内孔与轴之间有一定过盈量,因而二者紧固成一体。为防止轴向移动,用小螺钉定位。

(2) 分制凸轮。凸轮由两半组成。轴上装有套筒,并用键固定在轴上。套筒的端面有一圈齿牙,与凸轮端面的齿牙相对,安装时使它们互相啮合。然后通过套环、止推环和压紧螺钉把凸轮固定在套筒上,如图3-8(c)所示。

凸轮轴安装在机体内部或气缸盖上的轴承中。轴承的结构有以下形式:

(1) 有盖轴承:轴承分为两半(轴承座和轴承盖),它们之间用螺栓固紧,如图3-9(a)所示。

(2) 无盖轴承:其主要特点是,在机体内或其他部位镗制隧道式的轴承孔,凸轮轴沿各轴承孔轴向安装,如图3-9(b)所示。

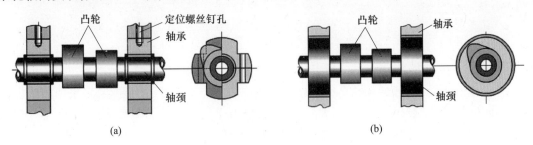

图3-9 凸轮轴轴承结构

3.1.3 传动装置

气门机构的动作由凸轮控制,而驱动凸轮轴的任务则由曲轴来完成。

配气机构的传动装置包括凸轮轴对气门机构的传动和曲轴对凸轮轴的传动两部分。

3.1.3.1 凸轮轴对气门机构的传动

凸轮轴对气门机构的传动,主要有机械式和液压式。液压式主要应用于大功率低速柴油机中,下面着重介绍机械式气门传动装置。

凸轮轴在机体中的位置不同,它对气门机构的传动各异。凸轮轴的位置由总体布置、机型特点、制造维修等方面因素来确定。但从最基本的特征看,凸轮轴对气门机构的传动有低置、高置和顶置三种基本形式。

1. 低置式

通过推杆、摇臂来传动气门机构,如图3-10(a)所示。在这种形式中,凸轮轴比较靠近曲轴,这样使得曲轴对凸轮轴的传动比较简单;同时这种结构本身也不复杂,因而这种形式的应用极为普遍。无论是大功率还是小功率,单列式或V形,二冲程或四冲程,中速机或高速机都普遍应用。即使是某些特殊用途的轻型高速大功率柴油机(如国外的W型和X型)也采用这种传动形式。

2. 高置式

通过摇臂传动气门机构,如图3-10(b)所示。高置式布置是将凸轮轴布置在缸盖一侧的方案,凸轮轴通过摇臂来传动气门。和低置式相比,减少了一套挺柱(推杆)部件。这种布置配气机构的运动质量小,刚度好,自振频率高,可适应高速;缺点是曲轴中心与凸轮轴中心的距离较长,因此,凸轮轴的传动装置变得复杂,也给气缸盖的装拆带来不便,因此多用在要求高的柴油机上。

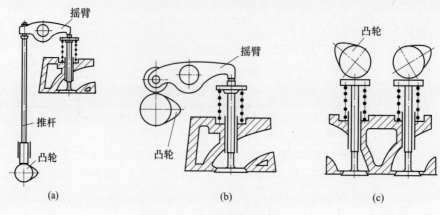

图 3-10　气门机构的传动形式

3. 顶置式

凸轮轴直接传动气门机构,如图 3-10(c)所示。顶置式布置方案,对气门的启闭由凸轮直接传动,进一步减去了摇臂机构,所以机构的质量很小,刚度很高,较大地改善了机构的动力性能,多用于轻型高速强化柴油机。其缺点是:凸轮轴的传动机构更为复杂,多采用圆锥齿轮加中间轴传动,加工制造和安装技术要求都很高;还由于气门导杆受很大侧推力,使得气门导杆磨损快,机油的消耗也大。气门间隙调节机构比较复杂,成本高。

上述三种形式的区分,只是从它们最本质的特征而言。但在多气门的条件下,根据凸轮轴数量的不同,中间传动的结构形式也多种多样。

3.1.3.2　曲轴对凸轮轴的传动

1. 圆柱形齿轮传动

这种传动形式(图 3-11)在各种柴油机中应用极为普遍。因为它不仅工作可靠,而且结构和安装极为简单。为了保证配气机构与曲柄连杆机构的运动协同配合,齿轮间必须保持一定的传动比,以保证在四冲程柴油机中,曲轴转 2 转而凸轮轴转 1 转,在二冲程柴油机中,曲轴转 1 转,而凸轮轴也转 1 转。为保证齿轮系的正确连接,凸轮轴与曲轴的相位关系准确,相啮合齿轮之间刻有定位记号,如图 3-12 所示。每次拆卸检修后的重新安装时,只要对好定位记号,凸轮轴与曲轴间的相位关系就对准了。

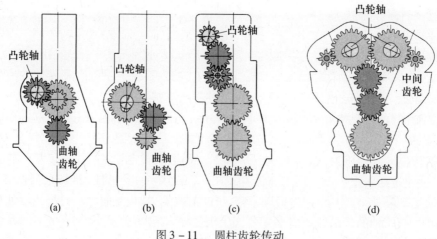

图 3-11　圆柱齿轮传动

为了增加齿轮啮合的平滑性,减小噪声,一般采用斜齿轮。在某些特殊要求的条件下,才采用直齿轮,例如在某些直接换向的柴油机中,为了减小移动凸轮轴的轴向力而采用直齿轮。

图 3-12 齿轮定位记号

2. 锥形齿轮加中间轴传动

在这种传动形式中(图 3-13),曲轴上的锥形齿轮通过中间锥形齿轮及其他齿轮来传动凸轮轴,一般用于凸轮轴直接传动气门机构传动装置中。这种传动的特点是,传动可靠,而且结构紧凑,装配工艺要求较高,因而应用并不普遍。

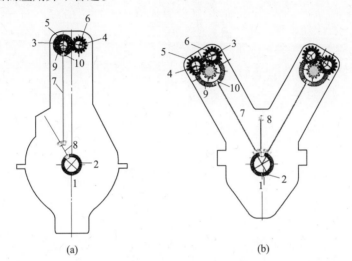

1—曲轴; 2—伞齿轮; 3—进气凸轮轴; 4—排气凸轮轴; 5—圆柱齿轮;
6—圆柱齿轮; 7—中间轴; 8—轴; 9—大伞齿轮; 10—小伞齿轮。

图 3-13 锥形齿轮加中间轴传动

3. 链条传动

这种传动形式(图 3-14)曲轴上的链轮和凸轮轴上的链轮之间通过链条连接。由于链轮间的距离不受限制,所以当凸轮轴和曲轴之间的距离较大时,采用这种传动可以使结构简化,布置也较方便,而且便于传动其他附件。但链条在工作中容易伸长而松弛,这不仅影响传动的准确性,而且也会产生噪声,为此链条传动中设有止松链轮。该链轮的轴安装在可摆动的支架上,该支架可绕轴摆动,以便调整链条的松紧度。链条传动一般只用于大型低速柴油机,而大功率中高速柴油机都不采用。

3.1.3.3 气门间隙及检查调整

气门工作时和高温气体接触,受热后膨胀伸长。为保证气门受热后有膨胀的余地而不影响燃烧室密封性,在气门传动装置中留有一定大小的间隙。习惯上,该间隙称为气门间隙。

随传动装置形式的不同和间隙检查调整的方便,气门间隙安排在不同的部位(图 3-15):间隙 C_1 安排在气门顶端与摇臂顶头之间;间隙 C_2 安排在凸轮基圆与滚轮之间;间隙 C_3 在安排弹簧承盘与凸轮基圆之间。

合理的间隙值应该是在保证气门严密关闭的前提下尽可能小些。因为过大的间隙会使各零件之间的冲击磨损加剧,噪声增加。其具体数值取决于柴油机的类型和结构特点。有的柴油机其进、排气门的间隙值相同;有的则排气门间隙大。

在柴油机工作中,气门间隙会因零件的磨损、振动等而发生变化,为此在传动装置中设有

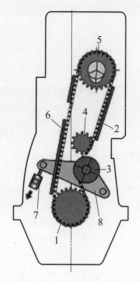

1—曲轴链轮；2—链条；3—支点轴；4—中间轮；5—凸轮轴链轮；
6—导轨；7—缓冲器；8—支架。

图 3–14 链条传动

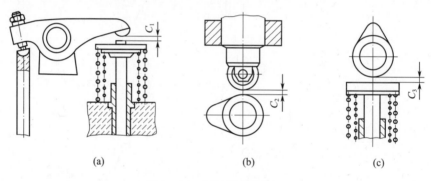

图 3–15 气门间隙的位置

专门的调整零件。调整间隙时必须保证气门处于关闭状态(动力冲程或压缩冲程)。调整间隙一般在两种情况下进行：一种是冷机条件下进行，此间隙称为冷间隙；另一种是柴油机的油水温度到一定值后停车进行，此间隙称为热间隙。

因此，使用管理中需定时或根据柴油机工作情况进行检查调整，气门间隙值的检查调整需依据使用说明书规定的柴油机状态(冷态或热态)及部位、检查调整方法进行。测量间隙大小通常采用厚度尺(厚薄规)。被测气门应处关闭状态。

3.1.3.4　液压缓冲器

为了减小传动装置间的冲击、噪声及磨损，在低中速或部分中高速内燃机的传动装置中设有液压缓冲器。它的基本工作原理是：在传动装置的间隙内保持一封闭的滑油层，作用力通过滑油传递，同时滑油层的厚度可根据气门的热膨胀而自动调整，这样保证了传动装置中不存在机械间隙，可以减小气门机构工作时的冲击、振动、磨损和噪声。该装置可设在摇臂前端和气门接触处，也可设在挺柱内，前者称为液压顶头，后者称为液压挺柱。

图 3–16 为典型液压顶头结构。液压油缸压装在摇臂前端的横臂上，油缸内有一活塞，并

有卡环防止脱落。活塞内的弹簧上端顶住弹簧座,下端顶住活塞,使活塞与阀帽保持接触。弹簧座下端有油孔 4 与上端的凹槽相通,凹槽中有一球阀。当它落在阀座上时,从摇臂和横臂来的滑油经油孔 1 和油孔 4 进入油缸,当球阀堵住油孔 1 时,油缸与外部隔绝。

当开启气门时,凸轮通过传动机构顶压横臂,由于动作迅速,球阀因惯性不立刻随横臂下行而把油孔 1 堵死,油缸封闭。其后横臂继续下行,油缸内压力增大,活塞随之下行,打开气门。

气门落座后,球阀让开油孔 1,滑油进入油缸,补偿从活塞和油缸之间泄漏的少量滑油。

图 3-17 为简单液压挺柱结构。挺柱体内有一柱塞,柱塞上端与推杆相连,柱塞下端与挺柱体内底面构成油腔 A,其中装有弹簧承盘和弹簧。柱塞内的油腔 B 通过孔 D 与外部润滑油相通,由油孔 E 经单向阀与油腔 A 相通。

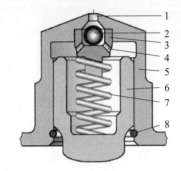

1、4—油孔;2—球阀;3—弹簧座;
5—液压缸;6—活塞;7—弹簧;8—卡圈。

图 3-16 液压顶头实例

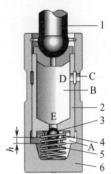

1—推杆;2—柱塞;3—单向阀;4—弹簧承盘;
5—弹簧;6—挺柱体。

图 3-17 液压挺柱实例

气门关闭过程中,弹簧向上顶起柱塞,向下压挺柱体靠近凸轮,使气门传动机构各零部件相互接触,同时可补偿间隙值 h 的增大。润滑油由油孔 C 经油腔 B 和单向阀进入油腔 A 形成油垫。当凸轮顶起挺柱时,油腔 A 内油压迅速升高,使单向阀关闭,于是,凸轮的作用力通过油腔 A 内的油垫传给柱塞、推杆等部件使气门开启。在气门开启过程中,油腔 A 内的润滑油沿挺柱体与柱塞之间的间隙被挤出去一些,这可以减小间隙 h,有利于气门的可靠关闭。下一次的关闭气门过程又在弹簧的作用下使 h 值增大,润滑油又由油孔 C 经油腔 B 和单向阀补充进入油腔 A。同样,当柴油机负荷增大时,油腔 A 的润滑油随各部件膨胀而被挤出,使 h 值减小,当柴油机负荷减小,油腔 A 中的润滑油自动得到补充,h 值增大。这种液压补偿装置既保持了气门机构的无间隙运转,又保证了气门的可靠关闭,但其结构复杂,对加工精度和润滑油质量要求高。

3.2 柴油机换气过程

3.2.1 四冲程柴油机的换气过程

图 3-18 是四冲程柴油机换气过程的示意图,其中图 3-18(a)为柴油机的配气相位与换气过程 $p-V$ 示功图,图 3-18(b)为进排气门的升程和气缸压力随曲轴转角的变化情况。排气门在下止点前 1 点开启,由于气缸内压力高,燃气快速流出,气缸内压力迅速下降。在进排气上止点前,进气门在 3 点打开,此时,排气门尚未关闭,出现一段时间的气门叠开期,排气门在上止点后 2 点关闭。进气门打开初期,由于进气道与气缸内压差小,进气流量小,随着活塞运动的加快,

造成了气缸内较大的真空度,使得中后期的进气速度提高,最后进气门在下止点后 4 点关闭。进、排气门迟闭角的设计同它们提前开启一样,是为了增加进排气过程的时面值或角面值,利用气体流动的惯性,增加进气充量或废气的排出量,并降低进、排气冲程上活塞的耗功。

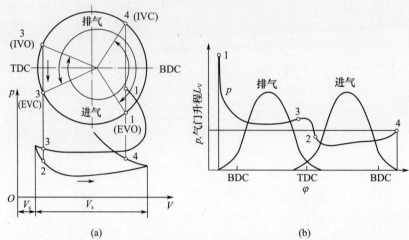

IVO—进气门开启角; IVC—进气门关闭角; EVO—排气门开启角; EVC—进气门关闭角;
V_c—燃烧室容积; V_s—气缸工作容积。

图 3-18 四冲程柴油机换气过程的示意图
(a)配气相位与排气过程 $p-V$ 示功图;(b)气门升程与 $p-\Phi$ 示功图。

通常,将四冲程柴油机的换气过程分为排气、气门重叠、进气三个阶段,如图 3-19 所示。

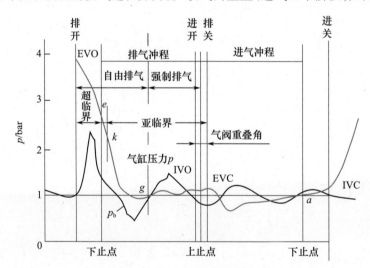

图 3-19 四冲程柴油机换气过程进行情况($1\text{bar}=10^5\text{Pa}$)

1. 排气过程

从排气门开启到关闭,柴油机排出废气的整个过程称为排气过程(图 3-18 中 1-2)。按燃气对活塞做功的性质,排气过程可分为自由排气和强制排气两个阶段。

从排气门打开到排气下止点这段曲轴转角内,气缸内气体压力高于排气管内的排气背压,气缸内气体一边对活塞做功,一边可以自动地排出气缸外,称为自由排气阶段。活塞经过下止点后向上止点运动,活塞推动气缸内气体,强制排出机外。从下止点到上止点的排气过程又称为强制排气过程。强制排气过程需要消耗发动机的有效功。

由于受配气机构及其运动规律的限制,排气门不可能瞬时完全打开,气门开启有一个过程,其流通截面只能逐渐增加到最大;在排气门开启的最初一段时间内,排气流通截面积很小,废气排出的流量小。如果排气门刚好在膨胀行程的下止点才开始打开,气门升程小,排气流通截面小,排气不畅,气缸压力下降迟缓,活塞在向上止点运动强制排气时,将大大增加排气冲程所消耗的活塞推出功。所以,柴油机的排气门都在膨胀行程到达下止点前的某一曲轴转角位置提前开启,这一角度称为排气提前角。排气提前角的范围为 30~80°CA,视发动机的工作方式、转速、增压与否而定,一般汽油机的排气提前角小一些,柴油机的大一些,增压柴油机的更大一些。

按排气流动的性质,排气过程又可分为超临界排气和亚临界排气两个阶段。

在排气过程的初期,由于气缸内压力较高,排气管内气体压力与气缸压力之比往往小于临界值 $[2/(k+1)]^{k/(k-1)}$ 流过排气门时的流动呈超临界状态,这段排气时期称为超临界排气阶段。此时气缸内气体以当地声速流过排气门,排气的流量只取决于气缸内气体状态和排气门有效流通面积的大小,而与排气管内与气缸内工质的压差无关。随着排气的进行,气缸内气体压力不断下降,排气管压力与气缸压力之比增加,当比值大于临界值 $(2/(k+1))^{k/(k-1)}$ 后,气体流动呈亚临界流动状态。在亚临界流动阶段,气体流出的质量,不仅与排气门的有效流动截面有关,还与气缸内和排气管内气体的压差有关。

在自由排气和强制排气初期,发动机气缸内气体压力高,有可能处于超临界排气状态,而在其余大部分曲轴转角上是处于亚临界排气状态。在超临界排气阶段中排出的废气量与柴油机的转速无关,因而发动机在高速运转时,同样的超临界排气时间对应的曲轴转角将大大增加,为了使气缸压力及时下降,必须适当加大排气提前角;否则,将使超临界排气阶段(以曲轴转角计)延长,势必增加活塞强制排气功的消耗。超临界排气阶段虽然占整个排气时间的比例不大,但由于废气流速高,排出的废气量可以达到整个废气排量的 60% 以上,一般可持续到下止点后 10~30°CA。

柴油机排气门也不是在活塞的排气上止点关闭的,而是有一个滞后角。一方面可避免因排气流动截面积过早减小而造成的排气阻力的增加,使活塞强制排气所消耗的推出功与气缸内的残余废气量增加;另一方面可以利用排气管内气体流动的惯性从气缸内抽吸一部分废气,实现额外排气。排气门在上止点后关闭的角度,称为排气门迟闭角。理想的排气门迟闭角是气缸内废气流出刚刚停止的时刻或曲柄转角,排气门迟闭角一般为上止点后 10~70°CA,视发动机的类型而定。

综上所述,柴油机的排气过程通常由自由排气阶段、强制排气阶段和惯性排气阶段三个阶段构成。

2. 进气过程

从进气门开启到关闭,柴油机充入新鲜空气的整个过程称为进气过程(图 3-18 中 3-4)。为了增加进入气缸的新鲜空气,进气门在吸气上止点前要提前开启,在吸气下止点后应推迟关闭。进气门提前开启的角度称为进气提前角,一般在上止点前 10~40°CA。

尽管进气门提前开启,新鲜空气的真正吸入还是要等到气缸内残余废气膨胀,气缸内压力降至低于进气管新鲜空气压力后才开始。活塞在由上止点向下运动一定距离后速度增加,而此时气门开启还不够充分,气缸内的压力迅速降低,这为新鲜空气量的顺利流入创造了条件。随着进气门流通面积的加大,加上较高的进气流速,进入气缸的新鲜空气不断增加,以及燃烧室表面和残余废气对新鲜空气加热作用的影响,气缸压力逐渐升高。

活塞到达下止点时,进气门并未关闭,而是推迟到下止点后某一曲柄转角才关闭,这个滞后角度称为进气门晚关角。在这段曲柄转角内,活塞虽然已经上行,但进气系统向气缸内充气的气流速度依然较高,进气门晚关正是利用了在进气过程中形成的气流惯性,实现向气缸的额外充气,增加气缸内充量。这样,有可能使得进气过程终了时,气缸内压力等于或略高于进气管压力。发动机高速运转时进气流速高,惯性大,进气门迟闭角应相应增大一些。进气门迟闭角一般为 20~60°CA。

尽管利用额外充气可以有效地增加进入气缸的空气量,但过大的进气门晚关角,会使得在低速时发生气缸内气流倒流回进气管的现象,也会影响有效压缩比,从而影响压缩过程终点温度,使发动机的冷启动困难。因此,合理的配气正时是十分重要的。

3. 气门重叠过程

四冲程柴油机换气过程还存在一个特殊的阶段:在进排气冲程上止点前后,由于进气门的提前开启与排气门的延迟关闭,使柴油机从进气门开启到排气门关闭这段曲柄转角内,出现进排气门同时开启的状态,这一现象称为气门重叠(图3-18中3-2)。在气门重叠期间,进气管、气缸、排气管直接相通,此时的气体流动方向取决于三者间的压力差。气门重叠所对应的曲柄转角称为气门重叠角。气门重叠角等于排气晚关角与进气提前角之和。柴油机的形式不同,气门重叠角的大小也有所不同。

对于非增压柴油机,若气门重叠角过大,则会出现部分气体倒流的现象,即排气管内废气倒流回气缸内,气缸内废气倒流至进气管。在自然吸气柴油机中,进气管内压力始终接近大气压力,因此可以采用较大的气门重叠角,以提高柴油机在常用转速范围内充量系数。

对于增压柴油机,由于进气压力高,新鲜空气充量在正向压差的作用下流入气缸进行扫气,一部分还将流出气缸,进入排气管。增压发动机较大的气门重叠角,一方面有利于扫除气缸内的残余废气,增加进入气缸的新鲜空气充量,另一方面可以用新鲜空气充量降低燃烧室内气缸盖、排气门、活塞顶、缸套的温度以及排气的温度,从而减小了发动机及增压器受热严重且冷却困难的关键零部件的热负荷,对提高发动机可靠性有显著的效果。但是,过大的重叠角易造成气门与活塞运动的干涉,需在活塞上加工避气门坑,从而影响到燃烧室内气体运动的组织以及发动机的压缩比。此外,过多的扫气还会加重增压器的负担。增压柴油机气门重叠角一般为 80~140°CA。图3-20 为 MTU956 柴油机的配气定时图。

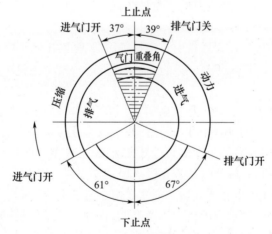

图 3-20 MTU956 柴油机的配气定时图

3.2.2 二冲程柴油机的换气过程

1. 二冲程柴油机扫气系统的基本类型

二冲程柴油机有三种不同类型的扫气系统(换气方案),如图3-21所示。

1) 横流扫气(图3-21(a))

其特点是扫气孔及排气孔各布置在气缸的一侧。活塞顶与扫气孔的倾斜角使气流可扫到气缸顶部,以利于减少残留废气。

此类系统结构最简单,但换气效果不佳。因为气缸上部易留扫气死角;扫、排气孔之间容易直通短路;排气孔晚关也增加新鲜充量的逸出;此外,两侧缸壁的热负荷和受力(扫气压力)都不均匀。

2) 回流扫气(图3-21(b))

其特点是扫、排气孔均布置在气缸同侧。扫气孔的倾角使得扫气气流不仅纵向朝气缸顶流动,横向也沿缸壁转弯而形成回流。这样的扫气效果要比横流扫气好得多,同时又保留了结构简单的优点,所以在小型发动机上用得较多。但由于进、排气孔布置在气缸一侧,必然加大气口高度,使行程失效容积加大。

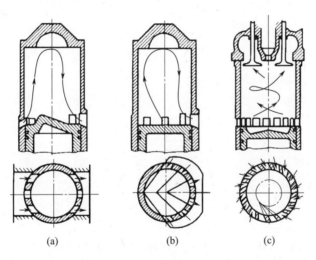

图3-21 二冲程柴油机的换气方案
(a)横流扫气;(b)回流扫气;(c)直流扫气。

3) 直流扫气(图3-21(c))

主要特点是气缸盖上设置排气门以替代排气孔,使扫气气流沿气缸轴线运动,大大改善了换气品质。扫气孔沿切线排列,使得进入气缸内的充量高速旋转,形成"气垫式活塞",既避免充量与废气的过多掺混,又向上加速推出废气,进一步改善了换气品质。

此外,还可以选择合适的排气相位使排气门早于扫气孔关闭,以获得额外充气的效果。由于沿整个气缸周边都可以布置扫气孔,在扫气总截面积不变条件下,可以多开孔而减小气孔高度,从而减少了行程做功损失。此种方式还使扫气对活塞的冷却均匀,受力也均衡。

直流扫气优点很多,但由于增设了气门机构,结构较复杂,多用于低速大型柴油机中。

2. 二冲程柴油机的换气过程

二冲程柴油机同样具有进气、压缩、燃烧膨胀和排气过程,与四冲程相比,不同的是这些过程只用两个活塞行程来完成。差别较大的是换气过程。

横流式二冲程柴油机的换气过程和相位关系如图 3-22 所示。换气过程由活塞下行、排气孔打开起,到活塞返回上行、排气孔关闭时为止,图 3-22 中 Oe 到 Oc($\alpha = 130° \sim 150°CA$)表示的过程为换气过程。此过程可分为如图 3-23 中所示的三个阶段。

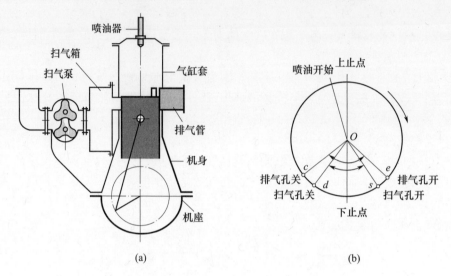

图 3-22 横流扫气式二冲程柴油机的结构与相位关系

1) 自由排气阶段(图 3-23 中的阶段 I)

这个阶段为从排气孔开启的 Oe 起,大约到扫气孔开启的 Os 止。排气孔刚打开时,气缸内压力为 $0.3 \sim 0.6$ MPa。到扫气孔打开时,压力已降到 $0.11 \sim 0.13$ MPa,逐步过渡到强制排气状态。自由排气阶段时间很短,却排出燃气总量的 70%~80%。

自由排气阶段是换气过程的一个重要阶段。在该阶段中,开始时气缸内压力比排气管内压力高出很多,形成较大的压力差,当排气口(或门)开启后,废气急剧地流出气缸进入排气管,气缸和排气系统内的压力随之变化。大部分废气是依靠上述压力差和气体动力作用流出气缸的,而不是被扫气空气挤出去的,所以称自由排气阶段。

自由排气阶段根据废气流出的速度又可分为超临界流动和亚临界流动阶段。临界速度(声速)随气体温度不同而异:当 $T = 1000K$ 时,临界速度为 $500 \sim 600 m/s$;当 $T = 293K$ 时,临界度为 $343 m/s$。图 3-23 中,K 点为临界点,BK 为超临界阶段,KR 为亚临界阶段。在超临界阶段,废气流量与排气管内气体状态无关,只取决于气缸内气体状态和排气口(或门)的流通截面的大小。

2) 扫气与强制排气阶段(图 3-23 中阶段 II)

这个阶段为从扫气孔开启的 Os 起,到扫气孔关闭的 Od 止。此阶段利用扫气压力将废气强制排出气缸外;同时也由扫气孔将曲轴箱中的新鲜空气充量充入气缸,完成向气缸的充气过程。即二冲程柴油机的扫气和充气是同步进行的。

3) 额外排气或额外充气阶段(图 3-23 中阶段 III)

对于图 3-22 所示的横流式二冲程柴油机而言,从扫气孔关闭的 Od 起,到排气孔关闭的 Oc 为止,称为额外排气阶段。一般二冲程发动机扫气孔的关闭时刻早于排气孔,这时由于活塞上行的排挤和排气气流的惯性作用,一部分废气或新鲜充量与废气的混合气可以继续被排出,直到排气孔关闭为止。而对于图 3-21(c) 所示的利用排气门直流扫气的机型,其扫气孔关闭时刻晚于排气门的发动机而言,由于可以利用扫气的惯性获得新鲜空气充量的额外加入,故这一阶段称为额外充气阶段。

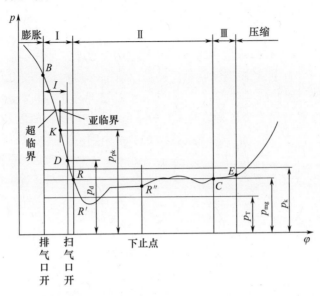

图 3-23 二冲程柴油机换气过程气缸内压力随曲轴角变化及阶段划分

从以上分析可知,二冲程柴油机换气过程(与四冲程柴油机相比)有以下特点:

(1) 二冲程柴油机的换气时间比四冲程柴油机短得多。图 3-24 为一台二冲程 12VE390ZC 型涡轮增压柴油机和一台四冲程 12PC2-5 型涡轮增压柴油机的配气正时图。这两台都是中速涡轮增压大功率柴油机,后者的换气角度为 470°CA,而前者的换气角度为 144°CA,还不到后者的 1/3。一般二冲程柴油机的换气角度为 120~160°CA,而四冲程柴油机为 400~500°CA。由于换气角度小,时间短,清除废气、充填新鲜空气的困难远比四冲程柴油机大。

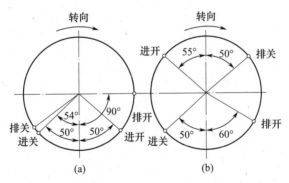

图 3-24 二冲程柴油机与四冲程柴油机配气定时图的比较
(a)12VE390ZC 涡轮增压二冲程柴油机;(b)PC2-5 涡轮增压四冲程柴油机。

(2) 二冲程柴油机活塞不具有吸气和排气作用。四冲程柴油机的进、排气除依靠气体的自由流动外还依靠活塞的吸气和排气作用来完成。二冲程柴油机的活塞基本不具有这种作用,换气只能完全依靠自由排气和用压力新鲜空气实施扫气来完成,不如四冲程柴油机那样可靠。为此,二冲程柴油机无论是有增压还是无增压,都必须设置专门的压气机、扫气泵或能起相应作用的装置,以提供换气所必需的压力新鲜空气,使换气过程得以正常进行。

（3）二冲程柴油机空气消耗量较大。二冲程柴油机在换气过程中，新鲜空气与废气不可避免地会产生一定程度的掺混，为使废气排出干净，必须将掺混的气体也排出一些，以保证足够的新鲜空气充填量和降低残余废气量。这样必然使压力新鲜空气的耗量要比四冲程柴油机多。

以上特点表明，二冲程柴油机虽然单位时间的做功次数比四冲程柴油机多了1倍，但其动力性能只增大50%~70%，而其燃油消耗率反而高出20%~30%；加之HC排放、噪声、动态特性和热负荷等性能都与四冲程柴油机有一定差距，所以二冲程柴油机较多在大型低速船舶和电站机组中使用。在要求升功率高而结构又要简单的摩托车、摩托艇以及小型通用动力机械上二冲程柴油机也使用较多，而汽车和工程机械柴油机中则用得很少。

3.3 评定柴油机换气质量的指标参数

从实现良好的气缸充量更换以及柴油机工作的可靠性、寿命和制造工艺等角度出发，对柴油机换气有如下几点基本要求：

（1）废气排出干净。
（2）新鲜空气充入充足。
（3）换气过程耗功少。
（4）根据燃烧过程的要求在气缸内形成一定的气流运动。
（5）换气系统结构简单、可靠，具有一定的寿命。

为了量化换气要求，引用换气质量的指标参数。评定柴油机换气质量的指标参数主要有残余废气系数 ϕ_r、充量系数 ϕ_c、扫气系数 ϕ_s、给气比 $\beta_k(\phi_k)$、扫气效率 η_s、换气损失、泵气功和扫气泵耗功等。

上述参数的定义很多都与流经气缸的各工质量有关，为方便起见，将流经气缸的工质量表示为如图3-25所示。

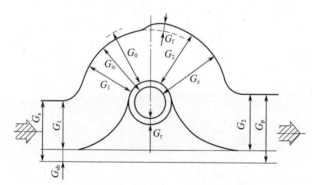

图3-25 流经气缸各工质量示意图

图3-25：G_s 为换气过程流经进气门（口）的新鲜空气量；G_1 为换气过程结束时留在气缸内的新鲜空气量；G_{sh} 为换气过程扫气空气量；G_r 为换气过程结束时气缸内残存废气量；G_{ic} 为换气过程结束时气缸内工质总量；G_0 为按进气状态充满气缸工作容积的理论充气量；G_f 为喷油量；G_2 为燃烧过程结束时燃烧产生的燃烧产物量；G_z 为燃烧过程结束时气缸内工质总量；G_p 为换气过程流经排气门（口）的工质量。上述各工质质量间存在如下关系：

$$G_s = G_1 + G_{sh}$$

$$G_{ic} = G_1 + G_r$$

$$G_2 = G_1 + G_f$$

$$G_z = G_2 + G_r$$

$$G_p = G_1 + G_f + G_{sh}$$

3.3.1 残余废气系数与扫气效率

残余废气系数 ϕ_r 与扫气效率 η_s 的提出是为了描述废气排出的干净程度,残余废气系数 ϕ_r 定义为换气过程结束时气缸内残存的废气量与新鲜空气充量的质量比,即

$$\phi_r = \frac{G_r}{G_1} \tag{3-1}$$

残余废气系数 ϕ_r 值越小,说明换气结束时气缸内残存废气量占总工质量的比例越小,废气排出得越干净。

标定工况下,ϕ_r 的数值范围如下:

四冲程柴油机　　$\phi_r = 0 \sim 0.06$

二冲程柴油机　　$\phi_r = 0.03 \sim 0.15$

残余废气系数 ϕ_r 可通过对换气结束时从气缸内抽取的工质样本进行组分分析来确定。分析时要考虑燃烧过程燃油和空气比例,即当过量空气系数 $\phi_{at} > 1$ 时,燃烧产物中含有空气。

扫气效率定义为换气过程结束时充入气缸的新鲜空气充量与缸内工质总量的比值,即

$$\eta_s = \frac{G_1}{G_{ic}} \tag{3-2}$$

由式(3-1)和式(3-2)可得扫气效率 η_s 与残余废气数 ϕ_r 之间的关系为

$$\eta_s = \frac{G_1}{G_1 + G_r} = \frac{1}{1 + \phi_r} \tag{3-3}$$

作为用于评定二冲程柴油机扫气效果的参数,η_s 并不能直接表示充入气缸内的新鲜空气量多少,但它可以反映气缸内工质中新鲜空气所占比例。显然,良好的扫气效果必然会使新鲜空气充量增加。因此,η_s 可间接表示换气质量。η_s 值越接近1,表示废气排出得越干净,充入的新鲜空气量越多。

标定工况下,二冲程柴油机的扫气效率的数值范围如下:

$$\eta_s = 0.71 \sim 0.97$$

3.3.2 充量系数

提出充量系数是为了描述新鲜空气充入气缸的充分性,其定义为换气结束时充入气缸的新鲜空气量与理论充量之比,即

$$\phi_c = \frac{G_1}{G_0} \tag{3-4}$$

理论充量 G_0 是将进气过程假设为可逆过程(气体流入气缸无阻力、无热交换、缸内残余废

气体积不变)充满气缸工作容积的新鲜空气量。其质量可按下式计算:

非增压机 　　$G_0 = \dfrac{p_a V_s}{R T_a}$

增压机 　　$G_0 = \dfrac{p_b V_s}{R T_b}$

式中: p_a、T_a 分别为环境压力、温度; p_b、T_b 分别为进气管(储气室)压力、温度; R 为气体常数; V_s 为柴油机气缸工作容积。

充量系数 ϕ_c 是通过实际过程充入气缸内的新鲜空气量与理想过程充量的比值来说明新鲜空气充入的充分程度。显然, ϕ_c 数值越大,说明新鲜空气充入越充分。

标定工况下,柴油机充量系数的数值范围如下:

四冲程柴油机 　　$\phi_c = 0.80 \sim 1.05$
二冲程柴油机 　　$\phi_c = 0.70 \sim 0.85$

四冲程柴油机充量系数 $\phi_c > 1$ 的情况由增压柴油机所具有的燃烧室扫气所致,增压柴油机的燃烧室扫气可减小残余废气量,增大新鲜空气充量体积。

充量系数的测量作为非增压柴油机比较简单。非增压柴油机可以认为不存在燃烧室扫气,因此, $G_s = G_1$,可通过流量计测量流入柴油机的新鲜空气流量以确定 G_1,而 G_0 可通过对环境状态的测定,经计算求得。增压柴油机由于 $G_{sh} \neq 0$,因此, ϕ_c 的测量比较复杂,通常需经过对燃烧过程结束后气缸内工质和排气管内工质进行组分分析才能确定。分析方法常采用 CO_2 吸收法,即通过吸收工质中 CO_2 来确定工质中空气和燃气的比例。

3.3.3　扫气系数与给气比

扫气系数与给气比是为了描述四冲程增压柴油机燃烧室扫气和二冲程柴油机扫气的情况而提出的。四冲程柴油机燃烧室扫气不仅可改善换气质量,而且可对燃烧室组件以及排气门等进行冷却,降低热负荷,提高可靠性。同时由于排气中混合着温度较低的新鲜空气,因此可以降低排气温度,改善增压器涡轮机工作条件。而二冲程柴油机扫气为其换气过程所必需。

为了实现上述目标,要求流经柴油机进气门(口)的新鲜空气量 G_s 大于换气过程结束时留存在气缸内的新鲜空气量 G_1,而柴油机的耗气量的增大会导致耗功的增加,必然影响柴油机的性能。为了描述扫气耗功情况以及为扫气泵选配、设计提供参数,提出了扫气系数 ϕ_s 和给气比 $\phi_k(\beta_k)$。

扫气系数定义为 G_s 与 G_1 的比值,即

$$\phi_s = \dfrac{G_s}{G_1} \tag{3-5}$$

显然,在换气效果一定时, ϕ_s 值越小,说明扫气过程组织得越完善。通常在标定工况下,柴油机扫气系数的数值范围如下:

增压四冲程柴油机 　　$\phi_s = 1.05 \sim 1.25$
二冲程柴油机 　　$\phi_s = 1.50 \sim 2.0$

给气比定义为 G_s 与 G_0 的比值,当进气管(储气室)压力 $p_b \leq 0.115\text{MPa}$ 时,用 ϕ_k 表示, G_0 按环境状态计算;当 $p_b > 0.115\text{MPa}$ 时,用 β_k 表示, G_0 按进气管(储气室)状态计算。 $\phi_k(\beta_k)$ 的提出主要是为柴油机设计扫气泵提供参数。当然, $\phi_k(\beta_k)$ 数值的大小也可反映扫气空气耗量,即扫气过程组织的完善性。

标定工况下柴油机的给气比数值范围如下:
$$\phi_k = 1.20 \sim 1.50$$
$$\beta_k = 1.05 \sim 1.30$$

柴油机的充量系数、扫气系数以及给气比之间存在如下关系:

$$\phi_c = \frac{G_1}{G_0} = \frac{G_1/G_S}{G_0/G_S} = \frac{\phi_k(\beta_k)}{\phi_s} \tag{3-6}$$

$\phi_k(\beta_k)$ 的测量由于 G_s 与 G_0 均较易测量或确定,因此比较易于实现,ϕ_s 的测量要采用工质组分分析,其方法由式(3-4)可知与 ϕ_c 的相同。

3.3.4 泵气功与泵气损失

柴油机的理论循环没有考虑换气过程,或认为换气过程是在严格的稳态下完成的,换气过程没有任何损失,对气缸内封闭循环过程没有影响。而发动机实际的换气过程却存在排气门早开造成的膨胀功损失、活塞强制排气的推出功损失和气缸内负压造成的吸气功损失等。理论循环与实际循环的换气功之差称为换气损失。也即换气损失是指在实际排气和进气过程中,对无增压或低增压柴油机来说,活塞比在理论换气过程中多付出的功;对高增压柴油机来说,则是比理论换气过程所少获得的功。图3-26为四冲程柴油机在非增压与增压条件下的换气损失示意图。

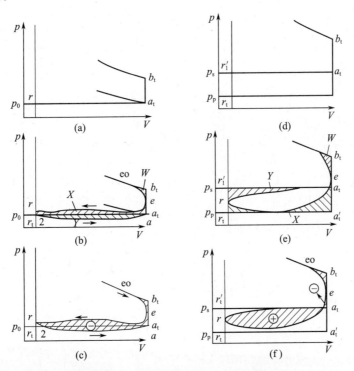

W—膨胀损失;X—强制排气损失;Y—进气损失。

图3-26 四冲程柴油机的换气损失

(a)非增压四冲程柴油机理论换气过程 $p-V$ 图;(b)、(c)非增压四冲程柴油机实际换气过程 $p-V$ 图;
(d)增压四冲程柴油机理论换气过程 $p-V$ 图;(e)、(f)增压四冲程柴油机实际换气过程 $p-V$ 图。

1. 排气损失

对非增压柴油机来说，如图 3-26(b) 所示，由于排气门提前在 eo 点开启，故压力线从 eo 点开始即与膨胀线的延续线偏离。与理论循环相比，首先损失了图中 $eo-b_t-e-eo$ 所示面积 W 的膨胀功，称为膨胀损失；其次，在强制排气时，活塞将废气推出气缸，多付出如图 $e-r-2-a_t-e$ 所示面积 X 的功，即"强制排气损失"。对增压来说，如图 3-26(e) 所示，同样存在膨胀损失和强制排气损失，其膨胀损失如图中 W 面积所示，其强制排气损失如图中 $e-1-r-r_t-a'_t-e$ 所示面积 X。对非增压和增压柴油机来说，排气损失都等于上述两种损失之和，即

$$排气损失 = 膨胀损失\ W + 强制排气损失\ X$$

柴油机排气提前角对排气的影响如图 3-27 所示，在发动机转速一定且排气提前角较小时，柴油机的膨胀损失 W 小，但活塞的推出功损失 X 将会增加，随着排气提前角的增大，膨胀损失 W 增加，而推出功损失 X 则减小。在排气提前角由小变大的过程中，存在一个最佳的排气提前角，使发动机的排气损失最小。

发动机的转速对排气损失影响如图 3-28 所示。发动机的转速增加，相同的排气提前角所对应的排气时间就变短，通过排气门排出的废气量减少，膨胀损失减少，却使得气缸内压力水平提高，因而活塞推出功大大增加。一般而言，发动机转速增高时排气损失总体上呈现增加的趋势，所以排气提前角应随转速的增加而适当加大。

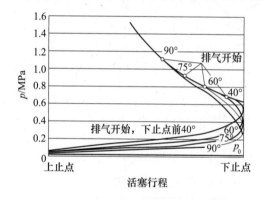

图 3-27 转速不变时排气提前角的影响

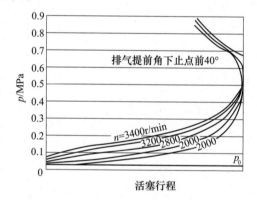

图 3-28 排气提前角不变时转速的影响

减少排气损失的方法除合理确定排气提前角外，还可增加排气门数目，增加流通截面积。

2. 进气损失

由于进气道、进气门存在流动阻力，故进气过程中气缸内气体力低于进气管内空气的压力（非增压柴油机进气管压力假定为大气压力），损失的功相当于 Y 所表示的面积，称为进气损失，如图 3-26(b)、(e) 所示。进气损失与排气损失总称为换气损失，即

$$换气损失 = X + Y$$

如图 3-26(c)、(f) 中阴影面积所示。

图 3-29 是某柴油机在不同转速下测量的平均排气损失和进气损失，两者相比，在数值上进气损失明显小于排气损失。但与排气损失不同，进气损失不仅体现在进气过程所消耗的功上，更重要的是它影响发动机的充量系数，对发动机的性能有显著的影响。合理调整配气正时，加大进气门的流通截面积，正确设计进气管及进气的流动路径，以及适当降低活塞平均速

度等,都会使进气损失减少,从而提高发动机的充量系数,改善发动机的性能。

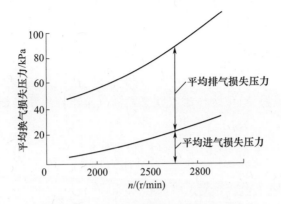

图 3-29 换气损失随柴油机转速的变化

3. 泵气功

四冲程柴油机在进气行程时活塞由上止点向下止点运动,气缸内气体压力对活塞的作用力与活塞的运动方向一致,气体对活塞做正功。排气行程中活塞由下止点向上止点运动,气体压力抵抗活塞的运动,气体对活塞做负功。泵气功是指气缸内气体对活塞在强制排气行程和吸气行程所做的功,即两个行程中气缸内气体对活塞做功的代数和。

由于二冲程柴油机没有单独的进排气活塞行程,所以泵气功为零。

泵气损失是指与理论循环相比,发动机的活塞在泵气过程所造成的功的损失。从图3-26(c)可以看出,对于非增压柴油机,它的泵气功的大小可用图中面积 $Y+X$ 表示,对整个循环来说为负功,泵气损失等于它的泵气功。对于增压发动机,由于进气压力高于排气背压,因此它的泵气功大于零,其泵气损失依然可以用图中面积 $X+Y$ 来表达,其值为正。

对于非增压柴油机,泵气功 W_{pw} 与泵气损失 W_p 在数值上相等,故有

$$W_p = W_{pw} = (X+Y)L_p \tag{3-7}$$

式中:L_p 为示功图的比例系数。

对于增压柴油机,泵气损失的计算同式(3-7),而泵气过程所获得的泵气功则由增压压力 p_b 和排气压力 p_T 所围成的矩形面积与实际换气过程损失 X 和 Y 的面积之差。对定压增压发动机,换气过程所获得的功可以表示为

$$W_{pw} = [(p_b - p_T)V_S - (X+Y)]L_p \tag{3-8}$$

参照平均指示压力的概念,用平均泵气损失压力来表示泵气损失的大小,其定义为

$$p_p = \frac{W_p}{V_s} \tag{3-9}$$

规定平均泵气损失压力 p_p 的符号为正,即 W_p 取绝对值。

3.4 影响换气质量的因素

充量系数描述了换气过程新鲜空气充入气缸的充分程度。干净地排出废气是为了使更多的新鲜空气充入气缸。因此,充量系数能较全面地反映换气过程的完善性。通过对充量系数的分析,可以获得影响柴油机工质更换质量的主要因素,为改善换气质量找到途径。

3.4.1 充量系数分析

由充量系数的定义式可知：

$$\phi_c = \frac{G_1}{G_0}$$

式中：G_1 为新鲜空气充量质量；G_0 为按进气状态充满气缸工作容积的新鲜空气质量。G_0 可按下式计算：

$$G_0 = \frac{V_s p_a (p_b)}{R T_a (T_b)} \tag{3-10}$$

G_1 可用进气门关闭时气缸内工质总质量 G_{ic} 表示：

$$G_1 = \frac{G_{ic}}{1 + \phi_r} \tag{3-11}$$

进气门关闭时气缸内工质总质量与进气冲程下止点气缸内工质总质量 G_a 间的差异由进气门晚关角期间的惯性进气引起，引入补充进气比 ξ_v，定义为 $\xi_v = \frac{G_{ic}}{G_a}$。显然，$\xi_v$ 反映了惯性进气对气缸内新鲜空气充量的影响，因此有

$$G_{ic} = \xi_v G_a \tag{3-12}$$

其中

$$G_a = \frac{p_{ca} V_a}{R T_{ca}} \tag{3-13}$$

将式(3-10)~式(3-13)代入式(3-4)，化简后即可获得充量系数 ϕ_c 的分析式如下：

$$\phi_c = \xi_v \frac{\varepsilon_c}{\varepsilon_c - 1} \cdot \frac{p_{ca}}{p_a} \cdot \frac{T_a}{T_{ca}} \cdot \frac{1}{1 + \phi_r} \tag{3-14}$$

式中：p_a、T_a 分别为进气管工质压力、温度；p_{ca}、T_{ca} 分别为进气下止点气缸内工质压力、温度；ε_c 为几何压缩比；ϕ_r 为残余废气系数；ξ_v 为补充进气比。

3.4.2 影响 ϕ_c 的因素分析

由式(3-14)可知，影响充量气数 ϕ_c 的主要因素有进气下止点气缸内工质温度、压力、残余废气系数、补充进气比 ξ_v、压缩比等。

1. 进气下止点气缸内工质状态

1) 气缸内工质压力 p_a

气缸内工质压力可表示为 $p_{ca} = p_a - \Delta p_a$，$p_a$ 为进气压力；Δp_a 为流动阻力损失。由流体力学知识可知：Δp_a 主要与损失系数 ξ_s、气流流速等有关。Δp_a 可近似地表示为

$$\Delta p_a = C \frac{\rho_a}{2} (1 + \xi_s) \left(\frac{A_p^2}{F_{in}} \right) \cdot n^2 \tag{3-15}$$

式中：A_p 为活塞面积；F_{in} 为进气门处流通截面积；n 为柴油机转速；ρ_a 为工质密度；C 为与结构有关的常数。

由(3-15)式可知，影响进气流动阻力损失的主要因素有与进气流道结构及雷诺数有关

的损失系数 ξ_s、进气门流通截面积与活塞面积比以及柴油机转速。柴油机转速越高,进气流动阻力损失越大,进气门处流通截面积越大,进气流动阻力损失越小;气流流道光洁、光顺,则流动阻力损失小。而上述因素的综合是进气门处的流速和流动形态。通常用进气马赫数 M_s 表示进气门(口)处的流动情况,其定义为进气过程进气门(口)处的工质平均流速与当地音速的比值。图 3-30 给出了进气马赫数 M_s 与充量系数 ϕ_c 的关系。由图可知,当 $M_s > 0.5$ 时,随 M_s 增加,ϕ_c 迅速下降。因此,在柴油机工作范围内要求 $M_s \leq 0.5$。

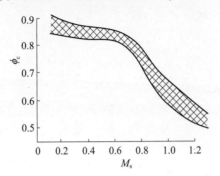

图 3-30 充量系数 ϕ_c 与进气马赫数 M_s 间的关系

2) 气缸内工质温度 T_a

气缸内工质温度可用下式表示:

$$T_a = \frac{T_d + \Delta T_a + \phi_r T_r}{1 + \phi_r} \qquad (3-16)$$

式中:T_d 为进气管工质温度;ΔT_a 为进气过程壁面向工质传热等引起温升;T_r 为排气温度。

显然,当 T_a 升高时,ϕ_c 会降低。由式(3-16)可知,影响 T_a 的主要因素有 T_d、ΔT_a 及 T_r。其中,残存废气温度的升高对充量系数的直接影响不大,因为废气对新鲜空气加热的同时,自己将被冷却。另外,由于废气和新鲜空气的比热相差较小,因此,其直接影响较小。但 T_r 值会影响气缸各壁面以及排气门表面的温度。因此,总的结果是 T_r 升高后会使 ϕ_c 下降。ΔT_a 主要来自两个方面:一是气流流动中各壁面对新鲜空气的传热,这主要取决于壁面温度与新鲜空气温度之差以及气体流动状态;二是气流流动损失中所产生的动能的一部分,最终转化为热能使气体温度升高。图 3-31~图 3-33 给出了 ΔT_a 随活塞平均速度 v_m,气缸壁温度 T_w 以及进气温度 T_d 的关系。由图 3-31 可以看出,由于 v_m 的增大,传热时间的减小,ΔT_a 下降。由 3-32 图可知,随壁面温 T_w 的升高,ΔT_a 升高。由图 3-33 可以看出,进气温度的增加将使 ΔT_a 降低。

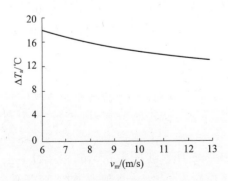

图 3-31 ΔT_a 随活塞平均速度 v_m 的变化

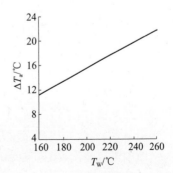

图 3-32 ΔT_a 与气缸壁温度 T_w 的关系

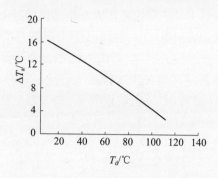

图 3-33 ΔT_a 与进气管温度 T_d 的关系

2. 残余废气系数 ϕ_r

换气结束时,气缸内残存的废气量主要取决于排气上止点气缸内工质压力 p_r、温度 T_r 以及燃烧室容积的大小,而 p_r 与排气系统阻力有关。从式(3-14)可以看出,ϕ_r 增大,充量系数 ϕ_c 下降。

3. 压缩比 ε_c

比值 $\dfrac{\varepsilon_c}{\varepsilon_c-1}$ 随 ε_c 数值的变化规律如图 3-34 所示,压缩比对 ϕ_c 的影响不能单一从 $\dfrac{\varepsilon_c}{\varepsilon_c-1}$ 来分析,必须与残余废气量的影响综合考虑。对非增压柴油机,由于排气管压力高于进气管压力,因此,换气结束时,气缸内废气所占的体积通常大于 V_c,即气缸工作容积的一部分被废气膨胀所占用,故使 ϕ_c 下降。显然,其影响程度随 V_c 增大而加重。即在压缩比 ε_c 下降时,残余废气量增加,充量系数 ϕ_c 下降。增压柴油机为防止爆发压力 p_{max} 过高,通常采用较小的压缩比。但由于一般有良好的燃烧室扫气,因此,通常可获得较满意的换气效果。但显然,由于压缩比较小,燃烧室扫气效果对整个换气效果的影响变大,这也是导致高增压度的自由涡轮增压柴油机在低速、低负荷时性能变差的原因之一。

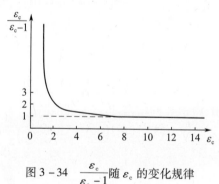

图 3-34 $\dfrac{\varepsilon_c}{\varepsilon_c-1}$ 随 ε_c 的变化规律

4. 补充进气比 ξ_v

利用进气门在下止点后迟闭可以实现补充进气,增加充气量和减小进气损失功。特别是增压和高速柴油机,由于进气压力和进气流动惯性较大,以合适的进气门晚关角,充分利用补充进气作用,将会有效地提高充量系数。图 3-35 给出了进气门晚关角对气缸内工质压力的影响。从图中可以看出,当进气晚关角较小时(图 3-35 中实线所示),活塞在接近下止点时气门开始关闭,面积减小,进气阻力增大,气缸内工质压力下降,进气损失增加,充气量减小。虚线表示晚关角较为合适的情况。当晚关角太大时,活塞上行压缩将引起新鲜空气倒流回进气管。由于进气晚关角与气流惯性有关,因此必然与柴油机转速有关。图3-36给出补充进气比和进气晚关角间的关系。从图中可以看出,当柴油机转速一定时,存在一个较佳晚关角使补充进气比最大,并且由于转速的变化最佳定时将变化,随转速的升高,最佳晚关角将增大。图3-37给出了充量系数随柴油机转速的变化情况,当配气定时一定时,只在某个转速下,充量系数达最高值。

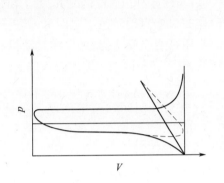

图3-35 进气晚关角对气缸内压力的影响

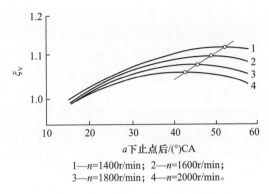

1—n=1400r/min; 2—n=1600r/min;
3—n=1800r/min; 4—n=2000r/min。

图3-36 补充进气比与进气晚关角间关系

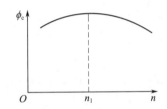

图3-37 充量系数 ϕ_c 随 n 的变化规律

3.5 电控换气系统

柴油机电控喷油技术的应用使柴油机的经济性、排放特性得到了改善,但柴油机动力性、经济性及排放特性的根本改变,决非仅仅依靠喷油系统电控技术就可以实现。事实上,柴油机的其他许多环节的可调与控制也是必不可少的。正是基于这样的认识,近年来,世界各国都也相继开展了进气涡流可调,进、排气门可调等技术的研究与开发。

配气相位和发动机转速对充量系数有较大的影响。为获得最大的充量系数,减少泵气损失,比较理想的进气系统,应满足以下要求:

(1) 低速时,采用较小的气门叠开角以及较小的气门升程,防止出现气缸内新鲜空气向进气系统的倒流,以便增加低速转矩,提高燃油经济性。

(2) 高速时,应具有最大的气门升程和进气门迟闭角,以最大程度地减小流动阻力,并充分利用额外充气,提高充量系数,满足发动机高速时动力性的要求。

(3) 配合以上变化,进气门从开启到关闭的进气持续角也进行相应的调整,以实现最佳的进气正时,将泵气损失降到最低。

总之,理想的气门正时和升程规律应当根据发动机的运转工况及时做出调整,气门驱动结构应具有足够的灵活性。传统的凸轮驱动挺柱气门机构,由于在工作中无法做出相应的调整,难于达到上述要求,从而限制了发动机性能的进一步提高,因此全电控可变配气系统应运而生。而电控换气系统的核心内容就是可变配气系统。这里简单介绍可变配气系统。

3.5.1 可变配气系统在柴油机上的应用

对非增压柴油机而言,可变配气系统可以用来改善启动性能。在通常情况下,为了在发动机中快速更好地利用进气动能,使其进气门关闭较晚,这相对于启动转速工况而言,其进气门关闭就太晚,从而导致气缸内部分空气被挤出气缸。应用可变气门结构,可以在发动机启动时,让更多的空气进入气缸,从而允许压缩比的适当降低,或者在相同的压缩比的条件下,可以燃烧质量差些的燃油。

对于中速柴油机而言,由于其压缩比不高,故其活塞与气门间的碰撞问题不再突出。这样,在高速高负荷的运行工况下,为了让发动机有良好的扫气和减少排气门、燃烧室及涡轮等零件的热负荷,可以有较大的气门重叠角。因为在这种工况下,气压机提供的增压压力要大于涡轮前的排气背压。但在低速或小负荷工况下的增压压力,往往要小于涡轮前的排气背压,这时就希望使用可变配气系统,让发动机有较小的气门重叠角,以阻止气缸内废气的倒灌。

可变配气系统在增压柴油机中的另一有潜力的应用是改善其响应速度。试验已表明,气门重叠角较大的强化四冲程柴油机不利于瞬变运行。这是因为在突加负荷时,调速器的响应比增压快,在气缸内出现过浓混合气,排气管内的压力和温度迅速上升,增压压力增加较慢,扫气压力差减小,引起扫气不足,并可能在扫气结束时,出现排气管内废气向气缸倒流,进一步促使气缸内过量空气系数的下降,燃烧进一步恶化,发动机输出转矩降低。采用较小的气门重叠角,将使发动机的加速性能大为改善。因此,瞬变性能对气门重叠角的要求是和稳态运行最佳气门定时的要求相抵触的,但应用可变配气系统就可解决此问题。

3.5.2 可变配气系统的结构和工作原理

可变配气系统有多种多样形式,按驱动方式可分为机械式和电子控制无凸轮机构两类。目前商品化的系统还是机械式的,分为可变凸轮机构和可变气门正时及其组合,基本可以实现可变气门正时、可变气门升程和可变气门持续角等功能。后一类可完全满足上述各项要求,但目前还仅仅处在研究阶段,如 GM 和 FEv 公司推出的无凸轮的电磁气门驱动机构以及 Ford 公司的液压气门驱动机构等。

1. 机械式可变配气系统

1) 可变凸轮机构(Variable Camshaft System, VCS)

可变凸轮机构一般是通过两套凸轮或摇臂来实现气门升程与持续角的变化,即在高速时采用高速凸轮,气门升程与持续角都较大,而在低速时切换到低速凸轮,升程与持续角均较小。图 3-38(a)给出了这种高低速凸轮的升程规律,图 3-38(b)是采用这种可变凸轮机构后,与传统的配气机构的性能相比,发动机的低速转矩和高速性能都得到了显著改善。

2) 可变气门正时(Variable Valve Timing, VVT)

相对而言,采用可变气门正时技术的发动机较多一些,对于 DOHC 系统发动机,由于进、排气门是通过两根凸轮轴单独驱动的,可以通过一套特殊的机构根据发动机的工况将进气凸轮轴转过一定的角度,从而达到改变进气相位的目的。根据实现机构的不同,这种改变又可以

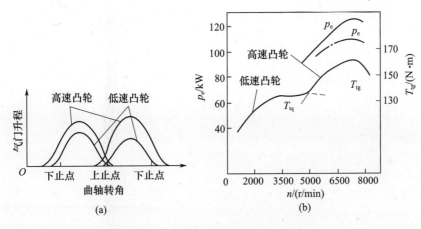

图 3-38 VCS 对发动机性能的影响

分成分级可变与连续可变两类,调节范围最高可达 60°CA。由于技术上相对成熟,很多高性能的汽油机均采用了这一技术。从图 3-39 上可以看出,采用 VVT 技术可以使发动机的低速转矩得到大幅度提高。

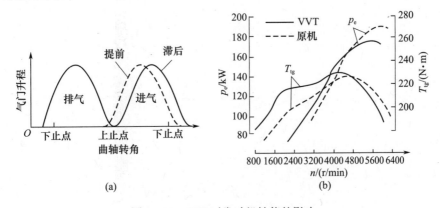

图 3-39 VVT 对发动机性能的影响

通常把 VVT 与 VCS 合称为可变的配气执行机构(Variable Valve Actuation,VVA)。

2. 相位连续可变气门的凸轮驱动系统

如图 3-40 所示,这是典型的相位连续可变的凸轮驱动系统,是由 Ford 公司和 INA 公司联合开发的一种全连续的定时凸轮(VCT)系统,既可用于进气凸轮轴系统,也可用于排气凸轮轴系统。

VCT 系统包括 VCT 单元、电控单元、曲轴转速传感器、凸轮轴相位传感器、三位四通电液比例换向阀、机油泵和机油滤清器等。

电控单元中已事先存储了进、排气门定时的最佳 MAP 图。其中的数据是根据发动机的转速、负荷来确定的。进、排气门定时的最佳值对应下的凸轮轴相位值作为反馈信号,实现进、排气门相位的闭环控制。

凸轮轴相位传感器确定凸轮相对于上止点的位置。曲轴转速传感器确定发动机的转速,并根据节气门踏板传感器测出的负荷,由发动机电控单元确定最佳气门相位值,然后通过控制电液比例换向阀,驱动一个液压活塞来调节凸轮轴相对于定时带轮的角位移,实现凸轮轴相位的变化。

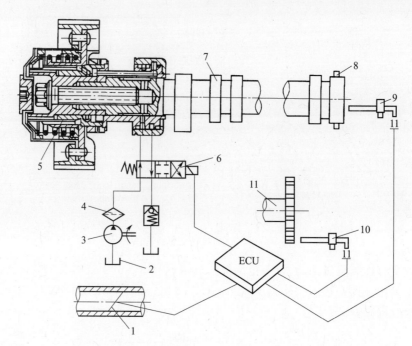

1—节流阀；2—油底壳；3—机油泵；4—机油滤清器；5—VCT单元；6—3位4通电磁液压比例阀；7—排气凸轮轴；8—凸轮触发轮；9—CID传感器；10—PIP传感器；11—曲轴。

图 3-40 VCT 系统图

在 VCT 系统中，实现定时齿轮与凸轮轴之间相对转动的关键是滑动螺旋花键。它是一个圆柱形零件，安装在凸轮轴定时齿轮与凸轮轴端部之间。这个零件的内孔和外圆都带有螺旋花键，其外部螺旋花键与凸轮轴齿轮轮毂内孔中相应的内花键啮合，其内部的螺旋花键与凸轮轴端部上相应的外花键啮合。在此圆柱体上，距离凸轮轴较远的一端有一个用油压推动的活塞，根据要求的不同凸轮轴位置，发动机润滑油推动此调节活塞沿轴向运动，通过花键的螺旋齿，将轴向运动转变成凸轮轴相对于正时齿轮的转动。

1) 电磁气门驱动

电磁气门驱动是利用电磁铁产生的电磁力驱动气门。

从理论上说，电磁气门驱动控制方便，结构较为简单，是比较容易想到的无凸轮轴气门驱动方式。它的主要问题是气门落座冲击由电磁驱动的特点决定，此问题不易解决。气门驱动要求电磁铁做到高速、强力、大行程并且体积足够小，而要同时完全满足这四方面的要求是很困难的。

2) 电液气门驱动

电液气门驱动的工作原理是将气门与一个液压活塞相连接，它由液压驱动气门的开启，由气门弹簧驱动气门回位。为减小气门开启行程末期气门运动组件对气门驱动机构壳体的冲击，还设计了缓冲活塞。电控可变气门驱动机构主要部件有壳体、动力活塞、缓冲活塞等，原理图如图 3-41 所示。

它利用原摇臂座安装位置直接固定安装在气门上方，直接驱动气门，对原机改动范围小，结构简单，便于进行电控化改造。

驱动活塞直径、缓冲活塞直径、缓冲活塞的实际压缩比等是电控可变气门驱动机构的重要结构参数，为了满足系统灵活调节的需要，上述参数需根据柴油机气门的升程、气门弹簧刚度

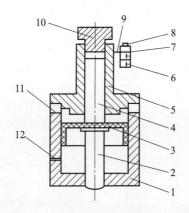

1—底壳；2—顶杆；3—缓冲活塞；4—动力活塞；5—上盖；6—电磁阀回油门；7—电磁阀进油口；
8—电磁阀；9—电磁阀驱动口；10—限位器；11—气孔1；12—气孔2。

图3-41 电控可变气门驱动机构结构原理图

以及预定的气门启闭规律指标等参数进行确定。

3）其他气门驱动系统

除了上述两种气门驱动机构外，还有气动气门机构，其原理与电液式气门驱动机构相似，只是将工作介质换为压缩空气；另外，还有电动机-凸轮驱动机构等其他一些驱动方式。

思考题

1. 简要说明四冲程柴油机换气过程各阶段的特点？
2. 什么是泵气功，为什么泵气功是代数值？
3. 从柴油机换气的基本要求出发，怎样对换气质量进行定量评价？
4. 指出换气系统各元件可能产生的磨损部位及其对换气质量和柴油机运行可能产生的影响？
5. 液压缓冲器适用于什么样的内燃机？装液压缓冲器还有没有气门间隙？
6. 什么是气门重叠角？气门重叠角的大小对柴油机有何影响？
7. 二冲程柴油机换气系统的结构有哪些类型？各有何优、缺点？
8. 与四冲程柴油机相比，二冲程柴油机换气过程有何特点？
9. 什么是充量系数？影响充量系数的因素有哪些？
10. 什么是气门间隙？气门间隙在柴油机哪个位置？

第4章 可燃混合气形成及燃烧

在柴油机的工作过程中,可燃混合气的形成和燃烧占有重要地位,对柴油机性能影响极大。柴油机可燃混合气的形成和燃烧牵涉面广,影响因素多,本章重点介绍可燃混合气形成与燃烧的一般原理和过程。

4.1 可燃混合气形成概述

燃烧必须具备两个条件:一是可燃混合气要达到一定的温度;二是燃油和空气的混合比例要满足一定的要求。柴油机属于压燃式发动机,在压缩过程末期,气缸内工质温度和压力都已较高。对于第一个条件很容易满足,所以主要的问题是燃油和空气如何形成良好的混合气这个问题。根据柴油机工作原理,在压缩过程即将结束时,燃油开始喷入气缸内,并在短暂的时间内与空气发生混合,这种混合进行的好坏直接影响燃烧的质量,以致影响柴油机的性能。因此,可燃混合气形成规律是一个十分重要的概念,它是指可燃混合气形成过程中浓度、速度和数量随时间的变化规律。可燃混合气形成主要受燃油喷射、雾化和分布、空气的数量及运动、燃烧室形状和气缸内热状态等因素的影响。

柴油机的可燃混合物形成过程大致可归纳为以下三个特点:

(1) 燃油是入气缸后才开始与空气混合,而且燃油喷射的持续时间很短,一般只占15°~30°CA。所以可燃混合物的形成过程是非常短促的,往往是一边喷射,一边混合,一边燃烧;

(2) 可燃混合物的浓度分布是不均匀的,而且是随时间而变化的;

(3) 柴油或重油的黏度较大,挥发性差,不能很快地形成燃料蒸汽与空气的混合气,从而形成燃料液滴、燃料蒸汽、空气混合一起的燃烧现象。

形成可燃混合物的目的是燃烧,可燃混合物形成的情况必然会对燃烧过程的进展和品质带来极大的影响。因此,为了获得良好的燃烧过程,对可燃混合物的形式提出以下的要求:

(1) 可燃混合物形成的正时要恰当,保证燃油能够及时地燃烧,提高柴油机燃烧效率;

(2) 可燃混合物形成要先慢后快,保证燃油"逐步"加快燃烧,使最高燃烧压力和压力升高率不致太大;

(3) 着火后,燃油在空气中要尽量均匀分布,并且要使已燃烧的产物不妨碍其余燃油与空气的混合,保证燃油短时间内完全燃烧,以提高热的利用率和空气的利用程度。

在柴油机的发展过程中,人们提出了各种不同的可燃混合物形成方式,主要有以下两种方法:

(1) 依靠燃油的喷射、雾化。

这种方法俗称为"油找气",它主要依靠良好的燃油喷射雾化来与空气进行混合,对燃油喷射质量要求较高,过量空气系数也较大。

(2) 依靠空气运动。这种方法俗称为"气找油",它主要依靠空气运动形成的各种涡流、挤流,燃气的二次运动,来实现油气的良好混合,因此对燃油喷射质量要求不高,但对气缸盖和燃烧室结构有一定要求,过量空气系数较小。

4.2 柴油机燃油系统

柴油机燃油系统是保证柴油机燃油供应并完成燃油喷射形成可燃混合气的主要系统,其任务是在适当的时期内将一定数量的清洁柴油喷入燃烧室,保证柴油与空气的良好混合。因此,它应满足以下要求:

(1) 喷油开始时间(喷油提前角)及喷油持续时间必须准确无误,多缸机各缸的喷油提前角应当相同,其最大差值不得大于 0.5°CA。若不在此范围内,应当进行调整。

(2) 根据外界负荷大小能自动调节喷油量。各缸的供油量应当相同。各缸供油量的差异可用供油量不均匀度(各缸供油量的最大差值占各缸平均供油量的百分比)来衡量。在标定工况时各缸的供油量不均匀度,高速机为 3% ~ 4%,中、低速机为 3.5% ~ 4.5%。

(3) 根据燃烧室形式和混合气形成方法的不同要求,建立一定压力,保证喷出的燃油雾化质量符合要求,而且能与燃烧室中的空气均匀混合,开始喷油和结束喷油时不得发生滴油渗漏现象,油束的形状和喷射方向也应与燃烧室相配合。

(4) 喷油规律必须符合燃油燃烧的要求,以保证柴油机发出最大的功率和保持较好的经济性。

柴油机燃油系统组成如图 4-1 所示。根据系统燃油压力的不同,可分为低压输送系统和高压喷射系统(又称供油装置)两部分。

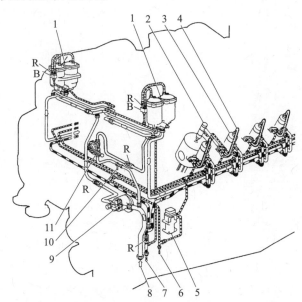

1—燃油双联滤器;2—喷油器;3—高压油泵;4—高压油管;
5—泄漏油箱;6—燃油泄漏油管;7—燃油回油管;8—进油管;
9—燃油输送泵;10—止回阀;11—燃油手动泵;B—分配盒;R—止回阀。

图 4-1 燃油系统组成

柴油机燃油低压输送系统的作用是将符合使用要求的燃油畅通无阻地送到高压油泵入口

端。柴油机燃油低压输送系统通常由低压输送泵、滤清器、燃油手动泵等组成。

柴油机高压喷射系统任务是按柴油机各缸的发火顺序在最适当的时期内将数量严格规定的清洁柴油以恰当的雾化形态和规律喷入燃烧室,并保证油与空气的良好混合。喷射系统工作的好坏决定着燃油在气缸内与空气混合的质量和燃烧过程进行的完善程度,因而在相当大的程度上影响着柴油机的功率和经济性。

4.2.1 高压燃油喷射系统

现代柴油机的燃油喷射系统绝大多数采用直接作用机械驱动式(或称直接喷射式),即由高压油泵排出的高压燃油直接作用于喷油器并喷入气缸。这种喷射系统由于结构简单、工作可靠被普遍应用当前的各型柴油机上。该喷射系统主要包括高压油泵、高压油管和喷油器。

4.2.1.1 高压油泵

高压油泵的作用是保证准确而可靠的供油定时、准确而可调的供油量、足够高的供油压力和合理的供油规律。根据其结构和油量调节方式不同,高压油泵一般分为柱塞斜槽式、阀调节式和分配式等。柱塞斜槽式高压油泵又称为波许泵,广泛应用于大功率高、中、低速柴油机上,而阀调节式高压油泵主要用在某些船用大功率低速二冲程柴油机上,分配式通常用于车用中小型柴油机上,后面两种本书中不予介绍。

船用柴油机中应用最多的为高压柱塞泵,根据每个柱塞泵所包含的柱塞数目不同,柱塞泵分为单体泵和整体多柱塞泵。单体泵是每个柱塞泵只有一副柱塞套筒,柴油机上的每个气缸安装一个单体泵,这种结构可以最大限度地减小高压油管长度,以降低压力波动效应,为目前大功率中、低速机和大多数大功率高速柴油机所采用。整体多柱塞泵是一个高压油泵中装有多副柱塞套筒,多为小型高速柴油机和部分中高速大功率柴油机所采用。

1. 基本结构

柱塞斜槽式高压泵的结构如图 4-2 所示。柱塞和柱塞套是一对精密偶件。柱塞表面开有环形斜槽,斜槽又通过直槽与柱塞顶油腔相通,柱塞套上开有油孔,高压油泵的吸油和泵油由柱塞在柱塞套内的往复运动来完成。

2. 工作原理

柱塞斜槽式高压油泵泵油过程如图 4-3 所示。当柱塞在弹簧作用下向下运动到柱塞顶部油腔通过油孔与外部油室相连通时,低压油便进入柱塞腔,进行充油。充油过程直到柱塞上行盖住进油孔为止,如图 4-3(a)所示。

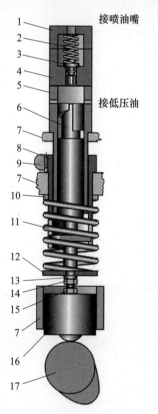

1—油室盖;2—弹簧;3—输油阀;4—阀座;5—柱塞套;
6—柱塞;7—泵体;8—调节套筒;9—齿条;10—上承盘;
11—弹簧;12—下承盘;13—接头;14—调整螺钉;
15—固定螺帽;16—从动部;17—凸轮。

图 4-2 柱塞斜槽式喷油泵

柱塞继续上行,油压升高,出油阀在油压作用下开启,燃油进入高压油管。当喷油器中油压上升到一定值时,喷油器开启,如图 4-3(b)所示。

当柱塞上的斜槽与柱塞套上的油孔相通时,如图 4-3(c)所示,油腔内的燃油经柱塞上的直槽从油孔向外流出,压力迅速降低,喷油器关闭,喷油停止,出油阀在弹簧和高压油管内的油压作用下关闭。从柱塞顶平面关闭进油孔至斜槽打开泄油孔的柱塞运动行程称为有效行程。

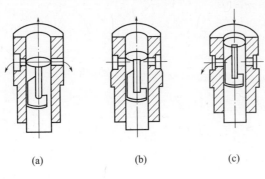

图 4-3 泵油过程

在输油过程中,燃油压力很高,因而为保证良好雾化和均匀分布创造了有利条件。例如,TBD620 型柴油机最高喷油压力达 105MPa,有的柴油机最高喷射压力更高。高压泵之所以能建立这样高的压力,有三个原因:一是从高压泵到喷油器之间的整个充油空间里,各配合面之间都非常紧密;二是喷油器的喷孔面积相对于柱塞的面积很小;三是柱塞在柱塞套内的运动速度很快。

由于高压泵和喷油器各配合面都非常精密,而且喷孔又很小,因此工作中必须保证燃油的过滤质量,以减小各配合面的磨损和防止喷孔堵塞;装拆过程中还要防止配合面的碰伤。

3. 油量调节

根据负荷的需要,高压油泵的供油量必须能从最大值调整到零值。由于柱塞运动的总行程是不变的(由凸轮的升程确定),因此调节油量的方法就是利用斜槽来改变供油的有效行程。在图 4-3(b)所示的这种结构的柱塞中,柱塞顶面盖住柱塞套上油孔的时间是固定的(开始供油的时间不变),而斜槽与油孔连通时间的早晚可以改变(停止喷油的时间可以提早或延迟)。因此,通过改变柱塞上斜槽与柱塞套上油孔的相对位置,就可以改变每循环的供油量。

在斜槽式高压油泵中,喷油量调节是通过改变柱塞上斜槽柱塞套上油孔的相对位置来实现的,这一任务由一套旋转柱塞的机构来完成。旋转柱塞机构由带齿圈的调节套筒和调节齿杆组成。调节套筒套装在柱塞套的外圆柱面上,它的下部开有较长的缺口,其缺口卡在柱塞下部的凸耳上,这样通过调节套筒就可以转动柱塞,且不会影响柱塞的往复运动。调节套筒的齿圈与调节齿杆相啮合,调节套筒的转动可以通过调节齿杆的移动来控制。

在斜槽式高压油泵中,供油量的调节有如图 4-4 所示的三种方式。

(1)供油之初调整。保持供油终点不变,使供油始点随柴油机负荷的变化而变化,如图 4-4(a)所示。

(2)供油之末调整。即供油始点不变,使供油停止点随柴油机的负荷变化而变化,如图 4-4(b)所示。

(3)混合调节。随负荷的变化,同时改变供油始点和终点,如图 4-4(c)所示。

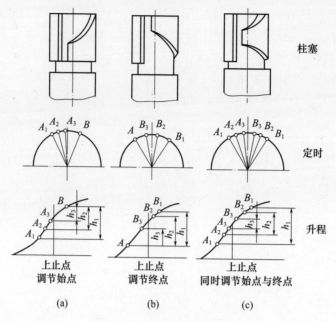

图 4-4 油量调节的三种方式

供油时间的变化不仅影响着喷油提前角、喷油持续时间和供油规律,而且影响柴油机的燃烧过程和整个工作过程质量。每一型号的柴油机根据它所带负荷的性质来选用具体的调节方法。一般带发电机的柴油机采用供油之末调节,而作推进主机的柴油机,供油之末调节和混合调节两种方式都可采用。

4. 主要零件的结构形式

1) 柱塞偶件

柱塞偶件由相互研磨配对的柱塞和柱塞套组成,为保证高压油泵的正常工作,既要保证柱塞能在柱塞套内自由滑动,又能使它们之间的燃油泄漏量最小。

图 4-5 是常见的柱塞偶件的结构形式。调节油量的斜槽有的布置在柱塞的两侧,如图 4-5(c)、(d)所示,有的非对称布置,如图 4-5(a)、(b)所示。斜槽与油腔的连通可以用侧表面开直槽(图 4-5(a))或中心钻孔(图 4-5(b)、(c)、(d))的方法。在采用对称布置的斜槽时,高压油作用在柱塞上的侧向力能得到平衡。

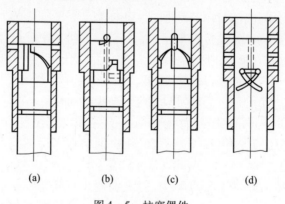

图 4-5 柱塞偶件

2）出油阀偶件

出油阀偶件是高压油泵的另一对重要偶件，它由出油阀和阀座组成，如图 4-6 所示。

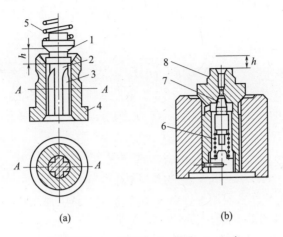

1—卸载容积；2—输油阀；3—铣槽；4—阀座；
5—弹簧；6—卸载弹簧；7—卸载阀；8—出油阀。

图 4-6　出油阀偶件

出油阀偶件是通过出油管接头以规定力矩紧密贴合在柱塞套筒的上端面上。在出油管接头下端面与阀座肩部之间有一铜制密封垫，以防止高压燃油的泄漏。

出油阀偶件有蓄压、止回和减压的作用。蓄压作用是指在柱塞泵油行程中，使高压油泵的供油压力逐渐累积，只有油压克服出油阀弹簧的作用力才顶开出油阀开始供油，从而使高压油泵获得较高的初始供油压力。止回作用是指在柱塞的吸油行程中，出油阀自动落座，有效地防止高压油管中的燃油倒流入泵腔，从而保证柱塞有一定的供油量，也能使高压油管内始终存有一定压力的燃油，这样就使喷油延迟阶段缩短。减压作用又称为卸载作用，是指利用出油阀的卸载容积有效地控制喷射过程结束后高压油管中的压力波动，防止出现二次喷射和燃油滴漏现象。

按卸载方式的不同，可将出油阀分为等容卸载出油阀及等压卸载出油阀两种。

等容卸载出油阀的结构如图 4-6(a)所示。输油阀 2 的头部有密封锥面，与阀座 4 研磨配合。密封锥面下有圆柱形减压环带，环带下面的阀尾部上铣有 4 个铣槽 3。输油阀在高压油管的残余压力和弹簧 5 的作用下，使阀紧压在阀座 4 上。在柱塞吸油行程时，输油阀将泵腔与高压油管分开，避免高压油管的燃油倒流入泵腔，起到了止回的作用，提高了循环供油量。当柱塞压油时，泵腔中油压升高，克服弹簧力及高压油管残余压力，将输油阀向上压，由于出油阀减压环带的阻隔作用，虽然出油阀已离开了阀座，但泵腔并未马上向高压油管供油，直到出油阀上升 h 距离减压环带离开导向孔之后，燃油才能经过 4 个铣槽流入高压油管。由于出油阀上减压环带和弹簧的作用，使油泵供油时刻延迟到出油阀上升 h 距离之后，从而使喷油泵获得较高的初始供油压力，起到了蓄压的作用。当柱塞有效行程结束，回油孔开始泄油时，减压环带先行进入导向孔，将泵腔与高压油管分隔开来，出油阀继续下降距离 h（h 应从锥面中间密封带算起），使高压油管中的容积增加 $\pi d^2 h/4$，使管中燃油压力因容积增大而迅速降低，喷油迅速停止，缩短了燃油喷射过程的滴漏阶段并可避免重复喷射。由于这种卸载容积在柴油机各种转速下都是不变的，所以称等容卸载出油阀。

等容卸载输油阀结构简单、应用广泛，不足之处是高压油管中的剩余压力随柴油机工况而变化,尤其是当低负荷运转时容易因卸载过度而引起空泡和穴蚀。

等压卸载出油阀的结构如图4-6(b)所示。等压卸载的出油阀上无减压环带,但在其内部设有一个由卸载弹簧6控制的卸载阀7。当出油阀关闭后,若高压油管中的油压高于卸载阀的开启压力,则卸载阀开启使燃油倒流入喷油泵工作空间,直到同卸载阀的关闭压力相等时为止。由此,可减小高压油管中压力波的波幅值。

等压卸载出油阀由于不存在卸载容积,而是利用卸载阀对高压油管总的燃油起着降压作用,因而若卸载阀开启压力调节适当,不但可避免重复喷射而且可避免穴蚀的产生。当负荷发生变化时,高压油管中的剩余压力基本保持不变,但其结构相对比等容卸载出油阀复杂。等压卸载出油阀在中高速大功率柴油机中使用较多。

图4-7为MTU396型柴油机采用的等压出油阀。当高压油泵供油时,压力油孔4充满高压燃油,在压力油的作用下,出油阀弹簧被压缩,球阀被顶开,出油阀抬起,燃油进入高压油管。这时泄压阀3在高压油和弹力作用下保持关闭状态。当高压油泵供油结束时,柱塞顶油腔的压力解除,出油阀在弹力和高压油压力作用下关闭,而泄压阀则在高压油管内可能产生的过高压力作用下打开,使高压油管内的压力迅速下降,以避免喷油器滴油和二次喷射。当高压油管内压力降至小于泄压阀弹簧弹力时,泄压阀关闭。

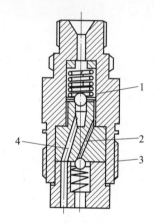

1—出油阀;2—节流孔;3—泄压阀;4—压力油孔。

图4-7 MTU 396柴油机出油阀

5. 单缸喷油始点调整装置

高压油泵开始喷油的时间,必须处于各型柴油机所规定的范围内,并能通过一套装置来调整。开始喷油时间是否准确,就是看当曲柄位于该缸规定的开始喷油提前角时,柱塞是否正好盖住柱塞套上的油孔。正好盖上时,说明开始喷油时间准确;尚未盖上时,说明开始时间比规定的晚;早已盖上时,说明开始喷油时间比规定的早。

单缸开始喷油时间的调整,一般采用以下两种方法:

(1) 利用从动部上的调整螺钉。图4-2中把调整螺钉拧出时,柱塞向上移动,开始喷油时间提早;当把调整螺钉拧进时,柱塞向下移动,开始喷油时间延迟。工作时,调整螺钉用固定螺母锁紧。这种方法在各种型号的高压油泵中应用极为普遍。

(2) 利用可以与凸轮轴做相对转动的喷油凸轮。当把凸轮在轴上顺工作转向相对旋转一定角度时,则开始喷油时间提早;反之,则开始喷油时间延迟。喷油凸轮一般通过端面齿与轴上的端面齿啮合,然后加以固定。这种调整方法一般用于单体式的高压油泵上,在这种装置中,每相对转动一个齿所改变的喷油提前角度数与齿数有关。

6. 单缸调整喷油量装置

为保证柴油机各缸负荷均匀,高压油泵各分泵的供油量必须保证一定的均匀性,即它们的差别不超出允许的范围,单缸调整喷油量装置就是为实现这一任务而设置的。由于各分泵的柱塞旋转机构都连接在一根共用的操纵轴(或杆)上,所以实现单缸喷油量调整在结构上所要解决的基本问题是在共用的操纵轴(或杆)位置不动的情况下,能单独转动柱塞,使其改变柱塞上斜槽与柱塞套上油孔的相对位置。常见的结构有如图4-8所示的几种类型。

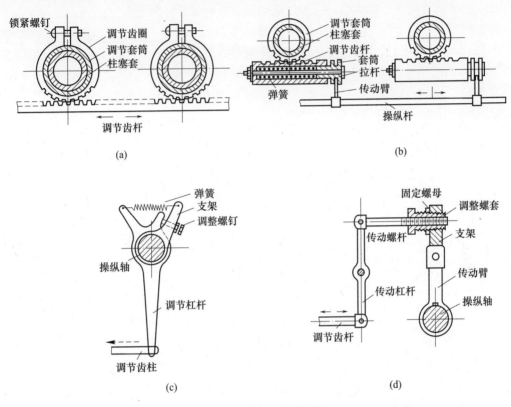

图4-8 单缸油量调整装置

1) 用操纵杆的移动来控制喷油量

图4-8(a)所示的结构是各分泵调节套筒上的齿圈都啮合在共用的调节齿杆上的。为了能实现单缸调整喷油量,调节套筒和调节齿圈分开制造,然后用螺钉锁紧成一体。当调整某缸喷油量时,松开该缸分泵调节齿圈上的锁紧螺钉,使齿圈与套筒脱开,通过转动该分泵的调节套筒来转动柱塞。这种结构在组合式高压油泵中应用极为普遍。

图4-8(b)所示的结构是各分泵采用的单独的齿杆来传动调节套筒,而调节套筒和齿圈则合制成一体。各齿杆通过传动臂与总操纵杆连接。在单缸调整喷油量时,拧动拉杆左端的螺母,压紧或放松弹簧、迫使调节齿杆、调节套筒带动该分泵的柱塞转动。这种方式多用于单体式高压油泵中。

2) 利用操纵轴的转动来控制喷油量

图4-8(c)所示的结构是采用独立的齿杆来传动各分泵的调节套筒。操纵轴通过支架(与轴固定成一体)、调节杠杆(自由地套在轴上)来传动调节齿杆。支架和调节杠杆上端的弹

簧迫使调节杠杆紧靠在调节螺钉上,所以只要拧动调节螺钉就可改变调节杠杆与操纵轴的相对位置,从而可以通过调节齿杆转动该分泵的柱塞,改变该分泵的喷油量。

图4-8(d)所示的结构中,各分泵也是采用独立的调节齿杆来传动。在操纵轴对调节齿杆的传动机构中,装备有调整螺套,它通过外螺纹装在支架上,而传动螺杆则装在它的内螺纹孔中。转动螺套就可改变该分泵的调节齿杆与操纵轴的相对位置,从而改变了分泵的喷油量。

4.2.1.2 喷油器

喷油器是用来控制柴油进入气缸的通道,它将高压油泵提供的燃油按一定的方向、穿透燃烧室并以良好的雾化质量喷入燃烧室与高压高温空气形成良好的混合气。

柴油机喷油器可分为开式喷油器和闭式喷油器两大类。开式喷油器虽然结构简单,但喷射压力低,雾化质量差,现已基本不采用。现代柴油机上使用的喷油器均为闭式喷油器。

1. 喷油器的结构及基本工作原理

图4-9为典型喷油器的结构简图。喷嘴直接伸入燃烧室内,它的上面开有一定数量的喷孔,孔径很小,柴油通过这些小孔喷入燃烧室。针阀用来控制这些小孔的打开和关闭,从而控制高压油是否进入气缸。针阀的锥面与阀座之间以及针阀阀杆与针阀体之间精密配合,保证高压油路的密封性。弹簧通过承盘和压杆将针阀紧压在阀座上,将喷孔关闭,当针阀抬起后,柴油才能通过喷孔进入气缸。

针阀的升起由油压控制,当柴油压力升高到规定的喷油压力时,作用在针阀承压锥面上的油压,克服弹簧的弹力,将针阀向上顶起,针阀的密封锥面离开阀座,高压油就通过喷嘴上的小孔喷入燃烧室。当油压突然下降时,针阀在弹簧弹力的作用下,迅速下落,由密封锥面将油路切断,喷油迅速停止。弹簧的弹力(也就是喷油器开始喷油的压力)可以通过调整垫片改变弹簧的压紧程度来调整。为了减小针阀对支承座座面的冲击磨损,提高喷嘴的使用寿命,针阀的升程(抬高的高度)由它上部的凸肩来限制。针阀和导向部分(包括针阀座)是最主要的精密偶件,可用单独研磨或选配的方法进行配对,一般采用优质钢制成,并经热处理。

2. 喷油器的结构形式

根据柴油机的类型和燃烧室形状的不同,闭式喷油器的形式多种多样,但彼此之间的主要区别在喷嘴(喷油器体以下部件的总称)。根据喷孔数目可分为轴针式和孔式喷油器,根据有无强制冷却可分为冷却式和非冷却式喷油器,根据喷油器针阀长短分为标准型和长型。

1) 轴针式和孔式喷嘴

图4-10(a)为轴针式喷嘴,轴针式喷嘴的针阀下端有一个小轴针,插在一个直径较大的喷孔中,与

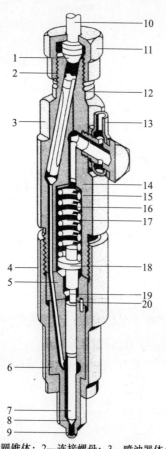

1—密封圆锥体;2—连接螺母;3—喷油器体;
4—喷嘴座螺母;5—中间盘;6—喷嘴;7—针阀;
8—喷嘴密封面;9—喷油孔;10—燃油入口;
11—螺母;12—滤芯;13—回油接头;14—回油;
15—调整垫片;16—进油道;17—压力弹簧;
18—弹簧座;19—承压销;20—定位销。

图4-9 典型喷油器

喷孔构成一个很小的环状间隙。当针阀抬起时,燃油通过这个间隙喷出。轴针形状有圆柱形和倒锥形两种,喷出的燃油根据不同的轴针形状而产生不同的喷雾状态。轴针式喷嘴主要用于分隔式燃烧室,因为它对燃油雾化的质量要求不高。由于孔径较大,同时工作中轴针又在喷孔中来回运动,故不容易积碳。

图4-10(b)为孔式喷嘴,孔式喷嘴的针阀只起喷孔的启闭作用;燃油的喷射状态主要由喷孔数目、大小和方向来控制。喷孔数目一般为4~10个,喷孔直径一般为0.25~1.2mm。这些喷孔多数是均匀分布在喷嘴的圆周上,其中心线与喷油器中心线成一定夹角。这种喷嘴应用于直喷式燃烧室中。其主要特点是雾化质量比较好,但由于孔径较小,工作中容易积碳而造成喷孔堵塞。

2) 冷却式和非冷却式喷嘴

冷却式喷嘴就是在喷嘴部分设有冷却室,如图4-10(c)所示。冷却液(采用燃油或水)通过冷却室循环流动,把燃气传给喷嘴的热量带走。非冷却式喷嘴就是在喷嘴部分不设冷却室,喷嘴吸收的热量主要通过喷入燃烧室的燃油带走。

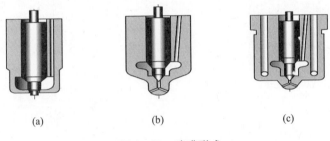

图4-10 喷嘴形式

喷油器工作的可靠性在很大程度上取决于喷嘴部分的受热状态,当温度超过允许限度时,会产生结焦现象而使喷孔堵死,同时也会引起热变形而破坏针阀的密封性,甚至使针阀卡死。因此,在一些缸径较大的大功率柴油机中,通常采用冷却式喷嘴。

3) 长型和普通型喷嘴

长型和普通型喷嘴的结构区别主要是以下几方面:

(1) 针阀的导向部分位置升高,离燃烧室较远,减小了由于热变形而卡死的可能性。

(2) 针阀的导向部分与顶部锥面之间有一段细长部分,具有一定的弹性,使得针阀在轻微的变形条件时仍能保证良好的密封,这种喷嘴获得广泛的应用。

4.2.1.3 泵-喷油器

泵-喷油器的主要结构特点是:取消了高压泵和喷油器之间的高压油管,将两者合制成一个整体,直接安装在气缸盖上。由于取消了高压油管,减少了高压泵与喷油器之间的高压容积,因而可以消除喷油过程中油管内压力波动所造成的不良后果(如喷嘴滴油等)。另外,还可以获得较高的喷油压力,消除高压油管破裂和接头漏油等故障。图4-11为典型泵-喷油器结构。

1. 喷油器结构

喷油器部分由雾化头、油嘴体和针阀组成的油嘴,带圆盘和调节垫圈的弹簧,以及下弹簧座和上弹簧座组成。精加工的油嘴体和针阀是作为一个组件更换的。喷油器组件用本体31压紧在泵-喷油器组件壳体26上。壳体的上圆柱部分沿周围分为48个等间距刻度。在装配泵-喷油器组件时,这些刻度是检查壳体拧紧力所必需的。

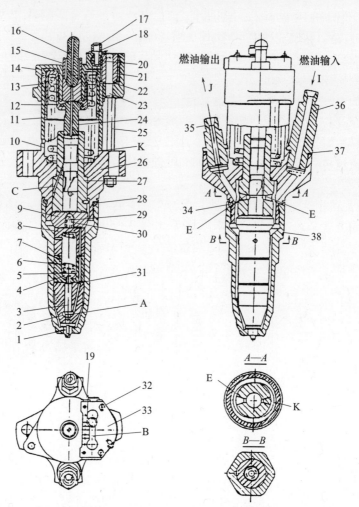

1—雾化头；2,9,26—壳体；3—主针阀；4—圆盘；5,22—座；6,10,30—弹簧；7,8—弹簧套；11—齿圈；12—支承座；13—滚珠轴承；14—盖子；15—导套；16—随动杆；17—轴杆；18—滚柱；19—指示器；20—控制台架；21—齿轮；23—轴；24—柱塞；25—双头螺栓；27—衬套；28—定位销；29—副针阀；31—本体；32—螺钉；33—板；34—橡胶环；35—管接头；36—管接头；37—垫片；A,E,K—油腔；B—油槽；C—槽；E—油孔；I—燃油输入；J—燃油输出。

图 4-11 柴油机的泵-喷油器

2. 高压泵结构

高压油泵组件的主要装配件是输油阀和柱塞副。柱塞副由精加工的柱塞 24 和衬套 27 组成，并只能作为一个组件来更换。

柱塞衬套有油孔 F 和 G，用于在吸入期间使燃油进入柱塞下面的油腔中，且在切断时使燃油排出。渗漏进柱塞与衬套之间空隙内的燃油经过油槽 B 输出，油槽 B 通过油孔 A 与泵-喷油器组件的吸油腔连通。

柱塞有两个螺旋斜槽。柱塞头设在支承座 12 上，并以其平面部分与支承座相对固定。当支承座 12 转动时，柱塞斜槽相对于衬套油孔的位置发生变化，也就是输送给燃烧室的燃油量发生变化。支承座是由齿圈 11 带动，齿圈 11 通过齿轮 21 与控制齿条 20 啮合。

3. 泵-喷油器传动

泵-喷油器组件是通过双臂杆由凸轮轴传动。当控制联动机构的杆作用在随动器和导套

15上,柱塞向下移动,弹簧10使柱塞回到初始位置。

泵-喷油器组件控制联动机构通过压紧在控制齿条的短轴杆17上自由转动的滚柱18与控制台架20连接,并沿着盖14上的槽与其一起移动。指示器19相对于板33上的刻度的位置可以用于判断输送给柴油机燃烧室的燃油量。燃油通过管接头36输送给泵-喷油器组件。旁通后的燃油通过管接头35排出。

输送到泵-喷油器组件的燃油注满衬套与箱壳之间的油腔和柱塞下面的油腔。多余的燃油用于冲刷柱塞衬套、针阀壳体和雾化器,从而使它们冷却下来,最后流到回油管路中。为了保证冷却液流过泵-喷油器组件,箱壳的内油腔做成椭圆形。在将柱塞衬套设置在箱壳上后,就形成两只隔开的油腔E和D。燃油从油腔E输送到柱塞下面,用于冷却油嘴和其端部,并通过油腔D从泵-喷油器组件排出。

4. 泵工作原理

泵-喷油器工作原理如图4-12所示。当柱塞处于上部位置(图4-12(a))时,柱塞下面的空间充满从衬套孔流过来的燃油。当柱塞向下移动时,一些燃油从这一空间被强制倒流。当柱塞搭接衬套孔(图4-12(b))时,柱塞下面的燃油压力剧增。油嘴针阀升高,从而克服弹簧力,燃油通过雾化器喷入到气缸中。在注射燃油期间,柱塞下面建立起约80MPa的油压。

燃油喷射一直继续到柱塞螺旋边缘(图4-12(c))开始打开柱塞回油孔为止。在燃油切断时,柱塞下面的油压剧减,喷油嘴针阀落到其针阀上,燃油向燃烧室喷射停止。

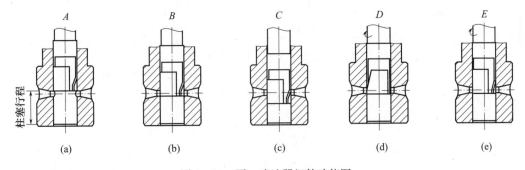

图4-12 泵-喷油器组件功能图
(a)行程始点柱塞位置;(b)燃油供油开始时柱塞位置;(c)燃油供油结束时柱塞位置;
(d)零供油时柱塞位置;(e)额定供油时柱塞位置。

在泵-喷油器组件弹簧作用下柱塞向下移动。在柱塞向上移动期间,柱塞下面的空间再次被注满燃油。

输送到燃烧室的燃油量的改变是通过旋转柱塞(绕其短轴)来实现的。在这种情况下,柱塞的螺旋斜槽相对于衬套孔的位置也发生变化。在旋转柱塞期间,运行中的柱塞行程发生变化(从衬套孔开始被柱塞下部边缘搭接到衬套孔被螺旋切断边缘打开的行程)。

随着运行中柱塞行程减少,输送给燃烧室的燃油量也减少,当燃油量减少到零时柱塞运行所在位置称为零燃油供油量。

4.2.2 低压输送系统

柴油机燃油低压输送系统的作用是将符合使用要求的燃油畅通无阻地送到高压油泵入口端。柴油机燃油低压输送系统通常由低压输送泵、滤清器、燃油手动泵等组成。

1. 燃油输送泵

燃油输送泵的功用是将油柜中的柴油提高到一定压力,用以克服系统中的阻力,保证连续不断地向喷油泵输送足够数量的柴油。

根据其功能燃油输送泵一般采用容积式泵,如齿轮泵、柱塞泵或叶片泵。齿轮泵应用最广,小型柴油机有时采用柱塞泵或叶片泵。

燃油泵容量要满足最大功率的喷油要求,并留有较大的裕度,供高压泵低压腔循环之需。若采用油冷喷油器,则裕度要求更大。一般燃油输送泵的排量均为柴油机持续功率喷油量的 3~5 倍。

2. 过滤器

过滤器的功用是清除柴油机中的多种机械杂质和硬质微粒,保证柴油机的清洁度,避免精密偶件的卡死或过度磨损,保证柴油机的正常工作。按过滤效果不同,过滤器分为粗滤器、细滤器和精滤器三种。

粗滤器安装在日用燃油柜和输油泵之间,过滤直径 0.1~0.2mm 杂质,其滤芯有网式缝隙式和叠片缝隙式。

细滤器安装在输油泵和喷油泵之间,过滤直径 0.005~0.05mm 的杂质,滤芯一般采用毛毡、棉纱、纸质和铜基粉末合金等。

精滤器一般安装在喷油器进口处的管接头内,主要用来阻挡清洗滤器时混入柴油机的杂质。一般能在高压条件下滤去直径 0.02~0.04mm 的杂质。精滤器的一般结构为缝隙式。

3. 自动调喷器

自动调喷器的任务是根据柴油机转速的变化自动地调整喷油提前角,以保证获得完善的燃烧过程。这种装置一般与采用供油始点调节方式的喷油泵配合,如 MTU396 柴油机。

图 4-13 为 MTU396 柴油机的自动调喷器。它安装在高压油泵的传动齿轮内的高压油泵的传动轴上,并用止推环和锁紧环固定在对接法兰上。当传动齿轮的转速升高时,正时器的飞块由于离心力增大而向外张开,此时,它使对接法兰朝着传动齿轮旋转的方向旋转。使在曲面

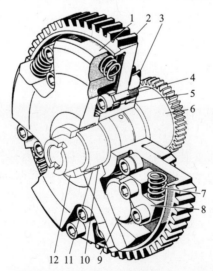

1—对接法兰;2—传动齿轮;3—惰轮;4—应力螺栓;5—隔离套筒;6—驱动轴;
7—弹簧;8—凸轮;9—飞铁;10—止推垫圈;11—弹性锁紧圈;12—定位套筒。

图 4-13 MTU396 柴油机的自动调喷器

元件上的止推弹簧朝正时器飞块的离心力方向作用,并使飞块在某一个成比例的转速下保持平衡。由于转速不断提高,传动轴朝前方向运转,高压油泵的供油始点在柴油机转速不断提高时也总是往前移动,即在所有转速范围内,燃油的喷射时间总是正确的。调喷器的调节范围最大为 10°CA,即 5°凸轮轴转角。

4.2.3 电控燃油喷射系统

随着日益严峻的能源与环境问题的增多,人们对柴油机燃油经济性及排放越来越关注,为了提高柴油机的性能,降低排放,目前世界各国正在大力开发和研究电控燃油喷射系统。

柴油机电控燃油喷射系统经历了三个阶段,即位置式控制、时间式控制和压力—时间式控制。

1. 位置式电控燃油喷射系统

位置式电控燃油喷射系统保留了传统喷射系统的基本结构,只是将原有的机械控制机构用电控元件取代,在原机械控制循环喷油量和喷油正时的基础上,改进更新机构功能,用线位移或角位移的执行机构控制提前器运动装置的位移,实现喷油正时电控,使控制精度和响应速度较机械式控制得以提高。其产品有直列柱塞泵电控系统,转子分配泵电控系统等。

2. 时间式电控燃油喷射系统

时间式电控燃油喷射系统改变了传统喷射系统的一些机械结构,将原有的机械式喷油器改用高速强力电磁阀喷油器,以脉动信号来控制电磁阀的吸合与放开,以此来控制喷油器的开启与关闭。泵油机构和控制机构完全分开,燃油的计量是由喷油器的开启时间长短和喷油压力的大小来确定。喷油正时由电磁阀的开启时刻来控制,从而实现喷油量、喷油正时的柔性控制和一体控制,它克服了第一代电控燃油喷射系统的执行响应慢、控制频率低和控制精度不稳定的缺点。这种电控系统可分为电控泵喷嘴系统、电控分配泵系统、电控单体泵或直列泵系统。这种电控喷射系统性能虽较第一代位置式电控喷射系统有较大的提高,但仍存在以下问题:喷油压力直接由高压油泵产生,其喷油压力和喷油规律仍受凸轮形状的控制而不能自由调节。

3. 压力—时间控制式(共轨式)电控燃油喷射系统

整个系统由柴油机的大脑——ECU 统一进行管理,包括轨压控制、喷油控制(通过查预先装入的 MAP 图实现)及各种物理量的检测和处理。喷射高压的产生和喷油控制是分别独立进行的,高压供油泵将燃油加压后送入共轨内,到目前为止,共轨内的燃油可以维持在 130~160MPa,电磁阀的开闭控制燃油喷射过程的开始和结束。据此,可以根据发动机的负荷以及转速等各种运行工况,在 20~160MPa 的宽广范围内改变喷油压力,实现预喷射、主喷射和多段喷射等;根据需要改变喷油率的形状。为了改善柴油机的排放,可以自由地改变喷油参数和喷油形态。可以高自由度地控制燃油喷射,在一次工作循环中可以实现多段喷油,将柴油机的燃烧效率、排放性能大大地提高。

共轨式喷油系统于 20 世纪 90 年代中后期才进入实用化阶段。这类电控系统可分为中压共轨电控燃油喷射系统和高压共轨电控燃油喷射系统。

1) 中压共轨电控燃油喷射系统

中压共轨系统油轨中的燃油压力为 5~25MPa,中等压力的燃油经喷油器中的增压活塞增压后以极高的压力喷入燃烧室,典型代表有 BKM 公司的 Servojet 系统和 Caterpillar 公司的卡特彼勒(Hydraulic Electronic Unit Injection,HEUI)系统。

Caterpillar 公司的 HEUI 系统如图 4-14 所示。该系统采用增压活塞借助机油液压力来提高喷射压力,它有两条公共油道:一条是高压控制油路(高压控制油为机油),维持一定的压力用来推动增压活塞;另一条是低压燃油供油道,用来向喷油器提供燃油。通过调节高压控制油路中的机油压力来控制燃油的喷射压力。喷油量和喷油正时由电磁阀的开启时间长短和开启时刻来控制。

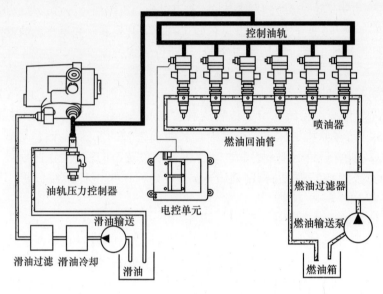

图 4-14 HEUI 系统

中压共轨电控燃油喷射系统具有以下主要特点:
(1) 可通过改变增压活塞与柱塞横截面的面积之比来获得非常高的喷射压力。
(2) 仅在增压放大器、高压油管等必要的部位存在高压。
(3) 安装尺寸大。需要两套油路,同时机油总管尺寸也较大。
(4) 为保证高压控制油路和喷射燃油的分开,需要喷油器的柱塞偶件的配合精度很高。

2) 高压共轨电控燃油喷射系统

高压共轨系统不采用蓄压式喷油器和增压活塞,而将公共油道中的油压直接控制在较高压力水平(共轨压力维持在 100MPa 以上),喷油量和喷油正时通过电磁控制的三通阀或两通阀来调节,利用三通阀或两通阀控制喷油嘴的背压变化改变喷油量和喷油正时。

高压共轨系统具有以下主要特点:
(1) 喷油系统结构紧凑,系统只需一条油路,喷油器尺寸小,共轨油管尺寸小。
(2) 电磁阀处仅需小的控制油量,因此响应速度快,易于实现多次喷射。
(3) 系统大部分零件处于高压下工作,易出故障。
(4) 需要高压力的燃油泵。

总的看来,高压共轨式电控燃油系统可实现传统喷油系统无法实现的功能,其优点如下:
(1) 喷油压力的产生过程与喷油过程相互独立。
(2) 喷油始点和燃油喷射量的控制各自独立。
(3) 喷油始点控制精确,并且理论上调整范围没有限制。
(4) 最小稳定燃油喷射量极小,并且具有合适的控制精度。

(5) 在一定范围内喷油压力的选择不受柴油机的转速、负荷和燃油喷射量的影响。

(6) 能灵活方便地进行预喷射和后喷射,预喷射可降低柴油机的噪声和 NO_x 排放,后喷射可降低柴油机的 HC、CO 和 NO_x 排放。

(7) 实现了高压喷射,改善了进气和燃油的混合及燃烧过程,降低了柴油机的颗粒排放。

(8) 无须对柴油机进行重大改动,即可用共轨蓄压式燃油系统代替柴油机的传统燃油系统。

国外对高压共轨式喷油系统的研究较早,现在比较成熟的系统有意大利 Fiat 集团的 Unijet 系统、德国 Robert Bosh CR 系统、英国 Lucas 公司的 LDCR 系统和日本电装公司的 ECD – U2 系统。

图 4 – 15 为德国 Robert bosh CR 高压共轨电控燃油喷射系统。燃油从油箱经过一个低压供油泵提供给高压泵,高压油泵为三缸径向柱塞泵,它将燃油送入高压油轨,高压油轨中的燃油一部分经喷油器喷入燃烧室,一小部分控制喷油器的针阀后流回油箱。在高压油轨上有一个压力传感器,系统将测量的油轨压力和 ECU 的预定值进行比较,通过控制器调节电磁溢流阀的背压,完成对共轨压力的闭环控制。喷油量和喷油定时的控制,是由 ECU 根据传感器测量的结果并通过查阅 MAP 图后,控制喷油器高速电磁阀的开闭来实现。该系统的高压油泵为一个三作用的旋转柱塞泵,其上有一个控制进油量的电磁阀,当柴油机的负荷较低时,通过关闭一个进油行程来减小高压油泵的消耗功率。

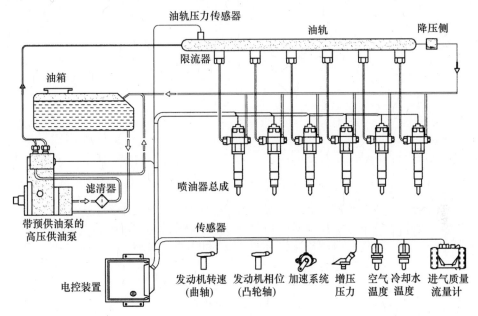

图 4 – 15 高压共轨式喷油系统

4.3 燃油喷射及雾化

4.3.1 喷油压力的建立及变化

柴油机在压缩过程末期,气缸内压力已经很高,所以燃油要凭借高压喷射系统建立更高的压力才能喷入气缸内。

图 4-16 为燃油喷射系统简图。假设在常压下燃油不可压缩，根据伯努利方程可得

$$\frac{p_j}{\rho_f} + \frac{\omega^2}{2} = \frac{p_{cyl}}{\rho_f} + \frac{\omega_c^2}{2} \tag{4-1}$$

式中：p_j、ω 为喷油器高压油腔内燃油的压力和流速；p_{cyl} 为燃烧室压力；ω_c 为喷孔处燃油喷射速度；ρ_f 为燃油密度。

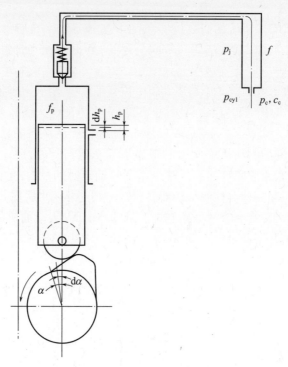

图 4-16　高压油泵供油过程简图

根据连续流动方程可得

$$\omega_p f_p = \omega \mu f = \omega_c f_c \tag{4-2}$$

式中：μf 为喷油器高压油腔的有效流通截面积；f_c 为喷孔有效流通截面积；ω_p 为高压泵油腔中的燃油流速；f_p 为柱塞截面积。

将式(4-2)代入式(4-1)，可得喷油压力为

$$p_j = \frac{\rho_f}{2} \frac{1}{(f_c)^2} \left(\frac{dV_p}{dt}\right)^2 + p_{cyl} \tag{4-3}$$

或

$$p_j = 18\rho_f n_p^2 \left(\frac{f_p}{f_c}\right)^2 \left(\frac{dh_p}{d\varphi}\right)^2 + p_{cyl} \tag{4-4}$$

式中：n_p 为喷油泵转速；h_p 为柱塞行程；V_p 为柱塞输油量。

$$\omega_p = \frac{dh_p}{dt} = \frac{1}{f_p} \cdot \frac{dV_p}{dt}$$

由式可见，喷油压力 p_j 与高压泵供油速度的平方成正比，与喷孔截面积的平方成反比。

图 4-17 为喷油器的喷油压力变化图,当喷油压力 p_j 大于启喷压力 p_{jo} 时,针阀才抬起并开始喷油。图中 p_{j1} 为针阀后喷嘴内的油压,h_n 为针阀升程,k_0 为弹簧刚度,F_0 为针阀弹簧预紧力。由针阀截面上的力的平衡关系可得

$$F_0 + k_0 h_n = F = \frac{\pi}{4}(D_j^2 - d_j^2)p_j + \frac{\pi}{4}d_j^2 p_{j1} \quad (4-5)$$

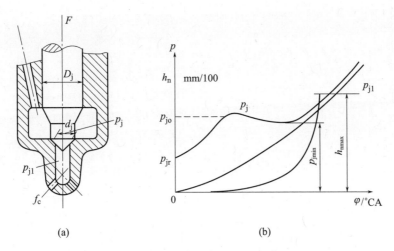

图 4-17 喷油器喷油压力变化图

针阀抬起时,$p_j = p_{jo}$,$h_n = 0$,$p_{j1} = p_{cyl}$,于是有

$$F_0 = \frac{\pi}{4}(D_j^2 - d_j^2)p_{jo} + \frac{\pi}{4}d_j^2 p_{cyl} \quad (4-6)$$

针阀一旦抬起,受压面积则由 $\pi(D_j^2 - d_j^2)/4$ 增加为 $\frac{\pi}{4}D_j^2$,因此针阀关闭压力 p_{je} 比启喷压力 p_{jo} 要低。

实际喷油过程中,由于燃油存在黏性及可压缩性,实际喷油压力的变化比以上分析要复杂得多。

图 4-18 为喷油泵出口处及喷油器入口处的压力曲线。在柱塞开始关闭进油孔后,泵腔内燃油被压缩,压力升高。当压力超过高压油管内剩余压力 p_{jr} 及输油阀弹簧预紧力之和时,燃油即顶开输油阀进入高压油管,但必须当燃油压力超过启喷压力 p_{jo} 时,针阀才被抬起。所以把柱塞关闭进油孔时的曲柄转角至上死点的差值定义为几何供油提前角。而将针阀抬起,燃油喷入燃烧室时的曲柄转角至上死点的差值定义为实际喷油提前角。显然,实际喷油提前角小于几何供油提前角,两者之差称为喷油延迟。

影响喷油延迟的主要因素是:高压油管具有一定容积,喷油器针阀弹簧具有一定的预紧力,燃油在高压下可压缩性以及高压油管的弹性等。

针阀打开后,喷油压力瞬时下降,是针阀上升让开了一部分油腔容积以及一部分燃油喷入燃烧室所致;当柱塞继续压油,喷油压力即迅速回升;当柱塞斜槽让开回油孔之初,由于回油孔截面积较小,泵腔内压力变化不大;当回油孔开大时,泵腔压力才急剧降低,随后喷油器端压力下降,当压力降至关闭压力 p_{je},针阀落座,停止喷油。

输油阀落座后,密闭的高压油管中燃油因压力波的反射,可能使压力回升,甚至超过针阀抬起压力,引起二次喷射。

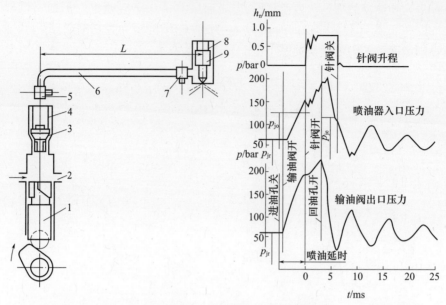

1—高压油泵柱塞；2—进、回油孔；3—输油阀；4—输油阀弹簧；5,7—压力传感器；
6—高压油管；8—针阀弹簧；9—喷油器针阀。

图 4-18 喷油过程中高压油管两端油压变化

产生压力波动的原因仍然是燃油在高压下具有一定的可压缩性以及高压油管具有一定的弹性。在喷油过程中,当输油阀开启的瞬间,靠近高压泵一端的燃油受到来自泵腔燃油的冲击,局部压力升高,压力以声速向喷油器端传播,声速 c 为 $1400\sim1600\text{m/s}$,这种压力波的传播和反射使压力不断叠加,针阀关闭以后,油管中压力波的传递可能造成二次喷射,因此在设计输油阀减压凸缘以及高压油管长度和容积时必须加以综合考虑。

4.3.2 喷油规律

1. 喷油规律的定义

喷油规律是指喷入燃烧室的油量随曲轴转角的变化规律。供油规律是指从高压泵压入高压油管的油量随曲轴转角的变化规律,两者之间存在较大差别,图 4-19 为 12V180Z 型柴油机的喷油规律和供油规律曲线。由图可见:供油规律曲线是规则的梯形,而喷油规律曲线是不规则的;喷油始点比供油始点延迟一定角度;喷油持续角要大于供油持续角。

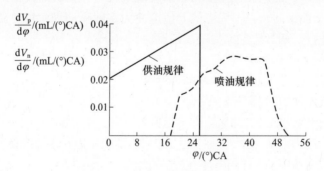

图 4-19 供油规律和喷油规律的比较

2. 六种典型的喷油规律

图4-20为六种典型的喷油规律。图4-20(a)表明,整个喷油期间喷油率基本不变,经济性好,但爆压高;图4-20(b)早期喷油过多,运转粗暴;图4-20(c)有二次喷射;图4-20(d)表示针阀跳动;所以图4-20(c)、(d)为不正常喷射。图4-20(e)喷油量先少后多,燃烧及时且运转柔和,是一种理想的喷油规律。以往高速柴油机为了兼顾燃烧及时这个因素,常采用图4-20(a)的喷油规律。但目前广泛提倡的是如图4-20(f)所示的有预喷的喷油规律。在喷油一开始先向燃烧室喷入15%~20%的预喷油,这样无论从经济性、排放、降噪等诸方面均有好处。

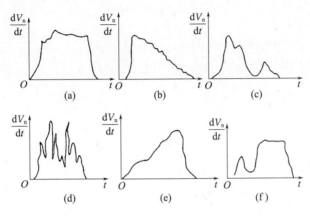

图4-20 六种典型的喷油规律

3. 喷油规律的主要影响因素

影响喷油规律的因素很多,主要有负荷、转速、启喷压力、高压油管长度、供油凸轮外形和柱塞直径等。

1) 负荷的影响

在柴油机转速和喷油定时不变时,若柱塞为供油之末调整,改变负荷即改变射油量,这时供油始点变化不大,初期喷油率基本相同,后期随负荷加大而平行后移,如图4-21所示。

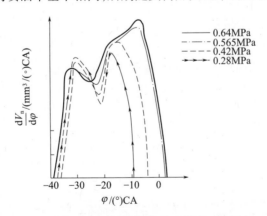

图4-21 负荷对喷油规律的影响($n=1000$r/min,定时不变)

2) 转速的影响

若喷油量不变,则转速对喷油规律的影响如图4-22所示。转速增加,喷油始点后移,喷油持续角增加(喷油持续时间下降),射油率降低,喷油规律曲线趋于平坦。

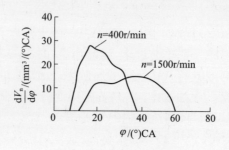

图 4-22 转速的影响

3) 启喷压力的影响

若其他条件不变,则启喷压力对喷油规律的影响如图 4-23 所示。当启喷压力增加时,初期喷油量有所减少,后期喷油量有所增加,喷油持续期有减短趋势。

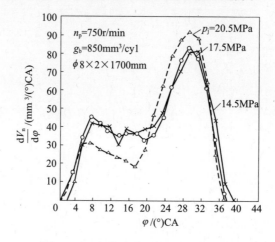

图 4-23 启喷压力对喷油规律的影响

4) 喷孔截面积的影响

喷孔截面积对喷油规律的影响如图 4-24 所示。喷孔总截面积加大时,喷油持续期缩短。如果截面积过大,那么喷油压力降显著降低,使雾化恶化。

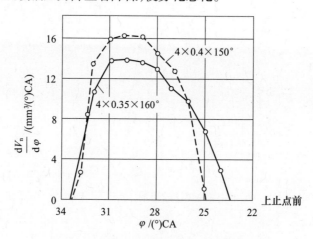

图 4-24 喷孔截面积对喷油规律的影响

5）喷油定时的影响

当转速和负荷不变而只改变喷油定时时,喷油规律本身变化不大,但喷油规律与柴油机活塞的位置配合发生变化,而且会由于燃油进入气缸时间的改变而引起准燃期的变化,影响燃油及其释放热量在燃烧四个阶段中的分配比例也发生变化。因此,喷油定时的变化虽对喷油规律本身无大影响,但对整个燃烧过程的影响极为显著。

6）高压油管长度对喷油规律的影响

若高压油管内径相同,则长度增加后将发生如图4-25所示的变化,即喷油规律形状大致不变,但整个喷油延后,可能发生与改变喷油定时类似的影响。由此可知,维修中更换高压油管时,不但要保证油管直径规格一致,而且必须保持高压油管长度一致,否则各缸间的喷油规律将发生差异,导致燃烧过程的不一致。

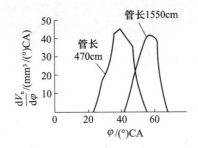

图 4-25 高压油管长度对喷油规律的影响

4. 喷油规律的测定

喷油规律既可以通过计算确定,也可以通过试验测量求得。测量方法有蜂窝转盘法、压力—升程法、长管法等。下面介绍常用的长管法。

图 4-26 为长管法测量喷油规律装置简图。测量时,喷油器将喷出的燃油充入长管中(长管长度应保证在喷射期间不能返回反射波,即须 $2L/\alpha >$ 喷油持续时间),喷油压力波以声速在管内传播,管壁外贴的应变片将测得的压力变化传递出来,用示波器等记录。然后通过下式即可计算出喷油速率:

$$\frac{dV_j}{dt} = \mu f \cdot \omega = \frac{\mu f \cdot p_j}{a\rho_f} \tag{4-7}$$

式中:a 为高压油管内燃油的声速,其他符号含义见式(4-2)~式(4-5)。

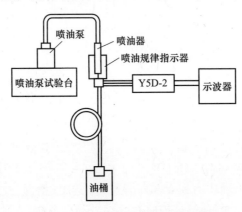

图 4-26 长管法测量系统示意图

由此也就求出了喷油规律。

4.3.3 燃油的雾化和分布

1. 雾化质量的表示方法

在喷油过程中,柴油流经喷孔时,由于通道截面积变化、孔壁摩擦等,使油注内有强烈的扰动(称为初始扰动),它使燃油离开喷孔时就具有了分散倾向。而后油注高速进入燃烧室又受到空气的阻力,油注顶面被打破,油注侧表面上的油粒被剥离,分散成雾状,所以一般用雾化特性来表示燃油的雾化质量。

雾化特性是指油注中不同直径油粒在总油粒中所占数量的百分率,如图4-27所示。曲线1油粒直径小,直径分布范围小,符合细微度和均匀度的要求。曲线2、3在均匀度和细微度方面都差一些。

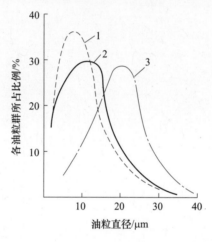

图4-27 雾化特性

2. 油注形态

图4-28为几种典型喷嘴的油注形态,图4-28(a)为多孔喷嘴,油注为圆锥形,图4-28(b)、(c)均为轴针式喷嘴,图4-28(b)的油注形态为锥形,图4-28(c)为圆柱形。

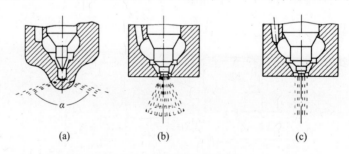

图4-28 典型喷嘴的油注形态

油注的形态可用油注长度L(射程)、油注最大宽度B(断面直径)和油注锥角φ表示,如图4-29所示,这三个参数随时间不断变化。图4-30为采用高速闪光摄影法对6-135柴油机改进后的电控喷油器在喷油压力为60MPa、背压为3MPa情况下拍摄到的一组喷油雾化照片。以燃油喷入缸内开始计时,通过这些照片可以清楚地观察到:随着时间的改变,喷油油束从无到有发生变化;喷油雾化也在不断进行。

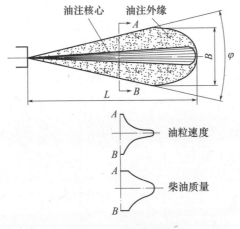

图4-29 油注形态图

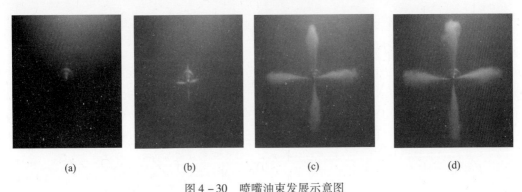

图4-30 喷嘴油束发展示意图

(a) $t=0.65$ms;(b) $t=0.73$ms;(c) $t=0.9$ms;(d) $t=1.06$ms。

3. 燃油雾化特性

上面已分析了燃油雾化的过程,这里再对其雾化机理做进一步探讨。根据流体力学可知:当雷诺数大于一定值时,流体就为紊流或扰动流。而喷孔的直径只是长度的 1/3~1/4,流速又在 200m/s 左右,计算出的雷诺数大大超过紊流的临界值 4000。因此,液体的颗粒除了沿喷孔轴线方向的运动外,还有与轴线垂直方向的运动。当油束自喷孔喷出后,失去了喷孔内壁的约束,颗粒的横向运动使油注分散,形成锥形油束。由于液体的表面张力使每滴燃油具有在一定容积时表面积最小的形状,因此在无外力作用时单一油滴必然是球形。

另外,空气的摩擦使紊流的燃油油束加速分裂,导致油束中因紊流或扰动已经外散的液体分裂成更小颗粒。

4. 影响燃油雾化分布的因素

从雾化分布的机理不难看出,进入燃烧室的燃油初始状态是由喷嘴的喷孔决定的,而燃油的流速不仅与喷孔尺寸有关,还与启喷压力和柴油机的转速有关。在燃油流速一定时,雾化分布的状态则与空气的密度及形成的阻力有关。

1) 启喷压力

图4-31、图4-32 为喷油器启喷压力对雾化特性及油注射程的影响。启喷压力越大,燃油喷射速度越大,油注的初始扰动以及喷出时所受到的介质阻力越大,燃油雾化油粒直径更小、均匀度更好,雾化特性得到改善,油注射程增加。因此,提高喷油器启喷压力可改善燃油物化特性,有利于可燃混合气的形成。

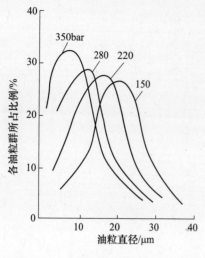

图4-31 启喷压力对雾化特性的影响

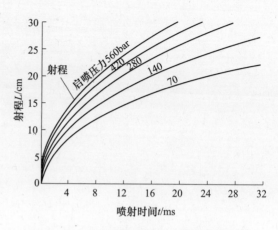

图4-32 启喷压力对油注射程的影响

2) 燃烧室压力

图4-33~图4-35为燃烧室压力对燃油雾化分布的影响。燃烧室压力增加,导致燃烧室缸内介质密度的增加,使燃油喷入燃烧室所受的阻力增加,使油粒直径变小、雾化特性改善、射程减小。

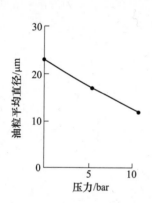

图4-33 燃烧室压力对油粒平均直径的影响

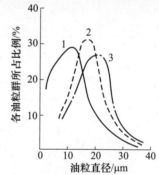

1—燃烧室压力1MPa; 2—燃烧室压力0.5MPa;
3—燃烧室压力0.1MPa。

图4-34 燃烧室压力对雾化特性的影响

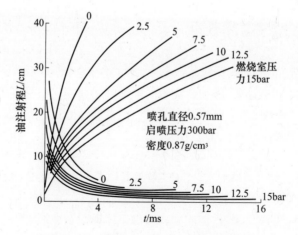

图4-35 燃烧室压力对油注射程的影响

3) 转速

转速主要通过对喷射压力对燃油雾化分布产生影响,图4-36为转速对燃油喷射压力的影响。由式(4-4)可知,喷油压力与转速的平方成正比,如图中曲线3所示。实际喷射中,由于燃油具有可压缩性,燃油最高喷射压力以及平均喷射压力随转速的上升趋势均比理想状态小,如图中曲线1、2所示。

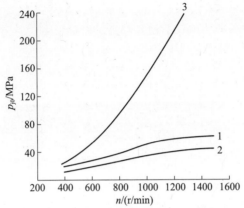

1—最高喷油压力；2—平均喷油压力；3—理想喷油压力。

图4-36 转速对喷油压力的影响

4) 喷孔直径

喷孔直径对燃油喷射影响如图4-37和图4-38所示。喷孔直径减小,雾化改善,射程缩短。实际喷射中,若个别喷孔发生堵塞,或造成堵塞油孔和未堵塞油孔之间的喷射不均匀,引起燃油分布不均匀,严重时,使未堵塞喷孔的射油量增加而使喷射速度提高,导致油注喷射到气缸壁上。

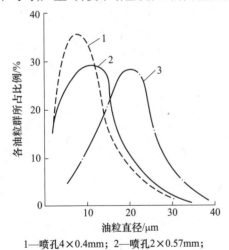 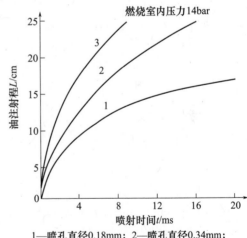

1—喷孔4×0.4mm；2—喷孔2×0.57mm；
3—喷孔1×0.9mm。

图4-37 喷孔直径对雾化特性的影响
（启喷压力28MPa；反压力1.6MPa。）

1—喷孔直径0.18mm；2—喷孔直径0.34mm；
3—喷孔直径0.64mm。

图4-38 喷孔直径对油注射程的影响

4.3.4 不正常喷射及其消除

在燃油喷射过程中,若供油系统一些参数的确定或配合不当,就可能产生各种不正常的喷射现象。图4-39为三种不正常的喷油规律。

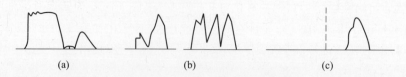

图4-39 三种不正常的喷油规律
(a)二次喷射;(b)断续喷射;(c)隔次喷射。

1. 二次喷射

二次喷射是指在喷油结束之后,由于高压油管中压力波的影响,针阀再次抬起,形成在一个循环中的第二次喷油。

二次喷射喷射压力低导致雾化不良,喷油较晚导致后燃严重,油耗增加,排温升高,机件热负荷上升。

形成二次喷射的根本原因是高压油管容积与输油阀减压容积配合不当,造成高压油管内压力波太强,使喷油停止以后传到针阀处的波压仍超过启喷压力,形成针阀二次、三次甚至多次抬起。在使用中,启喷压力太低或喷孔堵塞也会引起二次喷射。

消除二次喷射的主要措施有:减少高压油管容积;适当加大喷孔直径和数量;加大输油阀的减压容积;保证喷油器的启喷压力。

2. 断续喷射

若喷油器喷油率大于喷油泵的供油率,在喷射过程中发生已抬起的针阀又迅速落座的停止喷油现象,但由于高压泵仍在供油,高压油管内压力继续升高,使针阀再次被抬起,重新喷油,这种现象称为断续喷射。在低负荷情况下,由于射油量很小,加之启喷压力很高,就可能发生断续喷射。消除断续喷射的最好方法是在低负荷时停止部分缸工作。

3. 断流和穴蚀

断流是高压系统中局部瞬间油压过低,产生零压或负压,使该区燃油气化所致,产生的气体可以封闭回路,使供油受阻,形成气封或断流现象。当压力升高后,气化的空泡又会凝成液体,使周围的油分子迅猛地向空泡处冲击,上万个大气压的冲击波反复作用在金属表面上,使其产生塑性变形及疲劳损坏,金属被剥落,形成麻点和空洞,这就是穴蚀。它多产生在停止喷油时回油孔和柱塞表面以及针阀体表面密封线处。

断流或穴蚀是输油阀减压容积过大或喷孔截面积过大造成的,因此对于防止二次喷射和穴蚀的措施要加以综合考虑。

4. 滴油

滴油是指喷油停止时,高压油管内压力下降过慢,针阀不能迅速下落切断喷油所造成的滴油现象,它不是指针阀因密封性不好所造成的滴油。滴油时因油压不高,雾化极差,易使喷孔附近积碳,甚至会造成气缸内燃气向喷油器回窜。

产生滴油的原因主要是输油阀减压容积过小,针阀落座力量过小,因此可以通过加大针阀弹簧刚度和预紧力,加大输油阀的减压容积或减小高压油管的容积来消除滴油故障。

4.3.5 气体运动与燃烧室

4.3.5.1 气体运动

燃烧室中的气体运动既有助于燃油的雾化和分布,又有利于混合气的形成,然而过度的涡流会产生附加损失,这些在前面都已阐明。因此,组织适度的涡流至关重要,根据涡流产生的时机不同,有以下三种涡流组织方法。

1. 进气涡流

进气涡流是利用气缸盖和进气装置的特殊形状,使新鲜空气在进入气缸内时产生强烈的涡旋运动。

切向气道如图4-40(a)所示,它利用气缸盖内气道与气缸壁相切,使空气经进气阀流入气缸时,沿壁面产生涡旋运动。这种气道结构简单,产生的涡流不强。

螺旋气道如图4-40(b)所示,它将气阀前的气道制成螺旋形,使新鲜空气进入气缸时产生强烈的涡旋运动,因此流动阻力小,涡流强度大,但制造困难。

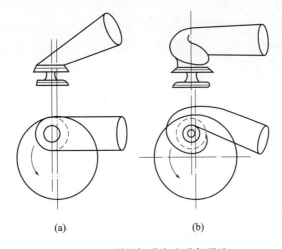

图4-40 利用气道产生进气涡流

带导气屏的气道如图4-41所示,进气阀的阀盘上方有凸耳,即导气屏,由于它的阻导,使新鲜空气在气缸内产生一定的涡旋运动。但导气屏阻力较大,使充气系数降低,另外气阀结构复杂,易发生偏磨,所以现在较少使用。

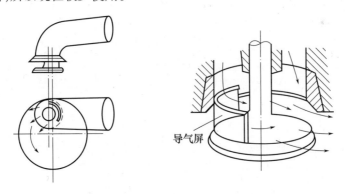

图4-41 带导气屏气道及进气阀结构

为了满足工况的需要,在低负荷气量较小的情况下需要有强烈气体运动,产生涡流,在大负荷下,气量比较充足时不需要产生涡流,因此出现了下述三种可变涡流系统:

(1) 主、副气道。图4-42是TBD620型柴油机气缸盖主、副气道布置剖面图。在气缸盖上设有两个彼此独立的不同形式的气道。在低负荷工况时,气流控制板自动关闭直流进气道,空气全部由涡流进气道进入,产生较强的涡流;随着负荷的增加,气流控制阀板的开度逐步增大,直至全部打开,由双进气道共同进气。气流控制板是根据增压压力的大小来控制其是否打开或关闭以及打开的程度。

(2) 双层气道。双层气道结构如图 4-43 所示。在进气道内布置有水平隔板 5,当关闭上层气道进口的板式阀 1 时,只有下层气道开启,进气速度提高,产生强涡流;若打开板式阀 1,则恢复到弱涡流状态。

1—直流进气道;2—涡流进气道;3—气流控制阀板。

图 4-42 主、副气道式示意图

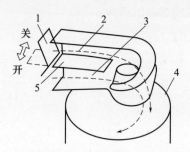

1—板式阀;2—上层气道;3—下层气道;4—气缸;5—水平隔板。

图 4-43 双层气道示意图

(3) 带涡流控制阀的螺旋气道。图 4-44 是带涡流控制阀的螺旋气道。在进气道内安装一隔板,从气道上部凸出到下部,将气道分为螺旋气道和旁通气道。当部分负荷要求较高的涡流比时,旁通气道关闭;当全负荷要求较高的充量系数时,旁通气道打开。这种形式气道的缺点是气道内隔板固定困难,而且由于旁通阀的存在,降低了流量系数和充量系数。

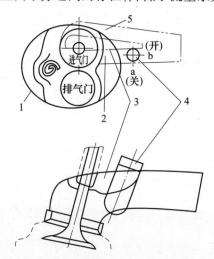

1—气缸套;2—旁通气道;3—隔板;4—涡流控制阀;5—螺旋气道。

图 4-44 带涡流控制阀的螺旋气道

2. 挤压和膨胀涡流

在压缩过程中,因为活塞顶呈盘形,所以活塞边缘空气所受压缩的程度比中心部分的空气受压强度大,四周的空气被挤压流向中部凹盘空间,形成如图 4-45(a)所示的挤压涡流。凹盘容积越大,凹盘直径与气缸直径之比 d_k/d 越小,涡流强度越大。

在膨胀过程中,产生与挤压涡流方向相反的膨胀涡流。

挤压和膨胀涡流均有利于燃油与空气的混合,其中膨胀涡流作用更明显。它们不增加进气阻力,对充气系数没有影响,所以小型高速柴油机常采用深盘形燃烧室,就是为了获得较大的挤压与膨胀涡流。但凹盘容积不能太大,d_k/d 不能太小,否则导致散热困难,热负荷增加,因此大型柴油机很少采用这种方法。

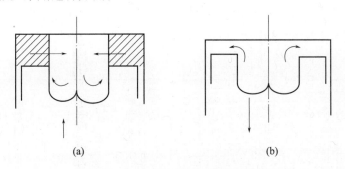

图 4-45 挤压与膨胀涡流示意图
(a)挤压涡流;(b)膨胀涡流。

一般认为,在统一式燃烧室中对混合和燃烧起主要作用的是进气涡流和膨胀涡流,而挤压涡流仅起辅助作用。

3. 燃烧涡流

这种方法主要在分隔式燃烧室中采用。在这类燃烧室中,燃油首先喷入辅助燃烧室,并在其中发火燃烧,使压力急剧升高。由于压差的影响,辅助燃烧室中已燃的燃气和未燃的燃油、空气及其混合气一起由通道喷向主燃烧室,形成强烈的二次扰动,加强燃油与空气的混合。

4.3.5.2 柴油机的燃烧室

1. 概述

柴油机的燃烧室是柴油机与空气混合、燃烧,实施由燃油的化学能到热能这一能量转换过程的主要场所,它对柴油机的动力性、经济性、空气利用率、可靠性以及排放等性能指标有重大的影响。一般情况下,对柴油机燃烧室有如下的要求:

(1)较高的空气利用率,即在较小的过量空气系数条件下,使喷入的燃油能完全及时地燃烧。

(2)燃烧室内的散热及流动损失少。

(3)工作平稳,压力升高率和最高燃烧压力适当。

(4)能在较宽广的转速和负荷范围内正常工作。

(5)启动可靠。

(6)黑烟、排放以及噪声等排放少。

(7)结构简单,布置合理。

(8)对喷油系统要求不高,对燃油品质不敏感,便于使用多种燃油。

要求在同一个燃烧室同时圆满实现上述要求是困难的,只能根据柴油机类型和用途来决定主次和取舍。概括起来,燃烧室可以分为统一式燃烧室和分隔式燃烧室两大类。

2. 统一式燃烧室

统一式燃烧室又称为直喷式燃烧室,其基本结构特点是燃烧室由气缸盖底面、气缸壁和活塞顶面之间的一个统一空间组成,它又可分为开式和半开式。主要依靠燃料喷射系统将燃料雾化分布于燃烧室内,使燃料与空气充分混合而发火燃烧。

1) 开式燃烧室

图 4-46 为两种形状不同的开式燃烧室。图 4-46(a) 为浅盆形,国产 8300 和法国 PC2-5 柴油机均采用此类燃烧室。图 4-46(b) 为浅 ω 形,更适应油注的形状,国产 12VE230 和 12VE390 柴油机采用此类燃烧室。

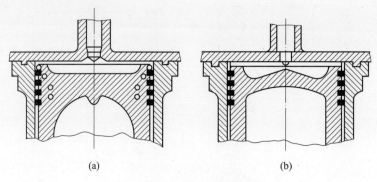

图 4-46 两种开式燃烧室
(a)浅盆形;(b)浅 ω 形。

开式燃烧室形状简单,燃烧室的面容比 F/V 小,所以流动和散热损失小,热效率高;结构简单,工作可靠。但其混合气形成主要是依靠燃油的雾化和分布,因而对喷射系统要求高。开式燃烧室一般采用多孔喷嘴(6~12 个),启喷压力为 20~40MPa,喷油峰值压力达 100~150MPa。这种燃烧室在大中型柴油机上得到广泛应用。

2) 半开式燃烧室

半开式燃烧室也称为深坑式燃烧室,它由两部分空间组成:一部分是位于活塞顶面与气缸盖底面之间的空间;另一部分是位于活塞顶较深凹坑内的空间。后者为主要部分,深坑喉口直径 d_k 较大,一般为活塞顶面积的 40%~60%。

半开式燃烧室燃油与空气的混合仍以空间混合为主,但对喷射系统的要求比开式燃烧室低,喷孔数为 3~4 个,启喷压力为 18~25MPa,有较强的挤压和膨胀涡流,所以空气利用率高,φ_{at} 在 1.3~1.5 之间仍能保持良好的燃烧。图 4-47 为两种半开式燃烧室的典型结构。

图 4-47(a) 为 ω 形,其凹坑比开式燃烧室的浅 ω 形深,为国产 135 系列柴油机采用。图 4-47(b) 的凹坑比图 4-47(a) 还深,其挤压和膨胀涡流更强。另外,它还组织较强的进气涡流,使 φ_{at} = 1.25 时,能保持燃烧无烟。

半开式燃烧室的凹坑容积通常 V_{ck} = (75%~85%)V_c,凹坑太深,不仅对清除其中的废气不利,而且喉口处热负荷增高,活塞易损坏,喷油器针阀也可能因过热卡死。在半开式燃烧室中,希望油束有足够的射程,使燃油冲击壁面再反射回来,造成在空间的再分散,进一步改善混合和燃烧。如果射程太短,则直接喷射在空间的燃油增多,使燃烧与开式接近,不仅空气利用率低,而且工作粗暴。

球形燃烧室又称为 M 燃烧室,是半开式燃烧室的一个特例。如图 4-48 所示,活塞顶内的燃烧室是球形,燃油的 90%~95% 靠燃烧室的气流和特殊的喷油器均布于球形燃烧室表面,形成厚度为 15μm 的一层油膜,油膜在燃烧室壁加热和涡流作用下快速蒸发形成可燃混合气。另有 5%~10% 的燃油直接喷入燃烧室空间,形成火焰中心。这种特殊的油膜燃烧方式,其燃烧的平稳性和完全性更好,但是对气流的组织和喷射控制要求较高,工况适应性差,启动困难,所以较难推广应用。

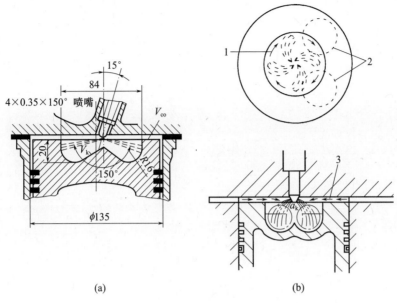

1—进气涡流；2—导气屏进气阀；3—挤压涡流。

图 4-47 两种半开式燃烧室

(a)135型柴油机浅 ω 形燃烧室(喷嘴 $4 \times 0.35 \times 150°$)；(b)深坑形燃烧室。

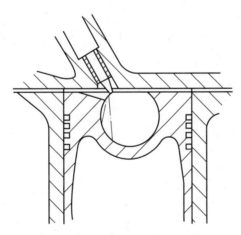

图 4-48 M 燃烧室简图

3. 分隔式燃烧室

分隔式燃烧室的基本特点是燃烧室容积分为两部分，除活塞顶上的主燃烧室外，还有一个专设的辅助燃烧室，燃料先喷入辅助燃烧室，在辅助燃烧室中发火燃烧，然后利用部分燃料燃烧的能量将未燃的燃料连同已燃的燃烧产物一起喷入主燃室，利用较强的涡流进行二次混合，从而实现良好的燃烧。

根据利用涡流的性质不同，它又分为涡流室式燃烧室和预燃室式燃烧室两大类。

1）涡流室式燃烧室

涡流室式燃烧室附加燃烧室呈圆柱形或球形，它主要利用压缩过程的能量产生涡流，所以称涡流室，如图 4-49 所示。与活塞顶部主燃室的通道相对涡流室切向布置，涡流室的容积占

$(50\% \sim 80\%) V_c (V_c = V_{co} + V_{ck})$，通道面积为活塞面积的 $1.2\% \sim 3.5\%$，所以在压缩过程中空气通过通道进入涡流室产生强烈的涡流。燃油喷入涡流室形成较均匀的混合气并在涡流室内发火燃烧，燃烧后涡流室内的压力迅速升高超过主燃室，导致整个可燃混合气一起高速流回主燃室，产生强烈的涡流并形成二次混合，进一步改善了燃烧。

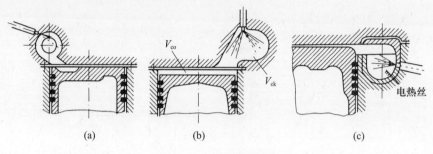

图 4-49 涡流燃烧室

涡流室的空气利用率高，在 $\varphi_{at} = 1.2 \sim 1.3$ 时，仍能保持良好燃烧；它对喷射系统要求低，可用轴针式喷油器，启喷压力为 $10 \sim 15$ MPa。最高燃烧压力出现在涡流室内，主燃室压力上升平稳。最大的缺点是气缸内流动和散热损失大，通道节流损失大，油耗较高，启动困难，燃烧室机件热负荷大。

2）预燃室式燃烧室

与涡流室式燃烧室不同，预燃室式燃烧室主要是利用燃烧过程的能量产生涡流，所以预燃室的容积只占 $(25\% \sim 40\%) V_c$，它可以适当减少燃烧室内的流动损失。如图 4-50 所示，预燃室和主燃室之间的喷孔与主燃室的形状相匹配。图 4-50(a) 为中心布置的预燃室，有 6 个孔径为 5.5mm 的喷孔与主燃室浅 ω 形状匹配；图 4-50(b) 为斜置的预燃室，用单孔与偏置的浅球形主燃室相配合。

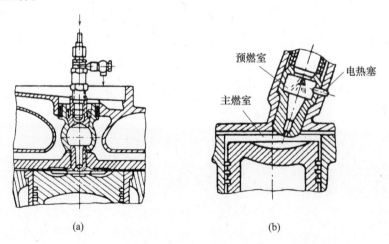

图 4-50 预燃燃烧室

在压缩过程中只有少部分空气压入预燃室，且涡流也不很大，燃料喷入预燃室内，以较小的 φ_{at} 形成浓混合气，发火燃烧后预燃室内压力升高，以几兆帕的压差流入主燃室。燃油在主燃室内进一步混合燃烧。显然，预燃室的流动损失要比涡流室小，但是喷嘴的热负荷大，容易出现严重故障。

4.4 柴油机燃烧过程

燃烧过程是柴油机中能量转换的重要过程,在这个过程中,燃油通过燃烧将化学能释放出来变成热能,加热工质,使工质推动活塞膨胀做功。燃烧过程进行得好坏对柴油机的性能有至关重要的影响。

柴油机的燃烧是一个非常复杂的、燃烧条件十分困难的、燃烧时间又极短的过程。高速大功率柴油机尤其如此,由于它转速高,强载度大,每循环所燃烧的油量多,所以燃烧更是困难。在燃烧期间,气缸内工质的成分及物理、化学性质都要发生较大变化,气缸内压力和温度也会迅速上升。柴油机燃烧属间歇性发火燃烧,每个循环只进行一次,每次仅占 $60 \sim 120°CA$,时间为 $0.01 \sim 0.1s$。

因此,要想获得良好的燃烧,必须对涉及燃烧的每一个环节进行充分的分析研究,这样才能在实际过程中,采取有针对性的措施。

4.4.1 柴油机的燃烧机理

1. 油滴在燃烧室内的物理化学准备

在压缩过程后期,上止点前 $10 \sim 30°CA$ 时,燃油开始喷入燃烧室内,此时气缸内温度一般可达 $800 \sim 1000K$,压力为 $4.0 \sim 9.0MPa$,远远超过燃油在该压力下的自燃温度。但是,燃油喷入气缸内后仍不能立即着火和燃烧,而要延迟一段时间,在这段时间里,喷入的燃油进行着从喷散、雾化、受热、蒸发、扩散与空气混合到分解、缓慢氧化等一系列着火前的物理和化学准备(图 4-51),为后面的剧烈燃烧准备了条件。

2. 柴油机的发火自燃

把一定体积的混合气预热到某一温度,混合气的反应速率即自动加速,急剧增加直到发火,这种现象称为自燃。

根据化学动力学的观点,着火机理可分为两类:一类为热自燃机理;另一类为联锁自燃机理。热自燃是指在利用外部热源加热的条件下,使混合气达到一定的温度,此时可燃混合气发生化学反应所释放出的热量大于气缸壁所散失的热量,从而使混合气的温度升高,促使混合气的反应速率和放热速率进一步增大,导致极快的反应速率而达到着火。联锁自燃是指由于链的分支使活性中心迅速增殖,而使反应速率剧烈升高导致着火。

热自燃和联锁自燃实质上是从不同的角度对自燃现象进行描述,前者着重于对可燃混合气热状态的宏观分析,后者着重于对中间反应物及生成物的分子结构分析。

柴油机的燃料为碳氢化合物,它的自燃着火过程要经历以下三个阶段:

(1) 冷焰阶段:碳氢化合物氧化产生有机过氧化物和甲醛,其浓度超过临界浓度时,产生冷焰,发出淡绿色化学荧光。冷焰时仅释放燃料总化学能的 $5\% \sim 10\%$。

(2) 蓝焰阶段:冷焰时生成的大量甲醛,对分支联锁反应起很大作用。甲醛的联锁反应具有爆炸性,产生蓝焰(发出淡蓝色的辉光),碳氢化合物大部氧化成 CO。

(3) 热焰阶段:当反应过程中热量的自积累和反应速度加速大到足够时,在蓝焰阶段产生的 CO 与剩余的氧迅速地爆炸性燃烧,CO 变为 CO_2,同时发出明显的光和大量的热量。

由以上分析可知,着火必须具备两个条件:

(1) 燃油蒸汽与空气的混合比应在一定的范围内,这个范围通常称为发火范围。超过这

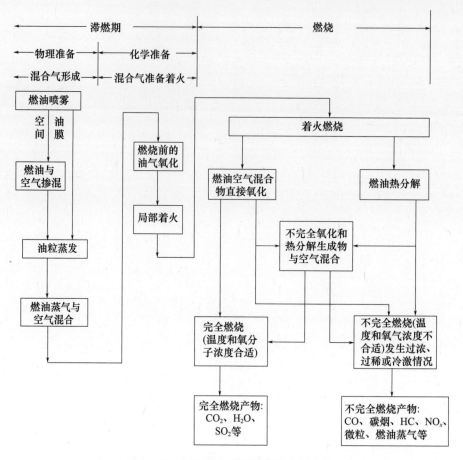

图 4-51 柴油着火前的物理和化学准备

个范围,即混合气浓度过大或过小都不能发火。图 4-52 是一个置于静止热空气中的油滴发火条件。纵坐标为混合气的浓度 c、温度 T 和反应速度 ω,横坐标 R 为距油滴中心的距离。由图可见;越接近油滴表面,混合气浓度越高。但开始发火的地点既不在油滴表面附近也不在远离油滴表面的混合气浓度很稀的区域,而是在浓度适中并且温度足够高的地方。

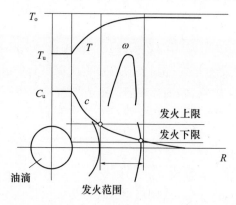

T_o—油滴周围气体温度;T_u—混合气温度;C_u—燃油蒸气的浓度。

图 4-52 单个油滴的着火条件

(2) 可燃混合气体必须加热到一定的温度,低于这个温度燃油就不能着火,这个温度称为燃油的发火温度,也称为自燃温度。不同的燃油,自燃温度不同;同一种燃料由于压力不同,自燃温度也不同。

4.4.2 柴油机燃烧过程及要求

图 4-53 为典型燃烧过程的展开示功图,图中 p_{cyl} 为气缸内压力,T 为缸内温度,h_n 为喷油器针阀升程,x 为放热系数,g_f 为循环喷油量。

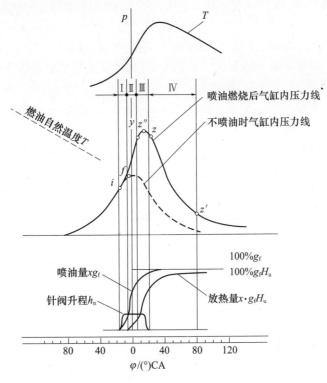

图 4-53 燃烧过程示意图

根据缸内压力和温度的特征,一般将整个燃烧过程分为四个阶段,即滞燃阶段(准燃阶段)、急燃阶段(速燃阶段)、稳燃阶段和后燃阶段。

1. 滞燃阶段(i-f)

滞燃阶段指从燃油喷入气缸内的 i 点起到气缸内压力与纯压缩压力线明显分离的点 f 为止的这段过程,也称为准燃期或着火延迟期。其特征是气缸内压力的变化与纯压缩线基本一致,燃油喷入气缸内后进行一系列物理、化学准备,并与空气混合形成可燃混合气,整个阶段没有明显燃烧。

着火延迟期包括物理延迟期 τ_{ph} 和化学延迟期 τ_{ch},后者又包括冷焰 τ_1、蓝焰 τ_2 和热焰 τ_3 三个过程。总的着火延迟期表达式为

$$\tau_i = \tau_{ph} + \tau_1 + \tau_2 + \tau_3$$

实际上,物理延迟期和化学延迟期是互相重叠的。τ_i 主要取决于燃料品质、燃料浓度以及相应的温度和压力条件。在标定工况下,着火延迟期一般为 1.3~3.0ms。温度越高,化学反应速度越快,τ_i 越小。另外,影响火延迟期的因素还有喷油提前角、转速、压力和空燃比等。

(1) 就最短着火延迟期而言,最佳喷油提前角为上止点前 5～20°CA。大于该值时,气缸内温度和压力均较低,使混合气着火前的物理过程,特别是化学过程进行得很慢,导致着火延迟期增长;小于该值时,可能会使着火延迟到上止点后,最高压力不在上止点附近,增加后燃,导致循环效率下降。

(2) 转速的增加能减少工质的泄漏量及散热时间,使气缸内温度压力均升高,缩短了着火延迟期。

(3) 压力对着火延迟期的影响如图 4-54 所示。温度低于 560K 时,τ_i 随压力升高而增加;温度为 600～700K 时,压力对着火延迟期影响不大;温度为 800～900K 时,随着压力增加,着火延迟期缩短。

由分析可知,燃油准备的时间越长,滞燃阶段喷入气缸内的燃油量就越多,准备好的可燃混合气也越多,从而容易引起急燃期压力升高太大,导致运动机件机械应力太大以及机器运转不平稳,所以一般尽量缩短着火延迟期。在准燃期内喷入的燃油一般占整个射油量的 15%～30%。但是对于高速机来说,为了完全及时地燃烧,可在准燃期内将燃油全部喷入气缸内。

2. 速燃阶段($f-y$)

速燃阶段指从压力开始急剧升高的点 f 起,到压力上升速度变为平缓的点 y 止。本阶段最显著的特征是气缸内的压力和温度迅速上升。这是因为在滞燃期内准备好的大量混合气加上本阶段准备的混合气一起参加燃烧,而活塞又处于上止点附近,气缸容积很小所致。速燃阶段虽只有 6～7°CA,但燃烧释放的热量占整个射油量发热量的 20%～30%。由于是在高温下燃烧,对提高热效率十分有利。但是它也使燃烧室组件以及曲柄连杆机构承受较大冲击和机械负荷,当压力增长率和最大爆炸压力很大时,有时会产生金属敲击和强烈的振动,这种现象称为柴油机"敲缸"。为了保证柴油机有较高的效率,同时又运转平衡,一般对爆炸压力和平均压力增长率的值都做了限制。

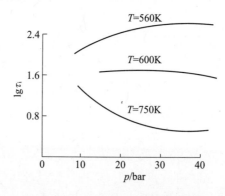

图 4-54 压力对着火延迟期的影响

3. 稳燃阶段($y-z$)

稳燃阶段指气缸内压力由迅猛上升变为缓慢上升的点 y 起,到压力迅速下降的点 z 为止。这一阶段活塞下行,气缸内容积明显增大,但因燃烧速度仍然很高,气缸内温度处于最高的水平,燃油与空气形成可燃混合气的速度很高,燃油有时可以边喷边烧,这时只要保证有足够的空气,燃烧对运转平稳和效率都有利。这个阶段释放出的热量达整个燃油发热量的 40%～60%,气缸内压力可达 8.0～18.0MPa,且变化不大,最高温度可达 1700～2000℃。由于缓燃阶段的燃烧具有非常明显的优点,所以希望它持续时间长一些,组织得更好一些,能燃烧更多的燃油。

4. 后燃阶段($z-z'$)

后燃阶段指从气缸内压力开始明显下降的点 z 起,直到燃烧基本结束的点 z' 为止。后燃指稳燃以后的燃烧,实际上整个膨胀过程都存在后燃,只是随着膨胀过程的进行,后燃越来越弱,后燃一直持续到上止点后 80~100°CA,甚至直到排气阀打开为止。引起后燃的原因很多,如喷油太晚、突加负荷、喷油压力太低及在大负荷时的高温析碳等。后燃放出的热量占整个燃油发热量的 10% 左右,后燃对柴油机性能极不利,它使热效率降低,排放指标恶化。

根据柴油机燃烧过程的进行情况,对柴油机燃烧的基本要求如下:

(1) 柴油能完全及时地燃烧。"完全"是指使喷入气缸内的燃油能全部将热量释放出来;"及时"指燃烧能在恰当的曲轴转角范围内完成,即在上止点附近完成。

(2) 燃烧过程平稳。要求压力升高率和最高燃烧压力 p_{max} 适当,使机件的机械负荷不致过大,避免工作粗暴和燃烧"敲缸"。

(3) 充分提高气缸内的空气利用率。在同样空气量下,使尽可能多的燃油能及时、完全地燃烧,有利于提高柴油机的平均指示压力。

(4) 减少污染。污染主要是指排气中的碳烟、有害气体和燃烧噪声。这些污染物对人体和机器有害,应尽力少到最低限度。

除以上四点要求外,因燃过程对柴油机的启动性能有很大影响,也应加以充分考虑。

最好是以上各点要求能同时满足,但很困难。因为在一般情况下,它们之间有些是相互矛盾的:例如,提高平均有效压力,就应提高气缸内空气的利用率,它却与燃烧及时完全相矛盾;又如,为了提高经济性,应加强燃烧的及时性,使燃油尽可能在活塞位于上止点附近时较小的容积内进行燃烧,它却与要求提高工作平稳性相矛盾。在这种情况下,只能根据具体情况,全面衡量,按要求的主次轻重加以折中。

4.4.3 燃烧过程参数及其测量

描述燃烧过程特征的参数可以分为三类:第一类为评价燃烧的粗暴性及零部件的最大机械负荷,如最大爆炸压力 p_{max}、压力升高率 λ_p;第二类为评价气缸内空气的利用程度,如过量空气系数 ϕ_{at};第三类为评价燃料热量的利用程度,如涡轮入口温度 T_T、放热系数 X 和吸热系数 ξ。

1. 最高燃烧压力

最高燃烧压力 p_{max} 是指一个循环中气缸内的最高压力,如图 4-53 中点 z'' 处所在的压力。p_{max} 是决定柴油机主要机件机械负荷的主要依据,它主要受柴油机负载、压缩比和喷油状况的影响,当前 p_{max} 的范围如下:

无增压柴油机　　5.0~7.0MPa;

中高速大功率增压柴油机　　8.0~18.0MPa。

最高燃烧压力可用最高压力表经检爆阀进行测量,图 4-55 为机械式最高压力表示意图。它是在弹簧管压力计进口处加装一个止回阀和一个放气阀,止回阀把内腔分成上、下两部分,上腔与弹簧管相通,下腔接气缸压力,当气缸压力大于上腔压力时,止回阀打开,燃气进入弹簧管,反之止回阀关闭。这样上腔在保持一定压力的基础上,压力不断增加,若干循环后达到最大值并保持稳定,指针指出最大压力值。该仪表结构简单,但由于止回阀有惯性,加上系统泄漏、通道节流及通道容积的影响,使测量值偏低,因此只能作为使用管理中的参考仪表。

由于最高燃烧压力不能反映燃烧过程工质压力的整体状况,因此往往要借助于示功图的测量。机械式示功器在低速柴油机上曾得到广泛应用,但由于其转筒传动复杂,现已被新的动态电测系统取代。图4-56为动态压力电测示意图。传感器将气缸内压力转换成电量,经放大输出到显示记录装置。压力传感器目前大多采用压电式变换器,其输出的很微弱的电荷量用电荷放大器进行放大。

2. 压力升高比

压力升高比 λ 是指最高燃烧压力 p_z 与压缩终点压力 p_c 的比值,$\lambda = p_z/p_c$。它反映急燃阶段气缸内压力增长的倍数,相当于理想循环中等容加热量的多少。λ 越高,循环的指示热效率越高,p_z 值越大,所以增压柴油机的 λ 不能太高。

一般柴油机在标定工况下的 λ 值如下：

开式燃烧室　　　　非增压 1.7~2.2；增压 1.3~1.8。
预燃室式燃烧室　　非增压 1.4~1.6；增压 1.25~1.5。

图 4-55　机械式最高压力表　　　　图 4-56　动态压力电测示意图

3. 压力升高率

压力升高比只能说明循环压力增长的幅度,而不能反映增长的速度。对于实际柴油机,机械负荷包括最大机械应力和冲击负荷,因此不仅要限制最高燃烧压力,而且要限制压力升高的速度。压力升高率 $\lambda_p = \Delta p/\Delta \varphi (\text{MPa}/(°)\text{CA})$。$\lambda_p$ 为瞬态值,一般用平均压力升高率 $\overline{\lambda}_p$ 来代替。$\overline{\lambda}_p \not> 0.4~0.6 \text{MPa}/(°)\text{CA}$,高速柴油机 $\overline{\lambda}_p$ 可达 $0.6~0.8 \text{MPa}/(°)\text{CA}$。从动态压力测得的 $p-\Phi$ 图中曲线的斜率也可获得压力升高率。

4. 过量空气系数

要保证喷入气缸的燃油尽可能完全燃烧,必须充分利用气缸内的空气,过量空气系数 ϕ_{at} 即可反映缸内空气的利用程度,它的定义为燃烧喷入燃烧室内的 F 千克燃油,实际供应的 G_1 千克空气量与 F 千克燃油完全燃烧理论上所需的最低空气量 G_0 千克之比,即 $\phi_{at} = G_1/G_0$。对一个循环来说,

$$\phi_{at} = g_1/14.3g_f \tag{4-8}$$

式中：g_f 为每循环喷油量(kg)；14.3 表示每千克燃油完全燃烧需要 14.3kg 空气。

显然,在柴油机边混合边燃烧的条件下,ϕ_{at} 必须大于1,才有可能实现完全燃烧。φ_{at} 越大,表明供气越充分,指示效率 η_{it} 越高。同样,在保证良好燃烧的情况下,多供气可以增大射油量,以提高升功率。

随着燃料逐步喷入气缸内及燃烧的进行,气缸内的 ϕ_{at} 是在变化的,在气缸内由于各部位

燃油分布不均，ϕ_{at}值也不相同。因此过量空气系数ϕ_{at}是曲轴转角（时间）和气缸内空间位置的函数。所以，无论是$\phi_{at} = G_1/G_0$，还是$\phi_{at} = g_1/14.3 g_f$，ϕ_{at}均表示一个循环的均值。

一般柴油机在设计工况时，φ_{at}的值如下：

类型	ϕ_{at}
增压低、中速二冲程	1.9~2.3
增压中、高速四冲程	1.6~2.1
预燃室式	1.4~1.6

5. 涡轮进口温度

涡轮进口温度T_T表示排气中的含热量多少以及受热机件的热负荷大小。T_T主要与柴油机负荷以及进、排气定时，喷油定时，燃烧状况有关。一般柴油机在标定工况下T_T值范围如下：

高速四冲程	450~650℃
二冲程	350~450℃

6. 放热百分率 X 和热量利用率 ξ

放热百分率X是指到观察时刻为止，燃油已放出的热量占全部射油量发热量的百分数。若射油量以 1kg 计，燃油低热值为H_u，某时刻燃油已发热量为Q_1，则$X = Q_1/H_u$。如图 4-57 所示，随着燃烧进行，Q_1不断增加，X值也不断增加。

热量利用率ξ是指到观察时刻为止，气缸内工质吸收并用于膨胀做功和增加工质内能的热量占全部射油量发热量的百分数。其可表示为

$$\xi = (XH_u - Q_w)/H_u \tag{4-9}$$

式中：Q_w为因泄漏、传热而损失的热量，它也随燃烧进行而增加。

z点和b点的ξ值如下：

类型	ξ_z	ξ_b
高速柴油机	0.75~0.85	0.80~0.90
中速柴油机	0.80~0.88	0.85~0.92
预燃室式柴油机	0.65~0.75	

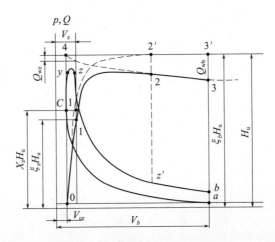

图 4-57 燃烧过程中 X、ξ 的变化

4.5 改善柴油机燃烧的基本途径

4.5.1 影响柴油机燃烧的主要因素

如前所述,柴油机的燃烧过程十分复杂,影响因素也很多,为了能有效地改善柴油机的燃烧,下面对几个主要影响因素进行分析。

4.5.1.1 燃油方面的因素

燃油方面的因素包括燃油性质、燃油供应和燃油喷射等。燃油喷射已在2.2节中阐述,这里仅分析燃油性质和燃油供应的影响。

1. 十六烷值

十六烷值(CZ)是衡量燃油自燃性能的相对指标。它的数值大小主要受燃料在高温下分裂的难易程度而定。十六烷值高,易于分裂、着火,燃油的自燃性就越好,准燃期缩短,燃烧过程就较平稳,如图4-58所示。

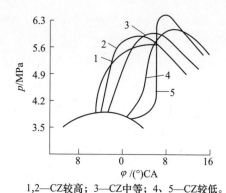

1,2—CZ较高; 3—CZ中等; 4、5—CZ较低。

图4-58 CZ对$p-\varphi_1$图的影响

随着柴油机的转速提高,应使用较高十六烷值的燃油。如转速在800r/min以上,燃油的十六烷值应在45以上。而我国的燃油CZ值基本都在60左右,完全符合要求。当使用两种不同规格的燃油时,应调整喷油提前角,如CZ值加大20,提前角应加大2~3°CA;否则,裂解速度过快,使游离碳增加,会产生严重冒烟现象。

2. 馏程

馏程表示在某一温度下燃油中能蒸发掉的容积百分比。它主要影响燃油在滞燃期中物理准备时间的长短。能在250℃以下蒸发出来的成分为轻馏分;250~350℃之间蒸发出来的为中馏分;在350℃以上蒸发出来的为重馏分。柴油机要求燃料的馏分组成范围窄,即轻、重馏分少,大部分为中馏分。因为轻馏分多,会使燃烧粗暴,重馏分多,燃烧又困难,排烟积碳严重。但是,为了改善柴油机的启动性能,特别是冷启动,可以采用轻馏分燃料,或在柴油中加少量煤油及乙醚等。

3. 喷油规律

燃烧过程中,燃油的放热规律在很大程度上取决于喷油规律。根据对燃烧的要求,通常采用"先少后多"的喷油规律,即速燃阶段少烧油,稳燃阶段多烧油。图4-59为两种不同的喷油规律对气缸内压力变化的影响。曲线1是先少后多且喷油提前角较大,曲线2为先多后少且喷油提前角较小。很明显,压力曲线 2 的压力增长率较高,效率也较高,但工作粗暴;曲线 1 的压力增长率较小,工作较平稳,但效率较低。

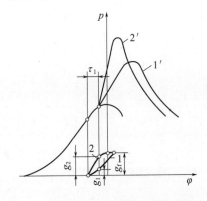

图 4-59 不同喷油规律对燃烧过程的影响示意图

4. 喷油提前角

这里喷油提前角实际上是指供油提前角,即喷油泵柱塞关闭柱塞套油孔时距上止点的角度。实际的喷油提前角是指喷油器针阀开始抬起,燃油开始喷入燃烧室那一点距上止点的角度。两者之差为喷油延迟,为了使用和测量方便,柴油机使用说明书中所说的喷油提前角是指供油提前角。

喷油提前角对燃烧过程的影响很大,因为它不仅改变燃油喷入气缸内的时机,而且改变了燃油与所接触空气的温度和压力,影响滞燃角,由此而进一步影响整个射油量在燃烧各种阶段中的分配。图 4-60 为三个不同的喷油提前角,在其他条件相同情况下对燃烧过程的影响。θ_1 为喷油太早,燃烧室内温度较低,τ_i 将延长,使 $p_{\max}$ 增加,工作平稳性下降。θ_3 为喷油太晚,结果使后燃增加、效率降低、排温升高、爆压降低。θ_2 比较合适,它能兼顾效率和平稳性两个方面的要求。一般喷油提前角应定期检查调整,并加以保证。

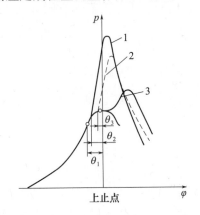

图 4-60 喷油提前角对燃烧过程的影响

4.5.1.2 油气混合方面的因素

1. 过量空气系数

过量空气系数 φ_{at} 对燃烧过程影响较大,增大 φ_{at} 可以改善燃烧,特别是对稳燃有利。图 4-61 为 φ_{at} 对指示热效率影响的试验曲线,其中纵坐标 η_{it} 用相对值 $\dfrac{\eta_{it}}{\eta_{io}}$ 表示,即以 $\varphi_{at}=1$ 时

的指示热效率 η_{io} 作为基数。由图可见：$\varphi_{at}=1.2\sim2.4$ 时，影响特别明显，η_{it} 随 φ_{at} 的增加而增加；$\varphi_{at}=2.4\sim3.0$ 时，影响变缓；$\varphi_{at}>3.0$ 时，η_{it} 下降，这是因为 φ_{at} 过大，燃烧困难甚至恶化。

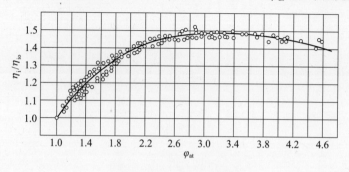

图 4-61 φ_{at} 对 η_i 的影响

2. 混合气形成的质量

如前所述，燃油喷射、空气运动和燃烧室形状对混合气形成都有很大影响，所以要求喷射质量较高，加强空气运动，加强油注与燃烧室的配合。

3. 空气中氧和废气的含量

改变空气中氧和废气的含量不仅影响功率，也影响反应速度和滞燃期。如果残余废气增加，氧气浓度即降低，τ_i 将延长。因此，当进、排气阻力增加时，都将使气缸内废气量增加，τ_i 延长。

4.5.1.3 气缸内工质状态的影响

喷油时，燃烧室内工质热状态将对燃油自燃点、滞燃期产生影响，从而影响速燃。

1. 压缩终点的压力 p_c 和温度 T_c

p_c 和 T_c 的变化，将影响气缸内空气密度 ρ 以及滞燃期 τ_i，T_c 的影响尤其明显。p_c、T_c 又受进气温度和压力及压缩比等影响，因此，最好的措施是提高进气压力，采用合适的进气温度和压缩比。因为进气温度太高，进气密度必然下降；而压缩比太大，虽对缩短 τ_i 有利，但最高爆炸压力 p_{max} 增加。

2. 燃烧室壁面热状态

不同的材料导热系数不同，活塞的表面温度不同。铸铁活塞比铝活塞温度高，所以 τ_i 较小，p_{max}、$\dfrac{\Delta p_t}{\Delta \varphi}$ 相应较低。因此，在最大功率时，铸铁活塞的最佳喷油提前角可比铝活塞晚 $6°\sim8°CA$。

燃烧室组件的冷却对表面温度的影响，也会影响滞燃期 τ_i。图 4-62 为某六缸机的壁面温度与滞燃期的关系曲线。气缸壁温 10℃ 时的 τ_i 是气缸壁温 95℃ 时的 τ_i 的 2.5 倍，所以冷车启动时 τ_i 较长，启动较困难。而气缸壁温度提高时，滞燃期 τ_i 下降，爆发压力及压力增长率随之下降。所以在实际工作中，必须保证正常的冷却以及正常的壁面温度。

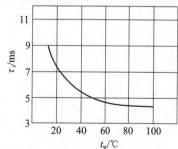

图 4-62 气缸壁温度对 τ_i 的影响

4.5.1.4 柴油机运转状态的影响

1. 柴油机的转速

转速的影响是多方面的，它不仅影响换气过程和压缩过程内空气的涡流运动，而且影响喷油规律、燃油喷射质量和滞燃期。在不同形式的柴油机上,转速的影响是不同的。无空气涡流的直喷式燃烧室,τ_i 大致不变,φ_i 与 n 成正比,所以最佳喷油提前角应随 n 增大而增大,这是新型柴油机安装喷油正时自动调节装置的基础。而对有涡流的直喷式燃烧室,随 n 增加,空气涡流运动加强,有的 φ_i 变化不大,有的 φ_i 先增后减。因此,对这类柴油机,在整个转速范围可以不改变喷油提前角而获得良好燃烧。

2. 负荷

涡轮增压柴油机循环射油量 g_f 增加时,增压压力 p_b、排气总管压力 p_g 及喷油压力 p_j 都随之增加,喷油雾化改善,油滴平均直径减小,气缸内温度升高,滞燃期稍有下降,压力升高比增加。但由于过量空气系数 φ_{at} 随 g_f 增加而减少,初膨胀比 ρ 将因喷油持续时间延长而加大,使排温升高,指示热效率 η_{it} 下降。

一般情况下,增加 g_f 将使循环指示功和平均指示压力增加。但 g_f 太大,使 φ_{at} 过低,会发生因燃烧不良 p_j 下降的现象。

4.5.2 改善柴油机燃烧的基本途径

从柴油机燃烧进行情况和对柴油机燃烧的基本要求以及影响燃烧的各种因素来看,要改善柴油机的燃烧,主要应解决以下几个主要问题。

4.5.2.1 控制滞燃阶段

对柴油机燃烧来说,速燃阶段的燃烧既有利于提高效率和压力增长率,又可能使柴油机工作平稳性下降、增加燃烧噪声。因此,要改善速燃,就应控制参与速燃阶段燃烧的油量。要达到这一点,唯一的途径就是控制滞燃阶段所准备的可燃混合气量,即通过控制滞燃达到控制速燃的目的。控制滞燃有以下三种方法:

1. 控制滞燃阶段的时间

对同样的喷油规律和喷油提前角来说,滞燃期越长,在此阶段喷入的油量越多,准备好的可燃混合气就越多,其结果是使参与速燃的燃油增多,燃烧粗暴。在转速和平均指示压力不变的情况下,滞燃角 φ_i 越大,p_z 及气缸内压力升高率越大。因此,必须选择合适的燃油,保证充气量,控制气缸内的温度和压力等,从而达到控制滞燃期 τ_i。

2. 控制滞燃阶段所喷入的燃油量

控制滞燃阶段所喷入的燃油量的目的是控制滞燃期内参与物理、化学准备的油量,从而达到控制参与速燃阶段燃烧的油量。这一点主要从选择合适的喷油规律入手,而先少后多的喷油规律是最佳的选择。

另外,高速柴油机因燃烧时间缩短,一般不能很好地解决及时性和平稳性之间的矛盾,所以只好采取折中措施,既适当降低平稳性的要求,又适当降低经济性的要求,在滞燃期内喷入较多的燃油以及采取所示的喷油率不变的喷油规律。

3. 控制滞燃阶段中所准备的可燃混合气量

燃油在气态时才能燃烧,而喷入燃烧室内的燃油必须经过暖热、蒸发之后,才能与空气混合形成可燃混合气体。所以控制可燃混合气的形成量也是控制速燃的一种措施,油膜蒸发混合就是一种有效的方法。

4.5.2.2 改善稳燃

稳燃阶段的燃烧既有利于保持高效率又可避免粗暴性,所以可以在稳燃阶段中尽量多烧油。但这一目标实现起来困难很大,主要是气缸内温度较高,燃油裂解速度极快,供氧速度难

以跟上。因此,应在以下三项措施上下功夫:

1. 保证必要的过量空气系数

必要的过量空气系数,可以保证必要的空气量,使燃油与空气有充分的接触机会,减少燃油高温析碳的可能性。

2. 加强燃油与空气的混合

加强燃油与空气的混合,增加燃油与空气接触的机会,具体可以从以下两个方面着手:

(1) 提高燃油雾化程度及在燃烧室内分布的均匀程度,加强"油找气",使空气得到更充分地利用。

(2) 加强气体的运动。即通过加强"气找油"来加强油与气的接触机会。

3. 控制燃油的蒸发速度

这种方法是通过控制燃油的蒸发速度,来控制燃烧过程中可燃混合气体的形成速度,使稳燃期内烧更多的燃油。

4.5.2.3 改善启动性能

冷车启动的难易也是柴油机的一项重要性能指标。对船舶用柴油机来说,更是影响船舶机动性的一项重要指标。

一般柴油机,通常在环境温度 5~10℃ 可以顺利启动,但温度再低,就会遇到较大的困难。

1. 冷车启动困难的主要原因

冷车启动的困难在于难发火或难于稳定的发火。主要原因如下:

1) 压缩终点温度及压力低

柴油机冷车启动时空气的进气温度和燃烧室、气缸壁温度都比较低,气缸和活塞之间的间隙大而燃气泄漏增加,对于涡轮增压柴油机来说,因涡轮增压器未工作,使进气压力很低。归纳起来,冷车启动时进气终点压力、温度和平均压缩多变指数都比较低,这必然使压缩终点压力和温度不能有效提高。

压缩终点压力和温度低,不仅会使滞燃期延长,而且将使燃油自燃温度提高,使喷入燃烧室内的燃油难于发火。

2) 启动时柴油机转速低

转速低,不仅会使燃油喷射雾化变差,加上冷车时燃烧室温度低,燃油不易蒸发,难于形成良好的可燃混合气体。而且,转速低将使散热时间延长,使压缩过程积累的热量很易散失,燃烧室、缸壁的温度、室内空气的温度难于提高。

柴油机的启动转速比较低不仅是由于启动装置所能提供的启动扭矩有限,而且机件由静态到动态,一些摩擦副往往处于润滑不完全状态,所需扭矩较大。在冷车,特别是温度很低时,滑油黏度增高而且启动装置的动力有限,启动扭矩不能很大,使上述矛盾加重。

2. 改善启动性能的基本途径

根据以上对冷车启动困难原因的分析可知,改善柴油机启动性能主要应从两方面着手,一是提高压缩终点空气温度和压力;二是提供适当的可燃混合气体。基本途径如下:

(1) 提高和保证压缩比,并提高气缸内容积封闭时的严密性。

(2) 提高进气和燃烧室温度。为此目的,预热冷却水,提高气缸壁温度,保证和提高进气温度;在一些小型柴油机中还可采用电加热或向进气系统中喷油燃烧的方法提高气缸壁和进气的温度。

(3) 提高和保证启动转速。这既有利于喷油雾化,又有利于提高气缸壁和空气的温度。

保证启动转速最主要的措施是有足够的启动能源,一般是保证启动空气瓶有足够的压力或蓄电池电解液的密度。此外,应减小柴油机的阻力矩,保证柴油机的装配质量和润滑,柴油机能不带负荷启动等。

(4) 适当加大射油量,以弥补前述因燃油化和蒸发不良而不易形成可燃混合气的缺点,特别是一些小型柴油机采用较多。

启动柴油机时,往往需要经过多次喷油转动之后才能连续发火,完成启动过程,这样发火前气缸内将积累较多燃油,必然加剧启动发火初期的粗暴性,甚至造成飞车。为此,某些柴油机,在启动之初,只提高转速而不喷油,待转速提高到一定程度后再喷油发火。而在大型船用柴油机上,通常规定达到连续启动失败次数后,须停止启动,并"吹车"后查明原因再进行启动。

(5) 二冲程涡轮增压柴油机和超压比增压柴油机还需一些特殊装置。在某些涡轮增压二冲程柴油机,为保证启动过程中所需的一定压力的扫气空气,往往设有电动机带动的辅助鼓风机,在柴油机启动前即投入工作,提供柴油机启动以至低负荷工作时所需压力空气。另外,超压比增压柴油机,因其压缩比很低($\varepsilon_c = 5 \sim 10$),启动困难,为此在进气系统中设有补助燃烧室,在柴油机启动时喷油燃烧,使废气涡轮增压器能投入工作,保证启动。在正常工作时,补燃室停止工作。

4.5.2.4 减少排气冒烟

排气冒黑烟,不仅表明燃烧不良,使经济性下降,而且使循环平均温度和排气温度增加,导致受热机件的温度和热负荷增加;另外,碳烟在燃烧室表面形成积碳,并常落入活塞与气缸壁之间,落入滑油中,引起机件磨损增加,活塞环卡死,滑油变质加速等弊病。黑烟还污染空气,是柴油机重要的排放污染物之一。

形成黑烟是柴油机燃烧不完全的一种表现,所以在正常情况下,防止冒黑烟的措施与改善稳燃期的措施基本相同。此外,针对在特殊情况下产生黑烟的原因,应注意以下问题:

(1) 尽力减少燃油中在混合不良和低温时进行燃烧的部分,为此应避免喷油过晚及喷油器滴油、二次喷射、雾化不良和分布不均等现象的发生。

(2) 尽力避免二冲程和涡轮增压柴油机在低负荷和突然加速等过渡工况时供气不足现象的发生,减轻其严重程度。这主要应从改善换气系统、涡轮增压系统的效果,提高增压器效率、减少增压器转子转动惯量等方面着手。

4.6 柴油机排放简介

从燃烧过程分析可以看出,柴油在气缸内燃烧可以分为完全燃烧和不完全燃烧两种方式,它们得到的燃烧产物也截然不同,完全燃烧产物为 CO_2、H_2O、SO_2 等,不完全燃烧产物为 CO、碳烟、HC、NO_x、燃油蒸汽等。不完全燃烧产物对人和环境都存在严重危害,所以本节重点对不完全燃烧产物(简称排放物)进行分析。

4.6.1 柴油机排放物生成机理及影响因素

柴油机排气中有害气体和碳烟的含量,如表4-1所列。可以看出,除碳烟以外,柴油机排气中所有有害气体含量虽均低于汽油机,但仍然具有对人类健康和周围环境产生极大危害的量值,因此,必须加以控制。

表4-1 柴油机排气中有害气体和碳烟含量

有害气体成分	柴油机	汽油机
碳烟	0.5g/m^3	0.01g/m^3
CO	<0.1%（按容积计）	<10%（按容积计）
HC	$<300 \times 10^{-6} \text{g/m}^3$	$<1000 \times 10^{-6} \text{g/m}^3$
NO_x	$1000 \sim 4000 \times 10^{-6} \text{g/m}^3$	$2000 \sim 4000 \times 10^{-6} \text{g/m}^3$

柴油机的废气是由燃烧产物和过剩空气组成,其中除空气中未参加燃烧的氮、氧及纯燃烧产物中的 CO_2 和水蒸气等主要成分为无害气体外,还有占排气量10%的碳烟及有害气体。这些有害气体主要含有 NO、NO_2、CO、SO_2、SO_3 及少量碳氢化合物,其中又以 CO、SO_2 和 NO_x 最为有害。CO、SO_2 能使人窒息,CO 和 NO_x 伴着日光照射而生成的光化学烟雾能使人眼红、喉痛、手足抽搐及植物枯萎、橡胶破裂、金属产生腐蚀等。

若以 CO 的危害作为基准,毒性系数设为1,则氮氧化物为8.5,HC 为8.29,固体排放物中的可溶性部分为51,不溶性部分为17。

4.6.1.1 NO_x

1. 氮氧化物 NO_x 的生成机理

NO_x 不是燃油燃烧的直接产物,而是气体中的氮和氧在高温、多氧条件下反应生成的产物。一般情况下,在排气中的氮氧化物主要是 NO,而且是在缸内形成的,其反应过程一般为

$$O_2 \Leftrightarrow O + O$$

$$N_2 + O \underset{K_2}{\overset{K_1}{\Leftrightarrow}} NO + N$$

$$O_2 + N \underset{K_4}{\overset{K_3}{\Leftrightarrow}} NO + O$$

从上面三个反应式可以看出,NO 的生成量取决于 N_2、O_2、O、N 的浓度和反应时的温度,式中 $K_1 \sim K_4$ 为反应速率常数。

通过试验发现,NO 的生成速率是比较慢的,需要很长时间才能达到化学平衡的浓度。但 NO 一旦生成,就很难在短时间内(特别是随着气缸内温度降低)再发生变化,所以大量的 NO 是在排往大气并经过一段时间后才进一步氧化成 NO_2。

2. 影响 NO_x 排放的主要因素

1) 燃空当量比的影响

图4-63为直喷式柴油机在不同的当量比 ϕ 值时的 NO 的排放。柴油机负荷增加,即燃空比增加,NO 的生成量也随之增加。由图可见,当 $\phi = 0.64$ 时,NO 的浓度达到最大值。另外,随着喷油提前角增大,NO 的生成量也增加,这是因为燃油在较低的温度和压力下喷入气缸内,导致较长的着火延迟期,引起较多的燃油在稀火焰区内雾化蒸发和混合,所以导致较高的 NO 浓度。若迟后喷油,则可降低初始放热率和燃烧室中最高温度,使 NO 排放量下降。

2) 气缸内温度的影响

图4-64为 NO 的生成率与气缸内温度及当量比的关系。由图可见,NO 的主要生成是发生在上止点后 $10 \sim 30 \text{°CA}$ 之间的较小的曲柄转角范围内。若气缸内温度高,特别是火焰高峰温度高,且持续时间长,又有较充足的氧,则 NO 的生成量就会大。

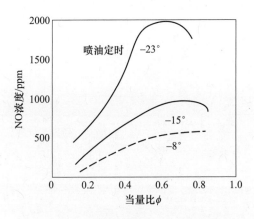
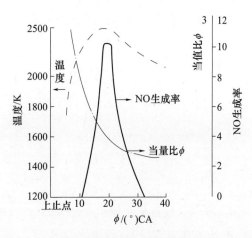

图 4-63　不同当量比对 NO 排放的影响　　　图 4-64　NO 生成率与气缸内温度和当量比的关系

3) 燃烧时间的影响

图 4-65 为不同的燃空当量比和不同的燃烧时间对 NO 浓度影响的测量结果,燃烧时间越长,NO 浓度越大,越接近平衡浓度。图 4-66 为 NO 的生成量与滞留时间的关系,在相同温度下,滞留时间越长,NO 浓度越大。

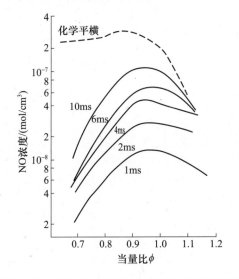
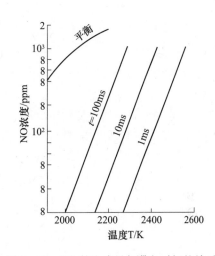

图 4-65　当量比和燃烧时间对 NO 浓度的影响　　　图 4-66　NO 的生成量与滞留时间的关系

4) 增压的影响

增压柴油机压缩空气温度较高,循环供油量增多,两者均使循环温度升高,导致较高的 NO 浓度。图 4-67 表明,在不同的燃空比下,增压和非增压时的 NO 浓度,在空气利用率为 60% 时,增压的 NO 浓度达到最大。

5) 转速的影响

柴油机的转速变化对 NO 的影响如图 4-68 所示。随着转速的增加,燃烧时间缩短,燃烧更加剧烈,热量损失又相应减少,燃烧温度增高,导致 NO 增加。

综上所述,凡是影响燃烧温度、氧的浓度及在气缸内滞留时间的因素,均在不同程度上影响 NO 的排放量。

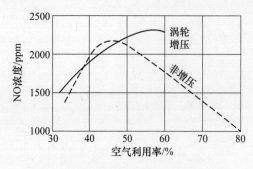

图4-67 涡轮增压对NO浓度的影响

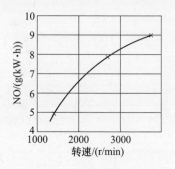

图4-68 转速对NO浓度的影响

4.6.1.2 碳氢化合物

1. 碳氢化合物(HC)的生成机理

柴油机排气中的未燃烧的碳氢化合物是由原始燃油和分解的燃油分子或由重新化合的中间化合物(如醛、醇、酚类等)组成,少部分产生于润滑油。在低负荷时,HC排放物主要由原始燃油分子组成。在高负荷时,由于循环温度很高,造成某些燃油分子分解,在烃基和中间产物之间发生再化合反应的可能性加大,所以HC排放物中较重的组分增多。另外,随着温度升高,氧化反应增强,HC的排放量较低负荷时减少。

总而言之,HC排放物是可燃混合物形成的条件和燃烧情况不良,造成局部缺氧与低温使燃油未能完全燃烧所致。

2. 形成碳氢化合物的主要影响因素

1) 燃空比的影响

柴油机燃空比的改变,实际上是负荷的改变,即每循环供油量的变化。它使气缸内的燃油分布、喷油持续时间、气缸内压力和温度均发生变化。增加燃空比,一方面使喷油持续期增加,在喷油定时和喷油速率保持不变的情况下,使循环后期喷入气缸内的燃油增多,这部分燃油相对反应时间较短;另一方面增大燃空比使气缸内氧的浓度降低。两者均使消耗HC的反应速率降低。但是,由于有较多的燃油燃烧,相对传给冷却液中的热量损失降低,使气体达到较高的温度,这促使消耗的反应速率提高。因此,随负荷和燃空比增加,HC排放量减少,如图4-69所示。

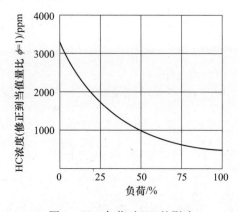

图4-69 负荷对HC的影响

2) 喷油定时的影响

喷油定时对HC排放很敏感,图4-70为喷油定时和燃烧室类型对HC浓度的影响。提早喷油,着火延迟期增加,可使较多的燃油蒸气和小油滴被进气旋流带走,产生较宽的稀混合气区,因而 HC 排放量有所增加。而直喷式燃烧室又明显比预燃室式燃烧室的 HC 排放量高。

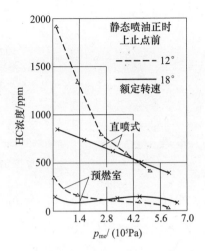

图 4-70 喷油正时和燃烧室形式对 HC 的影响

3) 喷油嘴的影响

喷射系统的设计、喷射持续期和喷射率以及喷油嘴压力室容积的大小对 HC 的排放量有重要影响。缩小压力室容积,一般可以减少 HC 排放。其原因是在针阀关闭后留在压力室容积中的燃油,在膨胀冲程时以很低的压力经喷嘴喷孔流入燃烧室,由于雾化差,不能与氧气充分地混合和燃烧,所以多形成碳氢化合物排出。

4.6.1.3 一氧化碳

1. 一氧化碳的生成机理

CO 是烃基燃料燃烧不完全的产物,主要是在缺氧或过低温度下形成。在低负荷时,由于气缸内温度低,氧化反应慢,所以 CO 生成量较多。当负荷增大时,CO 形成量下降。当负荷超过一定值后,由于氧浓度低和反应时间短,CO 生成量也要增加。

2. 影响 CO 排放的因素

1) 燃空比的影响

由以上分析可知:氧的浓度即燃空比对 CO 的排放有较大的影响,如图 4-71 所示。在燃空比较低的区域内,即在低负荷时,随着负荷增加,CO 的浓度下降。这是因为负荷增加提高了燃烧温度,有利于 CO 进行氧化反应。当负荷达到一定值时,由于氧浓度较低和反应时间短,即使温度升高,也使 CO 氧化反应减弱,因而负荷增加,CO 排放也随之增加。由图可见:中等负荷时 CO 排量最低;在低负荷时,非增压机 CO 排量大;在高负荷时,增压机的 CO 排量大。

2) 喷油定时的影响

柴油机有一个最佳的喷油定时,这时 CO 的排放量最小,推迟或提前喷油均会恶化燃烧过程,使经济性能下降,CO 排放增加。最佳的喷油定时(相对于 CO 排放而言)与发动机负荷的大小有关,在高负荷时应提前喷油,以减少后燃,降低 CO 排放。在低负荷时,由于喷油量少,后燃已不复存在,减小喷油提前角使 CO 浓度下降。

3) 转速的影响

CO 排放浓度随转速增加而增大。主要是因为转速增加,燃烧过程的组织更趋困难,不易实现完善的燃烧。但在转速处于较低范围内,CO 浓度随转速下降反而增加,原因是低转速时喷油始点偏早,喷油速度又不高,喷雾质量差,以及工作温度低等,导致 CO 排量增加,如图 4-72 所示。

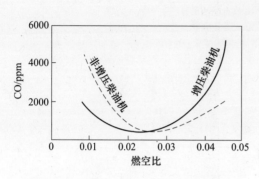

图 4-71 燃空比对 CO 排放浓度的影响

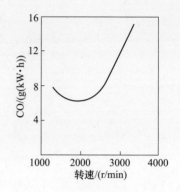

图 4-72 柴油机转速对 CO 的影响

4.6.1.4 排气碳烟

1. 排气碳烟的生成机理

柴油机正常运转、燃烧良好时,排烟应呈透明无色、浅灰色或淡蓝色。燃烧不正常,排烟可能呈白色、蓝色和黑色。

1) 白烟

白烟通常在低温、冷启动或空车运转时出现。此时,燃烧室中的温度较低,燃油雾化不良,燃烧不好,或有的气缸不着火,使未经燃烧的燃油成为液态微粒(直径大于 $1\mu m$),随废气排出而形成白烟。当柴油机负荷增加,燃烧室温度正常后,白烟可以自动消失。改善柴油机的冷启动性能,可以减少排气中的白烟。

2) 蓝烟

柴油机在低负荷下运转时,燃烧室温度低,燃烧条件不好,柴油或滑油在燃烧室内不能完全燃烧而形成液体微粒(直径在 $0.4\mu m$ 以下)随废气排出,便形成蓝烟。蓝烟排出的同时,还排出一种燃烧过程的中间生成物——醛(CH_2O),使废气具有刺激性臭味。当提高燃烧室温度、改善燃烧、减少窜入燃烧室的滑油量时,可以减少蓝烟。

3) 黑烟

排气冒黑烟不仅表明燃烧不良,而且使循环平均温度和排气温度上升,导致受热机件的温度和热负荷增加。另外,碳烟易在燃烧室表面、喷嘴表面及涡轮叶片等处形成积碳。有些积碳掉入活塞环处和滑油中,易引起活塞环卡死、加强机件磨损、加速滑油变质、降低增压器效率等。黑烟污染环境,也不利舰艇的隐蔽。

冒黑烟的本质是由于燃油高温缺氧而析碳。因为在高温时,燃油裂解成为游离碳的速度远远超过氧的供应速度,这些游离碳在随后的燃烧过程中,大多数与氧结合燃烧掉,只有一部分游离碳失去再燃烧条件,变为碳分子,聚合后混在排气中成为碳烟。

柴油机运转中,形成黑烟的具体原因可以分为三类:一类是由于喷油过多或雾化不良、分布不均,燃烧室内所产生的游离碳过多,或在局部过于集中,减少了再燃烧的机会,以致碳烟明显增加。喷油压力过低(启喷压力低、柱塞副、针阀副间隙过大)、喷嘴滴油、二次喷射等引起的冒黑烟,均属这一类。第二类是喷油正时过晚,使喷入气缸内的燃油在气缸内停留的时间缩短,而且气缸内温度已下降,游离碳再燃烧的条件变差,致使排气黑烟增加。第三类是由于供气不足引起的黑烟增加,这类情况包括换气系统工作不正常、增压器故障,涡轮增压柴油机在突然增加负荷时,排气发生短时冒黑烟加重,也属于这一类。另外,在柴油机正常工作时,由于负荷较大,燃油来不及完全燃烧,也易形成冒黑烟。

2. 影响碳烟(颗粒)的因素

1) 燃油品质的影响

燃油中的碳氢成分、燃油馏程、燃油中的游离碳及灰分等,都是碳烟(颗粒)形成的影响因素。燃油中的芳香烃含量和馏程温度越高,排出的颗粒量越多。燃油十六烷值增加,排烟增加。

2) 负荷的影响

负荷对排烟的影响如图 4-73 所示。

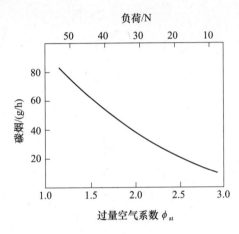

图 4-73 碳烟值与负荷的关系

当负荷增加时,燃烧温度提高,气缸内空燃比减小,使燃烧室局部缺氧区域扩大,促使碳烟生成而不利于碳烟的氧化反应。因此,随着负荷增加,碳烟排放量增大。

3) 喷油定时的影响

提早喷射燃油,使着火延迟期增加,使更多的燃油在着火前喷入气缸内,循环温度增高,燃烧过程较早结束,燃料中的碳滞留时间延长,这些因素均有利于降低排气烟度。但提早喷油,不仅引起燃烧噪声、机械负荷、热应力增加,而且会使 NO 的浓度显著增加。

4) 其他因素的影响

这些因素包括喷射特性、喷孔数、孔径尺寸及转速、气缸内温度、进气涡流等。

4.6.2 柴油机排放控制

4.6.2.1 减少 NO_x 排放量的措施

通过对 NO_x 生成的影响因素分析可知:要降低 NO_x 的浓度,应降低火焰高峰温度,缩短燃气在高温条件下停留的时间,并减少主要产生 NO 的初、中期燃烧时氮与氧的接触机会。当然,这些要求与提高指示热效率和平均指示压力相矛盾,只能采取适当措施。

目前,降低 NO_x 浓度的方法大致有以下两类:一类是控制 NO_x 的生成条件,如延迟喷油、降低爆发压力、减少扫气空气量及向燃烧室喷水或用水乳化燃油等;另一类是设法还原排气中的 NO_x 成分,如使排气先与 NH_3 混合,并经催化装置使 NO_x 还原成 N_2 和 H_2O。

1. 推迟喷油

推迟喷油的结果将使最高燃烧温度下降,同时又缩短了氮、氧在高温下停留的时间,从而抑制了 NO 的生成。但推迟喷油会使柴油机的耗油率增加,同时 CO 的排放量也可能增加。据美国通用公司所做试验的结果:喷油推迟 4°CA,NO_x 可减少 14%,而耗油率增加 1%,CO 增加约 6%。

2. 废气再循环

废气再循环是指将一部分废气引入进气管,再与空气一起进入气缸。废气中大量的 N_2 和 CO_2 等惰性气体可稀释气缸内反应物的浓度,减低了燃烧反应的速度。同时由于 H_2O 和 CO_2 等三原子分子的比热容较高,所以降低了气缸内的最高温度,从而降低了 NO_x 的生成量。另外,再循环的那部分废气通过燃烧使其中所含的可燃成分又获得一次燃烧机会,因而还可降低 HC 和 CO 的排放量。但在高负荷时,由于氧气相对减少,而使 CO 和烟度增加,耗油率也增加,如图 4-74 所示。

3. 两级喷射

两级喷射是将一个循环的燃油量分两次喷射。一般首先在压缩行程后期相对正常喷射较早的时间喷入少部分燃油,再在通常的喷油时间喷入主燃油。里卡多公司用双油泵喷射系统在 ω 形燃烧室的单缸机上进行的试验表明,在上止点前 45°预喷 10%~15% 油量,降低 NO_x 的效果最好。

4. 燃油掺水

燃油掺水后水在气缸内汽化而吸热,使循环最高温度降低,也使 NO_x 的生成量降低。图 4-75 表示在某中速柴油机上使用乳化燃油后 NO_x 生成量减少的情况。可见 NO_x 的减少量随含水量增加而增加,在整个功率范围内含水量 30% 的乳化燃油能降低 24%~52% 的 NO_x 排放量。

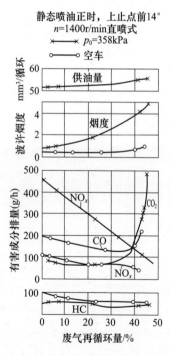

图 4-74 废气再循环对排气有害成分的影响

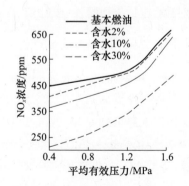

图 4-75 NO_x 排量与掺水量的关系

4.6.2.2 减少碳氢化合物排放的措施

减少 HC 的排放量的主要措施是设计良好的喷油系统,优选喷油定时以及燃烧室的形式,减少喷油嘴压力室的容积。

4.6.2.3 减少 CO、SO_2 的措施

减少 CO 的排量,关键是加强空气的供应,保证一定的燃空比,组织合理的燃烧。而减少 SO_2 的排量,主要是选用含硫少的燃油。一般认为,CO、SO_2 不会超过规定的指标。

4.6.2.4 降低碳烟生成的措施

降低和防止碳烟生成的措施很多,例如,保证必要的过量空气系数,采用优选的喷射定时及喷射系统参数,加强燃油混合,减少燃油在混合不良及低温下燃烧,避免突然加载、加速,减小增压器转子的惯性等。

4.6.3 柴油机的排放标准

在柴油机的排放成分中,除 99.7%(75.7% 的 N_2、10% 的 CO_2、8% 的水蒸气和 6% 的 O_2)对人类无害外,其余 0.3%(0.2% 的 NO、0.01% 的 NO_2、0.03% 的 HC、0.05% 的 CO、0.01% 的 SO_2 和小于 0.01% 的 PM)都是有害物质,它是形成酸雨和破坏臭氧层的物质。随着人类对环境的日益重视,消除柴油机的尾气污染也成为人们所关注的重大话题。因此,世界各国已将柴油机污染排放作为环境治理的重要内容之一,并制定了相应的控制排放标准。

4.6.3.1 公路用机动设备柴油机排放标准

以美国、欧洲、日本为代表的国家先后制定了汽车排放法规,并形成了三大排放体系,其中最具代表的是欧洲制定的排放标准。

1. 欧洲标准

欧洲标准是由欧洲经济委员会(ECE)的排放法规和欧共体(EEC)的排放指令共同加以实现的,欧共体(EEC)即是现在的欧盟(EU)。排放法规由 ECE 参与国自愿认可,排放指令是 EEC 或 EU 参与国强制实施的。汽车排放的欧洲法规(指令)标准 1992 年前已实施若干阶段,欧洲从 1992 年起开始实施欧Ⅰ(欧Ⅰ型式认证排放限值)、1996 年起开始实施欧Ⅱ(欧Ⅱ型式认证和生产一致性排放限值)、2000 年起开始实施欧Ⅲ(欧Ⅲ型式认证和生产一致性排放限值)、2005 年起开始实施欧Ⅳ(欧Ⅳ型式认证和生产一致性排放限值)。表 4 - 2 为欧洲制定的重载柴油机的各级排放标准。

表 4 - 2 重载柴油机欧洲排放标准

序号	实施日期及范围	试验类型	CO/(g/(kW·h))	HC/(g/(kW·h))	NO_x/(g/(kW·h))	PM/(g/(kW·h))	Smoke m - 1
欧Ⅰ	1992 年,<85kW	ECE - R49	4.5	1.1	8.0	0.612	
	1992 年,>85kW	ECE - R49	4.5	1.1	8.0	0.36	
欧Ⅱ	1996 年 10 月	ECE - R49	4.0	1.1	7.0	0.25	
	1998 年 10 月	ECE - R49	4.0	1.1	7.0	0.15	
欧Ⅲ	1999 年 10 月	ESC 或 ELR	1.5	0.25	2.0	0.02	0.15
	2000 年 10 月	ESC 或 ELR	2.1	0.66	5.0	0.10	0.8
欧Ⅳ	2005 年 10 月	ESC 或 ELR	1.5	0.46	3.5	0.02	0.5
欧Ⅴ	2008 年 10 月	ESC 或 ELR	1.5	0.46	2.0	0.02	0.5

注:柴油机的试验类型于 2000 写入欧Ⅲ标准。早期一直持续使用的 ECE R - 49 试验类型将被两个试验类型取代:一个是 ESC(欧洲稳态试验),另一个是 ETC(欧洲瞬态试验)。烟度的不透明性试验基于 ELR(European Load Response)测量。

2. 中国标准

我国机械工业部于1996年7月召开了柴油机排放物控制法规讨论会,制订了柴油机的排放标准,明确规定自1997年10月1日起对柴油机的CO、HC、NOx和微粒物质(PM)的排放进行严格限值控制,到2000年1月1日实行欧洲Ⅰ标准。1999年全国内燃机标准化技术委员会结合我国中小功率柴油机排放水平和控制技术,参考了欧洲经济委员会ECE R49的排放法规制定了《中小功率柴油机排气污染物排放限值》机械行业标准。该标准适用于气缸直径小于或等于160 mm的中小功率柴油机。目前,我国车用柴油机正在积极推广实施国Ⅴ排放标准。我国柴油机排气污染物排放限值见表4-3。

表4-3 我国柴油机排气污染物排放限值

序号	实施日期	试验类型	CO/(g/(kW·h))	HC/(g/(kW·h))	NO_x/(g/(kW·h))	PM/(g/(kW·h)) <85kW	>85kW
1	1997年10月1日	形式认证	11.2	2.4	14.4	1.56	0.92
2	2000年1月1日	形式认证	12.2	2.6	15.8	1.73	—
3	2002年1月1日	形式认证	8.4	2.1	10.8	—	—
4	待定	形式认证	4.9	1.2	9.0	0.68	0.40

4.6.3.2 船用柴油机排放标准

对于船舶柴油机,国际海事组织《MARPOL73/78公约》的新增附则Ⅵ《防止船舶造成大气污染规则》对船舶主机排放提出了严格的限制。目前,国际海事组织(International Marine organization,IMO)57届环保会已对提高船用柴油机氮氧化物排放标准做了新的规定。分为两个标准(TIER Ⅱ 和 TIER Ⅲ)和两个阶段(2011年1月1日及2016年)实施。按照新标准,其规定的氮氧化物排放量要比现行标准低15.3% ~ 22.16%,2016年后新安装的柴油机实行TIER Ⅲ标准,规定的应氧化物排放量比现行标准低80%。该规则适用于每一台安装在2001年1月1日或以后建造或经重大改装的船舶上输出功率大于130kW的柴油机。

对柴油机排放的限制主要有两点:

(1) 关于 NO_x 限值:

当柴油机转速 $n < 130 r/min$ 时,$NO_x \leq 17 g/(kW \cdot h)$;

当柴油机转速 $130 \leq n < 2000 r/min$ 时,$NO_x \leq 45.0 \times n^{-0.2} g/(kW \cdot h)$;

当柴油机转速 $n \geq 2000 r/min$ 时,$NO_x \leq 9.8 g/(kW \cdot h)$。

(2) 关于 SO_2 限值:《规则》要求船舶柴油机使用的任何燃料的硫含量不得超过4.5%;在 SO_x 排放控制区域如地中海区域,燃料硫含量不得超过1.5%或柴油机的 SO_x 排放总量应小于6.0 g/(kW·h)。

可以预见,随着排放法规的实施以及排放法规的逐步严格,将对柴油机的研制开发、制造及使用产生巨大的影响,甚至在某种程度上引导着柴油机的发展方向。

目前,我国尚未制定船用柴油机的相关排放标准。

4.6.4 烟度测量及烟气分析

根据烟度测量原理不同,烟度计大致可分为过滤式、透光式和重量式三种。

1. 过滤式烟度计

过滤式烟度计的基本工作原理是:用一个取样泵从柴油机的排气管中抽吸一定容积的排

烟,经过面积恒定的滤纸过滤,滤纸表面便吸附了一层碳烟,再用光电法测出滤纸的不同黑度以表示排气的烟度。当滤纸为全白时,反射光为100%,此时烟度指示值为0;当滤纸被完全污染成全黑时,其反射光为0%,烟度指示值为10;如果滤纸被不同浓度的排气烟度污染时,对光线的反射率则在0~100%之间,烟度指示值在0~10之间。

图4-76为排烟测量的取样泵,它是过滤式烟度计,即波许烟度计的典型代表。

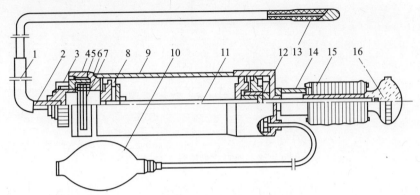

1—橡胶管;2—进气接头;3—调节螺帽;4、6—O形橡胶圈;5—滤纸夹;7—滤纸;8—橡胶活塞;9—泵体;10—快门皮球;11—活塞杆;12—操纵机构;13—探针;14、15—工作弹簧;16—球头把手。

图4-76 取样泵

泵体内活塞行程的工作容积为330mL,泵体端有一插口,滤纸即插入其中,用调节螺帽使其夹紧并密封。活塞的动作由泵体内的气动机构控制,测量时用手按压快门皮球,由于气压的作用,使气动机构和棘盘机构动作,被钢球锁紧的活塞杆得到释放,工作弹簧伸长,使活塞迅速而均匀地从泵体左端移到右端,完成一次取样。

取样完成后,取下滤纸,用如图4-77所示的装置测量烟度。

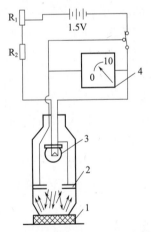

1—滤纸;2—光电池;3—灯泡;4—指示表盘。

图4-77 过滤式烟度计的检测器

测量传感器为一个光电变换器,根据光学作用,滤纸将光源投射来的光线反射到球形光电池上,从而产生相应的光电流,指针也指出不同的烟度值。

过滤式烟度计结构简单,操作容易,测量值可靠;缺点是测得的烟度值为平均值,而且滤纸只能滤下碳粒,因而不能测出蓝烟和白烟。

为了测量任一时间的烟度,目前采用了瞬态烟度的测试方法。另外,西方国家对排气测量已不仅局限在烟度上,而且已经发展到测量排气中的有害成分。

2. 透光式烟度计

目前为了测瞬态烟度,常采用透光式烟度计,其工作原理如图 4-78 所示。

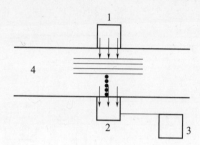

1—光源；2—接收器；3—指示仪表；4—排气管。

图 4-78 透光式烟度计工作原理图

废气在排气管中流过,光源 1 发射恒定能量的光束,接收器 2 接收到的光与流过排烟管中烟气的密度成反比,从而指示器指示出烟度的大小,同时达到连续测量烟度的目的。

如果废气不吸收光时,即光全部被接收器接收,则烟度为 0；如果光全部被废气所吸收,则接收器接收不到光,烟度为 100%；烟气中所含不透明的微粒多少不同时,透过烟气射到接收器上的光通量也不同,因此指示出不同的烟度值。

3. 烟气分析

由于对环境保护的意识越来越强,因此对排放的要求也越来越严格,不仅要控制排烟浓度,而且要控制排气中有害物质的含量。烟气分析就是用来测定各种有害成分的一种方法,这里仅介绍红外线气体分析器,其他方法可参考有关资料。

红外线是一种不可见光波,它的辐射能力很强,除氩、氖、氮、氧等以外,大多数气体对红外线均有吸收作用,而且不同气体分别吸收某一特定波长的辐射能。因此,当红外线通过这些气体时,它的能量就被气体吸收一部分,其吸收的程度与该气体的浓度有关。

图 4-79 为红外线气体分析器原理图。它由两个性能完全相同的镍铬丝光源产生二束平行红外光,波长为 2~7μm。由同步电动机 M 带动切光线把这两束连续光切割成频率为 10Hz 左右的断续光束。其中一束经过滤波室、参比室到达检测室左侧；另一束经滤波室、分析室到达检测室右侧。

在参比室 4 中,充不吸收红外线的氮气,分析室中则有被分析气体以规定速度连续稳定地流过。检测室中充被测气体成分的纯气或被测气体与氮气的混合气。例如,测定气样中 CO_2 浓度时,检测室中充纯 CO_2。

由于分析室中的气体试样要吸收掉一定波长的一部分辐射能,而参比室中的气体则不吸收这部分能量,而由检测室左侧的气体所吸收,于是温度升高,压力增大。检测室右侧则没有吸收这部分能量,因此检测室左、右侧产生温度差,相应产生压力差,使分隔检测室的膜片向右侧移动。

由于检测室中的膜片与定片组成一个电容器,膜片的移动即改变了电容器两极间的距离,因而改变了电容量。电容变化的幅度由被测气体的浓度确定。因为光束是断续的,所以电容量是脉动的,脉动频率由切光片决定。电容的变化引起电路中充放电电流,经放大器放大后由

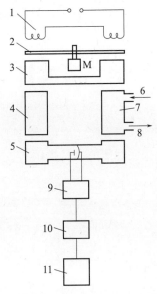

1—光源；2—切光片；3—滤波室；4—参比室；5—检测室；6—气样进口；
7—分析室；8—气样出口；9—前置放大器；10—主放大器；11—记录器。

图 4-79 红外线气体分析器原理

记录器显示或记录下来。

测量时，有些气体的吸收波长互相重叠，导致产生测量误差。例如，测 A 气体时，气体 B 也吸收了一定的红外光，所以为了消除这种误差，在滤波室中充入干扰气体 B，这样检测室中的气体都不再吸收 B 气体所吸收波长的那部分红外光，使误差得以消除。

红外线分析器可以测定 CO、CO_2、CH、NO_x 的气体成分，但在测定不同气体成分时，其红外光的波长及滤波室和检测室中的气体都要根据被测气体而定。

思考题

1. 什么是喷油规律？目前柴油机工作时的典型喷油规律曲线有哪些？
2. 什么是供油提前角、喷油提前角及喷油延迟角？
3. 试述柴油机燃烧室的类型以及各自的特点。
4. 柴油机可燃混合气形成的方法有哪些？它们各有何特点？还有哪些形成可燃混合气的方法？
5. 对于柴油机而言，单缸油量和整机油量有哪些调整方法？
6. 调整柴油机的喷油定时有哪些方法？
7. 试述目前电控燃油喷射系统的特点以及应用（以某一类型的电控燃油喷射系统为例）。
8. 试述柴油机燃烧过程的四个阶段以及各个阶段的特点。
9. 柴油机燃烧过程进行的好坏是由哪些因素决定的？为什么？
10. 表示柴油机燃烧过程进行好坏的参数有哪些？
11. 试述并比较我国及发达国家的柴油机排放标准。
12. 改善柴油机燃烧的基本途径有哪些？

第 5 章　柴油机增压

增压技术是柴油机发展历程中的三大标志之一,更是柴油机性能提高研究的重要方向之一,为柴油机动力性、经济性以及排放性能的提升提供了技术支撑,在柴油机研究领域占有重要的地位。

5.1　增压原理

5.1.1　增压的目的

由柴油机功率表达式为

$$P^d = p_{me} V_s n i / (30\tau)$$

由上可知,提高柴油机功率的基本途径如下:

(1) 增大柴油机排量 iV_s,无论是增加气缸数,还是增大气缸直径或行程,都必然导致柴油机尺寸、重量的增加。

(2) 提高柴油机单位时间完成的工作循环数 $2n/\tau$,即增加活塞平均运动速度,这必然加大柴油机运动件的惯性力,且随转速的平方递增,导致机械应力增大。当活塞平均运动速度超过一定值,会引起充气效率下降、机械损失增加和机械磨损加剧。

(3) 提高柴油机平均有效压力 p_{me}。平均有效压力为

$$p_{me} = 0.01 \frac{H_u}{l_0} \cdot \frac{\eta_{it}}{\phi_{at}} \cdot \rho_d \cdot \phi_c \cdot \eta_m \tag{5-1}$$

由式(5-1)可以看出,提高 p_{me} 的最有效方法是增大单位气缸工作容积的充气量 $\rho_d \phi_c$,由于 ϕ_c 通常变化范围较小,因此提高进气管(储气室)新鲜空气密度是提高 p_{me} 的有效途径,即提高进气管新鲜空气压力和降低其温度。这就是柴油机的增压和增压空气中间冷却技术。

因此,柴油机采用增压技术的目的主要是提高柴油机的功率。涡轮增压由于柴油机排气能量得到利用,在提高功率的同时也可改善柴油机的经济性能。

5.1.2　增压方式

采用增压器来实现增压时,按照驱动增压器所用能量来源的不同,基本上可分为机械增压系统、废气涡轮增压系统和复合增压系统三类。在增压方法上,除了上述的加装增压器来提高进气压力外,还有利用进排气管内的气体动力效应来提高气缸的充气效率的惯性增压系统,以及利用进、排气的气体压力交换来提高进气压力的气波增压器,由于这两种增压方式的增压压力不高,已逐渐较少采用。

5.1.2.1　机械增压系统

在机械增压系统中,压气机是通过增速齿轮由柴油机的曲轴直接传动的,如图 5-1 所示。由于压气机的转速比柴油机的转速高得多,因此通过曲轴传动时,需要通过一套增速齿轮传动

装置。这种增压方式要消耗柴油机发出的部分功率。该增压系统中的压气机由罗茨式和离心式两种。罗茨式压气机是一种容变式压气机,在增压压力过高时,漏气量会增加,增压器的效率下降,因此它适应于增压压力不高的场合。尽管离心式压气机适应于高增压的场合,但由于其转速高,传动装置复杂,增压压力也不会太高。

机械增压的优点是结构简单,工作可靠,加速性能好,低速、低负荷下能与柴油机很好的配合,满足其进气量要求;缺点是需要消耗柴油机的功率,因而使柴油机效率降低,油耗增加。机械式增压系统消耗功率占柴油机功率的5%~10%,并且当增压压力超过一定范围后,随着增压压力的增大柴油机功率反而下降。

5.1.2.2 废气涡轮增压系统

增压器由废气涡轮和压气机组成,称为涡轮增压器。柴油机与涡轮增压器之间没有机械联系,废气涡轮增压器的压气机由废气涡轮带动,废气涡轮则利用柴油机的废气能量做功,如图5-2所示。

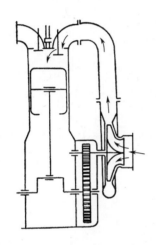

图5-1 机械增压系统示意图

图5-2 废气涡轮增压系统工作原理

由于压气机并不消耗柴油机的功率,且利用了废气的能量,增压压力可以达到较高的数值(压力可达0.3~0.5MPa)的同时还可提高柴油机的效率,因此废气涡轮增压在现代柴油机上被广泛采用。

其缺点是低负荷性能和加速性能差,主要原因是在低负荷工作时,排气管内的废气能量小,废气涡轮增压器的效率低,增压压力低,供气量少,燃烧恶化。在柴油机突然增加负荷或者提高转速时,由于废气涡轮有一定的惯性,使涡轮增压器的转速来不及瞬时增加,会使柴油机的瞬时供气量不足,造成柴油机的短时冒黑烟。另外,二冲程柴油机无专门的排气冲程,单独使用废气涡轮困难。

5.1.2.3 复合式增压系统

为了克服机械增压系统和废气涡轮增压系统的上述缺点,吸取机械增压系统和废气涡轮增压系统的优点,出现了复合式增压系统。它们可以采用不同的方式进行组合,一般有以下两种形式:

1. 串联复合式增压系统

图5-3(a)为串联复合式增压系统。空气先经涡轮增压器做第一级压缩,经空气冷却器

后再送到机械增压器中做第二次压缩。它的特点是柴油机在低负荷工作和启动时,机械传动的压气机可以保证气缸换气时所需要的空气量,而废气涡轮增压器可保证获得较高的增压压力。

2. 并联复合式增压系统

图 5-3(b)为并联复合式增压系统,它由两个压气机向柴油机提供新鲜空气,一个压气机由废气涡轮传动向柴油机提供新鲜空气,一个压气机由曲轴或独立的电机传动向柴油机提供新鲜空气。该系统的最大特点是:在低速、低负荷工况下,废气涡轮发出的功率不足以驱动压气机时,可以从柴油机的曲轴获得补充功率;在全负荷大功率工况下,增压器提供较高的增压压力,减少机械增压器的耗功。所以它既保证了较高的增压压力,又保证了低负荷以及加减负荷等变化工况条件下的运转性能。该系统的缺点是装置比较复杂,制造加工、拆卸安装、维护保养等都比较困难。

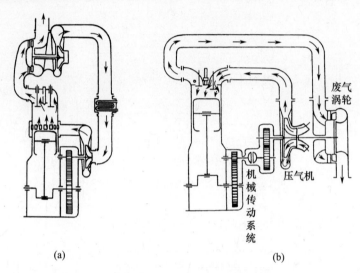

图 5-3 复合式增压系统

由于涡轮增压器技术的发展,涡轮增压器对废气能量的利用效率以及压气机压比越来越高,机械增压系统应用越来越少。为此,本章后续以涡轮增压系统为主进行阐述。

5.1.3 废气能量的利用

5.1.3.1 废气理论最大可利用的能量

若柴油机消耗的燃油能够完全燃烧,并将燃烧后的理论发热量取为 100,通常其热量分配情况如图 5-4 所示。

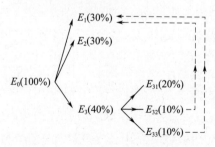

图 5-4 非增压柴油机热平衡图

柴油机有效输出功 E_1 占总热量的 30% 左右,润滑、冷却系统带走的热量 E_2 占总热量的 30% 左右,排气中所含热量 E_3 占总热量的 40% 左右,其中 E_{31} 是向低温热源放出的热量,这部分热量由热力学第二定律可知是不能回收的。而排气温度没有下降到大气温度所导致的损失 E_{32} 和气缸内压力没有降到大气压力所导致的损失 E_{33} 则可借助涡轮进行部分回收。

为了充分利用燃油能量,要求气缸内活塞行程足够长,在实际柴油机中,其活塞行程一般是气缸直径的 1~4 倍,膨胀冲程下止点气缸内工质压力为 0.2~0.35MPa。当排气门打开时,高温高压燃气向排气管急剧膨胀排出,这种排气能量通常称为自由排气能量。

进入排气管的燃气,在流经排气管末端的涡轮喷嘴被节流膨胀后,燃气流速增加,高速燃气流作用在涡轮动叶上使涡轮做功,驱动与涡轮同轴的压气机,使之从大气吸入空气并压缩,柴油机的一部分排气能量就可以以压缩空气的形式被柴油机回收,即图 5-4 中用虚线表示 E_{32}、E_{33} 中的一部分又转回到 E_1。回收的能量占燃油总发热量的 10% 左右。这样,通过增压不仅提高柴油机功率,也提高了其经济性能。

图 5-5、图 5-6 为柴油机理想循环温熵图和压容图,由图可以看出,废气所含能量可用面积 $b-m-n-a-b$ 表示,涡轮中可利用的能量用面积 $5-a-b-4-0-a$ 表示,约占废气能量的 1/4。在压容图上面积 $b-4-0-a-b$ 代表在背压为 p_g 时废气中可利用能量转换所得的机械功。

由图 5-5、图 5-6 可知废气能量相当一部分不能被利用,原因如下:

(1) 根据热力学第二定律,环境温度以下的热量无法利用(图中 $0-40-m-n$),这部分能量约占废气能量的 1/2。

(2) 环境压力线以下的一块面积 $0-4-40-0$ 所表示的能量也没有被利用,因无法直接经膨胀转变为机械功,这部分能量约占废气能量的 1/4。$4-40-0-4$ 所示的回收则需利用其他装置。但此部分能量可利用热交换器等作为热源加以利用。

(3) 由于实际废气涡轮增压系统中存在各种损失,因此涡轮增压器中可利用的能量要少于理论上的可利用能量。

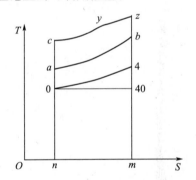

图 5-5 废气可用能量 $T-S$ 图

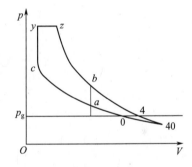

图 5-6 废气可用能量 $p-V$ 图

5.1.3.2 四冲程柴油机的废气可用能

综合以上分析,涡轮增压四冲程柴油机排气中所含的能量由以下三个部分组成(图 5-7):

(1) 排气门开启时废气中的可利用能量 E_1;

(2) 排气过程中活塞推挤废气所做机械功 E_2;

(3) 扫气空气所具有的可用能 E_3。

四冲程柴油机排气所含总可利用能量为

$$E = E_1 + E_2 + E_3$$

相应单位质量工质,三部分能量可分别用下式计算:

$$E_1 = R_T T_{eo} \left[\frac{1}{K_T - 1} - \frac{K_T}{K_T - 1} \left(\frac{p_g}{p_{eo}} \right)^{\frac{K_T - 1}{K_T}} + \frac{p_g}{p_{eo}} \right] \tag{5-2}$$

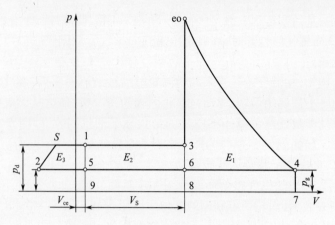

图 5-7 四冲程柴油机排气能量组成

式中：p_g 为排气平均背压。

$$E_2 = (p_d - p_g)V_s/G_0 \tag{5-3}$$

式中：G_0 为新鲜空气充气量，忽略循环喷油量时，可认为等于废气量。

$$E_3 = \frac{K}{K-1}RT_d\left[1-\left(\frac{p_g}{p_d}\right)^{\frac{K-1}{K}}\right](\phi_s - 1) \tag{5-4}$$

式中：p_d、T_d 分别为进气管空气压力、温度；ϕ_s 为扫气系数。

上述式中 E_1 对应图 5-8 中 eo-4-6-eo 面积所表示的能量，E_2 对应 1-3-6-5-1 面积所表示的能量，E_3 对应图 5-8 中 S-1-5-2-S 面积所示的能量。必须指出，E_2 和 E_3 使排气能量增加是以消耗柴油机活塞推挤功和压气机功为代价得到的，其中 E_2 作为补充能量可使压气机耗功与涡轮提供功达到平衡，为四冲程柴油机采用废气涡轮增压创造了有利条件。

5.1.3.3 二冲程柴油机的废气可用能

二冲程柴油机由于换气方式与四冲程不同，其排气可用能也不同，二冲程柴油机排气可用能如图 5-8 所示，包括三个部分（以单位质量工质计算）：

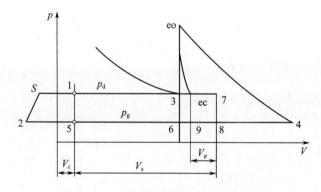

图 5-8 二冲程柴油机排气可用能组成

（1）废气由排气始点状态等熵膨胀至涡轮出口背压所做的功（对应面积 eo-ec-7-8-4-eo），也就是从面积中减去废气在 eo 点后推动活塞做功的面积，以 E_1 表示，即

$$E_1 = R_T T_{eo}\left[\frac{1}{K_T - 1} - \frac{K_T}{K_T - 1}\left(\frac{p_g}{p_{eo}}\right)^{\frac{K_T-1}{K_T}} + \frac{p_g}{p_{eo}}\right] - \left[\int_{V_{eo}}^{V_7} pdV - p_g(V_7 - V_{eo})\right]\frac{1}{G_0} \tag{5-5}$$

(2) 排气口关闭前,活塞推挤功,以 E_2 表示(对应面积 7-8-9-ec-7),即

$$E_2 = V_\psi(p_d - p_g)\frac{1}{G_0} \tag{5-6}$$

式中:V_ψ 为冲程失效容积。

(3) 扫气期间扫气空气所做的功,以 E_3 表示(对应面积 2-S-ec-9-2),即

$$E_3 = \frac{K}{K-1}RT_d\left[1 - \left(\frac{p_g}{p_d}\right)^{\frac{K-1}{K}}\right](\phi_s - 1) \tag{5-7}$$

则二冲程柴油机废气总可用能 $E = E_1 + E_2 + E_3$。

通过上述分析可以看出,与四冲程柴油机比较,二冲程柴油机实现废气涡轮增压较为困难,主要原因有以下几方面:

(1) 二冲程柴油机耗气量大,压气机耗功大。
(2) 由于废气中掺混有扫气空气,降低了涡轮前气体温度,使排气可用能减少。
(3) 为了实现扫气,要求进、排气系统必须保持一定的压差,限制了涡轮入口废气压力的提高,从而限制了涡轮的膨胀比。
(4) 二冲程柴油机没有专门的排气冲程,因而几乎没有活塞推挤功来补充排气能量。

由以上原因可知,二冲程柴油机排气可用能较小,而压气机耗功大,因此较难实现压气机与涡轮机间的功率平衡;随着涡轮增压器效率的提高,目前二冲程柴油机实现自由涡轮增压已不存在困难,只是其低速、低负荷性能较四冲程柴油机差。

5.2 柴油机的涡轮增压系统

由于结构布置等多方面因素的制约,不可能将废气涡轮直接安装在气缸盖上的排气出口处,通常需经排气管道将柴油机废气送到涡轮入口,排气可用能在这一传递过程中存在各种损失,柴油机涡轮增压系统即是研究如何降低这些损失,提高传递效率以及使柴油机的工质更换得以完善进行。柴油机上常采用定压及脉冲两种基本涡轮增压系统。

5.2.1 定压系统

在定压系统中,各气缸废气均排入一个大容积的排气管内,在排气管内建立一定的压力。由于排气管容积较大,管内工质压力基本不变,因此称这种增压系统为定压系统。现以四冲程柴油机为例,说明定压系统排气可用能传递情况,图 5-9 给出四冲程定压涡轮增压系统排气中含有的最大可用能。由于排气管压力 $p_T < p_{eo}$,图中 E_L 所示可用能通过自由膨胀过程而损失掉,E_L 中的一小部分转化为热能使工质温度升高而获得回收,即图中 3-3′-4′-4-3 所示的能量。由图上可知,随 p_T 的升高,E_L 将减小,但同时也增大了活塞推挤废气耗功。脉冲能量损失可通过下式计算:

$$E_L = R_T T_{eo}\left[\frac{1}{K_T - 1} - \frac{K_T}{K_T - 1}\left(\frac{p_T}{p_{eo}}\right)^{\frac{K_T - 1}{K_T}} + \frac{p_T}{p_{eo}}\right] \tag{5-8}$$

定压系统由于 $p_T < p_{eo}$,因此其排气可用能的传递效率较低。但是,由于其涡轮入口压力 p_T 的稳定,因此涡轮中的能量转换效率较高。由于定压系统排气管布置较为简便以及随 p_T 的提高 E_L 降低,故多用在高增压($\pi_b > 2.5$)或排气管分支较困难的情况。

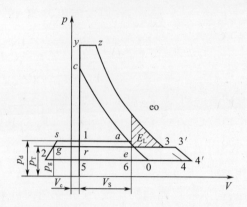

图 5-9　四冲程定压涡轮增压柴油机排气中含有最大可利用能量

柴油机涡轮增压系统的确定除了考虑排气能量利用这个基本因素外，还需综合考虑结构上的复杂性和特定用途时对运转性能的要求等。

5.2.2　脉冲系统

1. 基本要求

当柴油机排气门（口）开启时，气缸内与排气管间存在很大的压差，废气以很高速度通过气门（口）形成强烈的节流损失，减小这一损失的有效方法是尽快减小压差，即迅速提高排气管内工质压力或使排气管内工质压力维持在较高的水平。

脉冲系统采用小容积的排气管，使排气管内工质压力随排气的进行能迅速升高，因此可以减少气门（口）处的节流损失。

理想情况下，脉冲系统具有以下特点：

（1）排气门（口）瞬时开启至最大流通截面。

（2）排气管瞬时被充满，其压力与气缸内压力达到平衡。

（3）气缸排气停止时，排气管内废气也瞬时排空。

这个理想的过程如图 5-10（a）所示，这种情况排气门（口）处没有节流损失。

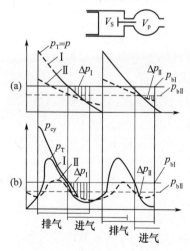

图 5-10　脉冲系统排气管中压力波动

实际上，由于排气门（口）不可能瞬时开启至最大截面，排气管也不可能瞬时充满、排空，而只能采用较小的容积，使排气开始后很快被充满。因此，在实际脉冲系统中，排气开始时仍存在强烈的节流损失，如图 5-10（b）所示。

随排气过程的进行，气缸内工质压力逐渐降低，因此排气管内压力也随之降低，形成排气过程的压力波动。柴油机工作时，由于气缸向排气管的间歇排气的不断进行，在排气管中形成一个个压力脉冲，因此，将这种系统称为脉冲系统。

脉冲系统由于排气管充满和排空速度较快，因此可减小节流损失，且对柴油机的加速性和扫气等带来好处。但是，涡轮入口处压力的波动导致涡轮膨胀比的变化，使流经涡轮的气流速度变化，因此涡轮内的能量转换效率较低。

脉冲系统要获得良好的增压效果，应满足如下基本要求：

（1）排气管内压力在气缸开始排气后应迅速上升以减少

排气门(口)处的节流损失。

(2) 在排气冲程活塞推挤废气时,排气管内压力应迅速降低以减小泵气损失。

(3) 在排气门(口)、进气门(口)同开角时期内,排气压力波应出现波谷,增大进气管与排气管间的压差以有利于燃烧室扫气。

(4) 排气管结构、布置应尽量简单,与涡轮入口的连接应方便。

2. 排气管分支

对于多缸柴油机,若将各缸废气均排入一根排气管,则会导致各缸排气间的相互干扰,很难满足上述要求中的(1)、(2)两点,但若每缸分别设置一根排气管,不但结构复杂,不便与涡轮连接,而且会使涡轮进气产生中断,因此需将其排气管进行分支。

分支的原则是,一根排气管所连接各缸排气相位必须互不重叠,或者重叠很小,以保证各缸之间的互不影响。由于一般四冲程柴油机排气门开启时间为240°~280°CA,二冲程柴油机约为120°CA,因此一根排气管上所连接的气缸数目不超过3个,同时这3缸排气相位必须相互均匀错开。

现以直列四冲程6缸机为例说明脉冲系统排气管分支情况。设其发火次序为1-5-3-6-2-4,其配气定时如表5-1所列。由上述条件可知,发火间隔角为720°/6 = 120°。因此,若将6缸连接在一根排气管上,则第1缸排气开始后120°,第5缸开始排气,第1缸进气门开始开启时是其排气开始后166°,此时对应第5缸排气开始后46°,正值压力波高峰期。因此,第5缸排气必然对第1缸的扫气产生干扰,可以此类推出其他各缸情况,即发火次序相邻气缸会产生排气干扰。为了避免干扰,通常要求连接在1根排气支管上各缸的发火间隔角与排气持续角相近。对上述的六缸机,就可将发火间隔角为240°的各缸连接到1根支管上,即1、2、3缸一根排气支管,4、5、6缸1根排气支管。这样在第1缸进气门开启114°后,第3缸排气门才开始开启,因此,其气门叠角的主要时期均落在排气支管压力波谷期,有利于扫气,同时在第1缸强迫排气时,其他缸也对其无影响。由于在1根支管上有3个气缸相连,其总的排气持续角为870°,大于720°,因此也可满足不间断向涡轮供气。图5-11是上述6缸机排气压力波示意图,从图中可以看出,采用1根排气管的图5-11(a)中的各缸明显存在排气干扰,而采用三脉冲系统后的图5-11(b)则很好地解决了上述问题。

表5-1 某6缸机配气定时表

排气门	开	下止点前48°
	关	上止点后62°
进气门	开	上止点前62°
	关	下止点后48°
排气持续角		290°
气门重叠角		124°

由上述的排气管分支原则可以看出,对气缸数目为3倍数的柴油机,采用脉冲系统是有利的。此时每3个气缸连接1根排气管,可以避免排气压力波的相互干扰,同时排气管中的压力波是连续的,可保证涡轮在柴油机一个循环中的连续进气,既减少了能量传递损失,涡轮效率又没有下降太多。对气缸数目非3倍数的柴油机,采用脉冲系统是不利的,此时的排气管分支方案有双脉冲系统和四脉冲系统。

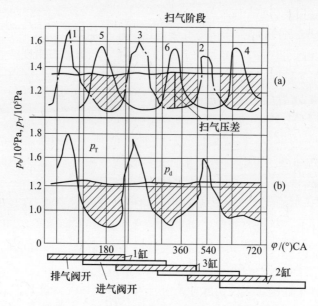

图 5-11 6缸四冲程柴油机排气压力波示意图

3. 影响压力波形态的基本因素

排气压力波的形态由基波和反射波叠加而成,其形态与下列因素有关:

(1) 排气门开启时,气缸内工质压力的高低。通常用无因次参数 $\phi_b = \dfrac{p_{eo}}{p_g}$ 来表示,其中 p_{eo} 为排气开始时缸内压力,p_g 为涡轮出口管路背压。显然,ϕ_b 值越大,压力波幅值越大,通常 $\phi_b = 4 \sim 5$。随增压压力的提高,ϕ_b 值增大,ϕ_b 值随柴油机转速和负荷的变化会发生相应的变化。

(2) 排气门开启规律。通常用 $\phi_F = \dfrac{F_e}{F_{emax}}$ 来表示,其中 F_e 为气门瞬时开启面积,F_{emax} 为气门最大开启面积。排气门开启越快,排气开始后排气管压力上升越快,气门处节流损失越小,压力波波幅越大。

(3) 气缸排空速度。通常用 $\phi_e = \dfrac{60 F_{emax} c_T}{V_s n}$ 来表示,其中 c_T 为排气开始时,废气通过排气门喉口时的声速。气缸排空速度越大,则气缸内工质压力降低越快,强迫排气推挤功损失越小。一般 $\phi_e = 35 \sim 40$。

(4) 排气管相对面积。通常用 $\phi_P = \dfrac{F_P}{F_{emax}}$ 表示,其中 F_P 为排气管截面积。当排气管长一定时,排气管容积与 F_P 成正比,ϕ_P 越按近于1,则由于流道截面积变化的减小会减小节流损失,但较小的 ϕ_P 会增加气流的摩擦损失。

(5) 涡轮流通截面积。通常用 $\phi_T = \dfrac{60 F_T c_T}{V_s n}$ 表示,其中 F_T 为涡轮喷嘴环流通截面积,c_T 为排气管内气体平均声速。ϕ_T 影响排气管排空速度,也影响反射波强度,当 ϕ_T 减小时,反射波强度增加,可增大涡轮机膨胀比。

(6) 排气管长度。通常用 $\phi_L = \dfrac{12 L n}{c_T}$ 来表示,其中 L 为排气管长度,ϕ_L 为压力波从气缸到涡轮入口反射回气缸的转过的曲轴转角。显然，ϕ_L 与柴油机转速有关，同时也与排气管工质平均温度有关。较小的 ϕ_L，反射波很快会反射回气缸出口，增强了压力波波幅，对减小排气节流损失有利。因此，脉冲系统多用短管方案，通常 ϕ_L 为 35~50。

以上 6 个参数均采用无因次量来表示，是为在不同的柴油机间进行比较。当上述 6 个无因次参数相同时，具有相似的排气压力波形态。

5.2.3 脉冲转换器、多脉冲系统及 MPC 系统

5.2.3.1 脉冲转换器

原始的脉冲转换器如图 5-12 所示，由收缩管、混合管、扩压管和集气箱四个部分组成。收缩管将 A 或 B 管气流进行加速，通过混合管使 A、B 管相互产生引射作用以改善扫气，扩压管是将高速气流减速升压后进入集气箱，使废气稳定连续地进入涡轮。由此可见，从理论上脉冲转换器包含了脉冲和定压系统的优点。

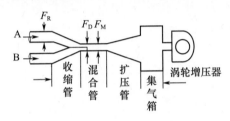

图 5-12 原始的脉冲转换器

后来的研究中发现，在扩压管和集气箱中的能量转换伴随很大的损失，去掉后对废气能量利用更为有利。常用的脉冲转换器如图 5-13 所示。

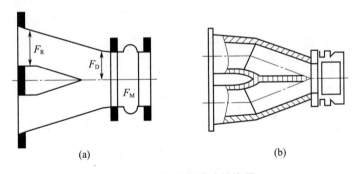

图 5-13 常用的脉冲转换器

图 5-14 是 8 缸直列柴油机采用脉冲转换器时的排气管分支方案和排气压力波测量结果。图中虚线表示第 1 缸缸内压力，p_B 表示排气门后的压力，p_T 表示涡轮前压力。从图上可以看，第 1 缸开始排气 140°曲轴转角后经过 τ，排气门后的压力 p_B 达最高值，此峰值在一定延时后到达涡轮入口。1 缸进气门打开时，排气门后的压力 p_B 达到较低值，在 320°曲轴转角时 2 缸开始排气（图中未画出来），在涡轮前形成第 2 个波峰 A，波峰 A 在 1 缸排气门后形成一个反射波峰 B，但此时排气门已基本关闭，因此对 1 缸的扫气无影响，由于 2 缸排气压力波对 1 缸的引射作用，在 1 缸扫气时出现波谷 C。其他各缸情况可类推。

从图 5-14 的排气管分支情况可知，这种方案既可保证涡轮全进气，又能较好地利用脉冲能量。但当柴油机转速下降时，由于 ϕ_L 降低，因此，很难保证后一缸排气不对前一缸的扫气

产生干扰,即图5-14中的波峰p_B随转速降低会提前。因此,脉冲转换器的缺点是在低速时可能出现排气干扰。

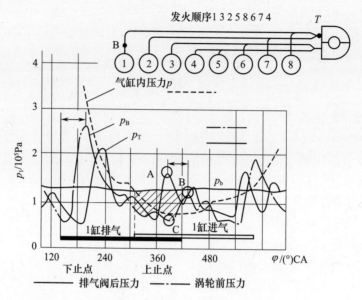

图5-14　8缸直列柴油机排气管分支及脉冲转换器中压力波

5.2.3.2　多脉冲系统

图5-15是8缸机多脉冲系统排气管分支示意图。它与脉冲转换器的主要区别是将有排气重叠的排气支管合并后进入涡轮。其解决排气间相互干扰的办法是减弱涡轮端的压力波反射,由于向涡轮供气缸数的增多,因此在涡轮喷嘴上可采用较大的涡轮喷嘴环收缩比(入口截面积与出口截面积的比值),即加大喷嘴流通截面积,这样可减弱压力波的反射,从而减弱各缸排气间的相互干扰。这样就解决了脉冲转换器低速时可能出现的干扰问题。通常在气缸数大于5时即可实现多脉冲系统要求的无反射喷嘴收缩比。

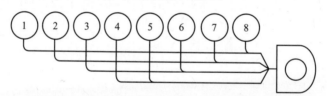

发火次序：1—3—2—5—8—6—7—4。

图5-15　8缸直列柴油机多脉冲系统排气管分支方案

5.2.3.3　MPC系统

图5-16是模件式脉冲转换器(MPC)示意图,它由一根较小容积的排气总管和与气缸盖排气口连接的引射管组成。将其做成标准的模件管段,各管段间用膨胀接头连接。

MPC的引射管将排气压力脉冲转变为速度,由于总管截面积较小,因此气流由引射管进入气管后仍具有一定的流速,并对总管内的气流进行加速。对于多缸机来说,会促使排气总管的气流流速不断提高。由于引射管流道截面的变化及涡轮喷嘴较大的截面积,也消除了总管中压力波对扫气气缸的干扰。因此,MPC系统具有较好利用排气脉冲能量和结构简单等优点。

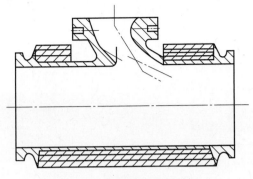

图 5-16 模件式脉冲转换器

5.3 涡轮增压器

涡轮增压器是增压柴油机中废气能量转化为进气压力能的关键部件,它主要由涡轮和压气机组成。发动机排出的废气经排气管进入涡轮,对涡轮做功,涡轮叶轮与压气机叶轮同轴,从而带动压气机吸入外界空气并压缩后送至发动机进气管。增压中冷发动机在压气机出口和发动机进气管入口之间增设中间冷却器(中冷器),使压缩后空气的温度降低、密度增大。

涡轮增压器通常由单级离心式压气机和单级涡轮两个主要部分,以及轴承装置、润滑与冷却系统、密封与隔热装置等组成。

5.3.1 离心式压气机

由于离心式压气机结构紧凑、质量小以及在较宽的流量范围内能保持较好的效率,因此涡轮增压器都采用离心式压气机。

5.3.1.1 离心式压气机结构

离心式压气机结构如图 5-17 所示,由进气道、叶轮、扩压器和压气机蜗壳等部件组成。

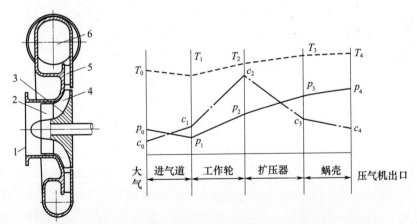

1—进气道;2—导风轮;3—工作叶轮;4—工作叶片;5—扩压器;6—输气管。

图 5-17 离心式压气机简图

1. 进气道

进气道的作用是将外界空气导向压气机叶轮。为降低流动损失，其通道为渐缩形。进气道可分为轴向进气道和径向进气道两种基本形式。

轴向进气道如图 5-17 所示，气流沿转子轴向不转弯进入压气机，其结构简单、流动损失小。中小型涡轮增压器多采用这种结构。

径向进气道的气流开始是沿径向进入进气道，然后转为轴向进入压气机叶轮，其流动损失较大。一般仅在轴承外置的大型涡轮增压器或空气滤清器等装置的空间布置受限时，才采用这种形式。

2. 叶轮

叶轮是压气机中唯一对空气做功的部件，它将涡轮提供的机械能转变为空气的压力能和动能。压气机叶轮分为导风轮和工作叶轮两部分，导风轮是叶轮入口的轴向部分，叶片入口向旋转方向前倾，直径越大处前倾越多，其作用是使气流以尽量小的撞击进入叶轮。中小型涡轮增压器两者做成一体，大型涡轮增压器则是将两者装配在一起。

根据叶轮轮盘的结构形式，压气机叶轮可分为开式、半开式、闭式、星形等形式，如图 5-18 所示。

开式叶轮没有轮盘，流动损失大，叶轮效率低，且叶片刚性差，易振动。闭式叶轮既有轮盘又有轮盖，流道封闭，流动损失小，叶轮效率高；但结构复杂，制造困难，且由于有轮盖，在叶轮高速旋转时离心力大，强度差。以上两种叶轮在涡轮增压器上都很少采用。

半开式叶轮只有轮盘，没有轮盖，其性能介于开式和闭式之间。但其结构较简单，制造方便，且强度和刚度都较高，在涡轮增压器中应用广泛。星形叶轮是在半开式叶轮的轮盘边缘叶片之间挖去一块，减轻了叶轮质量，从而减小了叶轮应力，并保持一定的刚度，因此能承受很高的转速，多在小型涡轮增压器中应用。

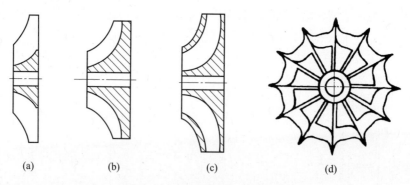

图 5-18 压气机叶轮的结构形式
(a)开式；(b)半开式；(c)闭式；(d)星形。

根据叶片沿径向的弯曲形式，压气机叶轮又可分为前弯叶片叶轮、后弯叶片叶轮和径向叶片叶轮等，如图 5-19 所示。

前弯叶片叶轮的叶片沿径向朝旋转方向弯曲。这种叶轮对空气的做功能力最大，但其做功主要是增加了空气的动能，对压力能却提高较少，这就要求空气的动能更多地要在扩压器和蜗壳中转化为压力能。因为扩压器和蜗壳的效率比叶轮低，因此压气机效率低，涡轮增压器中不采用这种叶轮。

径向叶片叶轮的叶片径向分布，不弯曲。这种叶轮的压气机效率比前弯叶片的高，比后弯

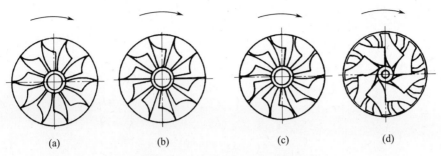

图 5-19 压气机叶轮叶片的形式
(a)前弯叶片叶轮；(b)径向叶片叶轮；(c)后弯叶片叶轮；(d)后掠式叶轮。

叶片的低。由于其强度和刚度最好，能承受较高的圆周速度，从而在此前增压比较低的涡轮增压器中得到较多应用。

后弯叶片叶轮的叶片逆旋转方向弯曲。虽然它的做功能力小，但空气压力的提高大部分是在叶轮中完成的。这种叶轮由于压气机效率高，应用也较多。

前倾后弯式叶轮（也称后掠式叶轮），其叶片沿径向后弯的同时还向旋转方向前倾。这种叶轮不仅压气机效率高，而且高效率范围宽广，近年来在车用柴油机涡轮增压器上受到了重视和应用。

3. 扩压器

扩压器的作用是将压气机叶轮出口高速空气的动能转变为压力能。扩压器的效率是动能实际转化为压力能的转化量和没有任何流动损失的等熵过程动能转化为压力能的转化量之比，扩压器效率对压气机效率有重要的影响。按扩压器中有无叶片，可分为无叶扩压器和叶片扩压器。

无叶扩压器是一环形通道。气流在扩压器中近似沿对数螺旋线的轨迹流动，即气流流动迹线在任意直径处与切向的夹角基本不变。由于这一特点，气流的流动路线长，流动损失大，效率低，扩压器出口流通面积小，扩压能力低，在同样的扩压能力下，扩压器出口直径较大。但无叶扩压器流量范围宽，结构简单，制造方便，在经常处于变工况运行的小型涡轮增压器上得到广泛应用。

叶片扩压器是在环形通道上加有若干导向叶片，使气流沿叶片通道流动。由于气流的流动路线短，流动损失小，故效率高。且叶片构造角沿径向增大，使气流的流通面积迅速增大，因此扩压能力大，尺寸小。但当流量偏离设计工况，叶片入口气流角不等于叶片构造角时，将产生撞击损失，使效率急剧下降。叶片扩压器叶片的形式较多，图5-20示出了常用的三种。其中，平板形叶片和圆弧形叶片两种扩压器制造简单，但性能较差，在增压比较低、系列化生产的涡轮增压器中应用较多；机翼形叶片扩压器流动损失最小，压气机变工况性能相对较好，但制造较为复杂，多在增压比要求较高的涡轮增压器中被采用，近年来有应用越来越多的趋势。

4. 压气机蜗壳

压气机蜗壳的作用是收集从扩压器出来的空气，将其引导到发动机的进气管。由于扩压器出来的空气仍有较大的速度，在蜗壳中还将进一步把动能转化为压力能，因此，压气机蜗壳也有一定的扩压作用。蜗壳效率是动能转化为压力能的实际转化量和定熵转化量之比。

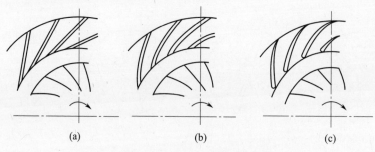

图 5-20 叶片扩压器形式
(a)平板形叶片；(b)圆弧形叶片；(c)机翼形叶片。

压气机蜗壳按流道沿圆周变化与否，可分为变截面蜗壳和等截面蜗壳，如图 5-21 所示。

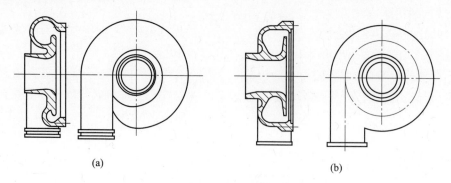

图 5-21 离心式压气机蜗壳
(a)变截面蜗壳；(b)等截面蜗壳。

变截面蜗壳的截面面积沿周向越接近出口越大，符合越接近出口收集的空气越多这一规律。因此，流动损失小，效率较高。变截面蜗壳的最大优点是外形尺寸小，对涡轮增压器尺寸的小型化非常有利，因而被广泛应用。

等截面蜗壳的流道截面沿周向是不变的，截面积按压气机的最大流量确定。其流动损失大，效率低，故用得较少。蜗壳截面的形状有圆形、扇形、梯形和梨形等几种形式。根据发动机的需要，蜗壳可有单个或多个出口。

5.3.1.2 离心式压气机的性能参数

压气机主要性能参数一般有：
(1) 压气机的压比：$\pi_b = p_b/p_a$。
(2) 压气机的流量：质量流量 G_k(kg/s) 或容积流量 V_a(m³/s)。
(3) 压气机的转速：n_k(r/min)。
(4) 压气机的效率：等熵效率 η_{ks} 或有效效率 η_{ke}。

1. 压气机耗功

图 5-22 为压气机压缩过程的 $T-S$ 图和 $p-V$ 图。图中 a 为压缩的起点，K_s 为按等熵压缩至压力为 p_b 时的终点，k 点则为实际压缩至压力 p_b 时的终点。图中面积 $c-a-k_s-b-c$ 为等熵压缩功 W_{ks}，面积 $c-a-k-b-c$ 为多变压缩功 W_{kp}，显然 $W_{kp} > W_{ks}$，其差值如图中阴影面积所示。W_{ks}、W_{kp} 分别为

$$W_{ks} = \int_a^{ks} v \mathrm{d}p = \frac{k}{k-1} RT_a (\pi_b^{\frac{k-1}{k}} - 1) = C_p(T_{ks} - T_a) \tag{5-9}$$

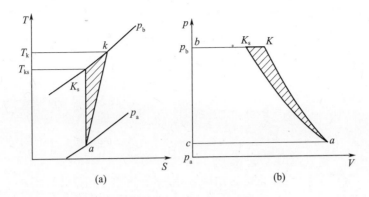

图 5-22 压气机压缩过程

$$W_{kp} = \int_a^k v\mathrm{d}p = \frac{n_k}{n_k-1}RT_a(\pi_b^{\frac{n_k-1}{n_k}} - 1) \quad (5-10)$$

式中:n_k 为多变压缩过程指数。

压气机实际用于压缩过程的功 W_k 除 W_{kp} 外,尚有因压缩过程中存在流动损失而耗功 ΔW_{kr} 及增加气体动能耗功 ΔW_{kc},即

$$W_k = W_{kp} + \Delta W_{kr} + \Delta W_{kc} \quad (5-11)$$

其中

$$\Delta W_{kc} = \frac{1}{2}(c_k^2 - c_a^2)$$

式中:c_k 为压气机出口气流流速;c_a 为压气机入口气流流速。

若 $c_k \approx c_a$,不考虑压缩过程气体的散热,则有

$$W_k = C_p(T_k - T_a) = I_k - I_a \quad (5-12)$$

式(5-12)说明,压气机压缩单位质量工质耗功决定于压气机进出口状态,且主要与进出口温差有关。

压气机压缩空气耗功除上述 W_k 外,还有消耗于轴承等处的摩擦损失 ΔW_{km},因此

$$H_k = W_k + \Delta W_{km} \quad (5-13)$$

还可根据欧拉动量矩定理来分析压气机的耗功。对于径向叶轮,当轴向进气时,可得

$$W_k = (\mu + a)u_2^2 \quad (5-14)$$

式中:μ 为小于 1 的系数,其大小主要与叶片数目、叶片造型及叶轮尺寸等有关;a 为摩擦损失系数,其大小主要与叶轮中气流流速及叶轮制造工艺水平和轴承及润滑等有关,a 值一般为 0.04~0.08;u_2 为叶轮外径处的圆周速度。

式(5-14)说明,驱动压气机压缩单位质量工质消耗的压缩功与工作叶轮轮缘速度 u_2 的平方成正比,与压气机叶轮结构、尺寸、叶片造型及制造工艺等有关。

2. 压气机的效率

1) 压气机的等熵效率

压气机的等熵压缩功 W_{ks} 与总压缩耗功 W_k 之比,即

$$\eta_{ks} = \frac{W_{ks}}{W_k} \quad (5-15)$$

压气机的等熵效率 η_{ks} 表明了压气机通流部分设计的完善性。

2) 压气机的机械效率

压气机的机械效率是压气机压缩总功 W_k 与涡轮机提供给压气机的可用功 H_k 之比,即

$$\eta_{km} = \frac{W_k}{H_k} \qquad (5-16)$$

3) 压气机的有效效率

压气机的有效效率为等熵压缩功 W_{ks} 与可用功 H_k 之比,即

$$\eta_{ke} = W_{ks}/H_k = (W_{ks}/W_k)(W_k/H_k) = \eta_{ks}\eta_{km} \qquad (5-17)$$

若将 ΔW_{km} 算在涡轮机械损失 ΔW_{Tm} 中时,即此处 $\Delta W_{km}=0$, $H_k=W_k$, 则 $\eta_{ke}=\eta_{ks}$。一般离心式压气机, $\eta_{ke}=0.70\sim0.85$, 个别的更高些, 压缩多变指数 n_k 值一般为 1.6~1.8。

3. 压气机的功率

按定义

$$P_k = G_k H_k = \frac{G_k W_{ks}}{\eta_{ke}} = G_k R T_a [\pi_b^{\frac{k-1}{k}} - 1] \cdot \frac{1}{\eta_{ke}} \qquad (5-18)$$

5.3.1.3 压气机的特性

压气机的特性是表示压气机在工况变化时的流量、压比、转速和效率等主要参数的变化规律。

1. 压气机特性线的绘制及其变化规律

压气机的特性线通常是在气动试验台或电动试验台上测定运转工况下的各参数值,加以整理绘制而成。下面以固定压气机为例,说明其变化规律。如图 5-23 所示横坐标为空气流量,纵坐标分别为增压比 $\pi_b=p_b/p_a$ 和绝热效率 η_{ks}。$M-E-N$ 线为等转速时, η_{ks} 为随流量而变化的曲线。当空气流量从 G_{KM} 值减小时, π_b、η_{ks} 增加;减小到 G_{KE} 值时, π_b、η_{ks} 达到最大值;流量再继续减小时, π_b、η_{ks} 将下降。当流量减小到 G_{KN} 时,压气机工作变得不稳定,气流开始强烈脉动,压气机机体也随之产生强烈的振动,这种现象称为压气机喘振。用同样的方法还可测出其他不同转速下 π_b、η_{ks} 随流量而变化的规律,并绘制在同一个图上,即成 π_b、η_{ks} 的变化曲线族,再加上连接产生喘振的各点而成的喘振线,即成如图 5-24 所示的压气机的流量特性线。喘振线右边为可工作区。图中各等效率线由各等转速线上相同效率点连线而成。

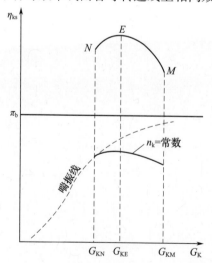

图 5-23 压比和绝热效率随流量的变化规律

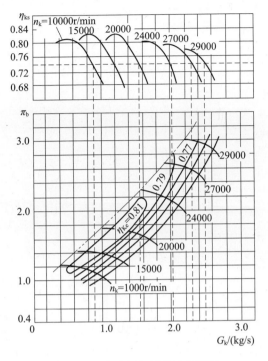

图 5-24 离心压气机的流量特性

2. 压气机特性线的分析

1) 压比随流速(流量)变化

为了便于讨论,以直叶片叶轮为例,并假定为轴向进气 $c_{1u}=0$。在理想情况下,没有流动损失和摩擦损失,压气机对气体做功将完全用于压缩空气,即 $H_k=W_{ks}$。由式(5-14)可知,驱动压气机功 $H_k=\mu u_2^2$。对于结构尺寸已定的离心式压气机,在转速 n_k 一定时,叶轮外径处的圆周速度 μ 为常数。

由式(5-9)可得

$$\pi_b = \frac{p_b}{p_a} = \left[\frac{W_{ks}}{RT_a}\frac{k-1}{k}+1\right]^{\frac{k}{k-1}} \tag{5-19}$$

上式表明,在没有流动损失的理想情况下,π_b 与工质流量无关,随 G_k 的变化关系应是一条平行于横坐标轴的直线,如图 5-25 中 $a-a$ 线所示。但是,压气机中的实际流动过程,总是伴随着损失,这些流动损失可分为两类:一类是由流动空气和工作轮表面之间的摩擦和空气流内部的相互摩擦而产生的摩擦损失。这一损失随着空气流速的增加而增大,如图 5-25 中 $a-a$ 与 $b-b$ 线之间的阴影线所示。$b-b$ 线本身表明压比,是在考虑实际流动损失以后,随流量 G_k 的增大而降低的情况。另一类是由于实际流量偏离设计点 E 而产生的撞击损失。偏离越远,损失越大,其原因如图 5-26 和图 5-27 所示。

由图 5-26 所示速度三角形可知,在流量等于设计流量时(气流进入叶轮速度 c_{1a} 等于设计流速,如图 5-26(a)所示),进入工作轮叶片前缘处的气流相对速度 ω_1 的方向和叶片前缘相切,撞击很小,在叶片两侧形成的旋涡及由此而产生的撞击损失也很小;但当 n_k 未变,而流量 G_k 增大,即流入速度 c_{1a} 增高,如图 5-26(b)所示,将使气流入口角增大;当流量减少时,如图 5-26(c)所示,流入速度降低,气流入口角减小。由图中明显看出,在压气机偏离设计流量

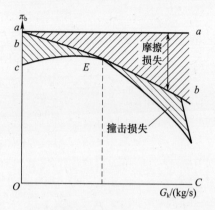

图 5-25 增压特性线变化特点(G_{kE} 为设计流量)

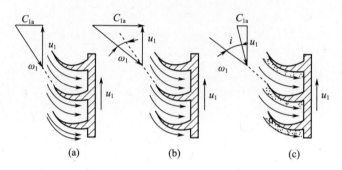

图 5-26 叶轮入口速度三角形

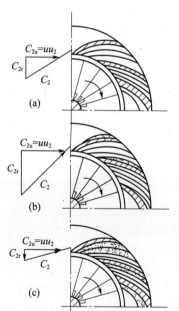

图 5-27 扩压器入口速度三角形

时,不管流量增大或减小都会引起流动空气和叶片的撞击损失增大,造成在叶片的凹面或者凸面流产生涡流。在扩压器中也和上述情况相似,如图 5-27 所示。因此,π_b 随流量 G_k 的变化规律如图 5-25 中的 $c-c$ 线所示。

2) 压气机有效效率随流量的变化

由压气机有效效率定义可知,在 H_k 的基础上,η_{ke} 大致随 W_{ks} 而变化。因而压气机有效效率随流量的变化关系,大致和 π_b 随流量的变化关系相似。

3) 压气机的喘振

离心式压气机喘振是对增压柴油机有很大危害的一种现象。离心式压气机产生喘振,根本原因是实际流量小于相应的设计流量,引起气流在叶片内发生分离,如图 5-26 和图 5-27 所示。

图 5-26 为叶轮进口情况。当实际流量等于相应的设计流量时,如图 5-26(a)所示,气体相对流速 ω_1 的方向与叶片进口曲面相切,气流完全按叶片通道形状流动。但是,当实际流量小于相应的设计流量时,ω_1 的方向不再与叶片进口几何曲面相切,而是在进口处与凸面分离,构成一个冲角,如图 5-26(c)所示,由于气体的惯性,叶轮转动将使分离加重。在分离区内,气流产生涡旋,压力下降并波动,还以压力波形式向后传播,在

实际流量大于相应设计流量时,气流也会在叶片进口凹面处产生分离;但是,由于气体的惯性,叶片旋转时,迫使气流压向凹面,使分离现象减轻,区域缩小,一般只保持在叶片进口边缘处,不再扩大。这时,虽然效率会有所降低,但对出口压力和排量无明显影响。

在叶片式扩压器中,也有同样情况,在实际流量小于相应设计流量时,也会发生气流分离,部位是在叶片凹面发生,如图5-27所示。

分离现象比较轻时,分离区内气压和排量虽有波动,但对整个压气机来说,出口压力和排量基本上还是稳定的。严重分离时,分离现象可以扩展到所有叶片及全部通道。这时,出口压力将严重下降,甚至发生出口气体朝进口方向明显倒流。随着分离和倒流的发生,出口压力也随之回升。但是,如果引起气流分离的原因没有消除,压力回升后,还会再次发生分离,又出现倒流和降压。这样,使出口压力明显忽高忽低,排量忽正忽负,如此反复进行,并伴随发出"轰隆、轰隆"的响声,这就是"喘振"。

相对于每一转速,都有一个引起喘振的相应流量(在相应等转速线上某一点)。转速越高,越易引起喘振。在流通特性图上,将不同转速时发生喘振点连成线,即成为压气机的喘振线。

压气机喘振时,不仅会引起柴油机运转不稳,而且会引起压气机,特别是工作轮叶片产生强烈的振动,并会断裂,造成严重事故。因此,不允许压气机在喘振线上任何一点工作。在设计和选择与柴油机匹配的增压器时,应注意防止喘振的发生;在实际工作中,也应加强管理,尽力避免,一旦出现,应立即消除。

4) 压气机的堵塞

由压气机的特性线可知,在转速固定时,压气机的流量随压比的降低而增加。但是,当空气流量增加到一定数值后(某个截面处的临界值,气流的马赫数 $M_s = 1$),即使压比继续下降,空气流量也不再增加,此即为压气机的堵塞。这时的空气流量称为这个转速下的堵塞流量,或称为该转速下的最大流量。

试验证明,临界截面的位置一般出现在叶片或扩压器的进口喉部附近。但当叶片进口截面积过小时,临界截面也会出现在叶轮进口最小截面处。

对一台压气机来说,叶轮进口和叶片式扩压器的喉部截面设计过小,高速时就更易发生堵塞,表现在特性图上是等转速线陡然下降,绝热效率线下降得更快。

5.3.1.4 压气机的通用特性

试验测定压气机特性时,环境条件的改变往往会引起压气机特性的变化。

1. 环境条件对压气机特性线的影响

当压气机转速 n_k 及环境温度 T_a 一定时,空气密度和质量流量 G_k 将随环境压力 p_a 降低而减小,压气机消耗的功率也将随之减小。此外,若 n_k 不变,从式(5-19)可知,T_a 降低时,π_b 将增加,反之,π_b 将降低,同时气体的密度、质量流量以及压气机所消耗的功率、特性线都将发生较大变化,在应用上很不方便。为了消除环境条件改变对压气机特性的影响,也为了研究和实际使用的方便,一般常用相似参数来表示压气机的特性。

2. 气体流动相似性概念和相似参数

根据相似原理,气体在几何形状相同或相似的流道内流动,相对应点的温度、压力、速度等参数均成比例时,称为流动相似。根据气体动力学知识,可用气体流动的马赫数 M_s(气流速度 u 和当地声速 c 之比,即 $M_s = u/\sqrt{KRT}$)表示气体可压缩性的相似参数。在几何相似的流道内,只要马赫数相同,流动就相似。根据这一理论,只要按压气机进口处空气绝对速度 $c_1 = c_{1a}$

和进口处环境温度 T_a 求得马赫数 $M_{sa}=c_{1a}/\sqrt{KRT}$)及与工作轮进口平均半径上圆周速度 u_1,求得的马赫数 $M_{su}=u_1/\sqrt{KRT}$)保持不变,则不管压气机进口环境状态变化如何,气体在流道内的流动是相似的,损失也相似,也就是说压气机压比 π_b 和有效效率 η_{ke} 等性能参数与进口气体状态无关。

由于用马赫数 M_{sa} 与 M_{su} 作为相似参数不够直观,因此通常用一些与其成比例的量来代替。例如,用与 M_{sa} 成正比的 $V_a/\sqrt{T_a}$、$G_k\sqrt{T_a}/p_a$ 等参数表示压气机的流量。

$$V_a/\sqrt{T_a}=F_0c_{1a}/\sqrt{T_a}=F_0\sqrt{KR}c_{1a}/\sqrt{KRT_a}=F_0\sqrt{KR}Ma_a$$

因 $G_k=V_a\rho_a=V_ap_a/(RT_a)$,则有

$$G_k\sqrt{T_a}/p_a=V_a/(R\sqrt{T_a})=F_0\sqrt{KR}Ma_a/R$$

式中:F_0 为压气机进口面积。

因此,可用 $V_a/\sqrt{T_a}$、$G_k\sqrt{T_a}/p_a$ 两参数表示压气机的流量。又因为

$$\frac{n_k}{\sqrt{T_a}}=\frac{60u_1}{\pi D_1\sqrt{T_a}}=\frac{60\sqrt{KR}}{\pi D_1}\cdot\frac{u_1}{\sqrt{KRT_a}}=\frac{60\sqrt{KR}}{\pi D_1}Ma_u$$

即 $n_k/\sqrt{T_a}$ 与 M_{su} 成正比,故可用来表示压气机转速。

根据上述分析,将图 5-24 中特性线的流量横坐标和压气机转速改用 $G_k\sqrt{T_a}/p_a$、$n_k/\sqrt{T_a}$ 表示,纵坐标仍用压比 π_b 表示,即成如图 5-28 表示的特性线。这样,在环境条件变化时,只要 $G_k\sqrt{T_a}/p_a$、$n_k/\sqrt{T_a}$ 的数值相同,即说明 M_{sa} 和 M_{su} 数值相同,气体在压气机中的流动和流动损失相似,压比、等熵效率皆相同。

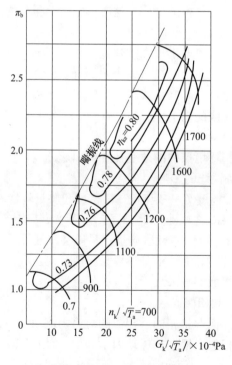

图 5-28 压气机通用特性图

5.3.2 废气涡轮

废气涡轮的任务是将柴油机排出的废气的能量转化为机械功,并为同轴的压气机做功提供能量。

涡轮主要由进气壳、喷嘴环、工作叶轮和排气壳等部件组成。

进气壳(也称为蜗壳)的作用是把发动机排出的具有一定能量的废气,以尽量小的流动损失和尽量均匀的分布引导到涡轮喷嘴环的入口。进气壳的效率是指在进气壳进气状态和膨胀比一定的条件下,压力能转化为动能的实际转化量与定熵转化量之比。

涡轮进气壳按进气方向可分为轴向进气、径向进气和切向进气三种,以切向进气为多。进气道渐缩,有一定的加速作用。对于径向进气和切向进气,多采用变截面通道,即沿周向渐缩,以使进气均匀。根据不同柴油机的需要,进气壳有单进口和多进口之分。

喷嘴环又称导向器,流通截面呈渐缩形,其作用是使具有一定压力和温度的燃气膨胀加速并按规定的方向进入工作叶轮。喷嘴环效率的定义与进气壳相同,即在进气状态和膨胀比一定的条件下,压力能转化为动能的实际转化量与定熵转化量之比。

工作叶轮(简称叶轮)是唯一承受气体做功的元件,它与压气机叶轮同轴,把气体的动能转化为机械功向压气机输出。叶轮的效率是在叶轮进气状态和膨胀比一定的条件下,气体对叶轮的实际做功与等熵过程对叶轮做功之比。

排气壳收集叶轮排出的废气并送入大气。为了降低叶轮的背压,使气体在叶轮中充分膨胀做功,排气壳是一个渐扩形的管道。

按燃气流过涡轮叶轮的流动方向,可以分为轴流式涡轮机和径流式涡轮机,图5-29为轴流式和径流式两种涡轮机喷嘴环和工作轮的基本结构。

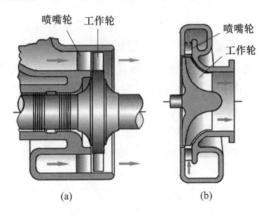

图5-29 涡轮机基本结构

轴流式涡轮燃气沿近似与叶轮轴平行的方向流过涡轮。一列与外壳相连的喷嘴环(也称定子)和一列与轴相连的工作叶轮(也称转子)构成涡轮的一个级。轴流式涡轮体积大,流量范围宽,在大流量范围中具有较高的效率,因此,在大型涡轮增压器上普遍被采用。

径流式向心涡轮燃气的流动方向是近似沿径向由叶轮轮缘向中心流动,在叶轮出口处转为轴向流出。径流式向心涡轮有较大的单级膨胀比,因此结构紧凑、质量和体积小,在小流量范围涡轮效率较高,且叶轮强度好,能承受很高的转速,在中小型涡轮增压器上应用广泛。

5.3.2.1 轴流式涡轮主要结构

1. 喷嘴环

喷嘴环又称导向器,它由若干叶片和内、外环组成。叶片安装在内、外环之间,形成环形的轴向气流通道。整个喷嘴环安装固定于涡轮机入口端进气壳体上,如图5-30所示。

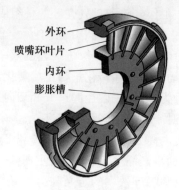

图5-30 喷嘴环

因为喷嘴环在高温高速并具有腐蚀作用的工质冲击条件下进行工作,所以一般采用耐高温抗腐蚀的合金钢制造。由于流通部分的表面粗糙度、叶片出口的安装角以及出口截面积对涡轮的工作性能有很大影响,因此制造加工的质量要求比较高。为了防止工作时受热膨胀而引起喷嘴环的变形,在内环上加工有膨胀槽。喷嘴环分整体式、装配式以及可变流通截面积喷嘴环三种。

(1) 整体式喷嘴环:它是将叶片与内、外环铸造或焊接成一体。这种形式结构简单,但存在当少数叶片损坏时不能单独更换的缺点。

(2) 装配式喷嘴环:它是将单独加工的叶片用榫或铆接方法装配在内、外环上。其特点是当少数叶片损坏时可以更换,但制造和装配工艺都较复杂。

(3) 可变流通截面积喷嘴环:为改善涡轮增压器与柴油机配合运行性能,适应负载对柴油机性能的要求以及提高涡轮机在整个运转范围内的效率,在喷嘴环的结构上采用可变流通截面积形式。这种结构通常是在喷嘴环的叶片两端装有转轴,叶片可沿轴转动,从而改变叶片进、出口的截面积比,并调整气体流过喷嘴环的膨胀比。

表5-2列出了整体式和装配式喷嘴环的主要优、缺点。

表5-2 整体式和装配式喷嘴环优、缺点

项目	整体式	装配式
生产工艺	简单	复杂
叶片可更换性	不能更换	可更换
热变形及热应力	在内环开膨胀槽以防热变形或热应力过大	内、外环和叶片均能自由膨胀,热应力较小
喷嘴环出口面积调整	在轴向车削喷嘴环可在较大范围内调整	必须改变喷嘴叶片安装角,要准备多种内、外环以备调整用

2. 工作轮

工作轮由轮盘和工作叶片组成。轮盘通常采用锻造方法制造,然后把叶片安装在轮盘上面。由于叶片的工作温度比轮盘更高,因而两者采用不同的钢材来制造。叶片与轮盘的连接方法分为不可拆式和可拆式两种,前者是把叶片焊接在轮盘上,后者一般是用榫来连接。

叶片一般由叶身、叶根以及叶身和叶根之间的连接部分三部分组成,如图 5-31 所示。目前广泛应用扭转叶片,它的结构特点是叶身的截面沿着高度方向变化。由于涡轮通流部分的气体参数沿着叶片高度变化,采用扭转叶片就可适应这一特点,从而获得较高的工作效率。

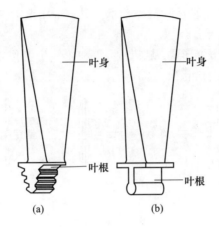

图 5-31 叶片

在采用不可拆式的连接方法时,叶根部分的结构比较简单。但在可拆式连接方法中,叶根部分必须做成榫头,以保证叶片不会因离心力的作用而和轮盘分开,并采用锁紧装置以防脱出,其结构如图 5-32 所示。

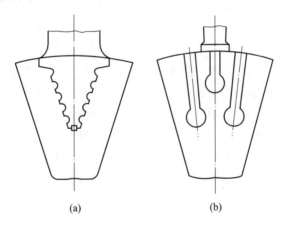

图 5-32 榫头的形式

常用的榫头形式有以下两种。

(1)枞树形:叶根做成枞树形,与轮盘上的枞树形槽配合连接,如图 5-32(a)所示。它可满足轮缘速度较大和温度高对连接强度的要求。此方法工作可靠,拆装方便,因而目前应用最为广泛。但加工的精度要求较高,安装槽内的圆角半径很小,容易出现应力集中。

(2)圆柱形:叶根做成圆柱形,装配在轮盘的圆槽内,如图 5-32(b)所示。当叶片的节距较小时,为了保证每一个根部都能布置下去,并使它具有一定的强度,叶片的根部做成长短两种形式,相互间隔安装。

对可拆式叶片结构,为防止叶片从安装槽内沿轴向脱出,在轮盘的两端面采用铆接或锁紧片的方法将叶片进行轴向固定。

3. 轴承

轴承对涡轮增压器工作的可靠性有重大关系,它不但要保证以高速旋转的转子可靠地工作,而且要使转子确定在准确的位置上。它承受着转子部件的重力、气体对转子的作用力、转子不平衡质量引起的离心力和发动机振动带来的外载荷。涡轮增压器上的轴承有径向轴承和推力轴承,径向轴承又分为滚动轴承和滑动轴承。过去采用滚动轴承的较多,现在采用滑动轴承的较多。

轴承在涡轮增压器上的布置形式,决定了涡轮和压气机工作轮以及轴承的相互位置。一般有四种可能的轴承布置形式,如图 5 – 33 所示。

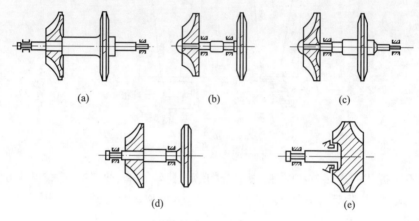

图 5 – 33　轴承在涡轮增压器上的布置形式
(a)外支承；(b)内支承；(c)、(d)内外支承；(e)悬臂支承。

1）外支承

两个轴承位于转轴的两端,如图 5 – 33(a)所示。这种布置形式在轴流式涡轮增压器中是常见的。其主要优点是:转子的稳定性较好；两个工作轮之间的空间位置较多,便于对气体进行密封；对两端的轴承可分别采用单独的润滑系统,使轴承受高温气体的影响较小；转子轴颈的直径较小,降低了轴颈表面的切线速度。这些都增加了轴承工作的可靠性,延长了轴承的寿命。其缺点主要是:涡轮增压器的结构复杂,质量和尺寸都较大；压气机不能轴向进气,使其进口空气流场较难组织；清洗涡轮增压器的工作轮较难。因此,这种支承形式多用于大型涡轮增压器。

2）内支承

两个轴承位于两个工作轮之间,如图 5 – 33(b)所示。这种布置形式应用最多,其主要优点是:涡轮增压器的结构较简单,质量和尺寸都较小；压气机能轴向进气,流阻损失减小；清洗两工作轮比较容易,且不会因轴承而破坏转子的平衡。其缺点主要是:两个工作轮之间的空间较小,较难安排油、气的密封装置；支承轴颈较粗,使其表面切线速度增加；两轴承采用同一润滑系统,使靠近涡轮的轴承热负荷较大。这些都将影响轴承的工作寿命。因此,这种支承形式多用于中小型涡轮增压器。

3）内外支承

两个轴承分别布置在转轴的一端和两工作轮之间。有两种布置方案,如图 5 – 33(c)和(d)所示。图 5 – 33(c)所示布置形式的主要优点是:压气机能轴向进气,涡轮端的密封较易安排,局部拆卸零件即可清洗压气机工作轮,质量和尺寸介于上述两者之间。其缺点是:压气机端轴颈的切线速度较高,转子的稳定性较外支承的差,润滑也不及外支承的好。图5-33(d)所示布置形式之优、缺点与图5-33(c)相近,压气机也不能轴向进气,因此采用得较少。

4) 悬臂支承

压气机叶轮和涡轮叶轮背对背,轴承都在压气机一侧,如图5-33(e)所示。个别径流式涡轮增压器采用这种布置形式,其主要优点是:轴承均在低温处,有利于轴承的工作;两个叶轮可做成一体,使结构紧凑,质量和尺寸最小;涡轮盘可得到较好的冷却;漏气损失也较小。但其缺点是:涡轮的热量容易传至压气机,使压气机效率降低;转子的悬臂力矩大,稳定性不好;压气机进口空气流场受到不利影响;清洗两个工作轮较难。因此,这种支承形式只在极少场合使用。

为了保证轴承可靠地工作,必须供给轴承足够的润滑油,对轴承进行润滑和冷却。在涡轮增压器采用滚动轴承时,一般采用单独的润滑系统,润滑方式有飞溅式和泵喷射式两种。在增压比较低、转速较低的涡轮增压器中,滚动轴承的机械摩擦损失很小,所生的热量较少,因此需要的润滑油量较少。这时,可采用装在转轴端的甩油盘,使润滑油飞溅起来,一部分飞溅的润滑油通过轴承座上的通道进入轴承进行润滑和冷却;在增压比和转速较高的涡轮增压器中,由于机械摩擦生热较多,需要较多的润滑油,这时可在转轴端部安装一个专门的润滑油泵,将润滑油喷入轴承中,以加强轴承的润滑和冷却。

4. 密封装置

涡轮增压器的密封装置包括气封和油封两种作用。防止压气机的压缩空气与涡轮的燃气进入润滑油腔,称为气封;防止轴承处润滑油漏入涡轮增压器气流通道,称为油封。良好的密封装置是涡轮增压器可靠工作不可缺少的组成部分。

涡轮增压器的密封方式分为接触式密封和非接触式密封。接触式密封主要是用密封环密封,非接触式密封有迷宫式、甩油盘和挡油板等几种密封形式。

在大型轴流式涡轮增压器中,多采用如图5-34所示的迷宫式密封装置。迷宫式密封是利用流体流过变截面的缝隙产生节流作用,造成压力损失,使压力下降,经多次节流后,使流体的压力接近外界的压力,从而起到密封的作用。当在迷宫内通入一小股增压后的压缩空气时,可加大密封间隙,因而降低了加工精度要求,减小了机械摩擦损失,并使涡轮端轴承得到较好的冷却。

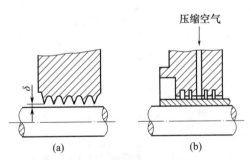

图5-34 迷宫式密封

(a)简单的迷宫式密封;(b)通有压缩空气的迷宫式密封。

在小型径流式涡轮增压器中,由于结构紧凑,不利于安排迷宫,常采用密封环密封辅以甩油盘和挡油板相结合的密封装置。密封环密封是将数个密封环分别安装在涡轮端和压气机端的密封环支承环槽内,密封环依靠弹力涨紧在密封环支承的外体上。密封环支承随转子轴旋转,而密封环不转,其侧壁与环槽之间有一定间隙进行密封。密封环内支承的内部常做成甩油盘形式,靠旋转离心力甩掉沾附在轴上的润滑油,避免其流到密封环处。挡油板一般设在压气机端,避免油腔内的润滑油溅到密封环处。

密封环的弹力要求非常严格,既不能太大也不能太小。密封环靠弹力涨紧在外支承上的轴向静摩擦力应大于燃气或空气压力造成的轴向力,另外,也不能出现由于密封环和环槽侧面的轻微摩擦造成的密封环随轴旋转现象。但当转子轴向窜动时,密封环又应能够轴向移动以避让,以免造成和环槽侧面的摩擦。密封环弹力主要是通过改变密封环材料的力学性能、自由状态的开口间隙和改变密封环的径向厚度进行调整。

由于涡轮端的热量会传到压气机端及轴承处,不仅会使压气机内的压缩空气温度上升而降低压气机效率,而且使轴承的工作可靠性受到威胁。因此,需要采取隔热措施。

轴流式涡轮增压器常用以下隔热措施:

(1) 在涡轮壳或中间壳内布置冷却水腔,既起隔热作用,又对润滑油进行冷却。

(2) 涡轮轴装有隔热保护套。

(3) 压气机叶轮背后设有隔热室。

径流式涡轮增压器的隔热装置较轴流式涡轮增压器简单,这一方面是由于它多采用中间支承布置形式而且涡轮在外侧排气,燃气对轴及轴承影响较小;另一方面对它的紧凑性要求也不允许布置复杂的隔热装置。因此,径流式涡轮增压器多采用在中间壳的涡轮一侧留有气室隔热,或同时兼有隔热板;也有的采用水冷中间壳,但不采用水冷涡轮壳。

5.3.2.2 轴流涡轮工作原理

1. 基本工作原理

涡轮机的喷嘴环和工作轮构成涡轮机的一个级,通常又称为基元级。一般增压比 $\pi_b \leqslant 3.5$ 的涡轮增压器多采用单级涡轮,在超高增压时,有采用两级涡轮的情况。图 5-35 给出了单级涡轮简单结构,喷嘴环叶片和工作轮叶片的断面为机翼形,流道截面呈渐缩形。

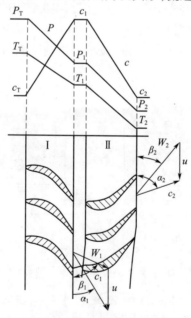

图 5-35 单级轴流涡轮机简图

工质流经喷嘴渐缩通道时,由于截面的收缩,工质压力、温度从 p_T、T_T 降到 p_1、T_1,速度从 c_T 升高到 c_1,提高了进入工作轮工质的动能。同时确定了工质流入工作叶片的方向。工质流入工作轮时,在叶片作用下方向发生折转而对叶片产生推力,并且由于工作轮叶片通道截面的收缩而继续膨胀,工质温度、压力进一步降低,相对速度由 ω_1 增至 ω_2,进一步增大了推动工作轮旋转的动力。

叶片断面为机翼形,工质流经叶面时,凹面受压力大,凸面受压力小,产生压差,如图 5-36 所示。此压差形成推动工作轮旋转的力矩。工质离开工作轮时仍具有绝对速度 c_2,带走动能,称为"余速损失"。

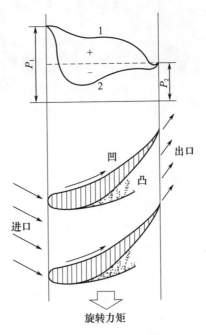

图 5-36 涡轮叶片表面的压力分布

2. 涡轮机性能参数

涡轮机的性能参数有涡轮机功率 P_T、膨胀比 π_T、流量 G_T 和转速 n_T 以及涡轮机有效效率 η_{Te} 等。

1) 涡轮机功率

图 5-37 为气体流过工作轮叶栅示意图。气体在工作轮通道中的流动情况可用绝对速度、牵连速度和相对速度表示,图 5-37(b) 给出了工作轮进、出口速度三角形,$\triangle c_1 u \omega_1$ 和 $\triangle c_2 u \omega_2$ 分别是进、出口速度三角形。由运动学知识可知:

叶栅的进口处 $c_1 = \omega_1 + u$

叶栅的出口处 $c_2 = \omega_2 + u$

图 5-37(b) 中:c_1、c_2 分别为气流流进、流出叶栅的绝对速度;ω_1、ω_2 分别为气体流进、流出工作叶栅的相对速度;u 分别为牵连速度,即为叶栅转动时的圆周速度;α_1、α_2 为绝对速度气流角;β_1、β_2 为相对速度气流角。

以周线表面 $abcd$ 包围气体为研究对象,由欧拉动量定理可知,作用在 $abcd$ 所含工质的合力等于单位时间其动量的变化。对于单位叶片高度可得

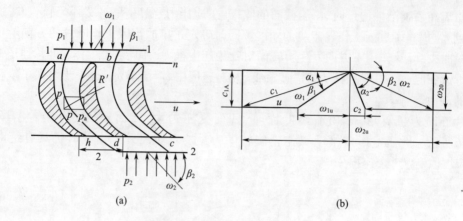

图 5-37 气体流过工作叶栅示意图

$$R + p_1 h + p_2 h = m\omega_2 - m\omega_1 \tag{5-20}$$

式中:$p_1 h$、$p_2 h$ 分别为作用在 ab、cd 两面上的力;h 为叶栅距;R 为叶栅作用在气流上的力;m 为单位时间 ab、cd 通道的流量。

设气流在叶栅上的作用力为 P,显然 $P = -R'$。因此,式(5-20)可改写为

$$P = m\omega_1 - m\omega_2 + p_2 h + P_1 h \tag{5-21}$$

将 P 在圆周方向上的投影,并记为 P_u,可得

$$P_u = m(\omega_{1u} + \omega_{2u}) \tag{5-22}$$

将 P 在轴向上投影,并记为 P_a,可得

$$P_a = m(\omega_{1u} - \omega_{2u}) + (p_1 - p_2)u \tag{5-23}$$

式中:ω_{1u}、ω_{2u}、ω_{1a}、ω_{2a} 分别为相对速度 ω_1、ω_2 圆周方向和轴向上的分速。

由速度三角形可得

$$\omega_{1u} = \omega\cos\beta_1 = c_1\cos\alpha_1 - u$$

$$\omega_{2u} = \omega\cos\beta_2 = c_2\cos\alpha_2 - u$$

因此,可将(5-22)式改为

$$P_u = m(c_1\cos\alpha_1 + c_2\cos\alpha_2) \tag{5-24}$$

当流经涡轮工质质量为 $G_T(\text{kg/s})$ 时,可得工质对工作轮叶片圆周方向的总作用力为

$$P_{u\Sigma} = G_T(c_1\cos\alpha_1 + c_2\cos\alpha_2) = G_T(c_{1u} + c_{2u}) \tag{5-25}$$

同理,可得

$$P_{a\Sigma} = G_T(c_1\sin\alpha_1 - c_2\sin\alpha_2) + F_2(p_1 - p_2) \tag{5-26}$$

式中:F 为工作轮通道总面积。

由式(5-25)按定义可得单位质量工质流经工作叶轮所做功为

$$W_u = \frac{1}{G_T} = P_{u\Sigma} \cdot u = u(c_1\cos\alpha_1 + c_2\cos\alpha_2) \tag{5-27}$$

可利用三角形余弦定理将式(5-27)写为

$$W_u = \frac{c_1^2 - c_2^2}{2} + \frac{\omega_2^2 - \omega_1^2}{2} \tag{5-28}$$

由式(5-28)可以看出,工质流过工作轮叶片做功的大小,取决于绝对速度 c_1 降到 c_2 和相对速度从 ω_1 提高到 ω_2 的程度。如果能测出涡轮中的气流参数,应用欧拉动量定理可以很方便计算出气流作用在工作轮上的轮周功 W_u。实际涡轮中,测量 c_1、c_2、ω_1、ω_2 等气流参数较测量温度、压力等气流参数困难,因此在计算中通常采用气流温度和压力。

涡轮中的能量转换情况,还常用 $I-S$ 图描述。图 5-38 给出了单级涡轮机的膨胀过程。

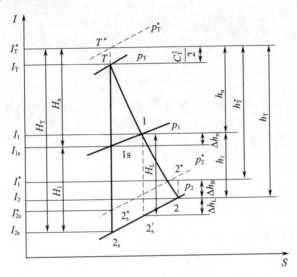

图 5-38 单机涡轮机内气体膨胀过程

图 5-38 中:p_T、c_T、I_T 分别为涡轮入口工质压力、流速和焓;p_T^*、I_T^* 分别为涡轮入口工质滞止压力、滞止焓;p_1、I_1 分别为喷嘴环出口处工质压力、焓;p_2、I_2 分别为涡轮出口处工质压力、焓;p_2^*、I_2^* 分别为涡轮出口工质滞止压力、滞止焓;H_n、h_n 分别为喷嘴环中的等熵焓降和实际焓降;H_L、h_L 分别为工作轮中的等熵焓降和实际焓降;h_T、h_T^* 分别为涡轮机实际焓降和计及余速损失的有效焓降。

涡轮中等熵膨胀功 W_{Ts} 即为图中的等熵焓降,由热力学知识可得

$$W_{Ts} = H_T = H_n + H_L = C_p(T_T^* - T_{2s}) = C_p T_T^* \left[1 - \left(\frac{1}{\pi_T}\right)^{\frac{K_T-1}{K_T}} \right]$$

$$= \frac{K_T}{K_T - 1} R_T T_T^* \left[1 - \left(\frac{1}{\pi_T}\right)^{\frac{K_T-1}{K_T}} \right] \tag{5-29}$$

式中:K_T、R_T 分别为工质绝热指数和气体常数;π_T 为涡轮膨胀比。

从图中可以看出,由于工质流经涡轮膨胀过程存在各种不可逆损失,工质的熵是增加的,在喷嘴中存在不可逆损失 Δh_n,在工作轮中存在不可逆损失 Δh_1,以及流出涡轮时的余速损失 Δh_B,使实际有效焓降从 H_T 降低到 h_T^*,h_T^* 与前述的 W_u 相同,即

$$h_T^* = W_u = H_T - (\Delta h_n + \Delta h_1 + \Delta h_B) \tag{5-30}$$

式中:Δh_n 为喷嘴中流动损失;Δh_1 为工作轮中流动、径向泄漏及轮盘摩擦损失;Δh_B 为余速损失,$\Delta h_B = C_2^2/2$。

2) 涡轮机有效效率及涡轮增压器有效效率

实际有效焓降 h_T^* 与可用焓降 H_T 之比称为涡轮机等熵效率,即

$$\eta_{Ts} = \frac{h_T^*}{H_T^*} = \frac{W_u}{H_T} \tag{5-31}$$

涡轮机提供的驱动压气机功 H_K 或压气机压缩功 W_K 与涡轮机有效焓降的比值称为涡轮机机械效率,即

$$\eta_{Tm} = \frac{W_k}{h_T^*} = \frac{W_k}{W_u} \tag{5-32}$$

涡轮机输出功与涡轮机等熵焓降的比值称为涡轮机有效效率,即

$$\eta_{Te} = \frac{W_T}{H_T} = \frac{W_T}{W_u} \cdot \frac{W_u}{H_T} = \eta_{Ts} \cdot \eta_{Tm} \tag{5-33}$$

上式说明涡轮机的有效效率是其机械效率和等熵效率的乘积。涡轮机的有效效率0.75~0.85。一般为 η_{Te}

涡轮增压器的等熵压缩功 W_{ks} 与涡轮机的等熵膨胀功(或等熵焓降)的比值称为涡轮增压器有效效率,即

$$\eta_{TKe} = \frac{W_{ks}}{H_T} = \frac{W_{ks}}{H_k} \cdot \frac{H_k}{H_T} = \frac{W_{ks}}{H_k} \cdot \frac{W_T}{H_T} = \eta_{Te} \cdot \eta_{ke} \tag{5-34}$$

上式说明涡轮增压器的有效效率 η_{TKe} 等于压气机有效效率 η_{Te} 和涡轮机有效效率 η_{Te} 的乘积,η_{TKe} 一般为0.5~0.68。需指出的是,η_{TKe} 与热力学中热效率的含义有很大不同,η_{TKe} 只说明实际过程与等熵过程的按近程度,并考虑了增压器机械损失等,并非工质做功与吸热量的比值,即 η_{TKe} 并非热力学意义上的热效率。

3)涡轮机的功率

涡轮机发出的功率可用下式计算:

$$P_T = \frac{G_T H_T \eta_{Te}}{1000} = \frac{1}{1000} \frac{K_T}{K_T - 1} G_T R_T T_T^* \left[1 - \pi_T^{\frac{1-K_T}{K_T}}\right] \eta_{Te} \tag{5-35}$$

在涡轮中,把工作轮中的等熵焓降 H_1 与可用焓降 H_T 的比值称为反动度,即

$$\rho = H_1/H_T = H_1/(H_1 + H_n) \tag{5-36}$$

反动度可以反映喷嘴与工作轮间可用焓降的分配情况,ρ 大,表明工作轮叶片中焓降占的比例较大;若 $\rho = 0$,说明只在喷嘴中有焓降,而在工作轮中无焓降,一般称这种涡轮为纯冲动式涡轮,$\rho = 1$ 时称为纯反击式涡轮,并将 $0 < \rho < 1$ 的涡轮机统称为反击式涡轮。废气涡轮增压器通常采用 $\rho = 0.4 \sim 0.5$ 的反击式涡轮。这样,在给定的可用焓降及圆周速度情况下可以使工质的绝对速度 c_1 和相对速度 ω_1 下降,减少喷嘴环和工作轮中的流动损失,以提高涡轮机的有效效率。

3. 涡轮机特性

涡轮机的特性是指其膨胀比、流量、转速、效率之间的关系。一般把流量随膨胀比和转速的变化关系称为通流特性,效率随流量和转速的变化关系称为效率特性。

在研究涡轮机特性时,也常采用相似参数绘制特性曲线,如图5-39所示。流量用相似参数 $G_T \sqrt{T_T^*}/p_T^*$ 表示,转速用 $\delta = \frac{n_T/\sqrt{T_T^*}}{n_{Tr}/\sqrt{T_{Tr}^*}}$ 表示(n_{Tr}、T_{Tr}^* 分别为标定工况时涡轮转速和入口工质滞止温度)。

1) 涡轮机流量变化规律及涡轮机堵塞

由图 5-39 可见,在涡轮进口工质的温度 T_T^*、压力 p_T^* 不变的条件下,当膨胀比增加时(如降低背压 p_g),则通过喷嘴环与工作轮叶片的流量增加。由流量方程式可知,当膨胀比增加到临界值,即 $p_1/p_T^* = [2/(k_T+1)]^{k_T/(k_T-1)}$ 时(p_T、p_1 分别为喷嘴环进口与出口处的压力,对整个涡轮级,包括喷嘴环和工作叶片在内的总膨胀比 p_g/p_T^* 可达 0.3 以下),则通过喷嘴环的流量达到最大值。此后,即使涡轮机中膨胀比再进一步增加,流量保持不变。这个现象称为涡轮机的堵塞,涡轮机堵塞时的流量称为堵塞流量,如图中 A 点流量所示。

2) 涡轮机效率变化规律

涡轮机的效率特性是指效率 η_{Te} 随流量 $G_T\sqrt{T_T^*}/p_T^*$、转速 $(n_T/\sqrt{T_T^*})$ 的变化规律,如图 5-40 所示。

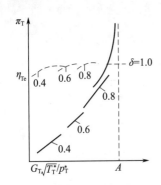

图 5-39 轴流式涡轮机特性

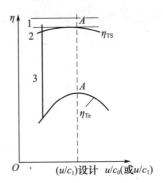

图 5-40 涡轮机效率分析

图 5-40 中 u 是轴流式涡轮(指工作轮叶片)平均直径上的圆周速度。当涡轮转速一定时 u 为常数。c_0 为按整个涡轮机的绝热焓降计算的假想理论速度($c_0 = \sqrt{2H_T}$);c_1 为气流从喷嘴流出时的速度。u 不变时,u/c_0 越大表示通过涡轮的流量越小;反之 u/c_0 越小,则通过涡轮的流量越大。从图可以看出,设计工况点 A 的效率最高,偏离设计工况时效率均下降,其原因是偏离设计工况点时,能量损失将增加。这些损失如下:

(1) 工质在喷嘴和工作轮叶片中的流动损失,将随着流量增大(u/c_1 减小)而增大,如图 5-40 中间隔 1 所示。

(2) 偏离设计工况时(图 5-40 中间隔 2 所示),喷嘴的出口角 α_1 和工质从喷嘴流出的绝对速度 c_1 的方向都未变,然而进入工作轮叶片的工质相对速度的方向 β_1 却变化很大(图 5-41),引起工作轮叶片进口的撞击损失增加。图 5-41(a)表示 u 为常数,c_1 降低,即流量减小,β_1 增大,叶片进口处撞击损失增加,在叶片凹面处产生的涡旋情况,虚线表示设计工况;图 5-41(b)表示当 c_1 不变而 u 降低时,在叶片凸面处产生涡旋,形成撞击损失的情况。

(3) 在设计工况时,为了提高 η_T,使 α_2 接近 90°,所以余速损失 $c_2^2/2$ 较小;但偏离设计工况点以后,无论是流量增加或是减小,α_2 都将变小,使余速损失增大,如图 5-40 中间隔 3 所示。

5.3.2.3 径流式涡轮简介

径流式废气涡轮的特点是:气体从喷嘴环向工作叶轮的流动方向是沿着半径方向,气体从外缘流向中心。叶轮的叶片按辐射方向排列,喷嘴环的叶片也均匀地布置在一个环形平面上,如图 5-42 所示。

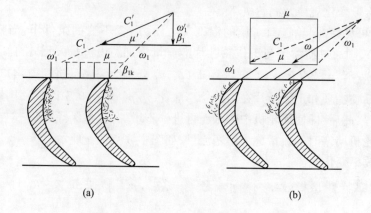

图 5-41 径流式涡轮喷嘴环气体流动

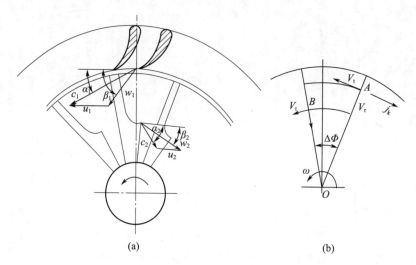

图 5-42 径流涡轮机的基本结构与工作原理

柴油机排出的废气进入喷嘴环后,进行膨胀加速,让一部分压力能转变为气体的动能,气体出口速度提高至 c_1,并与圆周切线成 α_1 角,由于叶轮的旋转,工作叶片进口具有圆周速度 u_1,因此气体进入工作叶片时的相对速度为 ω_1,并与圆周切线成 β_1 角。气流进入工作叶片后,由于气流通道具有逐渐收缩的形状,因而气体继续膨胀,叶片出口的相对速度提高到 ω_2,并与圆周切线成 β_2 角。气体的一部分动能在通过叶轮时传给了叶片,绝对速度从 c_1 降到 c_2,并与圆周切线成 α_2 角,这时的圆周速度为 u_2。在气体向心流动过程中,叶轮的叶片上受到气体冲击力和反作用力的作用,此外还有哥氏力的作用。工作叶片间的气体,在工作轮内的运动可以分解为两种运动:一种是以径向速度 v_r 在叶轮上沿半径方向的运动(相对运动);另一种是随着叶轮以切线速度 v_t 绕轴心 o 做旋转运动(牵连运动)。切线速度的大小和径向速度的方向是不断变化的,也就是气体以一定的加速度运动(称为哥氏加速度,图 5-42(b)中以 j_k 表示)。哥氏力是生产上述加速度而作用在叶片上的反作用力,其方向与旋转方向相同。

径流式废气涡轮通常用在小流量的废气涡轮增压器上,流量较大的增压器多采用轴流式涡轮,径流式涡轮机的特点是转速较高,其标定转速通常大于 50000r/min。

5.3.3 柴油机涡轮增压器实例

柴油机涡轮增压器即是增压柴油机的一个部件,同时在结构上又有独立性,即其本身又是一个独立、完整的动力机械系统。下面分别介绍典型的轴流式与径流式涡轮压器。

5.3.3.1 轴流式涡轮增压器实例

MTU956 柴油机的废气涡轮增压器型号为 AGL340,它是一个典型的轴流式废气涡轮增压器,最大转速为 28000r/min,增压器前最高温度为 750℃,其结构如图 5-43 所示。

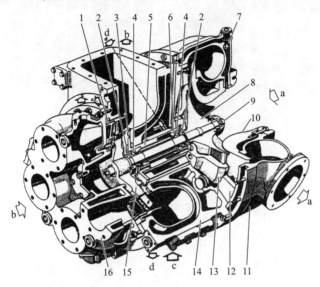

1—喷嘴环;2—迷宫式密封;3—法兰盘;4—三点式轴承;5—轴承座;6—轴承衬套;7—减压阀;
8—压气机叶轮;9—螺钉;10—压气机进气蜗壳;11—压气机出气蜗壳;12—扩压器;
13—迷宫式密封座;14—涡轮出气蜗壳;15—涡轮盘与转轴;16—涡轮进气蜗壳;
a—空气;b—排气;c—柴油机冷却水;d—柴油机滑油。

图 5-43 AGL340 废气涡轮增压器结构图

压气机为离心式,压气机叶片由导向轮和工作叶片组成,通过花键安装在轴上,然后用螺帽压紧,并用垫片止松。压气机蜗壳由空气进气蜗壳和增压空气出气蜗壳构成。空气腔内有扩压器。如果采用了标准型压气机出气壳,从机体来的冷却水则直接流到涡轮出气蜗壳和进气壳,然后再进入冷却水总管。如采用蜗壳型压气机出气壳,冷却水从机体流入涡轮出气蜗壳,再从出气蜗壳流入进气壳,然后再流入冷却水总管。

涡轮的叶片与喷嘴环均为精密铸造,这可以获得更好的叶片线型,以提高涡轮机的工作效率,降低柴油机油耗。叶片为枞树形,叶片中部有耐热钢丝拉筋,以提高叶片的刚度。喷嘴环装在涡轮进气蜗壳内。涡轮进、出气蜗壳都是水冷的。涡轮可耐 800℃的高温。涡轮出气蜗壳的冷却水套将增压空气腔室与排气腔室分隔开,并且防止增压空气被加热。

转子轴由内置式的滚动轴承支承,为了降低材料成本,涡轮轮盘与转子轴分开制造,然后焊接在一起。两个轴承装在一个共用圆柱形轴承箱内。转子与轴承箱共同组成一个装配组件,该组件用长螺栓固定于废气排气壳体内。转子的轴向力由压气机端的球轴承来承受,而且轴向的冲击力与振动由弹簧来减振。增压器轴承的润滑油来自柴油机润滑油系统,先经油管引入增压器内的减压阀,减压阀的出口最高压力为 0.28MPa,减压的机油分两路进入两球轴承,润滑冷却轴承后的机油经轴承箱下部的管路排入曲柄箱中。

两道轴承两侧都有迷宫密封装置,其作用是防止燃气和压缩空气进入轴承箱内的机油中,也防止机油进入燃气或空气中。为了提高迷宫密封的效果,还专门从压气机叶轮背面的气室内引入压缩空气到废气涡轮轴承的迷宫密封腔中。叶轮背后与压气机进口之间有钻孔连通,并在通路中装有泄压阀,当气室压力过高时泄压阀开启,以减小转子的轴向力。

5.3.3.2 径流式废气涡轮增压器

135 型柴油机的废气涡轮增压器为径流式废气涡轮增压器,其结构如图 5-44 所示。

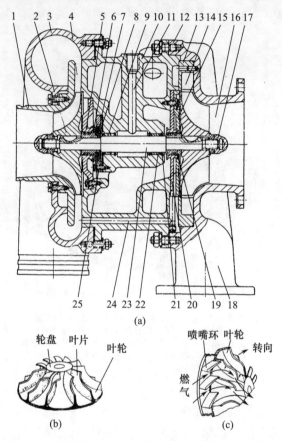

1—空气进气管;2—压气机叶轮;3—压气机壳;4—扩压器;5—气封板;
6—轴封套;7—推力盘;8,25—承力板;9,22—浮动轴承;10—中间壳;
11—油道;12—蜗轮壳;13—喷嘴环;14—叶片;15—气封板;16—排气口;
17—固定螺栓;18—废气进气管;19—轴封套;20—气封板;21—卡环;
23—主轴;24—气道。

图 5-44 135 型柴油机废气涡轮增压器

涡轮叶轮为半开式,采用合金钢精密铸造而成,12 个叶片均匀分布,叶轮和主轴 23 用键连接,并用螺帽 17 固紧。喷嘴环 13 安装在涡轮壳 12 和叶轮之间,它是整体铸造的,上面均匀地分布着机翼形叶片 14。涡轮壳采用合金铸铁铸造,上面有两个互相隔开的废气进口,进气流道沿圆周对称地逐渐缩小。两个进气口连接在排气支管上,柴油机排出的废气沿进气道折向喷嘴环,径向进入叶轮,最后沿一个排气口 16 轴向排出。

压气机叶轮为半开式,采用铸铝制造,叶轮 2 通过键安装在主轴上,然后用螺帽固紧。无叶扩压器 4 由进气管 1 的端面和中间壳 10 的端面组成。压气机壳 3 装在扩压器的外部,它的气道断面沿着圆周逐渐向出口扩大。

轴承座设在中间壳内,轴承的布置采用内置式。两端的轴承9和22均为浮动式滑动轴承。这种轴承的主要特点是轴承外圆面与中间壳体之间具有一定间隙(0.16~0.18mm),轴承内圆面与轴表面之间也具有一定间隙(0.07~0.18mm)。工作时,轴承的内、外表面都形成油膜。轴承随转轴一起旋转,但它的转速比轴低。由于浮动轴承内、外表面都有间隙,可以增加滑油量和油层厚度,这样不仅可降低轴承温度,也能减轻轴的振动。另外,由于轴承也在转动,轴与轴承的相对速度可以降低,从而更适宜于在高转速条件下工作。为防止轴承离开轴承座,两侧设有卡环21。轴承材料采用青铜合金,表面镀锡铅合金。采用压力滑油润滑,滑油从中间壳的油道11引入,工作后经油管流回柴油机的承油盘。

推力轴承装于压气机端,推力盘7装在主轴上。承力板8和25位于推力盘的两侧,并用螺钉与中间壳体固定。轴向力通过推力盘、承力板传给中间壳。油槽开在推力盘的两面,推力盘和承力板之间保持0.30mm以下的间隙。

主轴的两端装有活塞环式密封装置。靠近压气机一端装有甩油盘,而靠近涡轮的一端则通过专用气道24从压气机向气封板15处引入压力空气,然后沿气封板和涡轮叶轮之间的间隙漏出,减少涡轮向压气机端散热。

5.4 涡轮增压器与柴油机的匹配

柴油机与增压器的"配合"或称"匹配"是指柴油机与增压器联合工作时的特性,即增压器和柴油机联合工作时二者的气体流量、压比、转速以及功率和效率等参数配合关系的变化规律。联合工作时,应有良好配合性能,即在柴油机运转范围内满足以下要求:

(1)压气机提供空气的流量和压比能满足柴油机良好换气和燃烧的需要;
(2)增压器处于高效率区域工作;
(3)对离心式压气机来说,还应不出现喘振、堵塞和超速等现象。

一般讲,若要求联合工作时的某一个运行点,或在有限的运行范围达到上述要求,困难不大;但是要求在柴油机整个运转范围内都达到上述要求困难就比较大,对于废气涡轮增压柴油机来说更是如此。这是由于这种增压方式有如下特点:

(1)废气涡轮增压器和柴油机之间只有气体的联系,而没有直接的机械联系;但二者必须满足流量平衡和功率平衡关系。

(2)柴油机和涡轮增压器的流量特性差别很大。前者为往复式机械,独立运行时,空气流量随转速变化的幅度很大;在运转范围内,从低速到高速,变化5~7倍。后者为回转式机械,其压气机又多是离心式,独立运行时,在稳定工作的范围内,从低速到高速,空气流量变化幅度只有2.5倍左右。流量特性的这种差异,使得涡轮增压柴油机无法在整个运转范围内都能得到良好配合,只能在扩大良好配合范围的基础上,优先满足主要使用范围的需要,而适当降低对其他运转范围的要求标准。

另外,在实际使用中,柴油机与增压器的匹配情况会发生变化,所以柴油机的使用人员同样需要深入掌握"配合"的原理、各种因素对配合的影响以及调整方法等基本理论知识。

5.4.1 柴油机的通流特性

为了研究增压器与柴油机的匹配,就应了解柴油机和增压器的通流特性,即空气流量与柴油机或增压器转速、压比的关系,以及增压空气的温度、排气背压等对流量的影响。

5.4.1.1 二冲程柴油机通流特性

二冲程柴油机工质均在扫气过程中流过气缸,若不考虑脉冲波动对扫气压力的影响,可用当量截面值代表通道截面值,则流过气缸的流量主要取决于扫气过程中气缸前后的压差和当量时角面值。

若柴油机扫气过程是在单向、稳定、连续流动和绝热情况下进行,则在压差$(p_d - p_T)$下,流过当量截面A_{rT}的流量为

$$G_s = \mu_{rT} A_{rT} \psi_D \frac{p_d}{\sqrt{RT_d}} \qquad (5-37)$$

其中

$$\psi_D = \sqrt{2 \frac{K}{K-1} \left[\left(\frac{p_T}{p_d}\right)^{\frac{2}{k}} - \left(\frac{p_T}{p_d}\right)^{\frac{k+1}{k}} \right]}$$

二冲程柴油机或四冲程柴油机扫气时的等效流通截面如图5-45所示,由于考虑到扫气时气缸内压力测量具有一定难度,而扫气室(进气管)压力p_d及涡轮入口压力p_T较易测量,因此需将柴油机流通截面积转为等效流通截面积。式(5-37)中的等效流通截面积$\mu_{rT}A_{rT}$的求法如下:

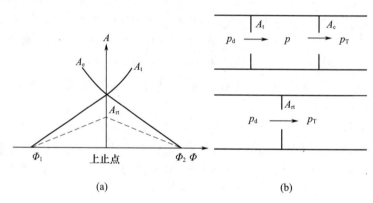

图5-45 二冲程柴油机扫气过程中等效截面示意图

设在扫气时,在压差$(p_d - p_T)$下流过$\mu_{rT}A_{rT}$的流量与在压差$(p_d - p)$下流过进气口(门)当量截面$\mu_i A_i$的流量及在压差$(p - p_T)$下流过排气口(门)当量截面$\mu_e A_e$的流量均相等(p为气缸内工质压力),且不考虑气体可压缩性,则有

$$\mu_i A_i \rho_d \sqrt{\frac{p_d - p}{\rho_d}} = \mu_e A_e \rho_e \sqrt{\frac{p - p_T}{\rho_e}} = \mu_{rT} A_{rT} \rho_d \sqrt{\frac{p_d - p_T}{\rho_d}}$$

即

$$\mu_i A_i \sqrt{p_d - p} = \mu_e A_e \sqrt{p - p_T} = \mu_{rT} A_{rT} \sqrt{p_d - p_T} = C$$

$$p_d - p = \frac{C^2}{(\mu_i A_i)^2}, \quad p - p_T = \frac{C^2}{(\mu_e A_e)^2}, \quad p_d - p_T = \frac{C^2}{(\mu_{rT} A_{rT})^2}$$

由此可得

$$\mu_{rT}A_{rT} = \frac{\mu_i A_i \times \mu_e A_e}{\sqrt{(\mu_i A_i)^2 + (\mu_e A_e)^2}} \tag{5-38}$$

若 $\mu_{rT}A_{rT}$ 为每循环当量流通截面，则由式(5-37)经整理可得

$$\frac{G_s \sqrt{T_d}}{p_d} = C \frac{\mu_{rT}A_{rT}}{\sqrt{R}} \psi_D \tag{5-39}$$

式中：C 为与柴油机结构有关的常数。

在柴油机排气背压(p_g 涡轮入口压力)不变时，由式(5-39)可知，柴油机流量只与扫气室(进气管)空气状态有关，此条件下由式(5-39)计算的流量随增压器压比的变化情况如图5-46所示。

显然，在 π_b 一定时，若 p_g 增加，则流量减小。排气背压 p_g 对二冲程柴油机通流特性的影响如图5-47所示。

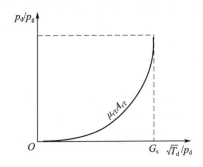

图5-46　二冲柴油机通流特性　　图5-47　排气背压对二冲柴油机通流特性的影响

由上述分析可知，二冲程柴油机的通流特性主要取决于扫气室空气状态及排气背压，而与柴油机转速无关。

5.4.1.2　四冲程柴油机通流特性

四冲程柴油机通过气缸的流量由留在气缸内的空气 G_1 和扫气空气 G_{sh} 两部分组成，即

$$G_s = G_1 + G_{sh} \tag{5-40}$$

其中

$$G_1 = \frac{inV_s}{120} \rho_d \phi_c, \quad G_{sh} = C \frac{\mu_{rT}A_{rT}p_d}{\sqrt{RT_d}} \psi_D$$

式中：C 为与柴油机结构有关的常数。

将以上两式代入式(5-40)，推导可得

$$\frac{G_s \sqrt{T_d}}{p_d} = C \frac{\mu_{rT}A_{rT}}{\sqrt{R}} \psi_D + \frac{inV_s}{120} \rho_d \phi_c \sqrt{T_d} \tag{5-41}$$

由式(5-41)可以看出：

(1) 气门重叠角间的扫气空气量只与气门重叠角、排气背压等有关，与柴油机转速无直接关系。但当柴油机转速变化时，引起 p_d 及 p_g 变化，则对此项有明显的影响。

(2) 充入气缸的新鲜空气量 G_1，显然与柴油机转速有关，与进气管空气密度有关，柴油机转速升高，则容积流量增大。

四冲程柴油机通流特性规律如图 5-48 所示。

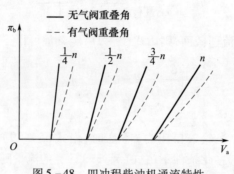

图 5-48 四冲程柴油机通流特性

5.4.2 柴油机和增压器的配合

增压器有机械和废气涡轮两种驱动方式。转子式压气机多是由柴油机曲轴驱动,离心式压气机则有柴油机曲轴驱动或废气涡轮驱动两种方式,或者兼用两种驱动方式。驱动方式不同,配合的特性也不同。

5.4.2.1 柴油机与机械增压器的配合

对已定的柴油机和增压器来说,其流量特性线也已确定。此时,两者的配合特性是指柴油机在不同工况时增压器的流量能否满足该工况下对参加燃烧所需空气量的要求,以及满足增压器能在高效率区工作和稳定运转的要求。如能满足,则柴油机的输出功率就能得到满足;否则,就不能。

现以罗茨式和离心式两种典型的压气机为例分析压气机与柴油机配合工作的情况。

图 5-49 中 AB 线为柴油机在标定转速下压比变化时的流量特性,n_{k1},n_{k2},…,n_{k4} 线为压气机在不同转速下的流量特性,1、2、3、4 点为不同压气机转速下的流量特性和柴油机流量特性的交点,这些点不可能都满足柴油机标定工况下对压比、空气量的要求。若 2 点为良好配合,那么 3、4 点时,压比和流量都不足,1 点则过大,既无必要也使耗功增加、效率降低。由 2 点的柴油机转速和增压器转速之比,确定机械增压增压器传动机构的传动比。

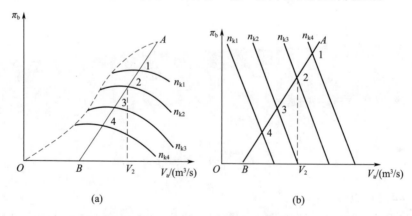

(a)　　　　　　　　(b)

图 5-49 柴油机与机械增压器的匹配

图 5-50 为四冲程柴油机与机械增压器配合特性的情况。图 5-50(a) 为带动离心式压气机的情况,增压压力近似和转速的平方成正比,因此随着柴油机转速的降低,增压压力下降

更快。对船用柴油机来说,当按排水船推进特性工作时,由于扭矩也与转速平方成正比,因此只要在标定负荷时能保证对压比和空气量的要求,在部分负荷时一般也能满足要求。但是,在某些特殊工况下,如潜艇在通气管状态下航行并充电时,既要直接驱动螺旋桨航行,又要带动发电机向电池充电,要求低速大扭矩,此时可能出现供气不足。图 5-50(b)为柴油机与罗茨式机械增压器的配合情况。由运行线可以看出,转速变化时,虽流量改变,但对压比影响不大。所以,只要能满足标定工况下对压比和空气量的要求,那么在部分负荷时一般应无问题,而且对于低速大扭矩有较好的适应性。

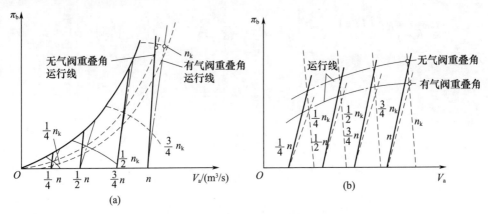

图 5-50 四冲程柴油机与机械增压器的配合

图 5-51 为机械增压器与二冲程柴油机的配合特性曲线。当按推进特性工作时,罗茨式压气机和离心式压气机都能满足要求。但由于容积式压气机的效率较低,一般只用于低增压和一些特殊用途的柴油机上,如潜艇柴油机。它在高排气背压、低速大扭矩时,显现出较好的性能。

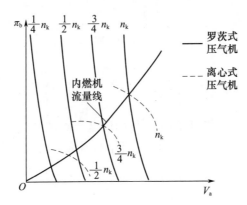

图 5-51 二冲程柴油机与机械增压器配合

由上述分析可知,机械增压时,压气机与柴油机配合的关键在于根据不同用途选好压气机类型,再根据标定工况所要求的增压压力和流量确定传动比。这样,在整个工作转速范围内通常可满足柴油机对增压器压比和流量的要求。

5.4.2.2 柴油机与涡轮增压器的配合

涡轮增压器与柴油机虽无机械联系,但是,涡轮机与压气机同轴,转速必然一致;而且,在稳定工作时,它们之间也保持着流量平衡和功率平衡:

转速平衡　　　$n_T = n_K$
流量平衡　　　$G_T = G_s + G_f, G_s = G_K$
功率平衡　　　$P_T = P_K$

在柴油机工况不变时,这种平衡关系反映在通流特性图上为一个点,称为"运行点"。柴油机按一定特性工作时,各运行点的连线称"运行线"。

1. 配合运行点的确定

由功率平衡方程可得

$$G_s \frac{K}{K-1} R T_a \left[\left(\frac{p_b}{p_a} \right)^{\frac{k-1}{k}} - 1 \right] \frac{1}{\eta_{ke}} = \beta G_T \cdot \frac{K_T}{K_T - 1} \cdot R_T \overline{T}_T \left[1 - \left(\frac{p_g}{p_p} \right)^{\frac{K_T - 1}{K_T}} \right] \eta_{Te}$$

令

$$K_1 = \frac{K_T}{K_T - 1} \frac{K-1}{K} \frac{R_T}{R}$$

$$\xi = \frac{\overline{T}_T}{T_a} \eta_{Ke} \eta_{Te} \beta$$

所以

$$\frac{p_b}{p_a} = \pi_b = \left\{ \frac{G_T}{G_s} K_1 \xi \left[1 - \left(\frac{p_g}{p_T} \right)^{\frac{K_T - 1}{K_T}} \right] + 1 \right\}^{\frac{k}{k-1}} \tag{5-42}$$

式中:$\overline{p}_T$、$\overline{T}_T$ 分别为为涡轮前废气的平均压力和温度;β 为脉冲增压系统涡轮功率增大系数,且 $\beta = \frac{\overline{P}_T + \Delta \overline{P}_T}{\overline{P}_T}$,定压系统 $\beta = 1$。

另外,通过涡轮的平均流量为

$$G_T = \alpha A_{Tn} \frac{\overline{P}_T}{\sqrt{\overline{T}_T}} \sqrt{\frac{2}{R}} \psi_T$$

$$\psi_T = \sqrt{\frac{K_T}{K_T - 1} \left[\left(\frac{p_g}{\overline{p}_T} \right)^{\frac{2}{K_T}} - \left(\frac{p_g}{\overline{p}_T} \right)^{\frac{K_T - 1}{K_T}} \right]}$$

式中:α 为脉冲系统流量缩小系数,其意义是相同通道截面时,由于压力波的影响,使得通过截面的流量缩小,即 $\alpha < 1$,定压系统 $\alpha = 1$;A_{Tn} 为涡轮的当量有效通流截面积。

令 $K_2 = \sqrt{\frac{2}{R}}$,则有

$$\overline{P}_T \psi_T = \frac{G_T \sqrt{\overline{T}_T}}{\alpha A_{Tn} \cdot K_2} = f\left(\overline{P}_T, \frac{p_g}{\overline{P}_T} \right) \tag{5-43}$$

式(5-42)、式(5-43)是确定涡轮增压器运行点的两个主要方程式$\left(\pi_b 、 G_s 与 \frac{\overline{P}_T}{p_g} 及 \overline{T}_T 之间的关系 \right)$。

由式(5-42)可知,压气机的压比 π_b 是 G_T/G_s、$k_1 \xi$ 及 π_T 的函数。值得注意的是,运行点

在一定条件下是会发生变化的。例如,增压器工作轮叶片、喷嘴环等处有积垢,增压器效率下降及喷嘴环通道截面的改变,运行点均会改变。

2. 涡轮增压器和柴油机匹配工作运行线

研究涡轮增压器与柴油机的配合工作,不仅要了解运行点各参数的变化,而且要对整个工作范围的变化进行研究。

由于涡轮增压器中涡轮的效率特性和流量特性一般比压气机运行范围宽广,因此判断涡轮增压器与柴油机配合情况的基本方法,通常是将柴油机的流量特性和压气机通流特性合在一起,然后根据两组特性的相应位置进行分析研究。为了使柴油机在整个运转范围内均获得良好的性能,应努力使运行线穿过增压器的高效率区,而且使低速、低负荷时的流量和喘振线有一定距离(保持一定的裕度)。

同一台涡轮增压柴油机,使用工况不同,配合特性也会有区别,通常运行线可有三种典型情况,如图5-52所示。曲线1是柴油机按标定转速工作的等转速运行线;柴油机负荷提高时,因为废气能量增加,所以涡轮增压器转速、压比 π_b 和空气流量都增加。从配合来看,大负荷时,主要受涡轮允许的最高入口温度、最高转速及柴油机本身的最高爆压限制;这时压气机多处在低效率区域工作。曲线2是柴油机按速度特性运行时的运行线,即喷油泵油量调节机构被固定在标定油量位置时所测得各参数随转速变化的特性曲线,随柴油机转速降低,增压器转速下降较慢。因为,这时喷油量保持不变,废气温度依然较高。曲线3是按推进特性工作时的运行线,运行线介于前两种运行线之间。曲线4是柴油机最低转速运行线,这时由于柴油机转速低,气体流量、废气能量以及增压压力都比较小;在该转速下的最大负荷点 A,通常要受到柴油机烟度的限制,最低负荷受到喘振的限制。

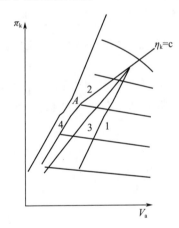

图5-52 柴油机与涡轮增压器配合运行线

由以上分析可以看出,按最大负荷速度特性和推进特性工作时要同时满足在整个运转范围内,既能通过高效率区又不会发生喘振是比较困难的。为了防止低速、低负荷出现喘振,须将运行线朝大流量方向移动,结果使高负荷时离高效率区较远。这个矛盾对于压比高而高效率区较窄的增压器尤为突出。另外,在柴油机状态发生变化时,运行线的位置也会发生某些变化,可能使原先正常的配合变为不正常的配合,为此,应对最低转速运行点与喘振线的距离加以限制(保持一定裕度,通常最小流量是喘振流量的1.15倍),以减少实际工作中发生喘振的可能性。

5.4.2.3 配合工作中的一些不正常现象及应对措施

柴油机在实际使用过程中，由于增压系统受污染、某些零部件磨损和安装、调整失当以及故障，都会使增压器和柴油机的匹配状态发生变化，性能下降。需要管理者及时做出正确分析和判断，并及时恢复配合状态。现在就配合中可能出现的一些主要不正常现象做如下分析：

1. 增压压力偏低

增压压力低必然使柴油机供气不足。形成这种现象主要原因如下：

（1）增压器效率下降。

涡轮增压器的效率 η_{Tke} 为 η_{Te}、η_{ke} 的乘积，长期使用后，两个效率都可能下降，从而使 η_{Tke} 降低。

① 涡轮、压气机积垢。增压器工作一定时间后，在压气机叶轮和扩压器叶片上常积累厚度可达 0.5~1.0mm 的污垢。图 5-53 反映了这些污垢对压气机性能的影响。压气机积垢使 η_{ks}、π_b 下降，通流特性线向小流量方向偏移。

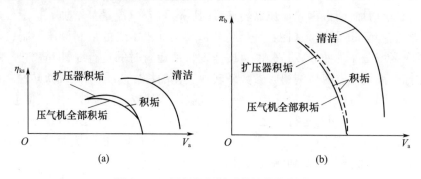

图 5-53 压气机积垢对其性能的影响

图 5-54 给出压气机积垢后配合运行线和配合点的变化情况。原运行点由 A 移至 A'，运行线由实线变为虚线。

② 喷嘴环、工作轮积垢。涡轮的喷嘴环和工作轮积垢后，η_{Ts} 下降，流量减小，在相同可用焓降和压气机条件下，增压器转速将下降。在压气机通流特性上的变化如图 5-55 所示，η_{ks}、G_s 下降，工作点由 A 移至 A'。

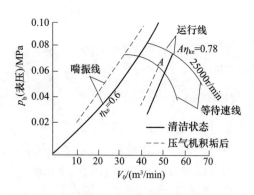

图 5-54 压气机积垢对配合的影响

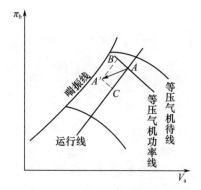

图 5-55 涡轮积垢对工作点的影响

从涡轮与压气机积垢的生成量来说，前者快得多、严重得多，柴油机使用劣质燃油或经常在低负荷下工作更是如此，但柴油机性能对后者的反应更敏感。如一台柴油机交货后工作5000h，排气温度升高了100℃。当清洗涡轮后，排气温度降了27℃，清洗压气机后，降了56℃，待清洗了排气门、进气管路后,排温再次回降了6℃,最后还有11℃未能完全恢复。从此例可以看到,绝不能因压气机内积垢不多而忽略其影响。

涡轮增压器机械效率η_{Tkm}降低的主要原因,通常是轴承和防漏装置内有污垢或是喷嘴环等部件发生变形,导致机械磨擦损失增大。

(2) 进气过滤器因受污染等而阻力增大。

(3) 压气机出口后或涡轮入口前管系上有泄漏。

(4) 增压空气冷却器污染,阻力增大,冷却效果下降。

2. 排气温度过度升高

发生这种现象的原因既可能来自增压器本身也可能来自柴油机,主要原因如下:

(1) 柴油机超负荷工作。

(2) 柴油机喷油过晚、雾化差、后燃严重。

以上两个原因均使涡轮获得能量增加,因而常伴随增压器转速和增压压力升高。

(3) 涡轮出口管路堵塞,流动阻力增大。这个原因通常同时引起涡轮入口和出口压力的升高。

(4) 涡轮喷嘴环堵塞。这时,涡轮入口前压力上升,但涡轮出口压力无大变化。

3. 压气机喘振的原因及消除

从根本上讲,增压器产生喘振的原因是压气机的实际流量小于该转速下引起喘振的限制流量(或者压气机转速高于设计值很多时),造成气流与叶片的强烈撞击与分离。任何新造的增压柴油机,只要涡轮增压器与柴油机匹配良好,使用初期增压器都不会发生喘振。随着运转时间的增长,增压系统中各部件会污损或出现故障,柴油机本身某些部件也会产生故障,致使两者的性能逐渐恶化,导致匹配不良,引起喘振。此外,运行中某些暂时的匹配不良也可能发生喘振。下面介绍一些运转中可能导致增压器喘振的原因和消除方法。

1) 气流通道堵塞

增压系统流道堵塞是引起增压器喘振最常见的原因。柴油机运行时,增压系统的气体流动路线是压气机进口滤器和消音器—压气机叶轮—压气机扩压器—空气冷却器—扫气箱—柴油机的进气口(阀)—排气口(阀)—排气管—废气涡轮喷嘴环—废气涡轮叶轮—废气涡轮排气管。其中各组成部分的通流面积都是固定的,只有各气缸的进、排气口(气阀)是按照一定的发火顺序轮流开关,但无论什么时刻,至少总有一二只气缸的进、排气口是接通的。上述流动路线中的任一环节发生阻塞,如脏污、结碳、变形等,都会因流阻增大而使压气机流量减小,背压升高,从而引起喘振。其中容易脏堵的部件有进口滤器、压气机叶轮和扩压器、空气冷却器、气缸进气口和排气口、涡轮的喷嘴环和叶轮。此外,涡轮的喷嘴环也容易发生热变形和被烟灰脏污。管理中应注意检查上述部件的污损,并加以清洁,就可以防止和排除因流道堵塞而引起的喘振。

2) 增压器和柴油机的运行失配

对于设计时选配良好的柴油机和增压器,在正常情况下是不会发生喘振的。但柴油机本身的某些故障,或者装载、顶风、污底等,或者轮机员操作不当以及在大风浪天气航行,都可能导致柴油机和增压器匹配不良,引起喘振。

柴油机喷油设备的故障,会使柴油机燃烧不良,后燃严重。柴油机活塞环断裂或黏着,气阀烧损,气阀间隙太小,都可能导致气缸漏气,过量空气系数降低,热负荷增大,排气温度高。这时,废气能量增加,使增压器转速升高,严重时就会发生增压器喘振。只要排除了柴油机的故障,就可以消除喘振。

当船舶满载、顶风、污底严重时,因阻力增加,主机负荷加大,柴油机在低转速高负荷下运行,气缸耗气量降低而循环喷油量增加,废气能量增大,也会使增压器转速升高,容易引起增压器和柴油机匹配不良而出现喘振。此时,降低油量即可消除喘振。

如果人员操作不慎,可能使增压器与柴油机暂时失配而发生喘振,但不久又能恢复匹配关系,喘振即自动消失。如高速下停车时,急速将操纵杆拉到停油位置,这时因主机运部件质量大,轴系和螺旋桨阻力大,很快停止转动。但增压器由于本身转速很高,转动能量很大,一时不能停转,它所供出的空气柴油机不能消耗,致使压气机背压过高而引起增压器瞬时喘振。待增压器转速下降后,喘振自然消失。急速降低主机转速时也会出现类似的情况,主机加速过快时,增压器也会发生短暂喘振。这是因为主机运动部件质量大,转动阻力矩大,转速上升慢,而增压器转子质量小,废气能量迅速增加使转速迅速升高,两者暂时失去匹配关系而发生喘振。随着柴油机转速的升高和压气机流量的增大,喘振会自动消失。

船舶在风浪天航行发生飞车时,并联增压系统和单独增压系统会发生喘振。这是因为螺旋桨出水,柴油机转速升高,调速器自动停止供给燃油,增压器因废气能量减小而转速下降。在并联增压时,辅助泵因转速高供气增多,使压气机背压较高而流量减小,引起喘振;在单独增压时,若螺旋桨入水时柴油机转速过低,也会造成压气机阻塞而发生喘振。

3) 脉冲增压,一缸熄火或各缸负荷严重不均

在脉冲增压系统中,往往将三个气缸与一台增压器相连接。一台柴油机有多台增压器,它们并联地向一根进气总管供气。当某缸熄火时,与之相连的涡轮功率减小,转速下降,供气能力降低。而其他增压器正常工作,压气机的出口背压仍与正常运转时相同。这对同熄火缸相连的增压器来说背压就显得过高,使其压气机流量减小,发生喘振。由于喘振使得压气机出口压力波动幅度较大,甚至可能引发多台增压器交替喘振。如果使熄火缸恢复工作或减小另一组气缸的供油量,则可消除喘振。各缸负荷不均引起喘振的机理与上述相同。

4) 环境温度的变化

在低温时匹配的不带空冷器的增压器和柴油机(如用在高温海域时),或者在高温时匹配的带有空冷器的增压器和柴油机(如用在低温海域时),由于两者匹配关系的改变,运行点更靠近喘振区,容易引起喘振。

4. 废气倒流

一台设计良好、配气定时正确、使用合适的柴油机,在排气过程中,气缸内压力应高于排气管内平均压力;进气过程应该是进气管(或室)压力高于气缸内压力;扫气阶段应该是进气管(或室)压力高于气缸内压力,后者又高于排气管平均压力。这样就可以保证新鲜空气由进气管(或室)向气缸内流动,废气由气缸内向排气管流动,而不发生倒流。但是,如果上述压力高低的关系发生逆转,废气倒流就可能发生,或排气管内废气向气缸内倒流,或气缸内废气向进气管(或室)倒流,或上述两种倒流同时发生。实际上,即使是一台设计良好、正确使用的柴油机,在某些工况下倒流还是存在的,只是轻微,而且很快转为正向流动,对换气效果无明显影响。但是,如果倒流严重,换气将明显变差,不仅功率、效率下降,排气温度上升,而且污染进气管(或室)。对于二冲程柴油机,这也是引起进气室内油气爆炸的重要原因之一。引起倒流的具体原因如下:

(1) 涡轮增压柴油机在低负荷下工作,因涡轮增压器转速低,造成新鲜空气压力 p_b 低于排气管平均压力 p_T。

(2) 涡轮出口背压提高(如潜艇水下通气管状态使用柴油机)。

(3) 压气机喘振。使气缸内废气向进气管(或室)方向倒流。

综合以上分析,实际工作中的不正常配合现象有多种多样。只要细心观察、记录有关温度、压力、涡轮转子惰转时间与系统各处气流状态,就能及时发现,并能准确分析判断和处理。

另外,就使用管理而言,在引起不正常配合的原因中,增压器和系统内污垢是最为普遍的原因,为此必须对有关零部件、部位及时清洗。有的柴油机规定,当压气机出口压力低于正常压力10%,或进气过滤器、增压空气中间冷却器等处的压降超过规定限度,以及运转时间达到规定限制时,就应及时按要求进行拆检、清洗,并注意拆检、装配的准确性;一些损坏的零部件和泄漏处及时更换、修复。

为了克服污染,国外一些新型涡轮增压器,逐渐推广使用水清洗的办法,即定期用压缩空气为动力分别向压气机和涡轮的气道内定量喷水,清洗污垢,起到了良好效果。但是这种方法只对压气机的叶轮、扩压器、涡轮叶轮、喷嘴环等叶片的正面污垢有效,对背面无效。

5.4.3 涡轮增压柴油机的运行特点及改善措施

涡轮增压柴油机由于是将柴油机和涡轮增压器两种不同流量特性的机械通过气路进行联合运行,具有与柴油机不同的特点,也需要在设计和使用管理中引起足够重视。

5.4.3.1 改善启动性

在低增压柴油机上,其启动性能与非增压柴油机相比变化不明显,但在高增压柴油机上,为了防止爆压过高,高增压度的柴油机都要降低压缩比,一些超高增压柴油机的压缩比已降至8～10甚至到5,这样就会使柴油机的启动性能恶化。由于启动时废气能量少,不足以使涡轮增压器提供足够的空气,加上压缩比降低,致使压缩终点气体温度和压力不足,不能保证燃料的可靠发火燃烧,启动困难。为保证启动性,通常采取以下措施:

(1) 保证机器热状态。预热冷却水和滑油,提高发火性能。

(2) 保证启动空气量。如启动时利用外部风源鼓风,二冲程柴油机尤其如此。

(3) 加热进气,如在排气管中装碟形阀。启动时,此阀先行关闭,使气缸内气体被反复压缩。当气缸内气体温度超过一定温度限度时(如600℃以上),才开始喷油。

5.4.3.2 降低机械负荷和热负荷

增压柴油机的循环射油量比非增压柴油机高出1～2倍,其结果必然导致爆发压力、增压空气和工质温度明显增高,使柴油机的负荷(机械负荷和热负荷)大幅度增加,处理不好,会影响了柴油机的可靠性和寿命,限制功率的进一步提高。

降低机械负荷常用的方法是通过降低压缩比以降低爆压。此外,也有采用变压缩比活塞和二次喷油等措施。降低压缩比时应考虑会导致柴油机启动困难,部分负荷工作恶化及效率下降。

降低热负荷方法主要包括:

(1) 加大过量空气系数。

(2) 加大空气冷却器的容量,提高中冷效果。

(3) 改善燃烧过程,减少后燃,控制排温。

(4) 加强活塞顶部的冷却,降低第一道活塞环槽的温度。如采用薄壁及用喷淋、振荡或有环形孔道的强制冷却的活塞顶部,采用有冷却的排气门和喷油器等。

(5) 加大气门重叠角,加强燃烧室扫气。但采用这种方法,应同时考虑可能带来低负荷时排气倒流的问题。

5.4.3.3 改善部分负荷能力

增压柴油机在部分低负荷工作时燃烧恶化,冒烟加重,转速不稳,易发生压气机喘振。这主要是在低负荷时增压器的效率明显下降,致使增压器与柴油机的配合严重失调,或发生供气不足,或发生喘振,而且还会由于进气压力过低,发生废气倒流,使换气效果明显恶化。另外,高增压时,为了提高喷雾质量,一般要提高喷油压力(最高喷油压力达100MPa以上,有的已达150MPa)。在低负荷时,压缩空气压力下降较多,导致压缩压力明显下降,而与此同时,喷油压力仍很高,以致喷油时,油注会喷到燃烧室壁面上,使混合恶化。而且,低负荷时,喷油量往往不够稳定。因此,必须采取一些措施来改善其部分负荷性能。

1. 采用可变压缩比活塞

采用可变压缩比活塞,使柴油机的压缩比能随负荷的不同而自动改变,以保证爆发压力不超限。可变压缩比活塞的结构如图5-56所示。活塞有内、外两部分组成,外活塞与燃气直接接触,镶有活塞环。内活塞通过活塞销与连杆相连。内、外活塞之间有一油腔。当其容积改变时,改变了大、小活塞的相对位置,也就改变气缸的余隙容积,实现了可变压缩比。

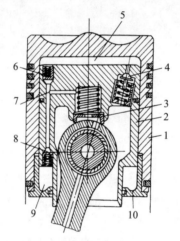

1—外活塞;2—内活塞;3—弹簧集油器;4—弹簧泄油阀;5—上油腔;
6—进油阀;7—通道;8—止回阀;9—下油腔;10—泄油孔。

图5-56 可变压缩比活塞示意图

可变压缩比活塞工作原理:柴油机润滑油从曲轴主油道通过连杆小头进入弹簧集油器3,然后由通道7及进油阀6和止回阀8进入上油腔5及下油腔9,上油腔有弹簧泄油阀4,泄油压力由弹簧预紧力事先设定,从而控制内、外活塞相对位移。当最大爆发压力超过极限值后,上油腔的油通过泄油阀4回曲轴箱,外活塞向内活塞移动,气缸余隙容积增大,压缩比减小。由于外活塞向下移动,使下油腔9的容积增大,同时,在惯性力作用下,油道7的油压较高,润滑油通过止回阀8进入下油腔9。当外活塞上方压力小于上油腔压力时,外活塞被顶起,润滑油从集油器通过进油阀6进入上油腔,压缩比增大。各油腔中的油在运动过程中有惯性力,当外活塞顶上压力较大时,这种惯性力影响不大;当外活塞顶上压力较小时,如进、排气行程时,这种惯性力相对较大,在排气行程后期和进气行程前期,外活塞相对于内活塞向上移动,润滑油通过进油阀6进入上油腔5,同时下油腔9的油从泄油孔10压出,这时,下油腔起缓冲器作用。

2. 气缸排断油及充量转移

气缸排断油技术首先由德国 MTU 公司用于多排气缸柴油机的空车运转。在空车、低负荷时，停止部分气缸喷油（停止一排缸），使继续工作的气缸喷油量增加，从而改善了这些气缸的工作。

充量转移技术是 MTU 公司在"气缸排断油技术"的基础上发展起来的一种方法。其特点是在停气缸的同时，将停止工作气缸压缩过程所压缩的空气向稍后进行压缩的工作气缸内转移，增加其充量，其原理如图 5-57 所示。充量输出气缸和输入气缸之间有管路相连，在充量输出气缸一端有一个由外界压缩空气控制的碟形阀，输入气缸一端有一个依靠气体压差自行控制的单向阀，使充量只能流向工作气缸，而不能反向。显然，用这种方法时，必须使充量输出气缸与输入气缸之间相位配合适当。在不喷油时，可以使工作气缸的压缩压力由 1.65MPa 提高到 2.3MPa；着火时，使爆发压力由 4.5MPa 提高到 4.8MPa，相当于补偿了压缩比 3.5，提高了压缩压力 0.65MPa。

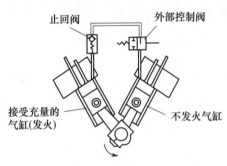

图 5-57 充量转移原理

3. 采用高工况放气或低工况进气旁通

为解决低工况的性能问题，可采用高工况放气或低工况进气旁通来实现增压系统高低工况与柴油机的匹配。图 5-58 为高工况放气系统示意图。涡轮增压器的设计是使发动机能在低于中等转速以下时获得最大转矩，即增压器与柴油机按最大转矩工况参数匹配。发动机在高转速时，为了将增压压力和最高爆发压力及增压器转速限制在允许的范围以内，把发动机的部分排气或部分增压空气通过一个放气阀排掉，而使其在高负荷时的一段运行线近于水平线。

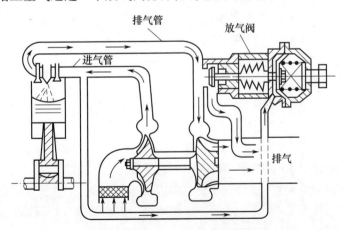

图 5-58 带放气的涡轮增压系统简图

4. 采用变截面涡轮增压器

对于车用高速柴油机及某些超高增压中速柴油机,为了改进低工况性能,发展了一种可变涡轮喷嘴环出口截面的涡轮增压器,简称变截面涡轮增压器。在发动机低速时,让喷嘴环出口截面积自动减小,使得流出速度相应提高,增压器转速上升,压气机出口压力增大,供气量加大;在高速时,让喷嘴环出口截面积增大,增压器转速相对减小,增压压力降低,增压不过量。

车用发动机一般功率不大,因此大多用径流涡轮增压器,这给采用可变截面涡轮增压器带来方便。在有叶径流涡轮的情况下,可以采用改变喷嘴叶片安装角度的方法来改变喷嘴环出口截面积。喷嘴叶片与齿轮相连,齿轮受齿圈控制,当执行机构来回移动时,齿圈往复摆动,通过啮合的齿轮,使得各喷嘴叶片改变角度,从而达到喷嘴环出口截面积相应变化的目的。在无叶喷嘴的情况下,可以在喷嘴环出口处用活动的挡板来调节喷嘴环出口截面积。

采用变截面涡轮的优点:①在不损害高转速经济性的条件下,增大低速转矩;②扩大了低油耗率的运行区;③使柴油机的加速性提高;④可以满足要求越来越高的排放和噪声规范等。

要使可变截面涡轮达到实用化,必须满足:①从涡轮调节结构往外漏气应尽可能少,且当喷嘴面积改变、气流流向偏离时,不致使涡轮效率下降过多;②结构及操作系统简单,维修方便;③所有操作系统及结构具有较高的可靠性。

5. 采用相继增压技术

涡轮增压柴油机的增压压力和空气流量不仅受到柴油机转速的影响,而且受到负荷的影响。当增压柴油机在低速低负荷工况运转时,增压压力和空气流量迅速降低,涡轮增压器在低效率区工作,增压度越高,这个问题就越突出。这就是高增压柴油机低速扭矩小和低负荷时燃油消耗率高的主要原因。

相继涡轮增压系统是由两台(或两台以上)增压器并联供气所组成的增压系统,两台增压器随柴油机转速和负荷的增长,相继按次序投入运行,这可保证工作的涡轮增压器始终在高效率区运行,使柴油机的燃油消耗率在整个运行区域内都较低。

相继涡轮增压系统中,涡轮和压气机的进口处都装有碟形阀,以控制涡轮增压器的投入或退出运行。装在涡轮前面的燃气控制阀以增压空气压力或柴油机转速为控制信号,装在压气机前的止回阀只允许空气沿正常方向流动,在受到反向空气压力时会自动关闭。在停止向某一个涡轮供气时,仍允许有少量的燃气流入涡轮,使转子保持空转和维持适当的温度,一旦需恢复其工作时,就可缩短加速时间。

在相继增压系统中,可以将压气机的高效率作为设计和选择增压器时的主要考虑因素。由图5-59所示的运行线的变化图上可以看出,各阶段的运行线都落在较高效率区域内,从而使柴油机在整个工作范围内的耗油率都能够降低。由于能提供充裕的空气,柴油机在低速时仍能发出较大的扭矩,而且在整个工作范围内不出现喘振。

这种增压系统的主要优点:改善了柴油机和增压器的匹配,柴油机燃油消耗率较低;柴油机的低速矩特性明显改善,这是柴油机低转速时减少了工作的涡轮增压器数,从而可提高增压压力的缘故。该系统的主要缺点,结构较庞大,控制系统复杂,这也是该系统多数用于船用柴油机增压系统的原因。

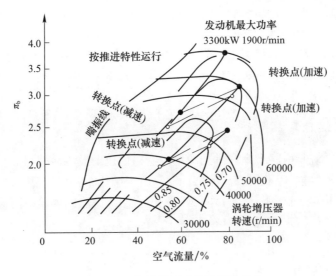

图 5-59 相继增压系统运行线变化

5.5 高增压及新型增压系统

随着增压器和增压技术的不断发展,对提高柴油机的功率起了决定性作用的增压压力来说也日益明显提高。自 20 世纪 60 年代以来,柴油机活塞平均速度提高 1/5,而平均有效压力却增长了近 2.5 倍,达到 3.0MPa 以上,增压压力达到 0.25~0.35MPa,试验中某些柴油机平均有效压力有的已达到 4.0MPa,增压压力达到 0.45MPa 以上。增压压力为 0.25~0.35MPa 的柴油机通常称为高增压柴油机,增压压力达到 0.35MPa 以上的柴油机称为超高增压柴油机。

在不断追求提高增压压力从而提高柴油机平均有效压力的过程中,出现了多种的增压系统,但对增压系统的要求都是一致的:

(1) 在最大爆发压力和最高气缸内温度许可范围内,力求提高平均有效压力。
(2) 启动及低工况性能好。
(3) 瞬态特性好。
(4) 排气能量利用率高。
(5) 涡轮增压器总效率高。
(6) 各气缸工作过程均匀。
(7) 制造成本低。
(8) 便于系列化。

为了满足上述要求,在增压系统发展过程中,通常要处理好以下关系:

(1) 为了提高柴油机平均有效压力,必须提高增压压力,但这又受到最大爆发压力及最高温度的限制。
(2) 处理好压气机高效区窄和柴油机变工况的转速、流量变化幅值大之间的关系,兼顾高、低工况。
(3) 排气能量充分利用,且排气歧管不宜复杂。

为了追求高平均有效压力,采用高增压,甚至超高增压方式而又不使最大爆发压力及最高燃烧温度过高,因而低压缩比高压比增压系统、可变压缩比增压系统、米勒系统、补燃增压系统、气缸充量转换系统、二级增压系统等陆续问世,使平均有效压力 p_{me} 高达 3.2MPa 以上。

在平均有效压力不断提高的同时,低工况性能的改善难度显得更大,因而谐振复合增压系统、放气系统、变截面涡轮(VGT)系统、涡轮进口变截面(VMP)系统、相继增压(STC)系统、补燃系统、二次进气系统、顾氏系统、扫气旁通增压(Scaby)系统和自动变进排气供油定时(AVIEIT)系统等相继出现。

5.5.1 二级涡轮增压系统

二级涡轮增压系统是由两台串联排列的单极涡轮增压器及中冷器组成。空气经过两次压缩和两次冷却后进入气缸,以获得较高的增压度。由于结构布置比较复杂,故多用于一些特殊用途的发动机上,如图 5-60 所示。另外,也可采用将两级膨胀的涡轮与两级压缩的压气机组成单体的两级涡轮增压器来实现二级增压。

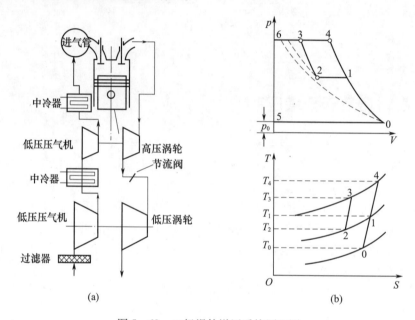

图 5-60 二级涡轮增压系统原理图

二级增压除了可获得更高的增压压力(压比≥7),使功率密度大幅提高外。在性能方面还有以下一些优点:

(1) 二级增压系统在每级压缩后都经过中间冷却,因而压气机所消耗的能量较少,且温度较低,如图 5-60 所示。同时由于每级的压比都较低,在高增压情况下(p_k 为 0.25~0.3MPa),涡轮增压系统的效率要高于相应的单级涡轮增压系统。

(2) 在高压比增压器中,由于叶轮和轴承的线速度较高,会使机械应力增大,并使轴承的磨损加速,影响其使用寿命。此外,启动噪声的强度与叶轮线速度的 5 次方成正比,故高压比增压器的噪声明显升高很多,采用二级增压系统在这方面都会有较为明显的改善。

(3) 采用二级增压+二级冷却系统后,柴油机对于环境温度和压力变化的敏感度下降,适用于高真空、高背压的环境。而且对工况变化的响应性及工作范围的扩大等方面,也较单级高压比系统有所改善。

两级增压的主要缺点是用两个增压器、两个空气冷却器,尺寸和质量加大,一般来说,成本约提高 20%,再加上管路,使整个系统的布置困难增大。因此,只有当功率密度提高 15% 以上的情况下,采用二级增压的优越性才能显示出来。

目前,单级高压比涡轮的研制已取得很大成功,使两级增压的发展减缓。

5.5.2 补燃增压系统(Hyperbar 增压系统)

为提高平均有效压力而不致机械负荷、热负荷过高,采用较高的增压比和较低的压缩比可以达到目的。但低压缩比对柴油机启动十分困难,低负荷性能也不理想。1970 年,法国琼·梅尔希奥尔(J. Melchior)提出了补燃超高压比系统,即 Hyperbar 增压系统的设想。在这个增压系统中,柴油机压缩比为 6~8,增压比为 4~8。由于启动困难,增加一个补燃室。启动时或涡轮向外输出额外功率时,补燃室中由专门的供油系统喷入燃油,火花塞点火,利用压气机旁通的空气进行燃烧,被加热的燃气连同柴油机排气一起通向涡轮,确保涡轮有足够的功率驱动压气机。压气机输出的气体分两路:一路充入柴油机;另一路绕过柴油机与排气在补燃室中燃烧后,一起流入涡轮膨胀做功。其系统结构如图 5-61 所示。

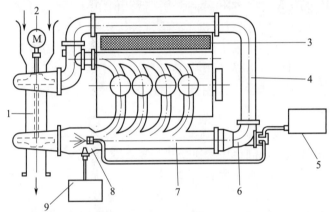

1—涡轮增压器;2—启动电动机;3—空气冷却器;4—旁通空气管;5—燃油泵;
6—空气调节器;7—空气和排气的混合管;8—补燃室;9—点燃器和火焰控制器。

图 5-61 补燃增压系统结构示意图

柴油机启动后,涡轮增压器达到规定增压比时,涡轮所需的能量主要来自柴油机排气。但因增压器需供应很高的增压比,在柴油机正常工作时,排气能量还不足以使涡轮能量与压气机能量相平衡,补燃室仍在工作,只是喷油量较小,只要补充不平衡的那部分能量即可,此时补燃室处于微燃状态。由于增加了一个补燃室,因此超高压比增压系统也称为补燃增压系统。

传统单级和二级增压系统,在柴油机和涡轮增压器之间的空气流动路线都是串联布置的,在这种情况下,通过压气机和柴油机的空气流量必须保持是相等的,即 $G_C = G_D$。但柴油机是往复机械,而压气机是旋转机械,由于其流量特性不同,因此在变工况运行时,二者之间的匹配就会出现问题。往往为了防止在低负荷时进入压气机的喘振区,而不得不使整个运行范围移至低效率区。从而在串联系统中,其增压比的提高也受到限制。

补燃系统中,柴油机和涡轮增压器之间的空气流动路线是采用串、并联布置方式的。这样,从压气机出来的空气既可全部通过柴油机,也可同时有一部分直接通向涡轮前的补燃室。因此,解除了柴油机和压气机之间对于空气流量的约束,即 $G_C \geqslant G_D$。而且涡轮增压器在补燃室的支持下可独立进行运转。因此极大地改善了两者之间的匹配情况,整个运行工况均可在高效率区范围内进行,并有利于进一步提高增压比。

补燃系统的工作循环主要特点如下：

(1) 高增压比，普通柴油机增压比一般小于 3.5，本系统为 4~8。

(2) 低压缩比，普通柴油机压缩比一般大于 11，本系统为 7~10。

(3) 工作循环属于低温循环。

补燃系统的结构方面特点如下：

(1) 旁通。超高增压柴油机进、排气管之间设置了一根旁通管，使压气机、柴油机和涡轮成并联关系。当压气机供气过多时，柴油机多余的空气可经过旁通管路直接进入涡轮，避免增压器喘振；旁通节流在旁通管内设置了节流阀，目的是建立扫气压差，合理地完成发动机气缸和补燃室纵及经旁通管流经补燃室主燃区和混合区各股气流的比例分配，并与补燃室一起协调，保证压气机正常运行。

(2) 补燃。在旁通管一侧通往涡轮的管道上设置了补燃室，当柴油机在启动、空转、低转速大转矩情况下工作时，补充柴油机能量不足，以产生足够的增压压力。

(3) 主要零部件结构尺寸基本不变。除为降低几何压缩比改变工作容积或活塞尺寸、调整油泵喷油量及配气机构外，一般对原机主要零部件结构尺寸不做变动。

(4) 热负荷基本不变。由于采用低压缩比，气缸内压缩终压和循环温度相应较低，从而降低了热负荷。虽然平均有效压力提高，但热负荷增加不多。

(5) 机械负荷基本不变。由于采用低压缩比、超高增压，柴油机最高爆发压力受到了限制，确保了工作可靠性。

补燃系统的主要优点如下：

(1) 功率增长幅度大。超高压比增压系统功率一般可为非增压机的 2~5 倍。

(2) 转矩特性宽广。采用本系统后，在最高爆发压力基本不变的情况下，平均有效压力已超过 3.0MPa，且转矩特性比较宽广，低速时可提供超高转矩。

(3) 加速性好。补燃室燃油控制得当，就能随时储备一定数量的过量空气，从而大大改善加速性能。试验表明，超高增压柴油机从惰转到满负荷不到 10s 时间。

(4) 排放污染轻。柴油机排气和部分压缩空气通过补燃室，未燃成分得到再燃机会，这不仅增加回收能量，同时净化了排气。

补燃系统的主要缺点是结构复杂、经济性较差。对高压比的增压器和补燃器等的要求较高，自动控制也较复杂；采用低压缩比，其热效率较低，补燃室还要消耗一部分燃料，这都影响整机的经济性。

5.5.3 低温高增压系统(Miller 循环)

柴油机进一步提高平均有效压力会受到最大爆发压力的限制，在低转速运行时，尤其按螺旋桨特性运行的部分负荷工况，充气量严重不足。如果可能，应在高负荷运行时采用低压缩比以降低最大爆发压力，而在启动或低负荷时采用高压缩比以改善低负荷特性。美国的 Miller 于 1951 年提出将阿特金森循环的原理应用于高增压柴油机上，其工作循环如图 5-62 所示，图中虚线为 Miller 循环，实线为常规涡轮增压循环。从图中可见，在压缩终点压力、最大爆发压力、加热量相等的条件下两者的示功图高压部分是相同的，低压部分则有所差别。图中面积 $a-b-c-d-e-a$ 表示 Miller 循环的换气过程，面积 $a-f-g-h-a$ 表示常规循环的换气过程。从 $T-S$ 图可见，当进入气缸的气体温度相等时，Miller 循环各点的温度均低于常规循环，但对应点的比值相同，因此两者的效率是相同的。在上述条件下，当提高增压压力，进气阀提前关闭时则可降低循环温度,有利于热负荷及排放的降低;当热负荷相同时,则可使平均指示压力升高。

Miller 系统的实现,对四冲程发动机,进气冲程活塞不到下止点之前提前关闭进气门中止进气,使空气在气缸中膨胀以获得进一步的冷却。对于二冲程发动机,在压缩冲程的一段中,进气口继续保持开启,从而排出一部分充量以减小实际压缩比。进气门的关闭时刻可以自动控制,使发动机的实际压缩比适应变负荷的需要,既可防止高负荷时爆发压力过高,又可满足启动及低负荷时充量的要求。

Miller 系统具有以下一些特点:

（1）只改变进气门开、闭时刻,从而改变实际压缩比,而排气定时不变,即膨胀比不变。大负荷时膨胀比大于压缩比。

（2）进气门定时变化使开、闭时间共同提前或延后,相应气门重叠角也发生变化。高负荷时,进气门提前开、提前关,重叠角增大,有利于扫气,并降低热负荷;低负荷时,进气门延后关,重叠角减小。

（3）启动及低负荷时,采用高压缩比,改善了部分负荷性能;高负荷时,采用低有效压缩比,限制了最高爆发压力的过分增大,以确保发动机的可靠性。

（4）Miller 系统中,增压空气在涡轮增压器后冷却一次,在进气过程中,由于气缸内膨胀而再冷却一次,故 Miller 系统就是低温循环增压系统。在下止点时同样的气缸内增压压力下,具有较低的温度,充量增多,过量空气系数大,压缩开始时气缸内温度低,从而减小了热负荷。

（5）Miller 系统有较低的气缸内温度,NO_x 的排放较少。

（6）Miller 系统与其他增压系统比较,达到同样的平均有效压力时需要有较高的增压比;在高增压时,往往需要采用二级增压系统。

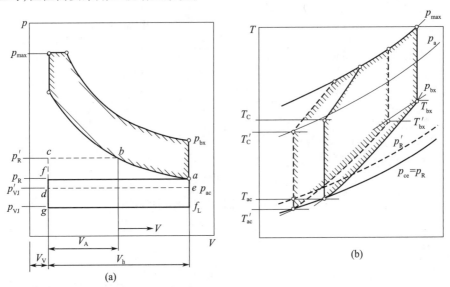

图 5-62 Miller 系统工作原理图

5.5.4 带动力涡轮的增压系统

在高增压柴油机中,废气中的能量较大,当涡轮增压器的效率提高到一定程度时,涡轮发出的功除驱动压气机外还有剩余,可用以驱动一个单独的动力涡轮,并通过减速齿轮液力耦合器转给曲轴,组成"复合式发动机",可使发动机的输出功率增加,效率也有所改善。当前,轴流式涡轮增压器的总效率已达到68%~72%,这时就有可能从排气总能量中取出8%~15%,在动力涡轮中加以利用,从而可降低整机的燃油消耗率。径流式涡轮目前的效率尚未达到此水平。

法国 Pielstick 公司在 PC4-2 柴油机上进行了试验($D=570\text{mm}, S=620\text{mm}, n=400\text{r/min}, \varepsilon=13.5, p_e=2.3\text{MPa}$),其采用涡轮增压器为 VTR454A,动力涡轮为 NTC214(总效率为65%),在使用动力涡轮时增压器的当量面积为标准机(增压、中冷、MPC 系统)涡轮当量面积的80%,动力涡轮的当量面积为20%。在标定功率的60%以上工况时接通动力涡轮。其性能对比结果如图5-63所示。从图中可以看出,这时燃油消耗率约降低3%,排气温度增高40℃,排气阀座等部件的温度保持不变,最高爆发压力及增压压力变化不大。在60%负荷以下时,关闭动力涡轮,这时增压器的压比约增加50%,燃油消耗率降低$4\sim5\text{g/(kW·h)}$,排气阀温度下降120℃。

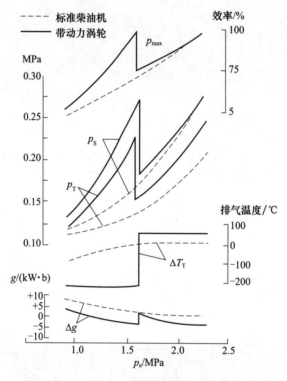

图5-63 PC4-2带动力涡轮柴油机性能

思考题

1. 为什么采用废气涡轮增压方法是增大柴油机功率最有效的方法?这种方法的使用受到哪些限制?为此有哪些改善措施?
2. 高真空、高背压工况下进行柴油机涡轮增压存在哪些困难?如何解决?
3. 压气机喘振的原因是什么?如何消除?
4. 为什么涡轮增压器一般采用离心式压气机?径流涡轮和轴流涡轮工作特点有何异同?

5. 当前涡轮增压系统的发展趋势是什么？
6. 高增压柴油机长期在低转速高负荷下工作有何害处？
7. 提高柴油机功率的途径有哪些？
8. 增压方式有哪几种？各有何优、缺点？
9. 为什么二冲程柴油机与四冲程柴油机相比，实现废气涡轮增压较为困难？
10. 对脉冲系统的基本要求有哪些？为什么要进行排气管分支？其分支原则是什么？

第6章 润滑、冷却系统

6.1 润滑系统

6.1.1 润滑的作用及方法

柴油机工作时,各运动零件的接触面以很高的相对速度做相对运动。各接触面虽经精细加工,看起来十分光滑,如果在高倍显微镜下观察,会发现表面仍存在高低不平的现象。这样,当两零件相对运动时,凸起部分相互挤压而剥落,并阻碍着两物体的相对运动,称为摩擦现象。

摩擦现象的存在给柴油机的正常工作带来以下危害:

(1) 增加了柴油机的功率损失,使有效功率下降,耗油量增加,经济性降低。

(2) 使机件磨损加剧,缩短了柴油机的使用寿命。机件表面因磨损而使外形尺寸减小,配合间隙增加,严重时会影响柴油机正常工作,甚至发生事故。

(3) 由于摩擦而产生大量的摩擦热,使机件表面温度升高,如果润滑不良,温度会急剧上升,使材料的机械性能下降,甚至发生烧熔现象,造成机件损坏。

为了保证柴油机的正常工作,必须设法尽量减少机件表面的摩擦。减小摩擦的有效措施之一是在运转机件的摩擦表面之间加入足够的润滑油,并使之形成具有一定强度和厚度的油膜,将两个摩擦表面隔开,使金属之间不直接接触,从而大大减少摩擦损失。

6.1.1.1 润滑的作用

柴油机的润滑主要有下列作用:

(1) 减磨。在相对运动的零件表面,保持一定厚度的油膜,以减轻摩擦,从而减小零件的磨损和机械损失功率,增加有效功率。

(2) 冷却。通过滑油吸收并带走摩擦表面所产生的摩擦热量或吸收的热量,使机件表面的温度不致过高。

(3) 清洁。利用压力润滑油的循环流动冲洗摩擦表面,带走磨损剥落下来的金属屑。

(4) 密封。利用润滑油的黏性,粘附在运动机件的表面,以提高密封效果(如活塞和气缸之间)。

6.1.1.2 润滑的方式

根据各机件工作条件和要求的不同,润滑油输送到各摩擦表面上的方式主要有以下四种:

(1) 压力润滑。利用滑油泵通过专门管道或钻孔把滑油输送到摩擦表面上,如主轴承、曲柄销轴承、凸轮轴轴承等。这种润滑方式由于油量大,具有一定压力,因此适合润滑承受较大载荷的部件。

(2) 飞溅润滑。当柴油机运转时,借助曲柄连杆或齿轮高速旋转的离心力将粘附在上面的滑油甩到摩擦表面上,如气缸壁面。有时也借助一些沟槽或钻孔将飞溅的滑油引入摩擦表面,如高速机的连杆小头端轴承等。

(3) 人工润滑。其特点是用油壶或油枪等工具定时向需要润滑的地方加注滑油或油脂。主要适用于承受负荷较小而管理人员容易接近的部件,如水泵轴承、发电机及启动电机轴承等。

(4) 油雾润滑。某些小型汽油机为了简化结构而不设专门的润滑系统,利用汽油的快速溶解性能,将滑油按一定比例混溶于汽油中,当混合油进入气缸后,由于滑油的挥发性能差、燃点高、黏性大等性能附着在燃烧室内壁表面,并经过一定的引导槽流入需要润滑的摩擦表面。

6.1.2 润滑系统的组成及分类

6.1.2.1 润滑系统组成

润滑系统的主要任务是把数量足够的滑油连续不断地输送到各个摩擦表面上,使摩擦机件得到良好的润滑和冷却。

尽管润滑系统的组成随着柴油机型号的不同而各异,但一般由下列部分组成:

(1) 承油盘(或油柜),用来储存滑油。

(2) 滑油泵,用于提高滑油压力并把滑油输送到各个使用部位。

(3) 滑油滤清器,用于清除滑油中的杂质,以防止杂质随同滑油进入零件的摩擦表面。保证滑油具有良好的工作性能,延长滑油的使用期限。

(4) 滑油冷却器,用于冷却滑油,使其保持在一定温度范围之内,以保证滑油具有适当黏度,预防高温时滑油的氧化变质。

(5) 指示仪表和安全报警装置,根据系统的工作状态向管理人员显示润滑系统中的各种信息,并自动地代替管理人员进行各种操作。随着科学技术的不断发展,这部分装置会越来越完善。

6.1.2.2 润滑系统分类

按存放循环滑油位置的不同,柴油机润滑系统分为湿式承油盘润滑系统和干式承油盘润滑系统两大类。

1. 湿式承油盘润滑系统

将滑油存放在曲轴箱中的承油盘内,由滑油泵抽出来循环使用,最后又汇积于承油盘中。其特点是柴油机附属设备和整体布置简单。

2. 干式承油盘润滑系统

将滑油单独储存在柴油机外部的日用滑油柜内,承油盘只是用来收集各工作面循环流回的滑油,然后利用重力或专门的抽油泵输入日用滑油柜中储存,油柜中的滑油再由压入滑油泵抽出送入柴油机主油管路分流送入各工作面。其特点如下:

(1) 减小曲轴箱高温气体对滑油的影响,防止滑油老化变质,以延长滑油的使用期限。

(2) 承油盘的容积可以大大减小,这样可以降低柴油机的高度。

(3) 可以防止工作过程中舰船的摇摆引起油面的波动,而造成滑油泵进口露出油面,从而保证了可靠、连续不断地供给滑油。

(4) 要求润滑系统另设日用滑油柜,并采用两个滑油泵(一个抽出泵,一个压入泵)来保证滑油的循环,从而增加了系统的复杂性。

湿式承油盘润滑系统的特点与干式的相反,它普遍用于小型柴油机中。在各种类型的大功率柴油机中,干式承油盘润滑系统获得广泛的应用。这主要是由于大功率柴油机的滑油用量很大,需要很大的承油容积,如果采用湿式承油盘润滑系统,则大大增加了柴油机的高度,给船舶上的安装与布置造成困难。

6.1.2.3 典型柴油机润滑系统

MTU16V396TE94 柴油机润滑系统是一个带闭式阀座润滑系统的湿式油底壳压力循环系统，如图 6-1 所示。

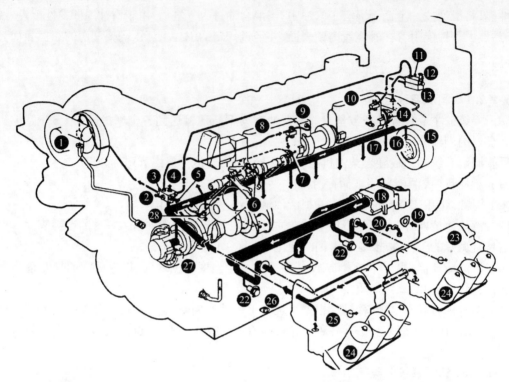

1—废气涡轮增压器A；2—至轴承壳体；3—滑油分配器；4—至进气门座润滑系统；5—至废气涡轮增压器B；6—配气机构；7—滑油供油阀；8—燃油高压油泵；9—缸排断油装置；10—燃油高压油泵1；11—测量块；12—滑油采样接头；13—连接块；14—燃油高压油泵传动装置；15—减振器；16—到曲轴支承座轴承，自由端；17—主油道；18—滑油泵；19—从离心式滤清器来；20—从旁通滤清器来；21—到旁通滤清器/离心式滤清器；22—限压阀；23—滑油热交换器，自由端；24—滑油滤清器；25—滑油热交换器，驱动端；26—滑油排放塞；27—止推轴承；28—活塞冷却油喷嘴。

图 6-1 16V396TE94 柴油机滑油系统

滑油泵通过吸油罩斗从油底壳中将滑油抽出，并通过油底壳中的油道将它输送到柴油机右侧的两个滑油冷却器，一个在自由端，一个在飞轮端，一部分滑油在进入冷却器前分流到旁通滤器中。滑油从冷却器中流出，通过压力调节阀流入滑油滤器。从滤器中流出的滑油流入柴油机的主油道中。

压力调节阀安装在冷却器盖上，并由过滤后的滑油压力来控制。同时压力调节阀也控制着滑油滤器前的滑油，并限制了滑油系统中的滑油压力。当压力过高时，流出滑油经冷却后不经过滤器直接流回油底壳中。

从主油道中流出的滑油分五路分别流向曲轴、凸轮轴、活塞冷却系统、高压油泵传动装置及滑油分配箱。

第一路滑油送到各主轴承，从这里经曲柄臂上的油孔到曲柄销并润滑连杆大端轴承。通过齿轮箱中的插入管，滑油流入端轴承。后从端轴承经环形油槽及油孔进入扭振减振器，经自由端的钟形罩和一弯管流回油底壳。

第二路滑油送到凸轮轴的每个轴承，经油管送到各个气缸盖上。通过气缸盖上的油孔去润滑摇臂轴承和摇臂上的球形销。通过顶杆流回的滑油去润滑滚轮导筒。

第三路滑油从主油道经油路到活塞冷却喷嘴，喷嘴将滑油喷入活塞内腔冷却活塞。

第四路滑油从主油道通过孔流向喷油泵传动装置，再经喷油正时器轴上的孔和环形油道流向喷油泵和两个喷油泵之间的联轴节。

第五路滑油从主油道通过油路流入滑油分配箱。油管将滑油从分配箱引向废气涡轮增压器并通向轴承箱、阀座润滑系统以及喷油泵上的连接块，再流入喷油泵。剩余的发动机滑油将通过油孔和油管流回发动机油底壳中。

6.1.3 润滑系统的主要部件

润滑系统主要部件包括滑油泵、滑油滤清器、滑油冷却器、系统指示信号以及报警保护装置等。

6.1.3.1 滑油泵

滑油泵按用途分类有压入泵和抽出泵，按传动方式分为机带泵和电动泵两种。为保证供油量稳定可靠，滑油泵一般采用容积泵，最常用的是齿轮泵和螺杆泵。润滑系统的主循环油路供油采用的滑油泵一般为齿轮式滑油泵。在辅助循环油路中采用的滑油泵除了齿轮泵以外，还有往复泵及螺杆泵等类型，辅助油路中的滑油泵主要用来充油和输送滑油。

滑油泵的排量需满足滑油带走热量的要求。滑油单位时间从内燃机中带走的热量可按下式估算：

$$Q = (60 \sim 100) P^d \quad (J/h) \tag{6-1}$$

或

$$Q = (30 \sim 50) P^d \quad (J/h) \tag{6-2}$$

式中：P^d 为柴油机有效功率（kW）。

式（6-1）适用于油冷活塞的内燃机，式（6-2）适用于非油冷活塞的内燃机。

滑油泵的循环量按下式计算：

$$V = \frac{KQ}{\gamma C \Delta t} \quad (L/h) \tag{6-3}$$

式中：γ 为滑油密度，一般为 0.85~0.9 kg/L；C 为滑油比热容，一般为 1620~2100 J/(kg·℃)；Δt 为滑油进出口温差，一般中高速机为 10~15℃，低速机为 5~10℃；K 为储备系数，一般取 1.5~2.0。

实际上，循环油量主要取决于柴油机功率以及是否用滑油冷却活塞，所以可以用比流量 V/P^d 来估计滑油泵流量。油冷活塞的比流量 $V/P^d = (7.5 \sim 13.2) \times 10^{-6}$ L/J，非油冷活塞的比流量 $V/P^d = (3.0 \sim 5.7) \times 10^{-6}$ L/J。而一般抽出泵的排量要比压入泵大 30%~50%，以保证曲轴箱内不积油。

图 6-2 为 MTU956 柴油机滑油泵。该滑油泵是齿轮泵，每个泵有两对齿轮并联工作。泵体与泵盖为铸铝件，泵轴承为青铜材质，泵体与泵盖通过螺钉连接。

泵传动端的一对齿轮与泵轴是热压配合，另一端齿轮为液压配合。传动齿轮与传动轴靠锥面压紧配合并由螺帽锁紧，油槽供给轴承润滑油，安全阀装在滑油泵内。

安全阀由阀座、导套、弹簧和阀体组成，它的作用是防止泵超载。弹簧将导套中的阀顶在

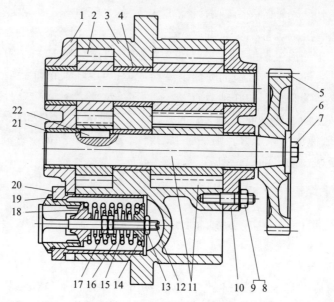

1—轴承盖；2—齿轮；3—泵体；4、21—衬套；5—驱动齿轮；6—垫圈；7—压紧螺栓；
8、13、17—螺母；9—止动垫圈；10—轴承盖；11—泵轴及齿轮；12—阀；14—弹簧座；
15—阀门内弹簧；16—阀门外弹簧；18—导套；19—阀座体；20—安全阀支承；22—键。

图 6-2　MTU956 柴油机滑油泵结构

阀座上，弹簧安装在阀座和弹簧座之间。用螺母将弹簧座固定。当滑油压力大于弹簧开启压力(1.6 ± 0.1)MPa 时，安全阀开启，滑油流入泵的吸入端，当弹簧压力未超过滑油压力时，安全阀始终保持开启状态。

6.1.3.2　滤清器

滑油滤清器按功能不同分为粗滤清器和细滤清器两大类。粗滤清器用于滤去滑油内较大的杂质（平均直径为 0.065~0.025mm），保证清洁的滑油进入摩擦副。细滤清器用于滤去滑油内更小的颗粒杂质。为减小细滤清器的阻力，一般只有 5%~15% 的循环滑油旁通至细滤清器。

滑油滤清器根据结构有离心式、机械式和磁铁式三种类型。机械式滤清器的结构与燃油系统滤清器结构基本相同，离心式和磁铁式滤清器是润滑系统中的两种特殊形式。

1. 机械式滤器

机械式滤清器的工作特点是让滑油通过带有孔眼或缝隙的过滤元件，把杂质留在过滤元件的外表面上。按过滤能力不同分为粗滤器和细滤清器。粗滤清器的滤芯除用金属网以外，还可采用绕线或叠片组成的缝隙，有些也采用纸质滤芯。细滤清器的滤芯可采用更细密的棉毛纤维。图 6-3 为 MTU396 柴油机的双联式滤清器，为典型机械式滤器结构。滑油滤器布置于滑油冷却器的外侧，其底部壳体通过螺钉固定于冷却器的底盖上。

滤器主要由纸质滤芯、壳体各固定机件等组成。壳体由底壳 17、筒体 8 和上盖 7 组成。相互之间有密封环 3 密封。上盖上的螺塞 5 用于滤器放气。导油管 2 由螺纹固定于底壳上的出油孔中，螺纹处有密封环及螺帽 18 压紧。导油管外部套一衬筒，其上部有滑套 9 与衬筒和滤器上盖相配合，使衬筒周围形成一个密封的环形空间。整体式的纸质滤芯套在导油管外部。螺钉 6 将三部分壳体连接一体并使滤芯上、下端面与中间环形油腔密封。滑油从滤芯外部进入，过滤后的油经衬筒和导油管上部的油孔进入导油管，然后从滤器底壳上的排油腔和出油口

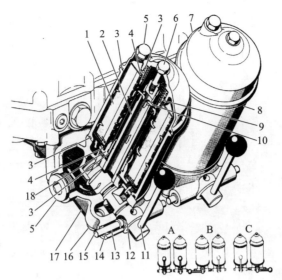

1—纸质滤芯；2—导油管；3—密封环；4—垫片；5—螺塞；6—螺钉；7—上盖；8—筒体；9—滑套；
10—卡环；11—手柄；12—转换阀；13—弹簧；14—导向套；15—球头定位销；16—放油螺塞；
17—底壳；18—螺帽；A—工作位置；B—左侧过滤器不工作；C—右侧过滤器不工作。

图 6-3　MTU396 柴油机的双联式滑油滤清器

排出。底壳上与进油口相通的腔室将未过滤的油引入到滤芯与壳体之间的腔室。过滤后留在滤芯外表面的杂质落入底壳的污油集油池内,可通过放油螺塞 16 放掉。

每个滤器底壳上装有转换阀,阀上手柄 11 可手操纵改变其工作位置。当手柄垂直朝上放置时,此滤器处于工作状态,当手柄水平旋转时,此滤器处于与进出油口断开位置,从而保证多个滤器并联工作时不停机状态更换或检修个别滤器。

当滤芯因污堵而使进出口压差大于 0.25MPa 时,装于滑油冷却器盖上的旁通阀打开,滑油便经旁通阀直接进入排出管。

2. 离心式滤器

离心式滤清器在现代柴油机中获得广泛的应用,它的工作特点是:利用离心原理,使滑油和杂质分离,以进一步滤清滑油中的杂质,从而可以减少机件磨损和延长滑油的使用期限。

图 6-4 为 MTU396 柴油机的离心式滑油滤清器。离心式滤清器离心式滑油滤清器安装在柴油机右侧,与柴油机滑油系统连接,它对滑油进行补充过滤。

滑油通过定压阀、流经滤器底座上的孔和中心空心轴后进入转子内,在压力作用下从转子上部进入反作用喷嘴。当滑油离开喷嘴时,产生的反作用力使转子加速,其速度取决于油压大小。在此过程中产生的离心力使悬浮在滑油中的脏物甩向转子内壁,滞留粘附到滤纸筒上。滤纸筒内脏物的多少表示出柴油机滑油的污染程度。从反作用喷嘴出来的滑油通过出油口进入曲轴箱返回到油底壳。

6.1.3.3　冷却器

冷却器的功用是将滑油在工作中吸收的热量传递给冷却水,让滑油的工作温度保持在最适当的范围。在采用油冷活塞的情况下,滑油吸收的热量非常大。

滑油冷却器可以用海水作冷却剂,也可以用淡水作冷却剂,然后再用海水冷却淡水。显然直接用海水冷却的冷却器尺寸小,但不利于暖机时加速滑油升温和减少系统的腐蚀。

目前,船用柴油机的滑油冷却器最广泛使用的是管板式(淡水冷却器也都采用这种结

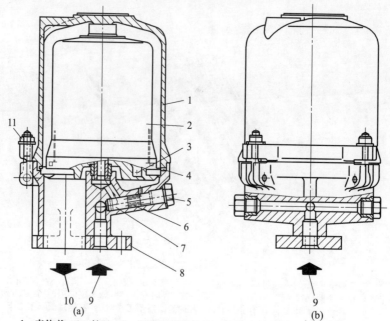

1—壳体盖；2—转子；3—反作用喷嘴；4—O形圈；5—螺塞；6—压缩弹簧；
7—阀门柱塞；8—滤清器壳体；9—进油口；10—出油口；11—螺母。

图6-4 MTU396柴油机的离心式滤清器

构），工作时，热流体（滑油或淡水）通过管壁将热量传给冷流体（海水或淡水）。

图6-5为MTU396柴油机的滑油冷却器，它在柴油机上安装两个串联使用，一台安装在飞轮端，另一台安装在自由端，与低温循环水相连用以冷却滑油，两台滑油冷却器的结构基本相同。

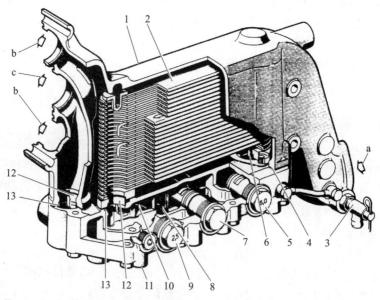

1—壳体；2—冷却器芯板；3—放泄阀；4—垫片；5—旁通阀；6—芯板进油口；7—泄压阀；
8—到滑油滤器；9—旁通阀；10—来自滑油滤器；11—底盖；12—定位套；13—密封圈；
a—滑油冷却器进口；b—冷却水出口；c—滑油出口。

图6-5 MTU396柴油机的冷却器

冷却器主要由壳体和冷却器芯板组两大部分组成。芯板组为一块块空心的散热板叠制而成,两个芯板组并联地装于壳体内的底盖上。每个冷却芯板组两端各有一纵向孔与每一片散热板的空心油道相通。该孔底部经过油导管和密封环与底盖板上的进油孔和出油孔相通。进油孔经底盖内的油道和接口与滑油泵排出管路相连。排油孔以底盖内的油道和接口进入滑油过滤器。

冷却滑油的冷却液来自柴油机淡水冷却系统,淡水前端的淡水管接口进入。对于装于前端(或定时端)的冷却器,淡水进入后分成两路:一路经壳体上部的腔室和出口接头,中间接管进入后端(或飞轮端)的冷却器淡水进口;另一路进入冷却腔内,然后经出口排入柴油机机体冷却水腔。装于后端(或飞轮端)的冷却器冷却水从前端冷却器引入后也分成两路:一路经壳体上的通道直接排入机体冷却水腔;另一路进入冷却腔内然后经出口排入机体冷却腔。进入冷却腔内的冷却水沿空心散热板外走,滑油从散热板内走,通过散热板表面进行热交换。

在冷却器芯板组进出油口和底盖连接的导管接口处,冷却水各进出口接头处都有密封环以保证滑油和水之间的密封。冷却器的底盖上装冷却器油压旁通阀,滑油滤器压差阀和安全阀用于控制整个滑油系统压力变化。

当通过冷却器的滑油流阻过大,例如,由于油温过低或冷却器芯内壁污堵严重而使进出口压差超过 0.6MPa 时,冷却器旁通阀便自动打开,进入冷却芯进口端的压力油便不经冷却器芯而经旁通阀直接流到冷却器芯板组的滑油出口。在滑油过滤器进出口通道之间还装有一个旁通阀,当滤器污堵或其他原因使进出口压差超过 0.25MPa 时,此阀自动打开,从冷却器中流出进入滤器的滑油便不经滤器而经此旁通阀直接进入滤器的出油通道中。

如果经过滤后的油路中主油道的滑油压力过高,超过 0.55MPa 时,泄压阀便自动打开,使冷却后的滑油不再进入过滤器而经此阀直接返回曲轴箱中,从而减少了过滤器的负荷量。

6.1.3.4 自动信号和保护装置

在柴油机运转时,滑油的压力、温度、污染程度以及冷却系统中的淡水温度,对其可靠工作和使用寿命有重大影响。上述参数在说明书中都做了具体的规定,并可通过仪表来检查。在现代船舶柴油机中,除安装各种仪表外,普遍地还安装有报警的灯光和声响的信号装置,在不正常情况下向管理人员发出警报,或者通过保护装置自动使柴油机停车。

图 6-6 为 MTU956 柴油机压差式滑阀。压差式滑阀的作用是根据过滤器进出口的压力差来判断滤器的污堵情况,从而确定是否需要保养维修。

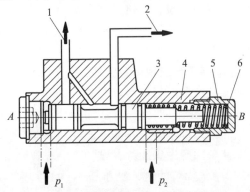

1—去监控机构的滑油;2—泄漏油接管;3—滑阀;4—壳体;5—弹簧;
6—端盖;p_1—滤芯前的滑油压力;p_2—滤芯后的滑油压力。

图 6-6 MTU956 柴油机压差式滑阀

图 6-7 为 MTU956 柴油机滑油压力控制阀,它安装在柴油机传动齿轮箱左侧的冷却活塞主油路中。其功用是控制该主油路滑油压力不能太高,当压力过高时就将主油路中的滑油输送至曲轴箱中,从而减少过滤器的负荷,只让有需要的滑油通过滤器。当主油道压力低于 0.6MPa 时,弹簧力使活塞盖住放油孔,当系统压力超过 0.6MPa 时,控制滑阀 8、活塞 7 向右移动,让开放油孔打开主油道,压力油经此孔和齿轮箱上的油孔流入曲轴箱,直到主油道压力下降,弹簧力又将活塞向右移动盖住放油孔为止。

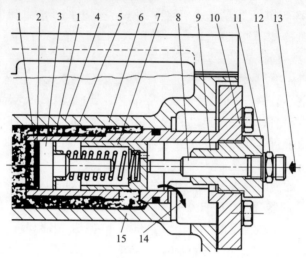

1—锁环;2、4—垫片;3—弹簧座;5—阀体;6—弹簧;7—活塞;8—控制滑阀;9—滑阀体;10、11—密封环;12—油管接头;13—来自运动件润滑系统主油道;14—回油至曲轴箱;15—冷却活塞油压。

图 6-7 MTU956 柴油机滑油压力控制阀

6.2 冷却系统

柴油机工作时,燃料在气缸中燃烧,产生大量的热能,其中一部分热量转变成有用功,带动负载做功,一部分热量随废气排到大气中,另外一部分热量被燃烧室机件吸收,使机件的温度不断升高。为了使燃烧室组件的温度不至于过高,确保它处于正常工作温度的范围内,大中型柴油机一般利用冷却液将燃烧室组件吸收的热量带走。

如果不及时把受热机件所吸收的热量散发出去,将会使这些部件的温度急剧升高,从而造成下列不良后果:

(1) 部件的强度大大下降,甚至会出现严重破坏,如轴承烧熔、活塞烧穿等事故。

(2) 部件受热后会产生膨胀变形。当材料以及各处的受热程度不同,会形成变形和膨胀量的差异,严重时会破坏零件间的正常配合间隙,从而造成严重故障与事故,如活塞卡死在气缸中或出现拉毛现象等。在同一部件中由于各部位的受热不均匀,会造成该部件内部产生热应力,反复作用,还可能使部件表面产生热疲劳、热蠕变,出现裂纹破损。

(3) 由于燃烧室组件的温度过高,使进入柴油机内的新鲜空气热而密度降低,进气量减少,从而柴油机的功率下降。

(4) 润滑条件恶化。润滑油在高温下黏度大大降低甚至氧化变质,因此摩擦表面不能形成油膜,造成机件的严重磨损。另外,滑油结胶也会黏住活塞环,影响燃烧室的密封性。

由上述可知,要保证柴油机正常工作,必须进行冷却。随着科学技术的进步,当燃烧室组件采用了耐高温、绝热的陶瓷材料后,也可以实现不用冷却的"绝热柴油机"。如果这样,由于它可将原来由冷却水所带走的部分热量转变成有效功,柴油机的热效率将会大大提高。

必须指出,对柴油机的冷却也必须适当,过度冷却也会带来下列不良后果:

(1) 冷却液带走的热量增加,降低了柴油机的功率,并使经济性变差;

(2) 使受热零件各处的温差变大,产生过大的热应力,严重时会造成零件产生热裂纹。

因此,只有进行适当的冷却才能保证柴油机正常工作,并具有良好的经济性。柴油机在运转过程中,要求严格地控制冷却液的进出口温度,其目的就是获得合理的冷却强度。

冷却系统的任务是保证冷却液不断地流过受热机件的周围,吸收和带走一部分热量,使这些机件的温度处于规定范围内,保证柴油机的正常工作。

6.2.1 冷却系统组成及形式

6.2.1.1 冷却系统组成

柴油机冷却系统通常由水泵(包括海水泵和淡水泵)、冷却器(包括淡水冷却器、滑油冷却器和空气冷却器)、膨胀水箱、指示仪表和报警装置、温度调节装置等主要部件组成,冷却液由水泵来强制循环。

6.2.1.2 冷却系统形式

船舶柴油机常用的冷却系统有开式和闭式两种。

1. 开式冷却系统

这种系统的特点是直接将舷外水(海水或河水)输入柴油机的受热部位,冷却这些机件以后,直接排到舷外去。

开式冷却系统的优点是:系统装置结构组成较简单,维护方便。缺点是:未经处理的舷外水,容易使水腔内生成水垢和淤积泥沙,影响传热效果,而且海水对金属材料的腐蚀性也较强;在用海水作水源时,为减小水垢的形成,一般出水温度应控制得比较低,这样可能会发生过冷现象。

因此,开式冷却系统仅用于技术指标不高的中小型船舶柴油机中。随着船用柴油机强化程度的不断提高,这种系统的应用已逐渐减少。

2. 闭式冷却系统

这种系统的特点是:采用淡水对柴油机的受热部位进行循环冷却,然后再利用舷外水将淡水的温度降低。整个系统由海水系统和淡水系统两大部分组成。

淡水系统中由淡水泵输出的水进入气缸体的水腔,然后经气缸盖进入排气管,水从排气管流出后进入淡水冷却器,再回到淡水泵的进口。为了控制柴油机的进口水温度,柴油机冷却水出口处安装有调温阀,它的作用是根据柴油机中排出的水温变化,自动地调节通过淡水冷却器的水量。海水系统中由海水泵通过通海阀和海水滤器吸入海水,经淡水冷却器后排出舷外。

闭式冷却系统的优点是:冷却水温可以控制在有效范围内,从而受热机件能处于较为合适的温度条件下工作,改善了柴油机的经济性;由于冷却水对水腔的污染小,因而它可提高柴油机工作的可靠性和使用期限。缺点是冷却系统的结构与布置较复杂。目前,这种系统在现代各种功率的柴油机中得到广泛应用。

为防止腐蚀和积垢,可在冷却水中加入添加剂。在闭式循环中,冷却水的温度受淡水沸点的限制。为了提高冷却水温,减小冷却装置的尺寸和质量,以降低受热部件的热应力,减少热损失,某些轻型强载的柴油机将其整个系统加以封闭,并让其内部保持一定的压力。

6.2.1.3 典型柴油机冷却系统

MTU396 柴油机的冷却系统为闭式循环冷却系统,由淡水循环系统和海水循环系统两个独立的循环系统组成。淡水冷却系统为闭式压力循环系统,主要由膨胀水箱、淡水泵、滑油冷却器、增压空气冷却器、自动调温阀以及海水/淡水冷却器等组成。海水系统主要由海水泵、海水/淡水冷却器等组成,主要用于冷却淡水、发电机和隔离罩内的空气。

MTU396 柴油机冷却系统按冷却循环方式不同可分为三种,即 TC 冷却循环系统、TB 冷却循环系统和 TE 冷却循环系统。三种冷却循环原理图如图 6-8~图 6-10 所示。

1. TC 冷却循环系统

TC 冷却循环系统的冷却水由外源水或风扇来进行散热冷却,冷却水温由恒温阀控制调节,滑油热定交换器和中冷器均由冷却水来冷却。其特点是:结构简单,若是采用风扇散热,则能节省用水,可应用于机车,载重汽车等场合;中冷器用淡水进行冷却,不腐蚀,但冷却效果受到一定的限制,尤其是在热负荷较大时。

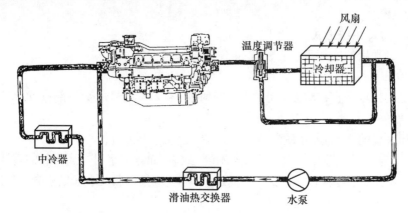

图 6-8 TC 冷却循环系统

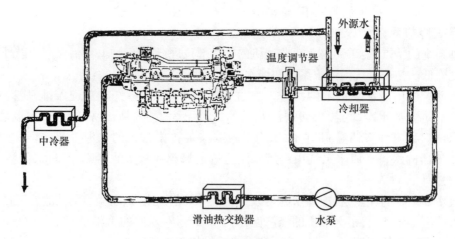

图 6-9 TB 冷却循环系统

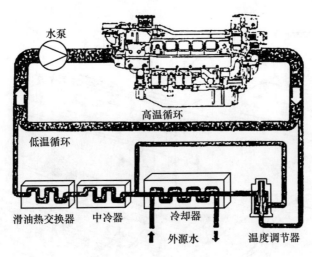

图 6-10 TE 冷却循环系统

2. TB 冷却循环系统

TB 冷却循环系统的冷却水和中冷器均由外源水进行冷却散热,冷却水温由恒温阀来控制调节,滑油热交换器安装在冷却水循环系统中。其特点是:结构相对简单,淡水冷却器和中冷器用外源水冷却,冷却效果较好,低负荷时易产生冷却过度的过冷状况,若外源水是海水,则会造成较大的腐蚀。

3. TE 冷却循环系统

TE 冷却循环系统的冷却水由外源水进行冷却散热。整个淡水循环分为高温循环和低温循环两个部分,由节流孔板分配,2/3 的冷却水参与高温循环,冷却水温度保持在 75～85℃,1/3 的冷却水参与低温循环,冷却水温大约为 50℃,恒温阀、淡水冷却器、中冷器、滑油热交换器在低温循环水路中。其特点是:高温循环和低温循环分开工作,可保证柴油机冷却水保持在合适的工作温度。在低负荷冷车启动时,中冷器和滑油热交换器受到冷却水的加热,可提高工质工作温度,使得柴油机易于启动;同时低温滑油受到适当加热,有利形成油膜,减少摩擦损失,缩短暖机时间,提高了柴油机的机械效率。

MTU16V 396TE94 柴油机作为主机带动螺旋桨使用,其转速负荷变化范围较大,工况比较复杂,采用了 TE 循环冷却方式,优点明显,但结构较为复杂。图 6-11 给出了该型机的冷却系统组成和冷却水流向。

该型柴油机淡水冷却系统带有预热装置,装置接通时,柴油机冷却水被不断加热到 45℃左右,有利于机器启动,防止燃油和滑油的残渣在燃烧室里积碳,避免冷启动磨损。预热装置布置在柴油机外部的冷却水循环系统中,恒温器可自动接通和断开预热装置。预热过的冷却水流入柴油机,环绕冲洗气缸套,向上流经气缸盖及淡水冷却器(水回路冷却器)回到预热装置。必须注意的是,该型机器使用经过处理的淡水。

海水用来冷却淡水以及柴油机与隔声罩内的空气,布置在自由端上的海水泵从舷外海水箱经滤器吸入海水,通过管路送至淡水冷却器或者其他配套部件的冷却器,冷却后流出的水汇集一起后排出舷外。应急海水供给系统连接在淡水冷却器入口前的海水管路中,在应急情况下,必须用海水泵出口处的转换法兰将海水管路堵住并打开截止阀接通应急供水系统。需要时,在淡水泵传动轴的自由端还装有舱底污水泵。

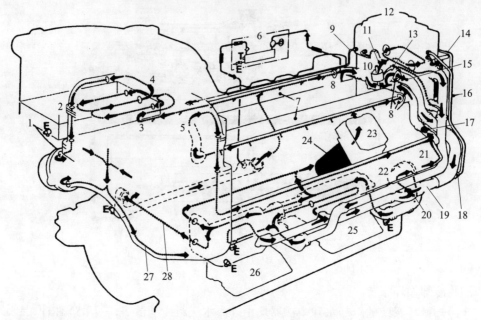

1—增压空气预热器；2—冷却水泵；3—到增压空气预热器；4—从冷却套来(左侧)；5—到冷却套(右侧)；6—预热装置；7—带冷却套的进气管；8—节流板；9—放气管；10—恒温器；11—柴油机冷却器；12—冷却水膨胀水箱；13—旁通至滑油热交换器；14—冷却水冷却器；15—旁通至水泵；16—冷却水膨胀管；17—过滤器；18—引射管；19—扩压管；20—从低温回路来(混合点)；21—排气管冷却水套；22—水泵；23—气缸盖；24—气缸套；25—自由端热交换器；26—飞轮端滑油热交换器；27—排气连接管冷却水套；28—到柴油机左侧；E—排泄口；T—温度监测器。

图6-11　MTU16V 396TE94柴油机淡水冷却系统

6.2.2　冷却系统的主要部件

柴油机冷却系统部件主要有水泵、调温器、散热器和膨胀水箱等。

6.2.2.1　水泵

图6-12为MTU16V396TE94柴油机冷却水泵，它是一台离心泵。泵轴和传动齿轮整体加工制造，由两个止推向心球轴承和一个圆柱滚柱轴承支承，止推向心球轴承装在轴承座内，

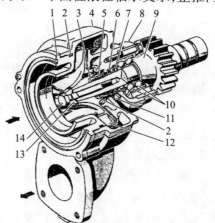

1—连接件；2—O形环；3—推力环；4—泵体；5—滑环式水封；6—油封；7—螺母；8—轴承体；9—泵轴；10—角接触球轴承；11—溢流孔；12—叶轮；13—止推垫圈；14—应力螺栓。

图6-12　MTU16V396TE94柴油机淡水泵

轴承座靠蜗壳确定中心并用螺钉固定在泵轴上。

滑油腔由轴密封环(油封)密封,水腔由水封环密封。油封和水封之间有一泄流孔,如果此孔有水流出,则表明水封密封不良,如有油流出,则表明油封密封不良。冷却水恒温器控制冷却水流,使冷却水迅速达到所需要的工作温度(柴油机工作时恒定不变),它布置在柴油机出口后冷却水管内并用法兰与柴油机冷却水冷却器的壳体连接。MTU16V396TE94 柴油机各型淡水泵的基本结构是一样的,只是出水口根据不同机型有所区别。

图 6-13 为 MTU16V396TE94 柴油机海水泵,为自吸式离心泵。带传动齿轮的泵轴支承在深槽滚珠轴承和圆柱滚柱轴承上,深槽滚珠轴承装在泵壳体上,圆柱滚柱轴承安装在位于传动齿轮箱的轴承法兰上,轴承用喷射滑油润滑,叶轮用圆垫板和螺钉固定在泵轴上。

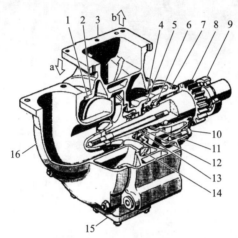

1,4,5—密封圈;2—间隔环;3—泵体;6—深槽球轴承;7—轴承壳体;8—泵轴;9—圆柱;
10—螺栓;11—油封;12—推力杆;13—滑环式水封;14—泵时轮;15—盖板;
16—进水弯管;a—海水进口;b—海水出口。

图 6-13 MTU16V396TE94 柴油机海水泵

滑油腔用两个 O 形圈和一个径向油封密封,水腔用一个水封(滑动环)密封。在油封和水封之间有一泄流孔,若在此孔流出水,是水封密封不好;若滑油流出,是径向油封密封不好。

海水入口布置在泵壳体的上部,使泵在柴油机停车时仍充满水并在每一次启动时立刻能吸上水。海水泵通过一只排水螺塞排水。

6.2.2.2 调温器

柴油机工作时,传给冷却水的热量随着转速和负荷的增加而增加,为了使冷却水温度自动保持在允许范围内,冷却系统中安装有淡水调温器,又称为淡水恒温器。调温器可根据柴油机工况的变化,自动地调节进入淡水冷却器的水量,从而控制柴油机冷却水的进机温度。

若柴油机冷却系统中安装调温器,由于柴油机的暖机过程加快,磨损减小,也不会因水温过高或过低而影响柴油机工作的可靠性和经济性。

图 6-14 为 MTU16V396TE94 柴油机的淡水恒温器,是一种转阀式调温器。其开启初始温度约 70℃,全部开启温度约 82℃,布置在柴油机出口后的冷却水管内,用法兰与柴油机冷却水冷却器的壳体相连。

在恒温器壳体内,装有一只摆动滑阀和一个工作元件,工作元件是一气密高压的容器,内装热敏膨胀材料,当冷却水温度升高时膨胀材料体积增大,使工作元件长度增长,增长量传递到止推销,再转换为滑阀沿曲线密封面的摆动,将水流引导到所要求的管路中,摆动滑阀通过

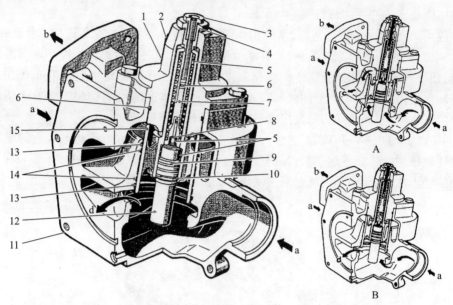

1—盖；2—放气接头；3—锁紧套；4—螺纹套；5—弹簧；6—O形圈；7—止动销；8—销；
9—垫圈；10—挡环；11—恒温器壳体；12—热敏元件；13—刮环；14—导向环；15—滑阀；
a—从柴油机来；b—旁通到水泵；c—到冷却水冷却器；d—旁通；
A—柴油机在工作温度时；B—柴油机冷机时

图 6-14　MTU16V396TE94 柴油机的淡水恒温器

拉力弹簧复位。

柴油机冷态时通往淡水冷却器的管路是关闭的,柴油机冷却水经短路旁通流入柴油机冷却水泵入口。在快要达到工作温度时,热敏元件改变了滑阀位置,一部分水流回到淡水冷却器中,短路旁通水流量相应减少,在热敏元件全升程时短路水流关闭。

6.2.2.3　海水/淡水冷却器

图 6-15 为 MTU16V396TE94 柴油机冷却水冷却器结构图,为板芯式冷却器,它与海水系统相连并且将冷却水冷却到规定的温度。

冷却水冷却器包括一个壳体、两个导销和一个压板。在冷却器壳体首端板、末端板和压板之间,有一组芯板用 6 个螺柱及套筒连在一起用以密封。芯板组包括若干个通道板,冷却芯板的数量取决于所需冷却量,芯板按冷却水和海水的流向交替排列。

柴油机冷却淡水和海水由装在芯板和双密封孔之间的密封衬垫分开。双密封孔间有一个漏水腔,泄漏液体可沿密封衬垫内的漏水槽排出。在膨胀水箱上粘有一标牌,标明芯板的排列。

柴油机冷机时,冷却水从冷却器壳体中的旁通管直接经过芯板组。冷却水达到工作温度时,冷却水从冷却器外壳的另一通道进入冷却芯板,交叉流过每一芯板。旁通管中的冷却水和冷却后的冷却水流向中冷器。

海水由冷却器壳体的入口进入芯板组,交叉流过每一芯板,冷却柴油机内淡水,然后从压板上的出口流出。应急海水从压板上的入水口供水。

海水/淡水冷却器的试验压力为 0.7MPa。

6.2.2.4　冷却水膨胀水箱及通气阀

膨胀水箱用于补偿由于温度波动而引起的冷却水容积变化,对冷却水系统放气并显示冷

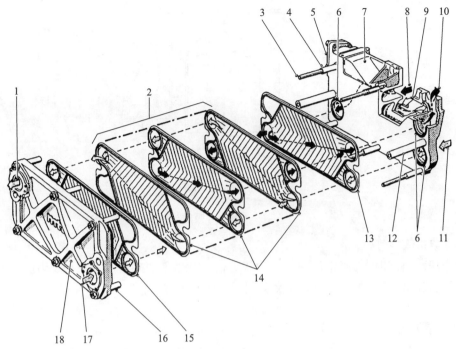

1—海水出口；2—芯板；3—螺柱；4—间隔套；5—盖；6—O形圈；7—冷却器壳体；
8—在工作温度时；9—旁通至中冷器；10—工作温度时到中冷器；11—海水泵的海水入口；
12—导销；13—首端板；14—通道板；15—末端板（通道板）；16—螺纹套；
17—应急海水入口；18—压板。

图 6-15　冷却水冷却器（海水/淡水冷却器）

却水位，通常装在冷却水冷却器的上方，并通过膨胀管和放气管与冷却水系统相连。

图 6-16 为 MTU16V396TE94 柴油机的膨胀水箱。膨胀水箱顶部布置有一个呼吸阀，左右侧的观测玻璃用于检查冷却水位，也可以用液位监测器监测冷却水位，液位监测器装在端盖上或直接装入膨胀箱中。

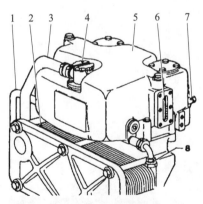

1—膨胀管；2—冷却水冷却器；3—溢流管；4—呼吸阀；5—膨胀水箱；
6—观测玻璃；7—端盖（用于安装液位监测器）；8—污泥排放口。

图 6-16　MTU16V396TE94 柴油机冷却水膨胀水箱

呼吸阀的功用是密封冷却水系统并补偿膨胀水箱中的压力波动，结构如图 6-17 所示。
冷却水冷却后，当膨胀水箱中产生的真空超过规定的开启压力值（0.010MPa 真空度）时，

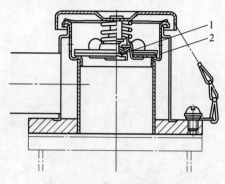

1—吸入阀；2—放泄阀。

图 6-17 呼吸阀

吸入阀开启进入空气。

当冷却水热态时,膨胀水箱中产生的压力值超过规定的开启压力 0.085~0.115MPa 时,放泄阀开启放出空气,如果冷却水位太高,则冷却水溢出。

思考题

1. 列表说明 MTU16V396TE94 柴油机需润滑的机件部位及润滑方法。
2. 画出 MTU16V396TE94 柴油机润滑系统原理图。
3. 阐述开、闭式冷却系统的特点。
4. 画出 MTU16V396TE94 柴油机冷却系统原理图。
5. 冷却水温为什么不能太高或太低？说明原因。

第7章 柴油机操纵与控制

7.1 启动系统

为了使柴油机从静止状态转变为运转状态,必须依靠外界的能量推动曲轴旋转。柴油机的启动就是使静止的柴油机进入工作状态的过程。启动装置的任务是为实现这一过程创造必要的条件。

要使柴油机从静止状态进入工作状态,只有喷入气缸的柴油能够自行发火燃烧才能实现。也就是压缩终点的温度必须高于柴油的自燃点,这个温度只有在一定曲轴转速下才能达到。如果曲轴转速过低,压缩过程进行得缓慢,使燃烧室内壁散走的热量增加,同时空气通过活塞环和气阀不严密处的泄漏量也增多,这些因素都会使压缩终点的空气温度降低。此外,曲轴转速过低时,由于供油装置的雾化不良也带来柴油机发火困难。因此,为保证足够高的压缩终点温度和必要的柴油雾化质量,启动时柴油机的转速必须达到一定的数值。把能使柴油机发火燃烧的最低转速称为启动转速。启动转速的数值并不是一成不变的,它随柴油机的结构特点、工作状态和气候条件等因素的不同而变化。因而,各类柴油机启动转速的具体数据不完全相同。一般说来,在正常条件下,当活塞的平均速度 C_m 达到 0.5～1.5m/s 时就可使柴油机从冷机状态下启动起来。例如,冲程长度 $S=450$mm 的 6-390 型柴油机,其最低转速为 60～100r/min;而 6-150 型柴油机,其最低转速为 130～150 r/min。

为使柴油机达到必要的启动转速,外界必须提供足够的能量,这部分能量主要消耗如下:
(1) 克服摩擦阻力,包括带动各种附属装置的阻力。
(2) 使各运动部分加速,从静止状态达到启动转速。
(3) 完成柴油机的工作过程。

根据启动所利用的能源不同,启动装置的结构形式也各异。目前,船舶柴油机主要采用下面两种形式:
(1) 利用电动机启动。由蓄电池组供电给专用电动机,再由电动机驱动曲轴旋转,直至达到启动转速。
(2) 由压缩空气启动。由储存在高压气瓶内的压缩空气供给能源,启动时,将压力空气在适当时机引入气缸,依靠压缩空气的压力推动活塞运动,并迫使曲轴旋转,或者利用空气马达直接驱动曲轴旋转。

在小型柴油机中有的用人力借助于手拉绳索或摇把直接转动曲轴来实现启动。一般来讲,一台柴油机只有一套启动装置,但为了保证启动可靠,在个别柴油机中同时设置为电启动和空气启动。

7.1.1 电启动

7.1.1.1 电启动系统基本原理

电启动系统组成如图 7-1 所示,主要包括电动机和蓄电池两部分。当按下启动按钮以后,线路接通,电动机通过齿轮和飞轮上的齿圈带动曲轴旋转。

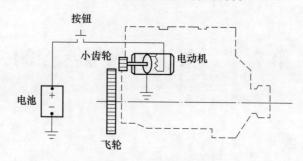

图 7-1 电启动系统组成

为了使启动电动机的工作点能够保证柴油机达到足够的启动转速,电动机上传动齿轮与飞轮上齿圈之间选用一定的传动比,一般为1:10~1:15,其中电动机轴上的齿轮齿数较少(如 ST614 型启动电动机中为 11 个齿),而和飞轮连接的齿圈齿数较多(如 4-135 柴油机为 125 个齿)。为了防止启动电动机在柴油机进入正常工作状态后造成电动机的飞车事故,传动齿轮必须只在启动过程中保持啮合,一旦柴油机自行运转后,两者应该立即脱开。为了满足这一要求,出现了多种传动形式。

电动机轴上的齿轮与飞轮上齿圈的结合方式有以下三种:

(1) 人工结合。启动前用人力通过拉杆使它们结合。

(2) 惯性结合。当启动电动机旋转时,利用齿轮的惯性自动与齿圈结合。

(3) 电磁结合。在启动电动机带动曲轴旋转以前,利用电磁阀和传动杠杆把齿轮推到结合位置。

电动机轴上齿轮与飞轮上齿圈的脱开方式有以下两种:

(1) 利用柴油机进入正常工作状态后,齿轮与电动机轴之间形成的转速差,自动脱开。

(2) 利用传动机构中的复位弹簧把齿轮拖开。但在这种脱开方式中,当柴油机已经工作而齿轮尚未脱开以前,利用传动装置中的离合器,让齿轮在电动机轴上空转,避免反拖电动机。

7.1.1.2 典型电启动装置

图 7-2 为 MTU6V396 柴油机电启动装置,该启动电机主要由啮合小齿轮及摩擦离合器、电动机和电磁控制装置三大部分组成。

1. 基本结构

带套轴的啮合齿轮 19 用螺母固定于啮合传动杆 2 上,传动杆插入电机枢轴中心孔内,右端通过弹簧和电磁开关的传动机构相联系。左端有键与螺旋轴套相连接。为了使齿轮与飞轮齿圈易于啮合,齿轮齿牙的端面都加工成圆角。螺旋轴套 1 左端支承于滚动轴承中,右端插入电机枢轴轴心孔中,并由滚针轴承支承。螺旋套轴的中部加工有螺旋键,其对应部位套装有一个带内螺旋键槽的螺旋压紧套 20。压紧套右端有凸肩,左边外圆上沿轴向均布有四道直槽,电动机枢轴左端有一圆形鼓轮,鼓轮上沿轴向均布四道直槽,其左端盖与鼓轮用螺钉固紧,并通过轴承衬套支承于电动机端盖内。枢轴右端为集电环 13、电刷 14 和电刷架 15 与启动系统的控制和电源电路相连。右端滑动轴承装于集电环端盖内。

枢轴鼓轮与螺旋压紧套之间装有摩擦片、压紧环和弹性圈,它们共同组成一套摩擦离合器 3。从动摩擦片的内圆圈上加工有四道凸齿,它们套装于螺旋压紧套上,其凸齿插入螺旋压紧套上的直槽中;主动摩擦片的外圆上加工有凸齿,插入枢轴鼓轮上的四道直槽中。安装时,四

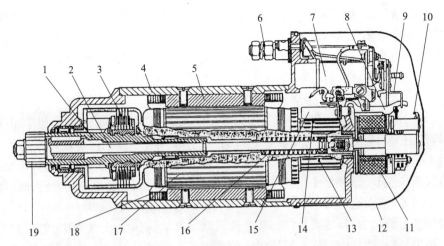

1—螺旋轴套；2—啮合传动杆；3—摩擦离合器；4—外壳；5—极铁；6—电源接头；
7—控制继电器；8—触动杠杆；9—止动板；10—释放杆；11—电磁开关；12—罩盖；
13—集电环；14—电刷；15—电刷架；16—弹簧；17—转子；18—励磁绕组；
19—啮合齿轮；20—螺旋压紧套。

图7-2 MTU6V396电启动装置

个主动片与四个从动片交替叠套在螺旋压紧套上，两侧装有压紧环，左侧还有一个圆盘状弹性圈靠在螺旋轴套的凸肩上。在螺旋压紧套上还装有4颗带螺旋弹簧的摩擦片离合器预加载螺钉，用以将螺旋压紧套紧压在螺旋轴套的凸肩上。这种结构的功用是，当启动超负荷情况下，由于减小了作用于摩擦片上的负荷而具有超负荷保护的优点。

该电启动装置的操纵控制部分主要由电磁开关11、控制继电器7、触动杠杆8、止动板9和释放杠杆10等部件组成。其中触动杠杆、止动板和释放杆组成联锁装置。

2. 工作原理

1）传动齿轮的啮合

该型号电启动装置的传动小齿轮的啮合过程可分为两个阶段：

启动开始时，按下启动按钮，电流经电源接头进入控制继电器7的线圈和电磁开关的保持继电器线圈。电磁开关的电磁力吸引衔铁向左移动，从而推动传动杆2压缩复位弹簧16，并带动螺旋轴套1向左移动，使与之相连接的传动小齿轮19移向与飞轮齿圈相啮合的位置。在此过程中，传动小齿轮与枢轴同步缓慢转动，此时，由于与电枢主线圈串联的分流绕组也通电。电磁开关的保持线圈与高阻抗的分流绕组一起，起到电枢主绕组的负载电阻作用，从而限制了主绕组的电流强度，也就限制了电枢轴的转速。如果传动小齿轮移动到飞轮齿圈的端部时没有立即啮合，而是齿牙刚好相对，则小齿轮会贴着齿圈的端面随电枢轴继续转动，当转到小齿轮的齿牙对准齿圈上的齿谷时，作用于啮合传动杆右端的电磁铁作用力便将小齿轮推进到啮合状态。

当传动小齿轮与飞轮齿圈进入啮合状态时，释放杆10正好顶住触动杆8，使桥式接触器在弹簧力作用下立即进行转换：电磁开关的保持线圈和分流绕组由原先与电枢主绕组串联方式转换为并联方式，从而使电枢的主绕组获得充足电流，可以产生最大的转矩通过摩擦片离合器带动曲轴旋转。此时仍不能立即将曲轴转动起来，尽管电动机枢轴转动，由于柴油机的静摩擦力矩很大，摩擦离合器的主从摩擦片还未压紧，所以小齿轮与螺旋轴套不转动。主动摩擦片在枢轴鼓轮的带动下旋转，并带动从动摩擦片及其压紧套在螺旋轴套上转动。因为它们之间

239

是螺旋键连接,所以压紧套筒在旋转的同时必须沿轴向向左移动,结果使主、从动摩擦片之间越压越紧,直至摩擦离合器传动的力矩大于曲轴上的阻力矩时,小齿轮便带动飞轮齿圈转动起来,从而使曲轴也旋转起来。当曲轴的转速达到启动转速时,柴油机便发火燃烧,进入正常运转状态。

2) 传动齿轮的脱离

柴油机自行发火后,转速迅速升高,从而使传动关系发生了根本性变化:齿圈由从动变为主动,小齿轮由主动变为从动,并由小齿轮带动电枢轴转动,这样就使螺旋轴套与螺旋压紧套之间产生了转速差,从而使螺旋压紧套沿轴向右移动,主、从动摩擦片相互分离,传动小齿轮与电枢轴也就相应脱开,结果是小齿轮及螺旋轴套跟随飞轮齿圈一起做高速运转,而电枢轴按电动机的额定转速运转,这样就保护了电动机转子不致因超速而损坏。

启动柴油机成功后,释放启动按钮或断开启动器开关,则电磁开关断电,电磁力消失,衔铁在弹簧作用下松脱,啮合传动杆在复位弹簧的作用下右移,退回原位,从而使螺旋轴套和传动小齿轮也向右移,与飞轮齿圈脱开,回到启动前的位置。

3) 电枢轴的制动与过热保护

分流绕组除了限制电枢轴的空载转速(前面已叙述)以外,还保证每次启动程序都完成后,使启动电动机尽快停止转动。这是由于绕组中在断电的瞬间产生的感应电势在电枢绕组中形成一个反转矩的结果。这样,如果第一次没有启动起来,经过短暂停歇又可重新启动。

启动器中还装有两个热敏开关,一个接入电磁开关的绕组中,另一个接于啮合继电器和电刷之间的线路中。当由于多次未启动成功或启动时间过长而使电磁开关线圈或其他带电负载的温度超过规定值时,热敏开关就自动断开电源,从而使传动小齿轮脱开。停歇20s后,待启动器充分冷却后才允许重新启动。

7.1.2 空气启动

用空气马达启动柴油机的作用原理和用电动机启动柴油机相同,只不过它是用压缩空气驱使小齿轮转动,在此不做进一步介绍。

用压缩空气直接启动就是将具有较高压力的空气,按照柴油机各缸发火顺序在动力冲程开始时充入气缸,借助于压力空气推动活塞运动,并迫使曲轴带动各附件进入工作状态。在柴油机进入工作状态后停止进气。

为了保证柴油机迅速可靠地启动,必须保证一定的空气压力和一定的空气量。压力空气进入气缸的开始时间在动力冲程之初,而停止进气的时间受排气阀或排气孔开启时刻的限制,一般在排气阀(或排气孔)开启前停止。

为了满足柴油机曲轴停在任何位置都可进行启动的要求,各气缸进压力空气的时间必须有适当的重叠,也就是进压力空气过程的曲柄转角必须大于各气缸工作循环之间错开的角度。这一要求的满足与柴油机的气缸数目有关,即四冲程柴油机的气缸数必须在6缸以上,二冲程柴油机的气缸数必须在4缸以上,否则在启动前必须将曲轴盘车到一定位置。一般采用压缩空气启动的柴油机中,每个气缸安装一个启动阀,但有些柴油机为了使结构简化,只在半数气缸安装启动阀。

压缩空气启动系统由下列部分组成(图7-3):

(1) 供应压缩空气的压缩机,它可由柴油机本身带动或借外界能源(如电动机)带动,船舶上一般借外界能源带动。

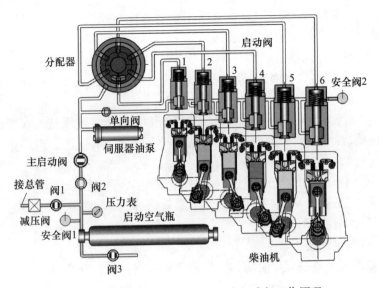

图7-3 压缩空气启动系统的基本组成与工作原理

(2) 用来储存压缩空气的启动空气瓶以及管路上的阀门1、2、3,安全阀1、2,压力表等。

(3) 控制各气缸按发火顺序进气的启动装置,包括启动阀和空气分配器。启动阀是压缩空气进入气缸的门户,而它的开关时机由空气分配器来控制。

(4) 操纵启动装置进行工作的主启动阀。

7.1.2.1 启动阀

启动阀是控制压缩空气进入气缸的通道,一般装在气缸盖上(气孔直流式二冲程柴油机除外),目前普遍采用的有两种形式,如图7-4所示。

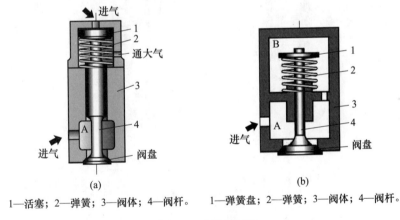

1—活塞;2—弹簧;3—阀体;4—阀杆。　　1—弹簧盘;2—弹簧;3—阀体;4—阀杆。

图7-4 启动阀结构

1. 双气路启动阀

图7-4(a)为双气路启动阀式,其主要特点是经启动阀进入气缸的启动空气不控制启动阀的动作,而是利用专用压力空气来开启启动阀。

阀的阀盘锥面利用弹簧和弹簧承盘紧紧贴合在阀座上。压缩空气充满着A腔,由于作用在阀上的空气压力始终处于平衡状态(向上和向下的承压面积相同),因此阀的关闭状态并不受压缩空气的影响。在阀的顶部B腔中装有活塞,当向B腔通压缩空气时,活塞被推动下行,并克服弹簧的张力把阀顶开。这时启动空气才不断地经 A 腔进入气缸。当 B 腔的空气放出后,阀在弹簧张力的作用下关闭,停止进气。

2. 单气路启动阀

图 7-4(b)为单气路启动阀式,其主要特点是利用经启动阀进入气缸的启动空气直接控制启动阀的动作。

阀的阀盘锥面利用弹簧和弹簧承盘紧压在阀座上。当压缩空气充入 A 腔时,作用在阀盘上的空气压力克服弹簧的张力把阀顶开,启动空气不断地进入气缸。当停止进气后,启动阀关闭。

采用双气路的启动阀时,通过空气分配器的空气仅仅是开启启动阀的空气,在气缸径较大的柴油机中通常采用这种形式。采用单气路的启动阀时,全部启动空气都通过空气分配器,这种形式在高速机中广泛应用。

7.1.2.2 空气分配器

空气分配器的作用是按规定时间和一定顺序使压缩空气顶开启动阀,让启动空气进入气缸。目前普遍采用的有以下两种形式。

1. 滑阀式

图 7-5 为滑阀式空气分配器,进入启动阀的压缩空气由一控制阀来控制,每一启动阀对应和一个控制阀连接。

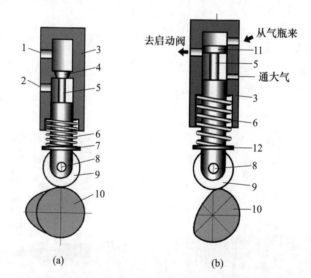

1—进口;2—出口;3—阀体;4—阀盘;5—阀杆;6—弹簧;7—承盘;8—销轴;
9—滚轮;10—凸轮;11—控制滑阀;12—弹簧承盘。

图 7-5 滑阀式空气分配器结构

图 7-5(a)所示的形式是每一控制阀由一个凸轮控制,全部凸轮安装在配气机构的凸轮轴上,或者安装在一根独立的凸轮轴上。控制阀借弹簧的张力紧压在阀座上,从储气瓶来的压缩空气也作用在控制阀的顶面上。当凸轮克服弹簧张力和空气压力通过滚轮使控制阀向上抬起时,压缩空气就可进入启动阀,当滚轮与凸轮的基圆部分接触时,控制阀关闭,停止进气。

图 7-5(b)所示的形式是全部控制阀由一个凸轮控制,这些控制阀的中心线按径向均布在一个平面上。凸轮的形状呈扁形,即凸轮起作用的部分是基圆中被削去的凹下部。平

时,控制阀由于弹簧的作用而升起,不和凸轮接触,这时去启动阀的通道与通大气的孔道连通,因而启动阀关闭。当压缩空气进入控制阀的顶部空腔时,控制阀被压下,滚轮和凸轮接触,但在与基圆接触范围内,压缩空气仍不能进入启动阀;只有凹下部和滚轮接触时,控制阀向下运动,才让去启动阀的通道与压缩空气的进口连通,同时把启动阀通大气的孔道隔绝。

在滑阀式空气分配器中,进气的总时间取决于凸轮的夹角,而进气开始的时间取决于凸轮与曲轴的相对位置。

2. 圆盘式

图 7-6 为圆盘式空气分配器,它安装在传动轴上,并可做少许的轴向移动,由曲轴通过传动装置带动旋转。分配盘与阀体的接触面研磨配合,并借进入分配器的压缩空气紧紧地压向该支承平面。在阀体上设有与启动阀数目相同的空气道,用管道与启动阀连接。分配盘上开有通孔(圆孔或弧形孔)或扇形缺口,当通孔或缺口与阀体上的空气道相对时,储气瓶来的压缩空气就可进入启动阀,当二者脱离时,进气停止。通气开始时间由分配盘与曲轴的相对位置决定,而进气的总时间取决于分配盘上通孔(或缺口)所占的角度与阀体上气孔所占角度的总和。

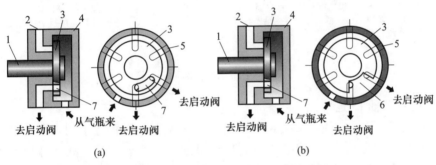

1—传动轴;2—接启动阀;3—分配盘;4—阀体;5—内气道;6—缺口;7—孔。

图 7-6 圆盘式空气分配器结构

7.1.2.3 典型柴油机空气启动系统

图 7-7 为 12PC2-5 型柴油机空气启动系统的启动阀和空气分配器。

1. 启动阀

启动阀的形式为双气路,阀 16 的阀盘借弹簧 15 的弹力紧贴在阀座上。阀杆的顶端装有活塞 14,并用螺帽 12 固紧。弹簧的上端顶住活塞 14 的底面,通过它把弹力传给气阀。阀杆的下部有导向部,以保证阀和阀体的对中。

启动阀的顶部安装有气缸 4 和活塞 5,并用螺栓通过气缸盖 8 扣紧在阀体的上面。活塞 5 和气缸盖 8 之间以及活塞 14 和活塞 5 之间,形成两个互相连通的气腔。活塞 5 的尾部和阀杆的顶端保持接触。

来自主启动阀的压力空气进入气腔 B。当压力空气经空气分配器进入气腔 A,同时经活塞 5 中心的通道进入它的顶部。作用在活塞 5 和 14 上的空气压力克服弹簧 15 的弹力将阀开启。当 A 腔经空气分配器通大气时,阀在弹簧的作用下关闭。

2. 空气分配器

分配器为圆盘式。分配盘 4 安装在轴 9 端部的锥面上然后用螺母固紧。轴 9 的右端通过

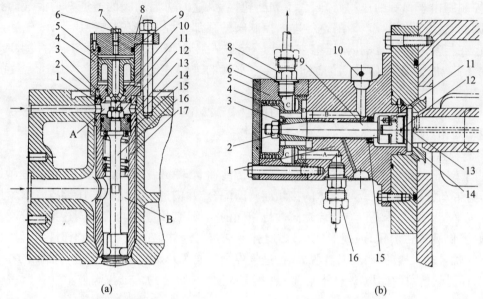

图7-7 12PC2-5型柴油机启动阀和空气分配器
(a)启动阀；(b)空气分配器。

1,2—橡皮圈；3—销子；4—气缸；5—活塞；6—螺栓；7—垫片；8—气缸盖；9—橡皮圈；10—橡皮圈；11—开尾销；12—螺帽；13—橡皮圈；14—活塞；15—弹簧；16—阀；17—阀体。

1—壳体；2—螺母；3—垫圈；4—分配盘；5—本体；6—盖板；7—垫片；8—管接；9—轴；10—放气网；11,12—销子；13—传动轴；14—十字接头；15—油封；16—管接。

十字接头14与传动轴13连接。

来自主启动阀的压力空气经管接8进入气腔C，然后经过分配盘上的弧形孔E和壳体1上的通道A依次流向启动阀。而不工作的各启动阀，则经分配盘背面(靠壳体侧的端面)的槽D和壳体1上的通道B，然后经放气孔10通大气。

7.1.3 保证可靠启动的措施

柴油机的启动性能影响着船舶的机动性，它是船舶动力装置重要的技术性能之一。

柴油机工作的特点是，利用高温空气使燃油着火燃烧。因此在启动过程中，能否尽快地让气缸内空气达到必要的温度，是能否保证柴油机迅速可靠启动的关键。

影响柴油机启动性能的因素很多，如柴油机的结构类型、燃油品质、环境温度等，影响最大的因素是环境温度和压缩比。

为保证柴油机的可靠启动，各种类型柴油机根据本身的结构特点和不同的使用条件设置各种辅助启动设备。它们的任务如下：

(1) 降低柴油机的启动阻力，保证曲轴能够轻快地旋转。

(2) 提高压缩终点的空气温度，使燃油易于着火燃烧。

什么条件下才使用这些设备，在使用条例中都有具体规定。当前，船舶柴油机采用的辅助启动措施主要有以下几种。

7.1.3.1 冷却水加热

在柴油机启动前，由于环境温度过低，可用热水或蒸汽输入冷却水系统，使之在燃烧室组件的水腔中循环，以使它们得到预热。其结果可使气缸壁表面的油膜黏度下降，摩擦阻力减小,这就会使曲轴旋转轻快,从而可获得较高的启动转速。这是大功率柴油机广泛采用的方法。

热水的来源有以下三种:
(1) 利用副机的热水。
(2) 舰艇日用锅炉的热水。
(3) 冷却水系统中安装淡水加热装置。

图7-8是MTU396柴油机的淡水加热器。该装置的主要部件就是一个预热箱,采用电加热方法,在加热器中连续流动加热的淡水,由一个预热循环泵送入柴油机冷却系统中。当淡水温度达到恒温器7所设定的45℃时,恒温器7的接触器就自动断开预热箱,停止加热。温度降低到40℃以下时,电源又会自动接通,继续加热。如果淡水温度太高,达到95℃时,装在恒温器内的温度限制器能自动切断回路的电源。但是,当故障被排除后,此装置必须手动重新设定预热限制温度。

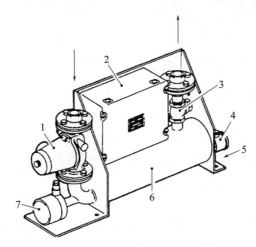

1—电动泵;2—接线箱;3—止回阀;4—加热元件;5—排放口;6—加热器;
7—带限制器的恒温器。

图7-8 MTU396柴油机淡水预热器

7.1.3.2 滑油加热

加热滑油的目的是降低滑油黏度,减小启动阻力,大功率柴油机常采用这种方法。
具体措施如下:
(1) 在油箱中安装电热装置。
(2) 蒸汽或热水通过油箱的夹层。

采用电热装置时,应保证滑油能够流动,以免滑油在传热面处碳化。若滑油不循环流动,不仅会造成滑油的老化变质,而且会降低电热装置的工作效能。

7.1.3.3 进气加热

这种方法是在进气管或燃烧室内设置加热电阻或火焰加热器,对空气进行加热,以提高进气温度。

图7-9为火焰加热器的基本布置和组成,它包括喷油系统和点火装置两大部分。柴油机启动前,通过开关2接通感应线圈3和蓄电池1连接的线路。由于电磁断续器的作用,在火花塞的电极中产生火花。启动时,用手摇泵6将燃油经喷油器5呈雾状喷入进气管中,由火花塞

点燃并形成火焰,燃气和新鲜空气一道进入气缸,并使空气加热。

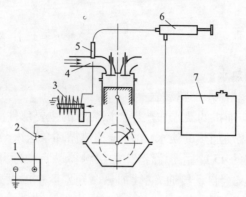

1—蓄电池;2—开关;3—感应线圈;4—火花塞;5—喷油器;6—手摇泵;7—油箱。

图7-9 火焰加热系统简图

在小型采用分隔式燃烧室的柴油机中,常在辅助燃烧室中加装电热塞,像安装喷油器一样伸向燃烧室的内部。启动时通电加热电阻圈,在燃烧室内造成局部高温,促进燃料的着火燃烧。

7.1.3.4 添加易燃燃料

某些柴油机为了加速低温启动,在进气空气中添加乙醚等易燃燃料,促进混合气尽快着火。图7-10为MTU956柴油机的低温启动系统,该系统可以使柴油机水温低于4℃时容易启动,但该系统是紧急情况下的手操启动。该系统由低温启动助燃剂控制器、喷嘴和一台电动压缩机等部件组成。

低温启动助燃控制器内装有助燃液体,压缩机将压缩空气输送到低温控制器与助燃液体混合,混合气体经管路输往各喷嘴,喷嘴安装于进气总管中,混合气经喷嘴喷出雾化随空气进入气缸。

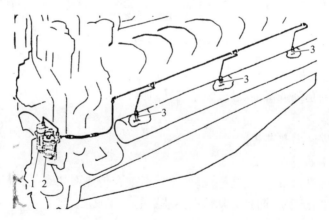

1—启动控制压气机;2—启动控制器;3—喷嘴。

图7-10 冷启动系统

7.1.3.5 减压启动

启动柴油机时,略微打开气阀,可以消除压缩时的阻力,这样可以保证在同样外力作用下曲轴的转速易于达到启动转速。当曲轴的转速达到或略高于启动转速时,再让气阀恢复正常,柴油机即可正常发火运转。

7.1.3.6 其他措施

除以上介绍的各种辅助措施外，根据柴油机的不同结构特点，还采用一些其他措施。如高增压柴油机为限制爆发压力的急剧增长，通常采用较低的压缩比，但这将导致启动和低负荷性能的恶化。为改善启动性能，除采用上面提到的某些措施（如加热冷却水、预热进气）外，还可采用以下措施：

1. 排气管补燃

这种方法的特点是，在涡轮增压器的压气机出口和涡轮进口之间安装一个小型辅助燃烧室。启动前，由电动机带动压气机供气，其中，一部分空气进入气缸，另一部分进入辅助燃烧室，燃油首先在辅助燃烧室内点火燃烧，然后从这里产生的燃气推动涡轮工作，当压气机的输出压力升高到一定程度后，补燃系统停止工作，柴油机进入正常运转状态。

2. 排气管中安装碟形转阀

在 PC2-5 型和 PA6-280 型柴油机中，在两台涡轮增压器的排气支管之间安装一个能开闭的气动碟形转阀。启动时该阀关闭，空气在气缸中反复受到压缩，以此来提高空气温度。

7.2 柴油机的调速

7.2.1 调速器作用及分类

7.2.1.1 调速器作用

柴油机运行中的不同转速和负荷是通过改变循环喷油量来实现的。改变油量调节机构使柴油机转速调节到规定的转速范围内称为柴油机调速。由于柴油机在运行中，其外界负载随时可能变化，因此必须装设专门的装置，以便根据柴油机负荷的变化来自动调节供油量，维持其在规定的转速范围，这种装置称为调速器。

调速器的功用如下：

（1）根据负荷的变化，迅速自动地调整供油量，使柴油机的输出功率与负荷保持平衡，从而保持转速的稳定。

（2）限制最高转速，防止飞车。飞车就是柴油机的转速大大超过其正常转速，使机件的机械负荷和热负荷超出安全范围，从而造成事故。

（3）保持低速空转的稳定性。

柴油机作为船舶主机与发电机组原动机的运转条件和要求不同，当外界负荷变化时，其自身的适应能力不同，因而对调速的要求也不同。

发电用柴油机要求在外界负荷变化时能保持恒定转速，以保证发电机的电压和频率恒定。如果外界负荷减少而喷油量不变，柴油机的功率就会大于外界负荷而使柴油机转速升高，转速升高后会导致柴油机的功率随之升高，进一步扩大功率的不平衡，使转速继续升高，以致发生飞车；当外界负荷增加而喷油量不变时，柴油机的功率就会小于外界负荷，使柴油机转速降低，转速降低导致柴油机的功率下降，使柴油机功率和外界负荷更加不平衡，最后导致柴油机的自动停车。因此，这种柴油机上必须装设定速调速器，保证负荷变化时，柴油机的转速基本不变。

作为船舶主机的柴油机运转条件和要求与发电用柴油机不同。若外界负载变小而喷油量不变，柴油机就会增速，转速增加后使螺旋桨耗功增加，从而可在一个较高的转速下达到平衡，柴油机继续稳定运转;外界负荷增大,而喷油量不变,则柴油机将在一个较低转速下稳定运转。可见,推进柴油机具有自动调节转速以适应外界负荷变化的能力。因此,如果不要求主机恒速运转,可无需装调速器。但是,为了保证推进主机在特殊航行条件下的安全(如螺旋桨出水、断轴或螺旋桨掉落等),根据我国有关规定,必须装设可靠的调速器,使主机转速不超过115%的标定转速。另外,为了避免负载变化造成的主机转速上下波动,提高柴油机的工作可靠性和工作寿命,通常在主机上装设调速器,以保证柴油机能到正常转速范围内的任意设定转速下稳定的运转。

7.2.1.2 调速器组成

图 7-11 是调速器组成简图,可划分为三个主要部分:

1. 感应元件

感应元件反映柴油机负荷转矩变化引起的转速变化。它由喷油泵凸轮轴(与曲轴转速成正比)传动的离心飞球 1、轴 2 和弹簧 3 组成。转速升高,飞球离心力增大,它与弹簧的平衡位置将使轴 2 向左移动;反之,向右移动。轴 2 的位移可改变柴油机的循环供油量。

2. 执行元件

执行元件用来将感应元件感受到负荷的变化转换为改变喷油泵齿条位移。由支点在 B 的杠杆 4 和与喷油泵齿条 8 相连的拉杆 7 组成。当负荷下降,转速升高时,杠杆 4 顺时针转动,经拉杆 7 使喷油泵齿条向减油方向移动,保持转速稳定。

3. 调节元件

柴油机稳定转速的高低靠调节元件进行设定。调节元件由手柄 6、拉杆 5 与杠杆 4 的支点连接而组成。循环供油量一定,即拉杆的位置一定,搬动手柄 6 逆时针旋转拉动 B 和 A 左移,通过轴(2)使弹簧压缩,增大弹簧的初弹力而使稳定转速提高。

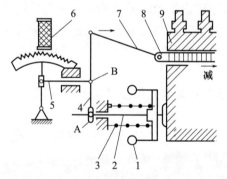

1—飞球;2—轴;3—弹簧;4—杠杆;5,7—拉杆;6—调速手柄;8—油泵齿条;9—喷油泵。

图 7-11 调速系统简图

7.2.1.3 调速器分类

调速器因结构、原理和用途不同,种类繁多。

1. 按转速调节范围分类

(1) 极限调速器(限速器):只用于限制柴油机的最高转速不超过某一规定值,在转速低于此规定值时不起作用。此种调速器仅用于船舶主机,目前已很少单独应用。

(2) 单制(定速)调速器:在负荷变化时能使柴油机转速保持在规定范围内。此种调速器应用于发电柴油机。通常,为满足多台柴油发电机的并联运行要求,这种调速器应有一定的转速调节范围(一般为 ±10% 标定转速)。

(3) 全制式调速器:在柴油机全工况范围内的任意设定转速下,都能自动调节喷油量保持设定转速不变。这种调速器广泛应用于船舶主机和柴油发电机。

2. 按执行机构的结构原理分类

(1) 机械调速器:感应元件为飞铁－弹簧机构,它直接传动执行机构,再由执行机构来控制高压油泵的调节齿杆。它常和高压油泵组合成为一体,广泛用于小功率柴油机中。

(2) 液压调速器:感应元件仍然为飞铁－弹簧机构,但在感应元件和执行机构之间增加了一个液力伺服器,其功用是将感应机构的输入信号加以放大后,再去推动执行机构进而控制高压油泵的油量调节齿杆。这样只需很小的感应机构就能获得很大的工作能力,而且调节的精度较高,广泛用于大功率柴油机中。

(3) 电子调速器:用转速传感器作为感应元件,并将柴油机的转速变化转换为电信号,经过处理后再去操纵执行机构。电子调速器的灵敏度和调节精度都很高,是当前最先进的调速器,也是调速器发展的方向。

7.2.2 调速器性能

调速器的性能直接影响柴油机运转的稳定性和可靠性。调速器装机后,在柴油机性能鉴定时,应对柴油机进行突变负荷试验,同时用转速自动记录仪记录柴油机的转速随时间的变化曲线,用以分析调速器的工作性能。图7－12为柴油机进行突变负荷试验时得到的调速过程转速变化曲线。

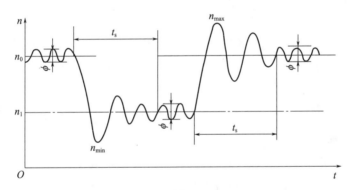

图7－12 调速过程的转速变化

柴油机先在空载转速 n_0 下稳定运转,稳定运转时转速的微小波动是由于柴油机工作过程特点及调速系统的特性所决定的。在某瞬时突加全负荷,转速立即下降,瞬时转速下降到最低瞬时转速 n_{min},此后由于调速器的调节,转速又回升,经过一段时间 t_s 并经数次收敛性波动后,转速稳定在全负荷稳定转速 n_1。此调节过程称为调节的过渡过程。试验还可以从其后某点突卸全负荷开始,转速增高至最高瞬时转速 n_{max},由于调速器的调节,转速又下降,经过 t_s 时间后,转速又稳定在空载转速 n_0。

据此,评定调速器性能有以下两种工作指标。

7.2.2.1 静态指标

1. 稳态调速率

稳态调速率是指在标定工况下,柴油机空车转速 n_0 与全负荷稳定转速 n_1 之差与标定转速 n_b 之比,即

$$\delta_2 = \frac{|n_0 - n_1|}{n_b} \times 100\% \tag{7-1}$$

稳态调速率用来衡量调速器的准确性,其值越小,表示调速器的准确性越好。

不同用途的柴油机对其调速器的 δ_2 要求是不同的。对 δ_2 的要求应根据柴油机的用途而定。我国有关规范规定,船用主机的 $\delta_2 \leq 10\%$,交流发电机的 $\delta_2 \leq 5\%$ 。

单台柴油机运转允许 $\delta_2 = 0$,表示该柴油机特性不随外界负荷变化而保持恒速运转。但在多台柴油机并联工作时,为使各机负荷分配合理,各机的 δ_2 必须相等且不得为零。

以两台柴油机经齿轮传动同一螺旋桨为例(工作时它们的转速相同)运用调速特性进行分析。图 7-13 是两台柴油机的调速特性,由于两台柴油机的调速器的不均匀度不相同,因而特性线的斜率不同。这时只有在与其相交点 n_a 相对应的转速下工作,两机的负荷才相同。如果由于负荷增大,而使转速降低到 n_b ,则不均匀度小的柴油机所承担的负荷比不均匀度大的柴油机所承担的负荷大。如果负荷减小而使转速增加,则不均匀度大的柴油机,所承担的负荷比不均匀度小的大。因此,为保证负荷的分配均匀,希望各柴油机调速器的不均匀度相同。

还应指出,并联工作的柴油机,不仅要求它们的不均匀度大小相同,而且它们的不均匀度也不能太小。因此,船舶并车工作的柴油机调速器中都装有专门调整不均匀度的装置。

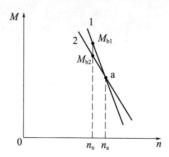

图 7-13 不均匀度对负荷分配的影响

2. 转速波动率或转速变化率

它用来表征在稳定运转时柴油机转速波动的程度,衡量调速器的稳定性。柴油机在某转速稳定运行一段时间,测定其间的转速波动情况。

转速波动率为

$$\phi = \left|\frac{n_{cmin} - n_m}{n_m}\right| \times 100\% \tag{7-2}$$

转速变化率为

$$\varphi = \frac{n_{cmax} - n_{cmin}}{n_m} \times 100\% \tag{7-3}$$

式中: n_{cmax} 为测定期间的最高转速(r/min); n_{cmin} 为测定期间的最低转速(r/min); n_m 为测定期间的平均转速(r/min) $n_m = (n_{cmax} + n_{cmin})/2$

在标定工况时, $\phi \leq (0.25 \sim 0.5)\%$, $\varphi \leq (0.5 \sim 1)\%$ 。

3. 不灵敏度

当柴油机在一定负荷下稳定运转时,由于调速机构中存在间隙、摩擦和阻力等,若转速稍有变化,调速器并不能立即改变供油量。直到转速变化量足够大时,调速器才能开始起到调节

供油的作用。这种现象称为调速器的不灵敏性。用不灵敏度 ε 表示不灵敏区域的大小,即

$$\varepsilon = \frac{n_2 - n_1}{n_m} \times 100\% \tag{7-4}$$

式中:n_1 为柴油机转速减少时,调速器开始起作用的转速(r/min);n_2 为柴油机转速增加时,调速器开始起作用的转速(r/min);n_m 为柴油机平均转速(r/min),$n_m = (n_1 + n_2)/2$。

不灵敏度过大会引起柴油机转速不稳定,严重时会导致调速器失去作用,甚至发生飞车。不灵敏度随柴油机转速高低会有差异,当柴油机转速较低时,由于调速器预紧力较小,产生张力也小,传动机构阻力反而增大,造成不灵敏度加大。

一般规定,在标定转速时 $\varepsilon \leq (1.5 \sim 2)\%$,在最低稳定转速时 $\varepsilon \leq (10 \sim 13)\%$。

7.2.2.2 动态指标

动态指标是用以评定调速系统过渡过程的性能(稳定性)指标,通常用瞬时调速率和稳定时间来进行评价。

1. 瞬时调速率

根据试验时负荷的突加与突卸,可分为突卸全负荷瞬时调速率和突加全负荷瞬时调速率两种。

突卸全负荷瞬时调速率为

$$\delta_1^+ = \frac{n_{max} - n_1}{n_b} \times 100\% \tag{7-5}$$

式中:n_{max} 为突卸100%负荷时的最高瞬时转速;n_1 为突卸100%负荷前的稳定转速;n_b 为标定转速。

突加全负荷瞬时调速率为

$$\delta_1^- = \frac{n_{min} - n_0}{n_b} \times 100\% \tag{7-6}$$

式中:n_{min} 为突加100%负荷时的最低瞬时转速;n_0 为突加100%负荷前的稳定转速(空载转速)。

我国有关规范要求,发电柴油机的 $\delta_1^+ \leq 10\%$,$\delta_1^- \leq 10\%$(突加50%后再加50%全负荷)。

2. 稳定时间

它是指从突加(或突减)全负荷后转速刚偏离空载转速的波动范围(或标定转速的波动范围)到转速恢复到标定转速的波动范围(或空载转速的波动范围)为止所需的时间。它表明过渡过程中消除波动现象的快慢。

影响稳定时间的因素不仅是调速器本身,而且与柴油机的性能有着密切联系。由于调速器和油量调节机构存在着一定的惯性和摩擦阻力,同时连接部分具有一定大小的间隙,因此只有作用在传统套筒上的离心力和弹力的差值达到一定值并消除了间隙以后,供油量才开始发生变化。由于柴油机的运转机件及其传动装置具有一定的惯性和摩擦阻力,因而供油量从开始发生变化到柴油机转速恢复到平衡状态也需要一定时间。对废气涡轮增压柴油机而言,进入燃烧室的空气量并不受调速器的控制,当负荷变化时空气量难以立即与供油量相适应,这样也会延长稳定时间。总之,供油量与负荷相适应存在一个过程,这个过程要求一定的时间。

通常 t_s 限制在 $5 \sim 10s$,对于船用发电机组,要求 $t_s \leq 5s$。

一个好的调速系统,其调速过程应满足三个条件:一是过渡过程的转速波动是收敛的,即

转速波动的幅度随时间增长而减小;二是过渡过程中转速瞬时波动幅度不应过大,以免柴油机超速而影响其可靠性;三是过渡时间不应过长,保证转速尽快达到稳定。

7.2.3 典型调速器

7.2.3.1 机械式调速器

机械式调速器典型结构如图 7-14 所示,主要由飞铁 3、滑动套筒 4 及调速弹簧 6 组成。飞铁 3 安装在飞铁座架 2 上,通过转轴 1 由柴油机驱动高速回转。由飞铁 3 和弹簧 6 组成的转速感应元件按力平衡原理工作。当柴油机发出的功率与外界负荷刚好平衡时,其转速稳定,飞铁产生的离心力与弹簧 6 的弹力平衡,油量调节杆 8 也停留在某一供油量位置,如图 7-13 中实线所示。若外界负荷突然减少,柴油机发出的功率就大于外界负荷而使转速升高,这时飞铁的离心力将大于弹簧的弹力而使套筒 4 上移,增加弹簧 6 的压缩量,同时通过传动杠杆拉动油量调节杆 8 以减少供油量。当调节过程结束时,柴油机的功率与外界负荷在彼此都减小的情况下恢复平衡,调速器的飞铁稳定在图 7-14 所示虚线位置,它的离心力和调速弹簧的作用力也在彼此增长的情况下达到新的平衡状态。当外界负荷突然增加时,调速器的动作与上述相反,飞铁离心力与弹簧作用力在彼此都减小的情况下达到平衡状态。

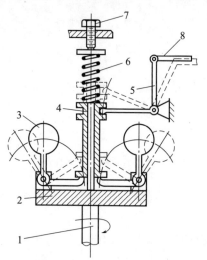

1—转轴;2—飞铁座架;3—飞铁;4—套筒;5—传动杠杆;
6—调速弹簧;7—调节螺钉;8—油量调节杆。

图 7-14 机械式调速器工作原理

由上述可知,这种调速器不能保持柴油机在调速前后的稳定转速不变,即 δ_2 必大于零。当外界负荷减少后,调节后的稳定转速要比原稳定转速稍高;而当外界负荷增加时,调节后的稳定转速要比原稳定转速稍低。产生这种稳定转速差(静速差)的根本原因在于感应元件与油量调节机构之间采用了刚性连接。当外负荷减少时供油量必须相应减少才能保持转速稳定,因此调油杠杆必须右移减油。这就必然会同时增大了调速弹簧的压缩量而使弹簧压力变大,因而与弹簧力平衡的套筒推力,以及飞铁离心力也必须相应增加。上述平衡条件只有在柴油机的转速稍高于原转速时才能达到。当外负荷增加时,上述平衡条件只有在柴油机的转速稍低于原转速时才能达到。显然转动调节螺钉 7 可改变调速弹簧 6 的预紧力,从而改变柴油机的设定转速。

机械式调速器的工作能力较小,其灵敏度和精度较差,但其结构简单,维护方便,多用于小型柴油机。

7.2.3.2 液压调速器

机械调速器是利用感应机构产生的离心力去移动流量调节机构,因而其工作能力较小,一般只适用于中小型柴油机,柴油机供油量调节机构需要较大的力。为此,在感应元件的油量调节机构之间插入一个液压放大元件(液压伺服器),利用放大的动力去拉动油量调节机构,为了改善调节性能,在感应元件和驱动机构之间还设有反馈装置,这些就构成了液压调速器。由此可以看出,液压调速器的基本组成主要包括感应机构、液力伺服器、反馈元件、操纵机构等部件。这种液压调速器转速调节范围广,调节精度和灵敏度高,稳定性和通用性好,在近代大中型柴油机上得到了广泛应用。

液压调速器根据反馈装置形式分为四种类型。

1. 无反馈液压调速器

图 7-15 为无反馈液压调速器的结构示意图,转速感应元件由飞铁 3、调速弹簧 4 和速度杆 2 组成,由驱动轴 11 通过齿轮及转盘 1 带动旋转。伺服放大机构由滑阀 7、液压伺服器 6 组成。调速器内的高压工作油由齿轮泵供给。

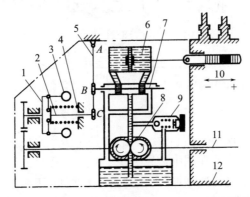

1—转盘;2—速度杆;3—飞铁;4—调速弹簧;5—摇杆;6—液压伺服器;7—滑阀;
8—齿轮油泵;9—溢流阀;10—油泵齿条;11—驱动轴;12—喷油泵。

图 7-15 无反馈液压调速器原理图

柴油机稳定运转时,飞铁 3 的离心力与调速弹簧 4 的张力平衡,滑阀 7 封闭液压伺服器 6 的左右控制孔。伺服器内的动力活塞保持静止不动,油泵齿条稳定在图中的某一喷油量位置。

若柴油机的负荷减小,驱动轴的转速将升高,飞铁 3 离心力增大且向外扩张,推动速度杆 2 右移,摇杆 5 以 A 为支点逆时针摆动,使节点 B 带动滑阀 7 右移,左、右控制孔打开,从而使压力油进入伺服器油缸右侧,同时左侧空间接通低压油路,在压差作用下动力活塞左移并带动喷油泵齿条减油,柴油机转速下降。当转速恢复至原设定转速时,速度杆 2 和滑阀 7 又回至原平衡位置,并切断伺服油缸工作油路,动力活塞停在新的位置上,调节过程结束。

当柴油机的负荷增加时,柴油机转速降低,调节过程按上述相反方向进行。

这种无反馈装置的简单调速器,在调速过程中,由于调速系统的惯性和动力活塞的动作总是滞后于柴油机转速的变化,当负荷减小需调小工油量时,不能达到根据负荷的减小程度适度调节,导致油量的增减不可能根据柴油机负荷的变化而做到"适可而止",调节总是位移过度,使柴油机转速连续波动而不能稳定工作,无法满足使用要求。这种无反馈装置的液压调速器在实际中是不能使用的。

为能实现稳定调节液压调速系统,需加入一个反馈机构。反馈环节在动力活塞移动的同时,反作用于滑阀,使其向平衡位置移动,从而使滑阀提前恢复至平衡位置。反馈环节对滑阀产生的反作用动作称为反馈或补偿。液压调速器中的反馈机构有刚性反馈和弹性反馈两类。

2. 刚性反馈液压调速器

图 7-16 是刚性反馈液压操作机构的原理简图。与前述无反馈的液压简单调速器不同的是,杠杆 AC 的 A 端不安装在固定的铰链上,而是改为与伺服活塞 3 的活塞杆铰接,这样动力活塞的位移就通过杠杆反馈至滑阀 6 上。反馈环节采用机械连接,故称为刚性反馈。

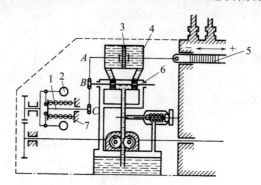

1—速度杆;2—飞铁;3—伺服活塞;4—伺服器;5—喷油泵调节杆;6—滑阀;7—弹簧。

图 7-16 刚性反馈液压调速器原理图

柴油机稳定运转时,飞铁 2 的离心力与调速弹簧 7 的张力平衡,滑阀封闭液压伺服器的左右控制孔,其油量调节杆 5 停留在图中位置。

当外负荷减小时,柴油机转速增加,飞铁的离心力增大,压缩调速弹簧使速度杆 1 右移,反馈杠杆 AC 以 A 作为支点,绕 A 点作逆时针摆动,通过 B 点带动滑阀 6 右移打开控制孔,高压油进入油缸的右腔,左腔与低压油路接通。伺服活塞在压差作用下带动喷油泵调节杆左移减油。在伺服活塞左移的同时,杠杆 AC 绕 C 点向左摆动并带动与 B 点连接的滑阀也向左移动,从而使滑阀向相反方向移动。这时由于柴油机减油使转速下降也使滑阀向左移动,在这两个力的共同作用下,滑阀就能迅速回复至原来的切断油路位置。

这种调速器调速终了时,滑阀回到原位,伺服器活塞连同油量调节齿杆移到了一个新的平衡位置,故 A 点已不在原位而随着外负荷大小而变化。与滑阀相连的 B 点,在任何稳定的工况下均回到原来位置,因而 C 点就稳定在新的位置。此时,调速弹簧的张力就不同于原来的张力,故柴油机不能恢复到原有的转速,因此刚性反馈液压调速器不能实现无差调速,其稳定调速率不能为 0。从图 7-16 中可以看出:当外界负荷减小时,新的稳定转速比原转速要高;当外界负荷增加时,新的稳定转速比原转速要低。

3. 弹性反馈液压调速器

如果要求负荷变化,既要调速过程稳定,又能保持柴油机转速恒定不变,则必须采用有弹性反馈系统的液压调速器,其工作原理如图 7-17 所示。

这种反馈形式是在刚性反馈的基础上增加了一个弹性环节,它由缓冲器 5、补偿活塞 6、补偿弹簧 7、节流针阀 8 组成。缓冲器油缸内充满了工作油,左、右两个空间通过管道及节流针

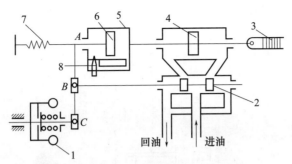

1—飞铁；2—滑阀；3—油泵齿条；4—伺服活塞；
5—缓冲器；6—补偿活塞；7—补偿弹簧；8—节流针阀。

图 7-17 弹性反馈液压调速器原理图

阀接通。当缓冲器 5 的缸体受力后左右移动时,缸内液体从一空间经针阀流到另一空间,由于针阀的节流使活塞 6 的移动比缓冲器 5 的缸体的移动滞后,起到缓冲作用。

柴油机稳定运转时,飞铁离心力与弹簧的张力平衡,滑阀封闭液压伺服器的左、右控制孔,伺服器内的动力活塞保持静止不动,油泵齿条稳定在图中的某一喷油量位置。

当外负荷减小时,柴油机转速增加,飞铁的离心力增大,使滑阀 2 右移,伺服活塞 4 左移,拉动油泵齿条减油。在调速过程一开始,随着伺服活塞 4 的左移,缓冲器 5 的缸体、活塞 6 以及 AC 杆的上节点几乎以相同速度同步左移,使补偿弹簧 7 受压,至此调速器的动作与刚性反馈相同。但当调速过程接近终了时,滑阀 2 已回到原位遮蔽了油路,此时缓冲器 5、补偿活塞 6 已停留在与新负荷相应的位置上。

由于被压缩的补偿弹簧 7 有弹性复原的功能,使 A 点带动补偿活塞 6 在缓冲器油缸内向右移动,回到原来位置。补偿活塞右方油缸中的油经节流阀回流至左方。最后弹簧 7 及杠杆 AC 均恢复到原来位置,也使速度杆也回到起始位置。这样调速过程结束后的柴油机转速能保持原速不变,稳定调速率可以为 0。

当外负荷增加时,转速降低,按上述相反的动作过程,可以使柴油机转速重新稳定在原来的大小。

4. 双反馈液压调速器

当柴油机并车运行时,除了要求调速器拥有良好的稳定性外,还应按正确的比例分配各柴油机承担的负荷。由此,调速器应具有弹性反馈机构,以保证调节稳定性;同时还应具有刚性反馈机构,以使调节过程具有一定的稳定调速率,保证各机按比例分配负荷。这种具有双反馈的液压调速器的结构如图 7-18 所示。图中刚性反馈杠杆 EGF 和弹性反馈机构(缓冲器 K,补偿弹簧 S、节流针阀 C)由动力活塞杆带动。当外界负荷降低,柴油机的转速升高时,飞铁向外张开带动杠杆 AB 以 A 点为支点逆时针转动。使滑阀杠杆 D 上移,工作压力油进入伺服器动力活塞的下方,而由其上方泄回低压空间,由此动力活塞上行减油。同时,一方面使刚性反馈杠杆 EGF 绕 G 点顺时针转动,由 F 点增加弹簧预紧力,使其稳定后转速原转速稍有提高;另一方面通过弹性反馈机构保证恒速稳定调节。通常,在这种双反馈调速器中,可通过弹性反馈节流针阀的开度大小调节其稳定性,通过刚性反馈 EGF 的两臂比例调节稳定调速率的大小,如使 F 与 G 重合则稳定调速率为 0。

这种调速器具有广阔的转速调节范围,且稳定性好、调节精度高、灵敏度高,在船用柴油机中得到了广泛的应用。

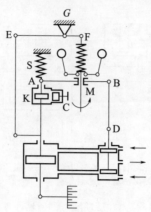

K—缓冲器；C—节流针阀；S—补偿弹簧；EGF—反馈杠杆。

图 7-18 双反馈液压调速器原理图

7.2.3.3 电子调速器

电子调速器是一种电子控制系统，凡转速感应元件或执行机构采用电气方式的调速器，习惯上通称为电子调速器。它不使用机械机构，动作灵敏、响应速度快，响应时间只有液压调速器的 1/10~1/2；动态精度高；无调速器驱动机构，装置简单、安装方便；便于实现数字化、遥控与自动控制，已在许多新型船用柴油机上得到应用。

电子调速器通常有以下三种类型：

（1）全电子调速器：该种调速器信号感测与执行机构均采用电气方式。此种电子调速器工作能力较小，多用于小型柴油机，如海因茨曼电子调速器、Woodward 8290 电子调速器等。

（2）电-液或电-气调速器：该种调速器信号监测采用电子式，而执行机构采用液压或气力式。此类调速器的伺服执行器工作能力较大，可满足各种柴油机的使用要求。如 Woodward 2301 电子调速器其执行机构使用 EG3P 型液压伺服器，而 DGS-8800 数字式调速器其执行机构采用气压式。

（3）液-电双脉冲调速器：该种调速器在普通的液压调速器上加装电子式负载信号感测装置。此类调速器当电子部分发生故障时，可自动转为液压调速器工作。国产 TYD-40 型调速器即为此类调速器。

电子调速器能够采用双脉冲调节，即将转速变化信号和负载变化信号这样两个单脉冲信号叠加起来调节燃油量。此种调速器也称为频载调速器。这种双脉冲调速器能在负载一有变动而转速尚未明显变化之前就开始调节燃油量，因而有很高的调节精度，适用于对供电要求特别高的柴油发电机组。

1. 基本组成

电子调速器一般由转速传感器、控制器、执行器和外围的控制开关及调节电位器组成。

测速传感器是柴油机转速的感应环节，一般为磁电式传感器，当测速齿轮转过时产生感应脉冲，并送至控制器。

控制器是电子调速器的核心，它接收来自转速传感器的信号，并按比例转换为直流电压后与转速设定电位器的设定转速（电压）进行比较，把比较后的差值作为控制信号送至执行机构。对于模拟式电子调速器，其控制器一般是由模拟电子元件构成，并可进行 PID 控制运算。而数字式控制器的控制过程采用数字量，由控制程序来完成。控制器先将转速信号转换为数字量,再经过数字量的控制计算,然后将计算出的数据型控制量再转换为模拟量,通过电控执行器,对发动机的转速进行控制。

执行器的作用是根据控制信号对发动机的油门进行调节。常见的执行器有电磁执行器、电液执行器和电气执行器。电磁执行器的工作能力较小,多用于小型柴油机,如国产 ESG 100A 型电子调速器。而电-液或电-气执行机构采用液压式或气动式,工作能力较大,可满足各种柴油机的使用要求。

电子调速器外围的控制开关及调节电位器是用来对调速器进行调整和控制的。根据机组的需要,还可安装各种附件,实现自动同步、负荷分配和故障报警保护等功能要求。

2. 工作原理

根据电子调速器的调节原理,电子调速器可分为单脉冲调速器和双脉冲调速器。单脉冲调速器只可进行转速的调节,一般只用于单台机组的调速系统。

双脉冲电子调速器的工作原理框图如图 7-19 所示。图 7-18 中,磁电式转速传感器用于监测柴油机轴系转速的变化,并按比例产生交流电压输出;负荷传感器监测柴油机负荷(如发电机电压、电流、相位)的变化,并按比例转换成直流电压输出;控制单元是电子调速器的核心,它接收来自转速传感器和负荷传感器的输出电压信号,并按比例转换成直流电压后与转速设定电位器的设定转速(电压)进行比较,把比较后的差值作为控制信号送往执行器;执行器根据输入的控制信号以电子方式或液压方式拉动柴油机的油量调节机构进行调速。

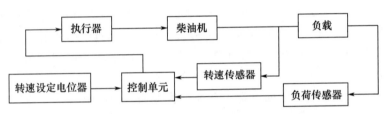

图 7-19 双脉冲电子调速器的工作原理框图

当柴油机在某一负荷下稳定运转时,其工作转速等于转速设定电位器的设定转速。转速传感器的输出电压作为负值信号在控制单元内与正值的设定转速电压信号相互抵消。控制单元输往执行器的控制电压信号使执行器的输出轴静止不动,柴油机供油量固定,转速稳定。

若柴油机负荷突然增加,则负荷传感器的输出电压首先发生变化,此后转速传感器的输出电压也相应变化(数值降低)。此两种降低的脉冲信号在控制单元内与设定转速(电压)比较,输出正值电压信号,在执行器中使其输出轴朝加油方向转动,增加柴油机的循环供油量。

若柴油机负荷降低,转速升高,则传感器的负值信号数值大于转速设定电压的正值信号数值,控制单元输出负值信号,执行器输出轴朝减油方向转动,降低柴油机的循环供油量。

7.3 柴油机换向

7.3.1 概述

船舶航行中,从前进变后退一般有以下三种方法:

(1) 改变柴油机曲轴的转向使螺旋桨实现正转或倒转,这种类型的柴油机称为可倒转柴油机。

(2) 柴油机的转向不变,通过一套变向装置来改变螺旋桨的转向,这套变向装置称为变向离合器。

(3) 柴油机的曲轴和螺旋桨都不改变,而改变螺旋桨叶片与尾轴的相对位置,从而改变水流的作用力的方向,这种装置称为变距桨。

本节仅讨论第一种方案的柴油机换向问题。柴油机工作时的转向取决于进排气凸轮、供油凸轮以及启动空气分配器等部件与曲轴的相位。也就是说,一定的转向必须有相应的进排气定时、供油定时和启动定时来维持服务,以适应缸内工作过程的需要;另外,各种附属装置的转向也应适应该工作过程的需要。为实现柴油机的曲轴在不同转向下都能正常工作,必须符合以下条件:

(1) 定时不变。进排气门、喷油和空气启动等定时均以曲轴的转向为时标。因此正、反向运行时,所有上述定时均应保持不变或基本不变,才能保证工作循环正常。

(2) 辅机可逆转。曲轴传动的各种辅机,当反向运行时其进、出口均仍保持不变。各类泵或自身在逆转时进、出口不变,或在系统中设有进、出口自动转换的阀箱等装置。

根据上述分析可以看出,柴油机的换向就是如何改变空气分配器、喷油泵、进排气阀等凸轮与曲轴的相对位置,以适应换向后的工作要求。为改变柴油机转向而改变各种凸轮相对于曲轴位置的机构称为换向机构。

柴油机换向时需改变其凸轮与曲轴相对位置的设备随机型不同而异。二冲程回流扫气柴油机进空气分配器及喷油泵凸轮需换向,二冲程直流扫机柴油机中增加了排气凸轮的换向,而四冲程柴油机则包括空气分配器、喷油泵及进排气凸轮,所以不同的机型采用不同的换向装置。对换向机构的基本要求如下:

(1) 准确迅速地改变各种换向设备的正时关系,保证正、倒车正时的相同;

(2) 转向装置与启动、供油装置之间应有必要的联锁装置,以保证柴油机运行安全;

(3) 设置必需的锁紧机构,以防止在运转过程中各凸轮正时机构相对于曲轴上止点的位置发生变化;

(4) 换向过程的换向时间要符合相关规范的要求。

换向装置改变凸轮定时的方法,常见的有以下两种:

(1) 双凸轮法:每缸有两套凸轮,一套控制正车,一套控制倒车,它们按照不同的相位安装在同一根凸轮轴上。正车时正车凸轮工作,倒车时倒车凸轮工作,换向时通过轴向移动凸轮轴的方法来实现。目前,这种方法多用于四冲程柴油机。

(2) 单凸轮法:每缸只有一套凸轮,换向时凸轮相对于凸轮轴旋转一定角度,使它们与曲轴的相对配合位置发生变化。这种方法用于二冲程柴油机。

7.3.2 双凸轮换向

7.3.2.1 四冲程柴油机换向原理

表 7-1 列出了四冲程柴油机换向时循环次序变换的两种方案。由于四冲程柴油机一个循环内活塞上、下各两次,因此反转有两种可供选用的方案,相应的凸轮轴正、反转凸轮的布置也有如图 7-20 所示的两套方案。方案Ⅰ所有凸轮沿两个上止点连线对称布置,方案Ⅱ则沿两个下止点连线对称布置,两种方案需采用两套布置不同的凸轮实现正、倒车,这是四冲程柴

油机反转的共同特点。

表 7-1 四冲程柴油机换向方案

曲轴转角/(°)	正转	反转	
		方案Ⅰ	方案Ⅱ
0~180	进气	排气	压缩
180~360	压缩	动力	进气
360~540	动力	压缩	排气
540~720	排气	进气	动力

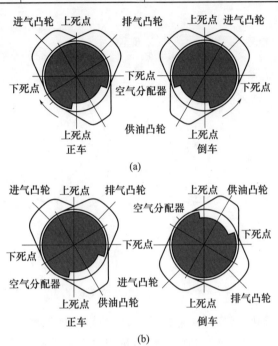

图 7-20 四冲程柴油机换向凸轮布置
(a)方案Ⅰ；(b)方案Ⅱ。

7.3.2.2 二冲程柴油机换向原理

由于二冲程柴油机每循环只有一个上、下止点，因此只有唯一的正、倒车凸轮布置方案，如图 7-21 所示。可将压缩冲程与动力冲程对调，凸轮布置与上、下止点连线对称。

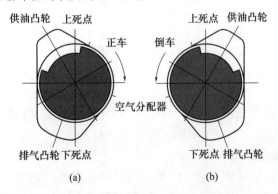

图 7-21 二冲程正、倒车凸轮布置
(a)正车；(b)倒车。

7.3.2.3 双凸轮换向机构

根据正倒车凸轮结构形式的不同,换向装置的结构也有很大差别,在双凸轮换向装置中,同名凸轮的结构有以下两种形式:

(1) 同名正倒车凸轮做成整体,两者之间采用斜面来过渡,如图 7-22(a) 所示。换向时,在轴向移动凸轮轴的过程中,正车凸轮(或倒车凸轮)就可沿斜面顺利移动到从动部滚轮的下面。

(2) 同名正倒车凸轮做成单体,彼此之间内有联系,如图 7-22(b) 所示。换向时,为保证凸轮轴能够顺利进行轴向移动,事先必须将从动部抬起,等凸轮轴移动完毕后再放下与凸轮接触。

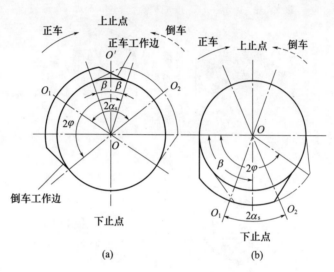

图 7-22 一般型线单凸轮换向原理图

第一种结构使装置简化,换向的可靠性提高;但凸轮的厚度增大,给布置带来困难,对机体的总长度也有影响;另外,当凸轮轴向移动时,凸轮表面承受较大的挤压力和摩擦力,如果凸轮或滚轮的硬度不够,容易出现拉伤;此外,工艺要求也较高。第二种结构的优、缺点与第一种相反。随着材料工艺以及加工技术的发展,采用第二种结构的日渐增多。

凸轮轴的轴向移动,通过换向控制器来完成。换向控制器根据结构分为旋转式换向控制器和往复式换向控制器两种,根据采用的动力分为人力、气力、液力、机力等类型,以气-液联动的机构运用最普遍。

7.3.3 单凸轮换向

由于这种方法换向时凸轮相对于凸轮轴旋转一定角度来变换柴油机运转方向,因此也称为差动换向。旋转的角度称为差动角。差动方向与换向后的新转向相同称为超前差动,差动方向与换向后的新转向相反称为滞后差动。

单凸轮换向装置使用的凸轮线型有一般线型和鸡心型线型,前者适用于柴油机的各种凸轮,后者仅适用于气阀直流式二冲程柴油机的供油凸轮。

7.3.3.1 单凸轮换向原理

图 7-22 为某二冲程柴油机一般型线单凸轮换向原理图。图 7-22(a) 为供油凸轮换向图,实线为正车时凸轮及转向,虚线为转换为倒车时的凸轮及转向。图 7-22(b) 为排气凸轮

换向图,实线为正车时凸轮及转向,虚线为转换为倒车时的凸轮及转向。

在采用一般线型凸轮的差动换向装置中,由于排气凸轮和供油凸轮的差动方向和差动角都不相同,因而必须采用两套差动机构,一套控制供油凸轮,另一套控制排气凸轮,使柴油机结构复杂。

为实现采用一套机构完成排气凸轮和供油凸轮的差动换向,从而简化结构,有的柴油机采用特殊型线供油凸轮(鸡心凸轮)。这种凸轮所解决的主要问题是:变供油凸轮的滞后差动为超前差动,使它的差动方向与排气凸轮一致,且使两者的差动角相同或大致相同,以保证定时的正确。鸡心型线凸轮差动换向原理如图 7-23 所示。

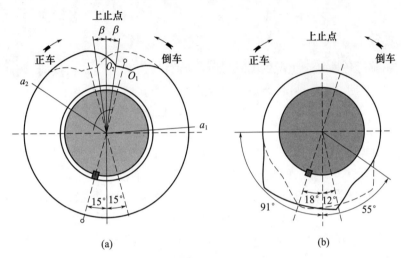

图 7-23　鸡心型线单凸轮换向原理图
(a)鸡心凸轮；(b)排气阀凸轮。

7.3.3.2　单凸轮换向装置

单凸轮换向就是在换向时使曲轴与凸轮轴相对转过一个换向差动角。实现差动一般有以下三种方法:

(1) 曲轴不动,通过换向装置使凸轮轴相对于曲轴转过一个差动角。此方法一般为滞后差动。

(2) 凸轮轴不动,先进行空气分配器换向操作,再进行反向启动,使曲轴反向回转之初曲轴相对凸轮轴转过一个差动角,然后才带动凸轮轴一起转动。此方法为滞后差动。

(3) 先进行空气分配器换向操作,在反向启动之初,通过差动机构使凸轮轴与曲轴两者之间有一定转速差,待完成差动角后再进入同步转动。此方法为超前差动。

换向装置根据使用的工质和能量不同,可分为以下三种:

(1) 液压差动换向装置:在凸轮轴上安装了一个液压差动伺服器,使用润滑系统的中压滑油(0.6MPa)作为工质,实现差动换向动作。伺服器的外壳通过链轮由曲轴驱动。伺服器内腔有一转板并用键固定在凸轮轴上,转板将伺服器的内腔分割成两个空间(正、倒车空间),此两个空间分别用滑油管与换向阀的有关管路连接,通过控制两个油腔内的滑油压力实现正倒车的差动换向。

(2) 气动机械差动换向装置:利用压缩空气为动力来拉动花键轴,使凸轮实现差动。正常运转时,空气缸被定压空气固定在正车位置或者倒车位置,曲轴经链轮并通过花键轴、推力法兰等带动凸轮按规定方向旋转,换向时,改变空气缸两侧压缩空气压力,使活塞轴向移动从而带动花键轴做轴向移动,实现差动换向。

(3) 行星齿轮式机械差动换向装置:采用"小曲柄-行星齿轮机构"按前述第三种单凸轮差动方式实现机械差动。在差动换向前,首先使空气分配器换向,然后反向启动,在启动之初,曲轴通过差动曲柄机构带动凸轮轴一起转动,由于行星齿轮的作用,凸轮轴转速比曲轴快,即实现了凸轮轴的超前差动,完成换向动作,此后曲轴带动凸轮轴正常运转工作。

7.4 操纵系统

7.4.1 概述

为满足船舶航行各种复杂工况的需求,船舶柴油机必须设置启动、换向、调速等装置。操纵系统是将启动、换向、调速、调载等各装置连接成一个整体,并可集中控制柴油机运行的机构。操纵管理人员在操作台前通过控制系统就可以自动控制机组,以满足船舶操纵的各种要求。

随着自动化和电子技术的发展,以及各种遥控技术的广泛应用,特别是计算机技术和微处理机越来越多地用于主机遥控、检测和工况监测等领域,不仅大大减轻了操作人员的劳动强度,而且可避免人为的操作差错,进一步提高船舶运行的安全性、操控性和经济性。近代船舶主机遥控的技术水平日益成熟,正朝着全面自动化和智能化的方向发展。

操作系统是船舶柴油机中最复杂的一部分,部件多、零件杂,再加上遥控技术、自动化技术和计算机应用更增加了系统的复杂程度。为保证操纵系统工作可靠,它应满足下列基本要求:

(1) 能迅速而准确地执行启动、换向、变速等动作,并满足相应规范的要求。
(2) 有必要的联锁装置,以避免误操作和事故。
(3) 有必要的监视仪表、安全保护和报警装置。
(4) 操作系统中的零部件必须灵活可靠,不易损坏。
(5) 操作调节方便,维护简单。
(6) 便于实现遥控和自动控制。

操作系统由于组成结构、控制要求以及控制对象的不同而结构多样。

按操纵部位和操作方式的不同,操作系统可分为以下三种:

(1) 机旁手动操作:操纵台设在机旁,采用相应的控制机构操纵柴油机,使其满足各种运行工况的要求。
(2) 机舱集控室控制:在机舱的适当位置,设置专用的控制室,对柴油机的运行进行控制和监视。
(3) 驾驶室控制:在驾驶室的控制台上,由驾驶员直接控制柴油机运行。

机旁手动控制是整个操作系统的基础,机舱集控室控制和驾驶控制统称为遥控及远距离操纵柴油机。遥控系统采用各种逻辑回路和自动化装置代替原有的手工操作程序,在三个部位的操纵台上均设有操纵手柄、操纵部位、转换开关、应急操作按钮以及显示仪表等,以便对主机进行操纵和运行状态参数的监测。尽管遥控技术已相当成熟,但仍必须保留机房手动操纵系统,以保证对主机实施可靠的控制。

按遥控系统使用的能源和工质不同,操纵系统可分为以下五种:

(1) 电动式遥控系统：以电作为能源,通过电动遥控装置和电动驱动机构在遥控时对主机进行操纵。电动式遥控系统控制性能好,控制准确,信号传递不受距离的限制,有利于远距离操纵,不用油气管路,无需油气处理装置,不必担心漏油、漏气,易于实现较高程度的自动化,是实现主机遥控的最佳途径。这种系统的管理水平要求高,需配备具有一定电子基础的、较熟练的管理人员。

(2) 气动式主机遥控系统：以压缩空气为能源,通过启动遥控装置和气动驱动机构对主机进行遥控,压缩空气和直接利用主机启动用的压缩空气,通过减压和净化即可取得。

系统遥控系统的信号传递方位较远,一般可达 100m 以内,信号传递基本不受温度、振动、电机干扰的影响,气压看得见摸得着,动作可靠,维护方便。但该系统信号传递不如电动式快,对气源的除油、除尘、除水等净化处理要求较高；否则,易导致气动元件失灵,驱动系统目前也趋于小型化和集成化。

(3) 液力式主机遥控系统：液力式遥控系统以液压为能源,此系统结构牢固,工作可靠,传递力较大；但液压传动有惯性及所用油黏度受温度的影响,会影响传动的灵敏性和准确性,故一般限于机舱范围的应用,不适合远距离信号传递。

(4) 混合式主机遥控系统：混合式遥控系统可综合利用电气混合式和电液混合式等系统的优点,即从驾驶室到机舱采用电传动,机舱系统采用气动和液压力。目前该系统应用较广泛。

(5) 微型计算机控制系统：常规的遥控系统中,程序控制等功能由各种典型环节的控制回路来实现,微型计算机遥控主机通过计算机执行程序取代常规遥控系统的控制回路,用软件取代硬件实现。计算机系统在执行时,根据从接口输入的操纵命令与表征主机实际运行状态的各种信息进行综合判断和运算,得出所需控制的信息,再经输出接口去控制操纵系统的执行元件,从而实现主机的启动、换向、停车和调速等操作。

这种系统的特点是用微处理机取代分立元件或集成逻辑控制电路,且体积小,功能强大的逻辑功能和运算功能增加了灵活性,可实现最佳状态和最经济性控制,是现代船舶综合自动化方向发展的目标。

操作系统除了根据指定要求完成主机的启动、换向、调速和停车等程序操作外,还需要具备盘车、重复启动、应急停车、故障停车等其他辅助功能。

7.4.2 典型操纵系统

本节通过介绍 8 - 300 柴油机的操纵系统,使读者能掌握认识操作系统的一些基本规律。图 7 - 24 为 8 - 300 柴油机的操纵系统。该操纵系统由操纵盘 1 集中统一控制,转动操纵盘就能控制柴油机的启动、换向、停车等全部动作。8 - 300 柴油机的操纵系统主要由油量控制机构、换向控制机构、启动控制机构和联锁装置组成。

7.4.2.1 油量控制机构

油量控制机构由凸轮 45 和操纵杠杆 46 组成。供油凸轮固定在操纵轴 3 的后端,由操纵盘控制。供油凸轮的端面上有一凸出部,凸出部的最高处两侧形成对称的倾斜面。操纵杠杆 46 的上端通过滚轮自由地靠在该凸轮的端面上,下端通过叉形部与喷油泵的油量调节拉杆 39 相连。当把操纵盘转到"停车"位置时,供油凸轮的最高处正好顶在操纵杠杆上端的滚轮上。于是,杠杆下端克服弹簧 51 的弹力,把调节拉杆拉到供油量为零的位置,柴油机就立即停车。当操纵盘转到"启动"位置时,该凸轮保证启动时所需的供油量。当操纵盘转到"工作"位置

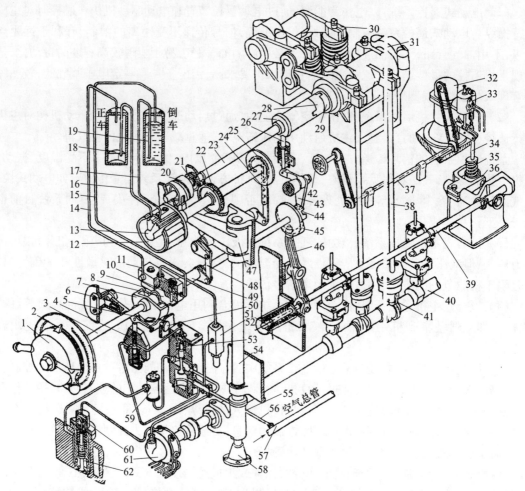

1—操纵盘；2—操纵盘指针；3—操纵轴；4—操纵阀；5—销钉；6—摆杆；7—扇形轮；8—浮动板；9—浮动板缺口；10—换向阀；11—换向阀体；12—油缸；13—扇形活塞；14,15,16,17—管子；18—正车油瓶；19—倒车油瓶；20—圆筒体；21—齿轮；22—齿轮；23—轴；24—传动杆；25—联锁凸轮；26—制动销；27—制动轮；28—连接块；29—摇臂轴；30—摇臂；31—摇臂；32—调速器；33—调速器控制阀；34—传动杆；35—弹簧；36—叉形臂；37—操纵轴；38—推杆；39—调节拉杆；40—凸轮轴；41—滚轮；42—手轮；43—直角杠杆；44—缺口轮；45—供油凸轮；46—操纵杠杆；47—长臂；48—联动拉杆；49—偏心套筒；50—手轮；51—弹簧；52—减压阀；53—主启动阀；54—立轴；55—叉形臂；56,57—空气管；58—轴承；59—单向阀；60—启动阀活塞；61—空气分配器；62—启动阀。

图 7-24 8-300 柴油机换向装置和操纵系统

时,凸轮的凸出部与杠杆的滚轮可以保持在不同的相对位置,从而控制最大供油量。调速器由手轮 42 操纵,并通过传动机构与喷油泵的油量调节拉杆 39 连接。

7.4.2.2 换向控制机构

在换向阀体 11 内安装两个换向阀 10,从减压阀 52 来的压缩空气(压力为 1.2MPa)首先进入换向阀的上部空间,其下部空间则经管子 14 和 15 分别与正车油瓶 18 和倒车油瓶 19 连通。换向阀的作用是当操纵盘处于换向位置时,将压缩空气分配到某一(正车或倒车)油瓶,而让另一油瓶与大气相通。两个换向阀的开和关由扇形轮 7 通过浮动板 8 来控制。扇形轮固定在操纵轴 3 上,由操纵盘控制。

换向阀的具体结构如图 7-25 所示。阀体 8 内安装两个结构完全相同的阀 7,一个控制正车,另一个控制倒车,阀的上部有一个用压盘 4 压紧的橡胶阀片 5,通过弹簧紧紧地压在阀座上,以保证良好的气密性。阀的升程由销子1来限制。压缩空气经气道 A 进入,经孔道 B 和管道 C 进入正车或倒车油瓶。

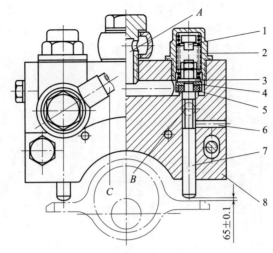

1—销子;2—罩壳;3—承盘;4—压盖;5—阀片;6—孔;7—阀;8—阀体。

图 7-25 换向阀

阀杆中部有一段直径较小,与它相邻的阀体上布置着通油瓶的孔道 B 和通大气的孔道6。当阀处于图中所示的位置时,从 A 进入的压缩空气,由于阀关闭而不能经孔道 B 进入相应的油瓶相反,该油瓶经孔道 B 和6与大气相通。如果阀向上开启,这时阀杆的较粗部分把孔道6堵死,而将上部的通道 A 让开,因而压缩空气顺利地进入相应的油瓶。图中点画线所示的部分为浮动板,它可以绕一个偏心轴转动,当操纵扇形轮进行换向时,扇形轮的边缘部分通过浮动板把其中一个换向阀顶开,这时压缩空气就可进入相应的油瓶,使换向控制器产生动作。正常工作情况下,两个换向阀都处于关闭状态,也就是两个换向油瓶都和大气相通。

7.4.2.3 启动控制机构

启动控制机构主要包括主启动阀53和操纵阀4。进入启动装置的压缩空气由主启动阀控制,而主启动阀的开启则由操纵阀来控制。图7-26是主启动阀和操纵原理简图。

主启动阀依靠弹簧的作用保持关闭状态。阀关闭时,从气瓶来的压缩空气不能进入启动阀62和空气分配器61,而启动阀和空气分配器却经阀体上的孔道与大气相通。当操纵阀处于图中所示位置时,它在弹簧作用下关闭,主启动阀顶部的密封空间经操纵阀体上的孔道通大气,因而主启动阀也处于关闭状态。当操纵阀开启时,压缩空气进入主启动阀顶部空间,通过小活塞的作用将阀开启,于是压缩空气进入启动装置,柴油机就进入启动过程。操纵阀的开和关,由扇形轮7前端平面上的两个凸出部通过摆杆6以及它上面的销钉5来控制。当转动操纵盘到"启动"位置时,扇形轮随着转动,凸出部中的一个(根据操纵盘旋转的方向,也就是根据正车或倒车的需要来确定)通过销钉5和摆杆6将操纵阀顶开。由于这时供油凸轮45已使喷油泵的油量调节拉杆39处于一定的供油量位置,机器便运转起来。启动完成后,将操纵盘转到"工作"位置时,凸出部与销钉便脱离接触,操纵阀在弹簧的作用下关闭,启动装置的进气停止。在正车或倒车正常运转时,扇形轮上的两上凸出部各偏在中垂线的一侧,因此在换向时,它们将有一个从一侧转到另一侧的过程。为了防止在操纵盘从工作位置转到停车位置时,凸出部又将操纵阀打开一次,凸出部在扇形轮上的布置采用了一定的偏斜角,其规律是:右凸出部在扇形轮顺时针方向旋转时,通过凸面可以将销钉5压下,打开控制阀但当反时针方向旋转时,通过凹面将销钉5抬起,不打开控制阀。左凸出部的动作与右凸出部正好相反。采用这种结构以后,当操纵盘从工作位置转到停车位置时,操纵阀不产生动作。手轮50的作用是当操纵系统发生故障时,可转动该手轮直接压摆杆6打开操纵阀,启动柴油机。或者当操纵盘处于停车位置时,转动该手轮打开操纵阀进行断油吹车。

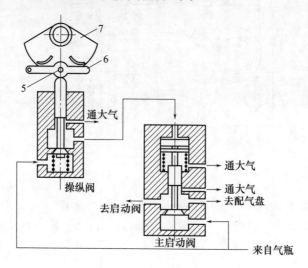

图 7-26 启动控制阀

7.4.2.4 联锁装置

为了保证换向过程能够严格地按规定顺序进行,该操纵系统中设有两套联锁装置,其功用是:①防止柴油机在正常运转时摇臂轴自行转动;②防止换向过程尚未结束时启动柴油机;③保证柴油机的启动转向与换向装置所指示的转向一致。

1. 第一套联锁装置

这套装置由制动轮27、制动销26、直角杠杆43和缺口轮44组成。制动轮27固定在摇臂轴上,由轴23带动旋转。缺口轮44和供油凸轮45做成一体,由操纵盘1带动旋转。其联锁作用如图7-27所示。

当操纵盘处于"工作"位置时,制动销5的上端由于弹簧4的作用而嵌入制动轮的缺口内,同时和制动销下端相连的直角杠杆2位于图中点画线所示的位置,而直角杠杆的下端,正好靠在缺口轮1的柱面上。在这种情况下,要使摇臂轴产生转动已不可能,因为由于直角杠杆下端的限制,制动销不能脱离缺口。这样也就避免了正常工作时,摇臂轴自行转动,从而影响配气机构的正常工作。

当通过操纵盘停车并将它转到换向位置时,缺口轮1的缺口C也随着转到与直角杠杆下端相对的位置,也就是直角杠杆有反时针方向摆动的可能。因此换向控制器在油压的作用下,推动扇形活塞旋转从而带动摇臂轴转动。在摇臂轴转动的同时,制动轮6也跟着旋转。于是制动轮克服弹簧4的弹力,把制动销5从缺口中压出,同时制动销推动直角杠杆2,并使它的下端插入缺口轮1的缺口C内。由于缺口C和直角杠杆的相互制约,这时操纵盘不能向"启动"位置转动。只有当摇臂轴旋转一周(这时凸轮更换工作已经完成),也就是制动轮旋转一周,制动销5重新插进制动轮6的缺口时,直角杠杆2的下端才从缺口C中移出,操纵盘才能顺利地转动到启动位置。这样也就防止了换向过程尚未结束时启动柴油机。缺口C的宽度,

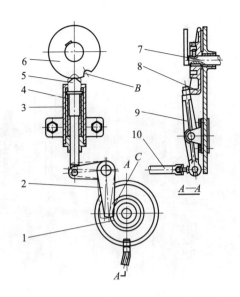

1—缺口轮；2—直角杠杆；3、5—制动销；4—弹簧；6—制动轮；
7—操纵轴；8—供油凸轮；9—操纵杠杆；10—调节拉杆。

图7-27 联锁装置(一)

可保证操纵盘在正车换向、停车、倒车换向三个位置内转动,不受限制。因此,当出现故障不能完成换向时,可以将操纵盘恢复到原来状态,再进行处理。

综上所述,第一套联锁装置的功用就是防止柴油机在正常运转时摇臂轴自行转动,防止柴油机换向过程尚未结束时启动柴油机。

2. 第二套联锁装置

这套装置由联锁凸轮25、传动杆24、联动拉杆48、偏心套筒49、浮动板8和扇形轮7所组成。联锁凸轮25固定在换向控制器的扇形活塞13后面伸出的轴上,偏心套筒49上自由地套装着浮动板8。联锁凸轮转动时,通过中间的传动件带动偏心套筒转动,因而浮动板就在偏心套筒上左右移动。它的动作原理如图7-27所示。

联锁凸轮8的平面上有一螺旋凹槽,传动杆4中部的滚轮销9插在凹槽内,而它的上部则通过一个长滑槽安装在凸轮中心的销子上。这样,当凸轮转动时,传动杆4就跟着上下移动。由于传动杆4的上下移动,联动拉杆3也跟着上下移动,从而通过偏心轴臂2带动偏心轴5转动。由于浮动板10的上下方受换向阀6和扇形轮11的限制,因此偏心轴转动时,它进行左右移动。浮动板的两侧各开有一个缺口。这套装置的联锁作用如下:

图7-28(a)为正车停车后,开始从正车向倒车换向时各机件的相对位置,这时扇形轮11轮缘的右侧把浮动板的右端抬起,并将换向阀打开。这时压缩空气通过换向阀进入倒车油瓶,迫使换向控制器的扇形活塞旋转。由于浮动板右端的阻挡,扇形轮不能继续转动,也就是扇形轮不能转到凸起部12通过摆杆1打开操纵阀16的位置,因而启动空气不能进入启动装置,这也就保证了换向过程没有完成时不能启动柴油机。

在换向过程中,换向控制器带动联锁凸轮按箭头所示方向旋转,传动杆4向下移动,并通过联动拉杆3和偏心轴臂2使偏心轴5反时针方向旋转,因而浮动板10也跟着向左平移,当到达图7-28(b)所示的相对位置时(换向过程已经完成),浮动板上的缺口正好让开扇形轮的边缘,换向阀在弹簧的作用下关闭。这时也就可以通过操纵盘把扇形轮继续转到启动位置,

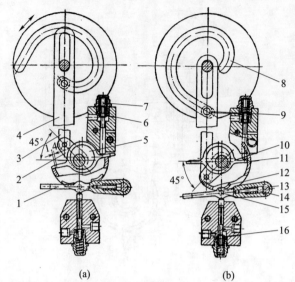

1—摆杆；2—偏心轴臂；3—联动拉杆；4—传动杆；5—偏心轴；6—换向阀；
7—限程杆；8—联锁凸轮；9—滚轮销；10—浮动板；11—扇形轮；
12—凸起部；13—摆杆轴；14—止动销；15—销子；16—操纵阀。

图 7-28 联锁装置(二)

通过凸起部 12 和摆杆 1 把操纵阀打开,让压缩空气进入启动装置,完成启动过程。从倒车换正车时,其联锁作用完全相同。

由上可知,第二套联锁装置的功用就是防止柴油机换向过程尚未结束时启动柴油机,防止正车停车时做倒车启动或倒车停车时进行正车启动,从而保证了柴油机的启动转向与换向装置所指示的转向一致。

思考题

1. 试画出利用压缩空气并带有气压控制气缸启动阀的启动原理框图,并说明各部分作用。
2. 空气启动的柴油机在用压缩空气启动的期间,可以向气缸内喷射柴油,也可以不喷射柴油,待停止进压缩空气再喷。试比较两种方案的优、缺点。
3. 欲使主机反向运转需要满足哪些条件？换向装置有哪几种形式？
4. 四冲程柴油机能否采用单凸轮换向装置？为什么？
5. 评定调速器性能的主要指标是什么？各有哪些指标反映调速器的准确性、稳定性及灵敏度？
6. 在调速器对油量调节机构的作用方式上,液压调速器与机械调速器有何不同？

第 8 章 柴油机特性

8.1 概述

柴油机的特性是指其性能指标和有关参数随柴油机工况的变化规律。由于 p_{me} 表示的负荷与柴油机的尺寸无关,便于比较不同柴油机真正的负荷水平,因此经常用 p_{me} 表示柴油机的负荷。而性能指标则包括柴油机的动力性能和经济性能、可靠性、寿命及排放等有关指标。有关参数是指与分析上述指标有关的供气量、过量空气系数、耗油量等。

通常用性能曲线这种简单、方便、直观的形式来表示柴油机特性。性能曲线是由柴油机的功率 P^d、转矩 T_{tq}、燃油消耗率 b_e 以及排放等性能指标及有关参数随工况变化而变化的关系绘制而成的。具体的参数值以实机试验测试结果为准,且可视需要和测试条件确定测量参数的多少。

研究和掌握柴油机的特性对柴油机使用管理人员尤为重要,因为我们需要搞清楚的不单单是某个工作点的情况,而是在柴油机整个宽广的工作范围内的性能。已知柴油机工作点的主要参数,就可通过分析判断来掌握柴油机的技术状态,可以评价在不同工况下柴油机运行的可靠性和适应性,可以合理地选用柴油机并能更有效地利用它。了解特性变化的原因及其影响因素,就可以按照需要来调整或改进柴油机,满足所带负载的要求。

柴油机特性按其基本作用可分为两大类:一类主要是表明柴油机工作能力的限度;另一类主要是表明使用工况下性能指标和参数的变化规律。也有些特性兼有上述两个作用。图 8-1 中,1 为柴油机许用负荷的最大限制线,2 为许用负荷的最小限制线,3 为最高许用工作转速,4 为最低许用工作转速。柴油机的许用工作范围是由上述四条曲线所围的阴影面积,通常又称其为柴油机许用工作范围。

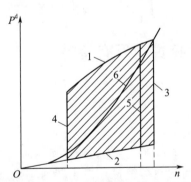

图 8-1 柴油机许用工作范围及船舶柴油机使用工况

船舶柴油机主要用于带推进器工作和带发电机工作。前者柴油机按推进特性(图 8-1 中曲线 6)工作,而后者则是按负荷特性(图 8-1 中直线 5)工作的。由于柴油机所带负载工作的特性是由负载决定的,因此对不同的负载有不同的特性。但是,决定柴油机工作点的基本参数是转速和负荷，只要掌握了柴油机在转速和负荷分别改变时的性能指标及参数的变化规律，其他情况只需进行具体的综合分析就可得出正确的结论。

综上所述，本章将重点讨论以下特性：

(1) 柴油机的负荷特性与万有特性。

(2) 柴油机的速度特性。

(3) 柴油机的推进特性。

(4) 柴油机的限制特性。

(5) 其他特性。

分析特性中各性能指标的变化规律是以实测结果和各过程参数对性能指标的影响为依据，进而找出其变化的原因和规律。考虑影响因素的多元化和复杂化，在分析时抓住主要影响因素，定性地明确其基本规律。一般的分析工作可按图 8-2 来进行。

图 8-2 给出了柴油机参数间的关联关系。从图中可以看到柴油机的有效效率 η_{et} 由指示热效率 η_{it} 和机械效率 η_{m} 确定，指示热效率 η_{it} 主要与过量空气系数 ϕ_{at}、柴油机热状态和油气混合效果等有关；平均指示压力 p_{mi} 与指示热效率 η_{it} 和循环喷油量有关。分析是从确定过量空气系数 ϕ_{at} 的主要因素（充气量 G_1、喷油量 G_f），柴油机热状态和可燃混合气形成质量以及影响平均机械损失压力 p_{mm} 的因素开始，按图 8-2 所示的参数关联关系，一步步深入，最终获得有效热率 η_{et}（或有效耗油率 b_e）和平均有效压力 p_{me} 的变化规律。作为有些特性，按特性定义已知其负荷的变化规律，则对平均指示压力 p_{mi} 的分析，可通过 $p_{mi} = p_{me} + p_{mm}$ 的关系直接确定。

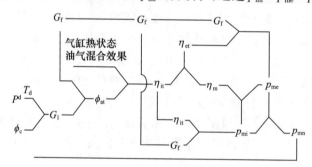

图 8-2 循环参数关系

8.2 柴油机的负荷特性与万有特性

8.2.1 柴油机的负荷特性

8.2.1.1 负荷特性的定义

当柴油机的转速不变时，其性能指标和主要参数随负荷变化而变化的规律称为负荷特性。随着所保持的转速不同，有不同的负荷特性。由于转速不变，因此，P^d、p_{me} 和 T_{tq} 互成比例关系，其中的任何一个均可作为表示柴油机负荷大小的指标，通常用 P^d、p_{me} 的较多。

负荷特性是在柴油机试验台架上测取的。测试时，改变测功器负荷的大小，并相应调整柴油机的油量调节机构位置，以保持规定的柴油机转速不变，待工况稳定后记录数据，得到一个试验点。将不同负荷的试验点相连即得到负荷特性曲线。

由于负荷特性可以直观地显示柴油机在不同负荷下运转的性能，且比较容易测定，因此在柴油机的研发、调试过程中,经常用来作为性能比较的依据。由于每一条负荷特性仅对应柴油机的一种转速,为了满足全面评价性能的需要,常常要测出不同转速下的多条负荷特性曲线,其中最有代表性的是标定转速 n_n 和最大转矩转速 n_{tq}。在实际中,用以驱动发电机、压气机以及各种泵类的柴油机,就是按负荷特性运行的。

图 8-3 为 TBD604BL 型柴油机的负荷特性,从图上可以看出,随柴油机的负荷增加,有效耗油率下降。

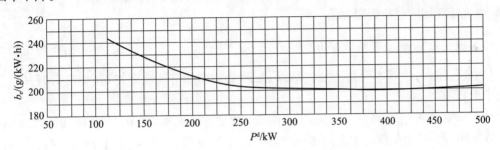

图 8-3　TBD604BL 型柴油机负荷特性($n=1500\text{r/min}$)

8.2.1.2　柴油机性能指标的变化规律

1. 非增压柴油机性能指标的变化规律

当柴油机转速不变,改变柴油机负荷时,有关指标和参数的变化如图 8-4 所示。

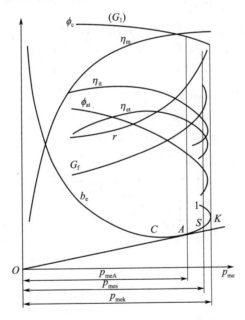

图 8-4　负荷特性各参数的变化规律

（1）充气量 G_1。因 $G_1 = \rho_d V_s \phi_c$,在无增压时,充气量 G_1 的大小主要与环境状态和充量系数 ϕ_c 有关。随着负荷的加大,充入气缸内的新鲜空气温度增加,因此 ϕ_c 将有所降低,但一般只有 3%~5% 的变化。

（2）喷油量 G_f。随着负荷的增加,喷油量加大,一般柴油机从空转到最大负荷要增加 5~6 倍。

（3）过量空气系数 ϕ_{at}。$\phi_{at} = \dfrac{G_1}{G_f L_0}$,随负荷的增加,由于 G_1 略有下降,而 G_f 增大,因此,随

负荷的增加,过量空气系数 ϕ_{at} 将减小。

(4) 指示效率 η_{it}。在一般情况下,当柴油机转速保持不变时,过量空气系数 ϕ_{at} 是影响 η_{it} 的主要因素。负荷增加时,ϕ_{at} 减小,η_{it} 下降。在负荷增加的初始阶段 ϕ_{at} 值较大,因此,对 η_{it} 的影响尚不明显,随负荷的增大,η_{it} 下降的速度不断加快。从图中 K 点开始,由于喷油量过大,使混合气过浓,燃烧极度恶化,结果加油后所做的指示功比加油前还少,即 η_{it} 下降幅度超过了喷油量增加的幅度,所以 p_{mi} 反而下降。K 点为柴油机最大平均有效压力点,在此点之前的 S 点,柴油机排气烟度已达到限制值。

(5) 机械效率 η_m。机械效率 $\eta_m = \dfrac{p_{me}}{p_{me}+p_{mm}}$。由于 p_{mm} 主要受转速影响,而受负荷影响较小,因此负荷增大 p_{mm} 基本保持不变。所以 η_m 随负荷增加迅速上升,且在小负荷时其增长速度高于大负荷时。

(6) 有效效率 η_{et}。由 $\eta_{et} = \eta_{it}\eta_m$ 可知,在负荷增加的初期,因 η_m 上升幅度较大,而 η_{it} 下降幅度较小,故 η_{et} 随负荷增加而提高;但后期 η_m 上升变缓,η_{it} 下降较快,故 η_{et} 随负荷增加而下降。η_{et} 的最高点处的负荷比 η_{it} 最高点处的负荷大。

另外,由 b_e 与 η_{et} 成反比可知,负荷增加初期 b_e 明显下降,后期 b_e 略有提高。

柴油机的排气温度随着负荷增加而增大,这主要是充入气缸内空气的加热程度增大和过量空气系数 ϕ_{at} 下降所造成,各柴油机由于结构不同,上升的幅度可能不尽相同,但均有明显的提高。

2. 涡轮增压柴油机负荷特性特点

对于涡轮增压柴油机,在低负荷时,由于其增压效果不是十分明显,b_e 的变化规律与非增压机大致相同。在大负荷时,由于增压压力的明显提高,循环充气量加大,ϕ_{at} 下降的幅度较非增压机比明显减小,因而 η_{it} 的下降明显变缓;同时,由于进气管(室)压力 p_b 大于排气管压力 p_g,所以泵气功变成正功也使 p_{mm} 比非增压机小。综上所述,随负荷增加 b_e 的上升幅度变小。图 8-5 为 12V240Z 型柴油机的负荷特性,图 8-6 为 PC2-5 型柴油机的负荷特性,从两图 b_e 的变化可明显看到涡轮增压柴油机上述的特点。

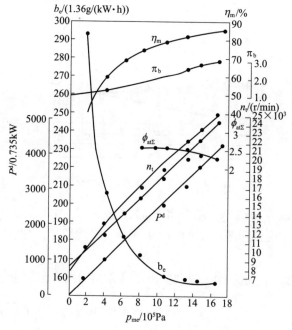

图 8-5　12V240Z 型柴油机的负荷特性

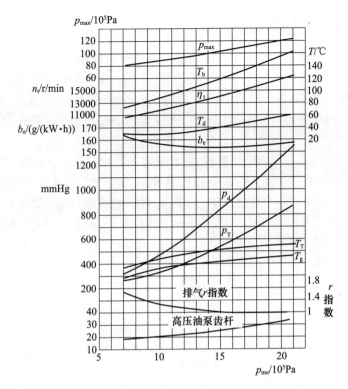

图 8-6　PC2-5 型柴油机的负荷特性

8.2.1.3　负荷特性的基本用途

负荷特性主要有如下基本用途：

（1）确定非增压柴油机的标定工况。根据图 8-4 中各参数的变化，可确定如下特征点：

C 点：耗油率最低点。

S 点：烟度超限点。

K 点：可能发出的最大功率点；实际上，只在有特殊要求时才测取此点。

为了保证柴油机可靠工作并具有一定的寿命，平均有效压力 p_{me} 不能以 S 点的 p_{mes} 为准，但以 C 点的 p_{mec} 为准又难以发挥其做功能力，综合考虑经济性和动力性能，若以原点出发向 b_e 线作切线与 b_e 线相切，切线与横坐标间的夹角为 θ，则 $\tan\theta = b_e/p_{me}$，显然，$\tan\theta$ 越小，则说明 b_e 较小、p_{me} 较大，这正是我们追求的。因此，一般规定此切线与 b_e 线相切 A 点的负荷指标为标定负荷指标，若此时转速为标定转速，则此时柴油机的功率即为标定功率。由于非增压机上述的相切点均可找到，故上述方法可作为非增压柴油机确定标定点用。而对于增压柴油机由于难以找到这一点，因此，通常其标定点由厂家和用户依据试验结果等来确定，没有一个统一的方法。

（2）作为柴油机的调整特性。由于负荷特性在实际测取时比较方便易行，且可以反映诸多因素对柴油机性能的影响，因此，在柴油机调试、改进设计时检验改进效果等试验多采用负荷特性作为试验方案。

（3）作为带动发电机工作的特性。

（4）测出不同转速下的负荷特性，用于制取万有特性。

8.2.2 柴油机万有特性

由于影响负荷特性的诸因素在不同的转速下对负荷特性也有其不同的影响力,因此不同转速下的负荷特性会呈现出不同的形态。通常,为了更直观地表示内燃机在不同的转速、负荷状态下的燃油消耗率,还将各个转速下的负荷特性曲线簇转换成对应的等燃油消耗率曲线。采取同样的方法还可绘制出等功率、等平均有效压力和等排气温度曲线。这样的曲线称为万有特性曲线。

柴油机的万有特性是一种多变量特性,即在转速和负荷都是变量情况下,其他指标或参数的变化规律,如等耗油率、等爆发压力、等排气温度、等转矩等。负荷常用功率表示。图 8-7 为 12VE390ZC 型柴油机在转速和功率变化时耗油率 b_e 的变化规律(实线所示),图中点长线为等排气温度曲线。

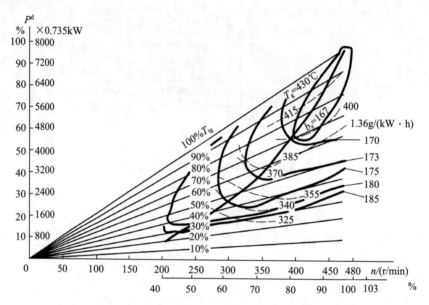

图 8-7 12VE390ZC 型柴油机的万有特性

万有特性不是一种独立的试验特性,而是在其他特性所测数据的基础上,改变作图方法所得到的一种特性。但由于其在选配柴油机、判断柴油机工作能力以及技术状态等方面有其方便之处,故得到广泛应用。

8.2.2.1 万有特性的制取方法

在制取万有特性前,应具备柴油机工作范围内各转速下的负荷特性曲线。下面以制取等油耗率 b_e 曲线为例,说明万有特性的制取方法。某一柴油机的负荷特性如图 8-8(a)所示,图中有不同转速下的油耗率 b_e 曲线,首先在图 8-8(a)上作 $b_e = 180\text{g/(kW·h)}$ 水平线,与图中各 b_e 线交于 A、B、C、D、E、F、G、H 等点,将这些点的转速、负荷值绘于横坐标为 n、纵坐标为 p_{me} 的图 8-8(b)中,得 A'、B'、C'、D'、E'、F'、G'、H' 等点,将这些点用光滑曲线连接起来,就获得了一条等油耗率曲线,用同样的方法可以绘出其他的等油耗率曲线,即获得了等油耗率的万有特性曲线。

以同样的方法可以绘制其他参数的万有特性曲线。图 8-9 和图 8-10 为 12VE230 型柴油机的等爆发压力 p_z 和等排气温度 T_g 的万有特性。

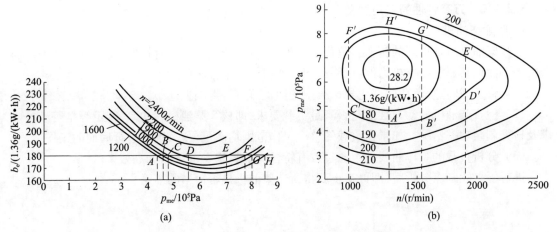

图 8-8 制取万有特性

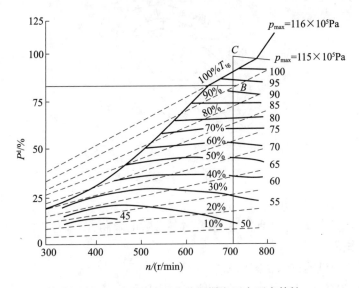

图 8-9 12VE230 型柴油机爆发压力万有特性

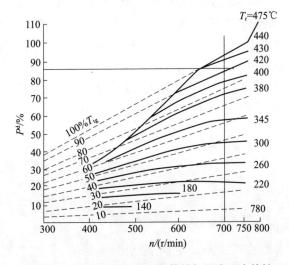

图 8-10 12VE230 型柴油机等排气温度万有特性

8.2.2.2 万有特性的实用意义

1. 选配柴油机

已知柴油机所带负载的转速和负荷变化规律、所选柴油机的万有特性,就可进行柴油机的选配。下面以某艇选配主机为例,说明选配柴油机的基本方法(图8-11):

(1) 将负载转速、负荷的变化规律绘于柴油机万有特性图上。

(2) 检查柴油机的动力性能是否满足负载要求,即核算柴油机的功率、转矩等是否满足要求及核算剩余功率情况。如果在负载的整个工作范围均满足要求,则可进行后面的工作。

(3) 分析负载的工作曲线是否通过万有特性等油耗率 b_e 曲线族的高效率区。

进行了上述三点分析后,即可初步获得所选柴油机是否恰当的结论。

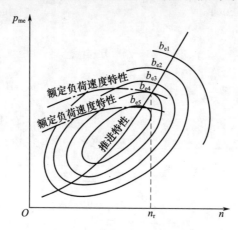

图8-11 万有特性与推进特性的配合分析

2. 确定柴油机的许用工作范围

根据前述的 p_{max}、T_g、T_{t_q} 等万有特性,结合对各参数的限制,在万有特性上就可准确地确定柴油机的许用工作范围。

3. 用于检查柴油机的技术状态

下面以12VE230ZC型柴油机的万有特性来说明用万有特性检查柴油机技术状态的方法。设柴油机工作转速为700r/min,此时测得爆压 $p_{max} = 9.05$MPa,在等爆压万有特性上(图8-9),由转速及爆压值可获得此时的功率值,由图查得 $P^d = 0.84 P_{er}$。以 $P^d = 0.84 P_{er}$ 和转速值在等排温的万有特性上查得排气温度 $T_g = 420$℃。若此时实测排气温度与查得的排气温度相近,则说明柴油机工作状态良好;若相差甚远,则表明工作异常。应说明的一点是,柴油机的性能受环境状态的影响较大,尤其是增压柴油机。因此,这种分析只能是初步的、定性的,严格而较准确的分析还需在分析前对环境状态进行修正。

8.3 柴油机的速度特性

8.3.1 概述

8.3.1.1 速度特性的定义

柴油机的速度特性是指在喷油泵油量调节机构(齿条、拉杆或其他机构)的位置被固定时,柴油机的性能指标和有关参数随柴油机转速的变化规律。

速度特性也是在柴油机试验台架上测出的。测量时,将油量调节机构位置固定不动,调整测功器的负荷,柴油机的转速相应发生变化,然后记录有关数据并整理绘出曲线,一般是以柴油机转速为横坐标。当油量调节机构固定在标定位置时,测得的特性为全负荷速度特性(简称外特性);油量低于标定位置时,测得的特性称为部分负荷速度特性。由于外特性反映了柴油机所能达到的最高动力性能,确定了最大功率、最大转矩以及对应的转速,因此在速度特性中最为重要。柴油机在出厂时必须提供此特性。

由于油量调节机构被固定,因此试验时柴油机的调速器不起作用,不能对转速的变化起控制作用。在试验时应小心调节负荷,防止"飞车"事故和"停车"现象的出现。

在定性分析时,由于油量调节机构位置不变,油量的变化比较小,故可忽略其变化,视柴油机的喷油量基本不变。

8.3.1.2 速度特性的分类

根据油量调节机构的位置不同,可以获得不同的速度特性,如图 8-12 所示。具有代表性的速度特性如下:

(1) 最大负荷速度特性,如图中曲线 I 所示。
(2) 标定负荷速度特性,如图中曲线 II 所示。
(3) 部分负荷速度特性,如图中曲线 III 所示。
(4) 最低负荷速度特性,如图中曲线 IV 所示。

上述各特性性能指标和有关参数的具体数值和变化虽不同,但变化的趋势是基本相似的。下面以标定负荷为例来分析速度特性中性能指标和各参数的变化规律。

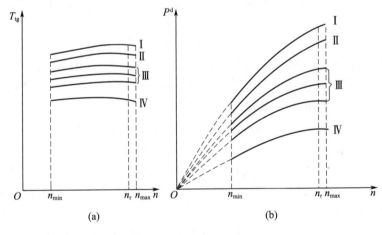

图 8-12 速度特性分类

8.3.2 性能指标变化规律

8.3.2.1 非增压柴油机速度特性的参数变化规律

非增压柴油机速度特性的参数变化规律如图 8-13 所示。

(1) 充气量 G_1。对非增压柴油机,进气管新鲜空气密度 ρ_d 与转速无关,因此 G_1 仅与充量系数 ϕ_c 有关,在转速增加的开始阶段,ϕ_c 上升,后期下降。

(2) 喷油量 G_f。由于油量调节机构位置不变,因此 G_f 只与油泵的速度特性有关。图中曲线 η_{vp} 是高压泵容积效率,在油量调节机构位置固定时,为燃油喷射量与几何供油量的比值。

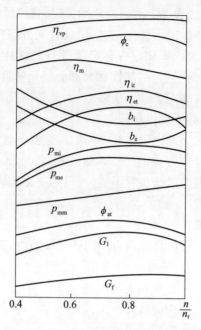

图 8–13 速度特性各参数变化规律

由于柱塞副为精密偶件,因此转速对泄漏油量的影响不大。通常 G_f 变化不大。

(3) 过量空气系数 ϕ_{at}。由 $\phi_{at} = \dfrac{G_1}{G_f L_0}$ 可知,ϕ_{at} 主要受 G_1 影响,其变化规律基本与 ϕ_c 变化规律一致。

(4) 指示效率 η_{it}。指示效率 η_{it} 取决于换气和燃烧过程,因此受过量空气系数 ϕ_{at}、燃油的雾化及空气的混合等因素影响。在转速较低时,充量运动减弱,雾化质量较差,混合气形成不理想,燃烧不良,同时传热、漏气损失增加,所以 η_{it} 较低,但随转速增加 η_{it} 也增加;在高速区时,由于 ϕ_{at} 下降以及燃烧持续角的增大,η_{it} 又略有下降。

(5) 平均指示压力 p_{mi}。$p_{mi} = C G_f \eta_{it}$,其中 C 为常数。由于 G_f 基本不变,可知 p_{mi} 变化与 η_{it} 基本一致,只是转速增加时,G_f 稍有增加,因此 p_{mi} 的降低幅度小于 η_{it}。

(6) 平均机械损失压力 p_{mm} 及机械效率 η_m。由 $p_{mm} = a + bn$(a、b 为常数)可知,随转速的增加,p_{mm} 呈直线上升趋势。由 $\eta_m = 1 - p_{mm}/p_{mi}$,综合 p_{mm} 和 p_{mi} 的变化可知:前期由于 p_{mm} 和 p_{mi} 均上升,故 η_m 稍有上升;后期由于 p_{mi} 下降和 p_{mm} 上升,故 η_m 明显下降。

(7) 平均有效压力 p_{me}。$p_{me} = p_{mi} - p_{mm}$,前期 p_{me} 变化平缓或稍上升,后期迅速下降。

(8) 有效效率 η_{et} 和有效耗油率 b_e。综合 η_{it} 和 η_m 的变化可知:在转速较低时,由于 η_m 随转速变化不大而 η_{it} 上升明显,故 η_{et} 上升;后期由于 η_{it} 和 η_m 均下降,则 η_{et} 明显下降,b_e 的变化规律与 η_{et} 相反。

(9) 指示功率 P_i 和有效功率 P^d,如图 8–14 所示,因 $P_i = c p_{mi} n$,$P^d = c p_{me} n$,不难得出 P_i 和 P^d 的变化规律。从图上可看出,由于 η_m 的影响,p^d 较 P_i 下降得更早。

8.3.2.2 增压柴油机速度特性特点

增压柴油机的主要特点是充气量 G_1 不仅与 φ_c 有关,而且与进气管新鲜空气密度 ρ_d 有关,通常进气管新鲜空气密度 ρ_d 与柴油机工况密切相关。另外,机械效率的变化也有区别,这主要与增压方式以及压气机形式有关。图 8–15 为转子式压气机、离心式压气机作为增压器

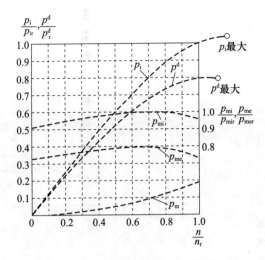

图 8-14 速度特性性能指标的变化规律

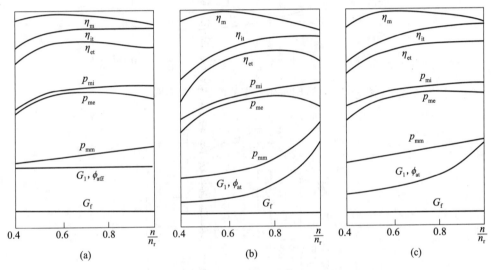

图 8-15 三种形式增压柴油机速度特性的参数变化规律
(a)转子式压气机；(b)离心式压气机；(c)涡轮增压柴油机。

的两种机械增压柴油机及涡轮增压柴油机速度特性各参数变化的基本规律。

从图 8-15 可知：

(1) G_f 变化规律与非增压机一致。

(2) G_1 的变化随增压方法不同而有较大差别。转速变化时，转子式机械增压的 G_1 基本不变，因此 ϕ_{at} 基本不变；离心式机械增压的 G_1 和 ϕ_{at} 随转速上升而迅速增加，其变化很大；涡轮增压变化的程度较离心式机械增压小，尤其是低速时，ϕ_{at} 较小。

(3) 采用转子式压气机的机械增压柴油机，机械损失功率 P_m 基本与转速成正比；离心式压气机的机械增压柴油机，压气机耗功大致与转速平方成正比，因此，P_m 上升迅速；涡轮增压时，由于压气机不消耗指示功，P_m 与非增压机相似；但四冲程机柴油机随转速的升高，泵气功损失减少甚至为正功。

8.3.2.3 柴油机标定负荷速度特性实例

图 8-16、图 8-17 分别为 12VE390ZC、MWMTBD234 型柴油机的速度特性。从各图中可

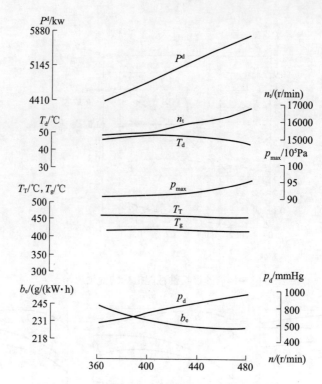

图 8-16 12VE390ZC 型柴油机标定负荷速度特性

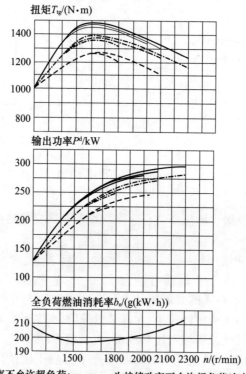

—— 为汽车功率不允许超负荷； ---- 为持续功率不允许超负荷(包括风扇功率)；
-·-·- 为使用功率不允许超负荷(包括风扇功率)。

图 8-17 MWMTBD234 型柴油机标定负荷速度特性

看出,各指标变化趋势与前述速度特性的参数变化规律基本一致。柴油机的功率随转速的增加而增加,有效耗油率 b_e 在低转速区随转速增加而下降。同时,也可看出,非增压和增压柴油机在高转速时存在明显的不同,增压柴油机在高速区,油耗率曲线变化较平坦,而非增压柴油机则随 n 增加上升,这也是增压柴油机的特点之一。

8.3.3 速度特性的实用意义

1. 作为确定柴油机允许工作最大负荷限制的条件之一

图 8-18 中曲线 1 为最大负荷速度特性,显然不管柴油机带怎样的负载,在何种转速下工作,允许柴油机发出的功率都不得超过 1 线的限制。曲线 2 为带推进器工作时的功率线,按曲线 1 的限制,转速为 n_A 时,其功率不得超过 P_A^d;转速为 n_B 的发电机作为柴油机负载时,其柴油机发出的最大功率不得超过 P_B^d。直线 3 为 $n=n_B$ 时的负荷特性功率线。

2. 用于分析配合工作情况

如图 8-18 所示,当柴油机带推进器工作时,最大负荷工作点 A 是推进特性功率线与最大负荷速度特性线 1 的交点。在 C 点工作时,则 C 点是部分负荷速度特性 S_2 与推进特性功率线的交点。某种原因,当柴油机转速增加时,推进器所需功率增大,此时系统转速下降,使工作点重新回到 C 点,反之也如此,系统工作是稳定的。当柴油机喷油量不保留时,由于增加喷油量,此时系统可产生加速,当油量增加到最大喷油量时,柴油机达到了最大转速 n_A。即在 $n < n_A$ 时(如 $n = n_C$)柴油机具有剩余功率($P_B^d - P_C^d$)使系统加速。

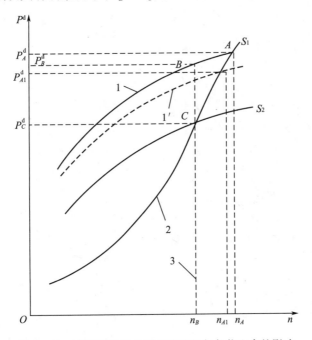

图 8-18 速度特性变化时对柴油机与负载配合的影响

随柴油机使用时间的增长,柴油机性能将下降。在相同的油量调节机构位置 S_1,柴油机最大负荷速度特性由 1 线变为 1′线,若此时仍保持柴油机转速为 n_A,则柴油机将超负荷,因此转速降为 n_A'。这也是船用主机在运行一段时间后降低最高转速的原因之一。因此,通常标定匹配点 A 要留有一定的裕度。

8.4 柴油机的推进特性

柴油机的推进特性是指柴油机作为船舶主机带推进器工作时,其性能指标及有关参数随转速的变化规律。

随着船舶的类型、装载及航行状态等的不同,有不同的推进特性。一般柴油机的使用说明书所给的推进特性是在试验台架上用水力测功器模拟船舶正常运行所得到的曲线或数据。推进特性主要用来分析船用柴油机的实际运行状态是否正常。

8.4.1 推进特性性能指标变化规律

图 8-19 ~ 图 8-22 分别为 MWM234、12V390、12PA6V-280 和 TBD620V16 型柴油机的推进特性。由这些实例可看到:柴油机带推进器工作时,其有效功率 P^d 随转速升高呈抛物线急速增加。b_e 的变化与柴油机是否采用增压而有密切的关系:涡轮增压柴油机,b_e 随转速的升高而降低,低速时下降迅速,高速时逐渐平缓;非增压柴油机,b_e 随转速升高而明显降低,只是在高速时,有明显的回升现象。而爆发压力 p_{max} 和排气温度 T_g 都随转速上升而升高。

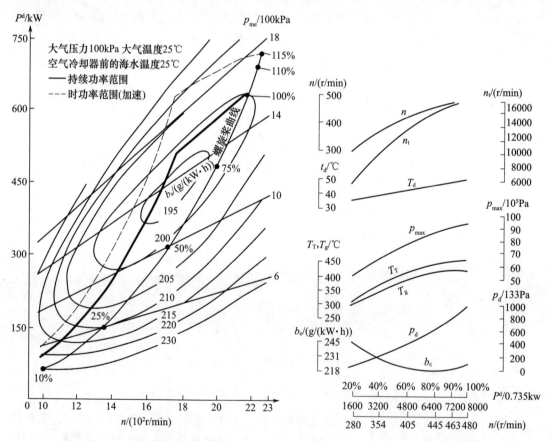

图 8-19 MWM234 柴油机推进特性　　图 8-20 12V390 型二冲程柴油机的推进特性

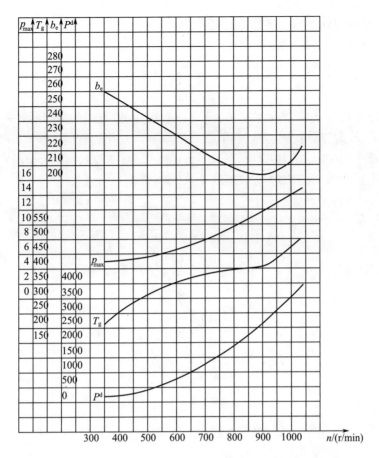

图 8-21 12PA6V-280 型增压柴油机的推进特性

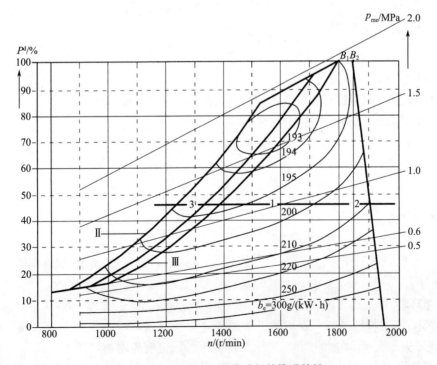

图 8-22 TBD620V16 柴油机的推进特性

8.4.1.1 平均有效压力及扭矩的变化规律

图 8-23 为四种主要船型推进器功率 P_p 随转速的变化规律，其中 1、2、3、4 依次为排水型船舶、半滑行艇、水翼艇、滑行艇推进器功率的变化规律。其共同的规律为

$$P_p = C_1' n_p^m \tag{8-1}$$

式中：C_1' 为常数；指数 m 为常数，可在 1.6~3.2 间选取，其值与船舶的类型有关，如低速、排水型船舶 $m = 2.6~3.2$，在分析时多取其均值，一般取 $m = 3$，驱逐舰的 $m = 2.2~2.8$，滑行艇在低速航行时与排水船相同，在半滑行状态时 $m = 1.6~2.0$，一般取 $m = 2$，全滑行时，$m = 1.6~1.8$，水翼艇在全速时 m 可近似取 2，快艇的 $m = 1.9~2.2$。

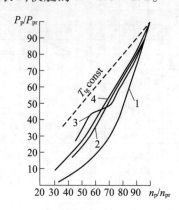

图 8-23　不同船型推进器功率的变化

柴油机带推进器工作时，若忽略轴系效率的影响，则柴油机功率与推进器功率相等，设柴油机的转速与推进器的转速之比为 ω_p，则有

$$P^d = P_p = C_1' n_p^m = C_1' \omega_p^m n^m$$

若传动比 ω_p 为常数，则有

$$P^d = C_1 n^m \tag{8-2}$$

式中：C_1 为常数，$C_1 = C_1' \omega_p^m$。

由此可知，柴油机带推进器工作时，P_e 与转速 n 的 m 次方成正比。

由 T_{tq}、p_{me} 与 P^d 和转速的关系不难得出

$$T_{tq} = C_2 n^{m-1} \tag{8-3}$$

及

$$p_{me} = C_3 n^{m-1} \tag{8-4}$$

式中：C_2、C_3 为常数。

8.4.1.2 有效耗油率的变化规律

柴油机带推进器工作时，b_e 及有关参数的变化情况如图 8-24 所示，现以非增压柴油机为例，分析如下：

（1）循环喷油量 G_f。因 $G_f = C' n^{m-1} \eta_{et}$，此式说明 G_f 变化与 n^{m-1} 成正比。实际上，如图 8-25 所示，推进特性的每个点均属于不同的速度特性功率线上某一个点。随着转速的增加，G_f 迅速增大。在 G_f 增加的同时，爆压及排温等参数也明显增加。

（2）充气量 G_1。非增压机，由于 ρ_d 为常数，故 $G_1 = \rho_d V_s \phi_c$ 只与 ϕ_c 的变化有关，其基本变

化与速度特性相似。由于 G_f 增加,排气温度 T_g 明显上升,因此比速度特性时变化要大些,即 ϕ_c 的变化是不同速度特性时 φ_c 曲线上某个点的连线。

(3) 过量空气系数 ϕ_{at}。由于 G_f 随转速升高迅速上升,故 ϕ_{at} 随转速上升明显下降,且下降速度逐渐加大。

(4) 指示效率 η_{it}。由于 ϕ_{at} 下降以及转速上升,燃烧持续角增长,故 η_{it} 随转速上升而下降;但低速时,喷油雾化质量变差以及燃烧室壁温低等原因,随转速的降低 η_{it} 略有降低。

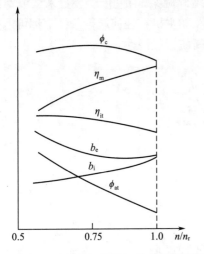

图 8-24 推进特性性能指标及参数变化规律　　图 8-25 排水船推进特性与速度特性的配合

(5) 机械效率 η_m。平均机械损失压力 p_{mm} 的变化随转速上升而直线增加,但由 $\eta_m = \dfrac{p_{mm}}{p_{me}+p_{mm}}$ 可知,$p_{me} = C_3 n^{m-1}$ 上升的速度更快。由此可知,η_m 随转速增加而增加,但增长的速度逐渐减缓。

(6) 有效效率 η_{et}。在低速时,由于 η_{it} 变化平缓,而 η_m 上升迅速,故 $\eta_{et} = \eta_{it}\eta_m$ 随转速上升而提高;在高速时,由于 η_{it} 下降迅速,而 η_m 升高平缓,故 η_{et} 反而下降。

(7) 有效耗油率 b_e。b_e 的变化规律与 η_{et} 相反。

8.4.1.3 增压柴油机的特点

涡轮增压柴油机按推进特性工作时,随柴油机转速的增大,其喷油量迅速增大,排气温度 T_g 明显上升,柴油机空气耗量增大。因此,涡轮入口压力 p_g 提高,膨胀比 π_T 增大,使得涡轮输出功率 P_T 增大,涡轮增压器转速升高,压气机出口压力 p_b 提高,进气管(室)空气密度增大,充气量 G_1 增大。过量空气系数 ϕ_{at} 下降的幅度较非增压柴油机明显减小,因此指示效率 η_{it} 在高速区的下降幅度减小,而有效耗油率 b_e 曲线在高速区变平坦或无明显的上升。

8.4.2 对几个管理问题的分析

1. 高负荷时超负荷和低负荷稳定性问题

柴油机带推进器工作时,存在两个现象:一是高速时,即使稍许增加转速,推进器所需功率 P_p 也将明显增加,此时需注意柴油机超负荷;二是转速越低,柴油机的转速越不易稳定。

2. 推进特性变化对主机影响问题

在 $P^d = C_1 n^m$ 关系式中,C_1 值不是永远不变的参数。由于航行条件多变,船底附生物、拖带、吃水、水道及海流等发生变化,通常都会导致 C_1 值增大,因此,螺旋桨的实际特性常常会偏离设计工况下的特性,如图 8-26 所示,曲线 2 变为曲线 $2'$。为了适应航行条件的变化,单靠内燃机调速器的作用是不够的,虽然还可以通过人工干预来调节内燃机的供油量,以不同的负荷状态来适应航行条件变化的需要,但实际上是不允许内燃机在超负荷状态下长期运行的,否则会大大缩短主机的寿命;同时,也要避免内燃机在部分负荷状态下长期运行,不然,会降低船舶的航行经济性。因此,为使柴油机工作可靠、不超限,避免引起故障或事故的出现,从而对柴油机使用寿命产生不良影响,或降速使用,或采用调距型螺旋桨,通过传动装置来调节螺旋桨的螺距,以适应航行条件的变化,并保证 C_1 基本不变,船舶主机在任何航行条件下都可能按标定工况运行,因此可充分发挥主机的做功能力,尽量提高航行经济性。

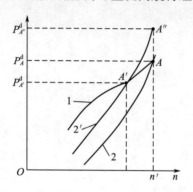

图 8-26 推进特性变化对配合的影响

8.5 柴油机的功率标定及许用工作范围

一台柴油机功率指标的确定对柴油机制造商及柴油机用户均极为重要。对柴油机使用管理者而言,在掌握柴油机最大许用功率及使用限制条件的同时,还需熟知柴油机许用工作范围。在使用管理中保证柴油机工作在规定的范围内,充分发挥柴油机性能。

广义上的柴油机功率标定是指柴油机许用工作转速范围内最大许用功率或经济功率的确定。一般情况下,柴油机功率标定是确定柴油机最高许用转速条件下的最大许用功率或经济功率。

柴油机许用工作范围是由柴油机许用最低、最高转速和许用最大、最小负荷所构成的许用区域(图 8-1)。柴油机许用工作范围为柴油机技术资料,是由制造商提供的,是选配柴油机、柴油机使用管理不可缺少的重要技术资料。

8.5.1 柴油机功率的标定

国际上一些主要的工业国家,对允许柴油机实际使用的最大功率确定标准——柴油机功率的标定,都以法规的形式做了明确的规定。在标定功率的同时,还必须明确指出:①相应的转速;②柴油机所承带的附属装置及影响功率和经济性的系统;③标定功率所对应的大气条件等。

GB/T 6072.1—2008《往复式内燃机 性能 第 1 部分:功率、燃料消耗和机油消耗的标定及试验方法通用发动机的附加要求》,按用途和使用特点,对内燃机(包括往复式汽油机、柴油机)的功率标定和名称定义分为以下三种:

1. 油量限定功率

在对应于发动机用途的规定时期内,在规定转速和规定环境状况下,限定发动机油量,使其功率不能再超出时所能发出的功率。

2. 超负荷功率

在规定的环境状况下,在按持续功率运行后,立即根据使用情况,以一定的使用持续时间和使用频次。按照每12h运行1h的运行条件,可以允许发动机发出的功率。

允许使用超负荷功率的持续时间和频次取决于使用情况,但在调定发动机油量限制器时应留有足够的裕量,使之能满意地发出允许的超负荷功率。超负荷功率应按持续功率的百分数表示,同时需注明允许运行的持续时间和频次及相应的发动机转速。

除非另有说明,在相应于发动机使用转速时,110%持续功率的超负荷功率,允许在12h运行期内,间断或不间断地运行1h。

3. 持续功率

在制造厂规定的正常维护保养周期内,在规定转速和规定环境状况下,按照制造厂规定进行维护保养,发动机能够持续发出的功率。

船用主机的功率通常限定在持续功率,因此在使用中不能给出超负荷功率。但是,对于特殊用途的船用主机,在使用中可发出超负荷功率。

实际上是以上述三种功率中的一两种功率和相应的转速,作为内燃机的标定工况,并注明在内燃机铭牌上。

另外,过去我国内燃机工业的"额定功率"的标定方法,至今还在有些造机厂沿用。"额定功率"是柴油机设计时所确定的功率指标,是柴油机设计的基础参数。

8.5.2 柴油机许用工作范围

8.5.2.1 确定柴油机许用工作范围的基本原则

确定柴油机许用工作范围的基本出发点是在实际使用中充分发挥柴油机性能。确定的基本原则主要包括:

1. 可靠性

可靠性要求在柴油机许用工作范围内正常使用柴油机,在柴油机使用寿命期(通常指大修期)内,柴油机及附属系统应具有较高的可靠性。柴油机的可靠性指标可用柴油机平均无故障周期(或平均无故障周期与寿命期的比值)或故障率等指标表示。可靠性是柴油机发挥运转性能的基础。

2. 寿命

寿命是柴油机性能的重要指标之一。在确定柴油机许用工作范围时,必须考虑柴油机寿命。通常柴油机的强载度(平均有效压力 p_{me} 和活塞平均运动速度 v_m 乘积)越高,柴油机的寿命期越短,如图8-27所示。

3. 运转稳定性

运转稳定性是指柴油机稳定工作在某一转速、负荷时其转速的波动情况。由于柴油机所带负载及柴油机自身对工作转速波动情况的要求,在确定柴油机许用工作范围时,运转稳定性成为限制因素之一。

4. 环境保护

环境保护是确定柴油机许用工作范围的又一个制约条件。柴油机工作时对环境的影响主要有排放(柴油机排气中的有害物质)、振动及噪声。随着环境保护要求的提高,柴油机排放指标的水平不仅对其许用工作范围产生影响,而且已成为柴油机生存发展的关键性影响因素。

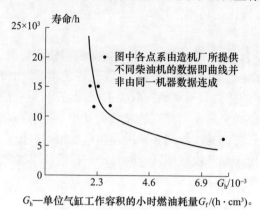

G_h—单位气缸工作容积的小时燃油耗量$G_T/(h \cdot cm^3)$。

图 8-27 柴油机寿命与强载度的关系

8.5.2.2 柴油机许用工作范围的确定

1. 最低转速

柴油机工作的最低转速主要受运转稳定性限制,涡轮增压柴油机(尤其是单级高增压或超高增压柴油机)的压气机喘振也可能限制柴油机的最低工作转速。通常随柴油机转速的下降,柴油机各缸喷油量均匀性变差,当转速下降到某一转速时,柴油机转速出现明显的不稳定(游车)现象。柴油机出现"游车"时,振动加剧,涡轮增压柴油机还可能引起压气机喘振。柴油机最低工作转速的确定通常采用试验方法,根据台架试验结果确定转速的大小。

2. 最高转速

柴油机最高转速主要受可靠性和寿命等条件制约。随柴油机工作转速的提高,柴油机动力传递组件运动速度、加速度增大,往复惯性力、离心惯性力加大,振动加剧,影响柴油机动力传递组件的机械载荷。柴油机振动的加剧对柴油机附属系统组件的可靠性也带来不利影响,因此需对其进行限制。柴油机工作时转速超过最高许用转速的现象称为"飞车"。"飞车"作为柴油机安全事故可能带来极大的危害。工作在高速、大负荷工况下,柴油机所带负载的突然卸掉(如大风浪航行时螺旋桨露出水面或发电机突然卸载)以及调速器或转速控制系统失灵均可导致"飞车"事故的发生。在操纵柴油机时(尤其是大负荷、高转速工况)应予注意。

柴油机最高转速的确定常采用计算分析与试验相结合的方法,通过计算分解初步确定最高许用转速,再经试验测试最终确定。

3. 最大负荷

柴油机在许用转速范围内的最大许用负荷(功率)确定受可靠性、排放、寿命等因素影响。通常将各转速下柴油机许用最大功率的连线称为柴油机限制特性。柴油机限制特性的构成情况与柴油机是否采用涡轮增压有密切关系,因此需分别对它们进行分析。

1) 非增压柴油机

非增压柴油机的限制特性通常是柴油机的外特性。由于非增压柴油机循环充气量随转速变化不大,因此在整个运转转速范围内,以油量调节机构固定在最大许用喷油量位置时获取的各转速下的功率点连线作为其限制特性。

非增压柴油机最大许用喷油量主要受运动传递组件的机械负荷影响。通常用最大许用爆

发压力 $\bar{p}_z$ 或有效转矩 T_{tqmax} 限制作为参数。由于非增压柴油机强载度低,因此受热机件热负荷限制的影响相对较小。

2) 涡轮增压柴油机

涡轮增压柴油机的限制特性较非增压柴油机复杂得多。由于它通常具有较高的强载度以及增设了增压系统和涡轮增压器,受限制因素较多。限制涡轮增压柴油机发出最大许用功率的主要因素有运动传递组件的机械负荷、受热机件的热负荷、排放指标和涡轮增压器转速、增压器喘振等。

随柴油机工作转速的不同,限制条件也可能发生变化,因此需将柴油机整个许用转速范围进行分段,通常分为高速、中速和低速三个区段,各区段的限制特性如图 8-28 所示。

(1) 高速段。高速段主要受涡轮增压器最高许用转速、柴油机最大许用爆发压力等因素制约。在高速区,随柴油机喷油量的加大,各限制参数中,涡轮增压器转速和爆发压力首先达到限制值,限制了喷油量的进一步加大,并限制了柴油机发出的最大功率。

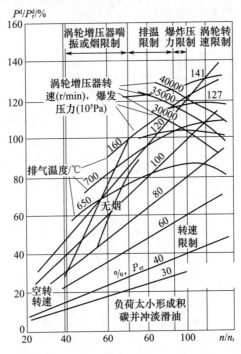

图 8-28 涡轮增压柴油机工作范围示意图

(2) 中速段。中速段主要受描述热负荷的指标——排气温度的限制。涡轮工作轮叶片及柴油机活塞、气缸盖、排气门等受热部件的许用热负荷对柴油机排气温度形成限制。

当柴油机工作在中速段时,其转速较标定转速低,流经涡轮机喷嘴的工质流量下降,涡轮机膨胀比下降,增压器转速降低,进气密度下降。随喷油量的增加,燃烧过量空气系数下降,排气温度上升并先于其他限制指标达到限制值。

(3) 低速段。低速段限制柴油机功率增大的制约因素主要是增压器喘振和排气烟度。

由于柴油机转速低,限制了压气机的空气流量的增大,随喷油量的增加,排气温度升高,涡轮机可用焓降增大,增压器转速升高,对应的增压器喘振流量增大,并先于其他参数达到限制值。有时,由于涡轮机膨胀比的减小,柴油机循环充气量减小,随喷油量的加大,燃烧过量空气系数较小;对高增压柴油机,由于柴油机压缩比较低,在较低的进气压力下,压缩终点缸内工质压力较低,当燃油喷射时,燃烧室反压力低而增长了油束长度,燃油喷到了燃烧室壁面。由于上述两种主要因素的影响,将产生排气冒烟并首先达到限制指标,限制了柴油机的喷油量,进而限制了柴油机功率。

4. 最低负荷

柴油机负荷过低,则由于喷油量过小而使各缸负荷的不平衡加大,由于压缩终点温度低导致燃烧不良,柴油机转速波动加剧、冒烟并使积碳增加,部分未燃烧燃油沿缸壁流入曲柄箱,稀释滑油,影响滑油使用寿命,加剧运动机件磨损,废气、工质等与低温机件接触还会引起低温腐蚀。因此,通常对柴油机最低负荷进行限制,涡轮增压柴油机尤其如此。限制参数一般采用转矩或平均有效压力,以最低许用等转矩(平均有效压力)线作为最低负荷限制线。

在柴油机许用转速范围内,对各限制参数均可通过试验找到该参数值的等值功率限制线(如等最高许用爆压功率线等),而构成限制特性线的曲线是同转速范围下各种限制线中功率最小者,即随着柴油机喷油量的增加,各限制参数中首先达到限制值的参数作为该转速范围的限制参数,其等值功率线构成限制特性线。

图 8-29 为 MWMTBD234V6 柴油机许用工作范围,实线所示的限制特性线给出的是柴油机持续工作范围,而虚线所示的则是短时工作范围。图 8-30 为 MTU16V396TE94 柴油机的许用工作范围,其中 I 区与 II 区分别表示相继涡轮增压系统的两个涡轮增压器单开和双开时的许用工作范围。

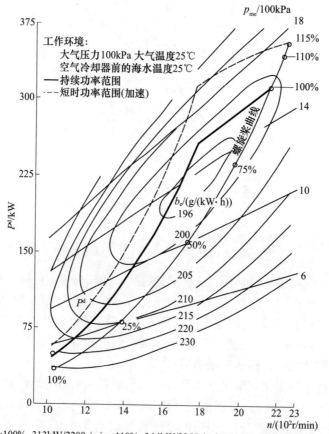

P^d:100%, 313kW/2200r/min; 110%, 344kW/2265r/min; 115%, 360kW/2300r/min。

图 8-29 MWMTBD234V6 柴油机许用工作范围

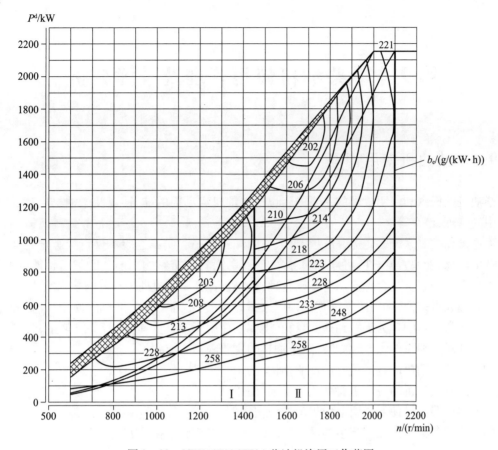

图 8-30 MTU16V396TE94 柴油机许用工作范围

思考题

1. 柴油机运行工作点的变动为什么会对性能产生影响？性能变化的根本原因可以用哪些参数进行分析和描述？

2. 在图 8-3、图 8-5 和图 8-6 中任选一台柴油机对其负荷特性进行分析，并提出使用该型机作为发电机原动机的建议。

3. 拟定一个在学校实验室现有条件下测定一台柴油机万有特性的实施方案。

4. 任选一台柴油机速度特性进行分析，说明特性变化的规律和原因。

5. 根据图 8-7 给出的万有特性作出 12VE390ZC 型柴油机的推进特性线中的燃油耗率 b_e 及排温 T_g。

6. 根据图 8-29 制定出限制该机低负荷运行的几条规定。

第 9 章 柴油机使用管理及故障分析

9.1 柴油机使用管理

柴油机的操纵和使用管理的主要内容包括柴油机启动前的准备,以及柴油机启动、暖机、运转中的管理、停车等。

无论操纵控制系统多先进,操纵管理人员的理论水平和实践经验不仅直接影响到柴油机本身技术性能、功率、经济性、可靠性和寿命的发挥,而且直接影响到船舶的技术性能的发挥。操纵管理人员的职责是合理使用与正确管理柴油机,保证柴油机处于良好的技术状态。

对管理人员来说,利用所学的理论知识来指导实践,正确掌握柴油机的使用、维护和保养的方法是非常重要的。为了做到这一点,必须要求使用管理人员具备以下的各项管理技能:

(1) 熟悉柴油机的主要性能特点、柴油机的主要限制参数和工作范围;
(2) 了解柴油机的各个重要部件的结构、功用;
(3) 熟悉柴油机的各个主要系统的组成、使用维护方法;
(4) 掌握柴油机使用说明书中规定的使用条例;
(5) 了解各类常见故障产生的原因、故障发生时的症状及排除方法。

9.1.1 柴油机的启动

柴油机的启动过程是使柴油机从静止状态进入正常工作状态的过程。因此,只有在确认柴油机的各部件和各系统均处于良好的工作状态,并做好启动前各项准备工作时才能启动柴油机。

9.1.1.1 对柴油机启动的要求

根据前面知识可以知道,对柴油机的启动要做以下几点:

(1) 启动前的准备工作要做到周密细致,它是保证柴油机安全启动以致正常运转的关键环节,准备工作不充分,就可酿成重大事故。因此,即使在柴油机紧急启动时也必须按照启动前准备条例进行。

(2) 确保迅速、安全、可靠地启动柴油机。要做到动作准确熟练、干净利索,确保启动迅速可靠、缩短启动时间。

(3) 尽量减少启动次数。首先,启动次数增加,气缸内积油增加,一旦启动起来后,柴油机瞬时转速可能很高,因此可能酿成飞车;其次,柴油机在启动时,润滑最差,轴承和各运动部件表面可能处于半干摩擦状态,其磨损量要比正常工作大几十倍甚至上百倍,所以启动次数越多,磨损越严重,柴油机的寿命缩短。

9.1.1.2 启动前的准备

柴油机启动前,应做好相应的准备工作,主要包括:

(1) 把柴油机正常工作所需的油、水、气、电等各种系统准备好。如燃油舱是否有足够数量的燃油,日用油柜油量是否充足,滑油油位和冷却水箱水位是否处于规定范围内,启动空气压力和蓄电池的电压是否符合要求,系统及管路是否存在泄漏,等等。

（2）检查柴油机周围有无妨碍运转的物体,检查刹轴器是否已经脱开。

（3）检查各固定螺栓是否松动,打开检查孔盖检查连杆螺栓紧固情况,必要时检查喷油定时、配气定时和气阀间隙等。

（4）对柴油机进行充油,注意各滑油管路是否通畅,滑油压力是否符合要求排出燃油系统管路中的空气。

（5）有冷却水和滑油自动预热装置的机器,则应进行先期预热。

（6）手动盘车或借助机械盘车,检查运转时有无妨碍,并注意盘车的轻重程度,以判断内部各机件是否工作正常,如缸头漏水、轴承熔融、活塞环折断或卡死等。

（7）检查发动机停车装置是否灵活,调整发动机的油量齿杆使其处于低油位,并检查调速器的灵活性。

（8）有集控装置的柴油机,按压试灯按钮,检查各信号灯及仪表是否正常,然后按复位按钮,复位。

除以上各项准备工作外,还有一些针对各类机器的具体准备工作。只有按条例做完上述事项,方可启动柴油机。另外,随着柴油机操纵自动化的发展,一些柴油机可实现自动启动,一些限制参数和一些主要准备工作已作为启动的限制条件,准备工作不完成或达不到要求,显示器会显示"不满足启动条件,不能启动"。这时,一定不能强行人工启动,否则将会导致恶性故障的发生。

9.1.1.3　启动时的注意事项

（1）启动时操纵人员的动作必须迅速果断,一经启动,应立即停止启动机构的运转。启动过程中,密切注意转速表和滑油压力及冷却水温度,如转速急剧上升,滑油压力又没有建立起来,而冷却水温度却上升很快,这时应马上停车。

（2）启动时供油量不要过大,以免工作粗暴,排黑烟,甚至飞车。若几次启动不成功,应及时查明原因,然后再启动。

9.1.1.4　暖机

暖机是指柴油机进入运转状态后逐步将机件、滑油和冷却水达到适宜的温度,使柴油机适宜于承担较大负荷的过程。因为刚启动时,燃烧室组件以及冷却水和滑油的温度都比较低,如果立即加大负荷,燃气的温度急剧升高,而机件、滑油和冷却水的温度一时还上不来,同一机件内外温度差就比较大,可能使燃烧室组件热应力太大而产生裂纹。活塞与缸套之间因润滑不良、膨胀量又不一致而造成活塞或活塞环卡滞,或引起"拉缸",由于突加负荷,轴承建立的油膜跟不上需要,造成烧坏轴承等。所以柴油机启动后必须要有一个暖机过程。

暖机一般分为以下两个阶段：

（1）预热油、水,空车暖机,使柴油机达到可以承带低负荷的程度。注意：在急速情况下暖机,不允许用提高转速来缩短暖机时间。

（2）为了缩短整个暖机过程,减少柴油机空车运转的时间,当柴油机可以带低负荷时,即采取带一定负荷暖机,并逐渐加大负荷甚至达到可以带全负荷。

一般说明书称第一阶段为暖机,达到第一阶段的标准时,即认为暖机结束。但必须明确,要承带全负荷,必须经过第二阶段。

由于暖机是在低速、低负荷下进行,因此对柴油机是极为不利的。为了既达到暖机的目的

又能减少暖机的时间,可以采用以下措施:

(1) 启动前预热滑油和淡水。目前进口的一些机型均有自动预热装置。

(2) 在暖机时减少海水对淡水和滑油的冷却,或者不让滑油或淡水进入冷却器,以加速提高油水温度。

(3) 适当提高空车暖机转速或带部分负荷暖机,或以阶梯式逐渐加大暖机带的负荷。

暖机结束的标志是滑油和冷却水的温度达到要求。

9.1.2 柴油机运转中的管理

柴油机在运转中,操纵管理人员的主要任务是保证柴油机正常运转,避免发生事故,尽量延长柴油机的使用寿命。

柴油机正常运转的主要标志是燃烧完善、冷却适当、润滑良好、工作平稳及配合间隙恰当等。

燃烧完善的主要表现是排烟为无色或淡灰色,没有浓黑烟、蓝烟、白烟和火花。

冷却适当的主要表现是淡水的进、出口温度在规定的范围内,而且进、出机的温差不能超过 $20\sim30℃$,随着负荷的增加,冷却水的温度应适当提高一些,即达到规定温度的上限。但水温也不能太高,如果太高容易造成汽化,对冷却反而不利。

润滑良好的主要表现是润滑油的压力和温度都在规定范围内,滑油的牌号应符合规定要求,质量良好。柴油机各润滑部位没有过分发烫或烧焦的现象。

工作平稳的主要表现是气缸内没有严重的敲击声,更不能有异常的金属撞击声,各运动部件声响柔和,没有严重的振动和转速波动现象。

配合间隙恰当主要是指柴油机各部件及系统上各装置的装配和调整应符合技术要求。例如:各紧固部位的松动会造成运转中零部件的损坏,或引起油、气、水的泄漏等现象;装配间隙过大,会出现抖动、振动及不正常的金属敲击声等;装配间隙过小,就会出现局部过热、磨损加剧,停车检查时,滑油中有金属屑存在。

为了能确保柴油机在工作中正常运转、避免事故并尽量延长使用寿命,应该特别注意以下问题。

9.1.2.1 保证柴油机在许用工作范围内工作,防止超负荷

柴油机的允许工作范围就是柴油机工作能力的限度,在第 8 章已进行了说明,它是柴油机可靠运行的限制。

对船用柴油机来说,主要用作船舶主机带动螺旋桨,或用作副机带动发电机。无论柴油机处于哪种工作状态,它都应该在允许工作范围之内,即最大转速不超过 n_{max},最低转速不低于 n_{min},最大功率不超过最大负荷限制线,最低功率不小于最低负荷限制线。

柴油机操纵使用中,最关心的问题是是否超负荷。通常来说,柴油机工作中发出的最大功率超过了许用的最高负荷限制线即为超负荷。当柴油机带螺旋桨工作时,柴油机的转速超过了最大转速限制线 n_{max},螺旋桨所吸收的功率线就超过了最大功率限制线,就超负荷了。所以带螺旋桨工作的柴油机最高转速只能小于或等于 n_{max}。当柴油机带发电机工作时,转速是恒定的,所以不存在超过最大转速 n_{max} 的问题。超负荷的标志是输出的电流已经超过额定功率时的最大电流。不论是带螺旋桨还是带发电机,在柴油机的实际使用管理中,都以排气温度的最大限值作为标准。如 20VMTU956TB92 柴油机要求气缸后测得的排气温度最高为 720℃,废气涡轮增压器后测得的排气温度最高为 600℃。这就是说,该柴油机在工作时,如果测得气缸

后的排气温度为720℃或废气涡轮增压器后的排气温度为600℃时,两者任一达到或超过,都为超负荷。

操纵使用柴油机时,为保证柴油机不超负荷,要注意以下问题:

(1) 改变柴油机工况时,操作要缓慢。作为主柴油机带螺旋桨工作时,改变柴油机转速是经常性的。当接到车钟命令加减航速时,一般情况下不应急减速急加速,而应缓慢进行。当急加速时,至少有下列几点对柴油机不利:①由于油量增加过快,燃烧室组件温度不均,会产生过大的热应力。②由于运动机件加速过快,惯性力过大,可能引起运动件之间的冲击过大,最高爆炸压力增大过快,受力机件的机械应力会突然增加,机械应力与热应力的总和如果超过机件材料的许用应力,就可能使应力集中部位产生裂纹。③因为舰船的质量很大,惯性也很大,当柴油机转速急剧增加时,舰艇的航速增加较慢,螺旋桨的相对进程λ_p减小,就有可能出现短时的超负荷。④对于废气涡轮增压柴油机来说,在急加速时,由于喷油量急速增加,而增压器转子因惯性转速不能及时增加,就会造成一定时期内新鲜空气供气不足,出现严重冒黑烟的现象;急减速时,减油很快,柴油机曲轴转速降低很快,高速旋转的增压器转子却因较大的惯性作用减速缓慢,相对曲柄轴单位时间气体流量就减少了,如果此时气体流量小于临界值时就可能发生压气机的喘振现象。⑤对多机多轴舰艇的主柴油机来说,加速时应尽量做到各柴油机同步,使之负荷也同步增加,否则加速过快的主柴油机可能出现短时超负荷。

当然,在紧急情况下,操纵主机的人员动作不能拖拉,加减速度的动作不能太慢。例如,在离靠码头紧急避开障碍时等紧急情况,加减速度就必须要快,否则会造成舰船的损坏。

(2) 主柴油机换向操纵时,动作不能太快。对于直接回行的主柴油机换向时,由于船的惯性运动,停车后水流还在促使螺旋桨按原转向旋转,若操作过快,往往负荷较大,而且启动空气的消耗量也会显著增加,因为反向启动的阻力矩增大。对于间接回行的主柴油机,操作过快还会容易烧坏离合器。

倒车时,螺旋桨的效率低,船体振动又大,主柴油机处于低速大负荷下工作状况,特别对于直接回行的主柴油机,此时的各种定时也不够理想,使柴油机的工作过程恶化,因此使用条例中一般要限制倒车运动的时间。

(3) 特殊复杂情况下对柴油机的操纵使用,要严格防止柴油机超负荷,这些特殊复杂情况主要包括大风浪航行、浅海与窄水道航行、拖带航行、转向航行、系泊试验等。

9.1.2.2 对滑油系统的管理

滑油系统的功用就是把数量足够、质量好的滑油源源不断地输送到柴油机各运动部件的摩擦表面或需要冷却的机件表面,去润滑与冷却这些机件。滑油的作用不仅是润滑和冷却,而且可清洗摩擦表面、密封机件等。所以柴油机在运转时,一刻也不能停止滑油的供应,一旦停止了滑油的供应而未及时采取有效措施,将会造成极其严重的后果。为此,柴油机的使用条例中都把滑油系统的管理放在首位。滑油系统各装置工作的状况可以从滑油压力、滑油温度、滑油的质量和数量等方面来检查。

1. 滑油压力

滑油压力一般是指滑油主油管内的压力。柴油机在运转中,滑油主油管内的压力达不到使用说明书中规定的最低数值,或者发现滑油压力急剧下降时,应立即停车,不查明原因并排除故障,不得重新启动柴油机。

滑油压力之所以必须要达到规定的最低压力,是因为只有主油道管内的滑油压力在正常的范围内,才能保证所有需要润滑的部位都能得到足够的滑油去润滑和冷却,并保证有一定的滑油循环量去冲洗和清洁摩擦表面。滑油泵的排量及出口压力完全能满足系统压力和循环油量的需要,其滑油压力可以通过调压阀来调节,使之能保持在规定的范围内。那么,柴油机在工作时,滑油压力降低原因如下:

(1) 冷机启动柴油机时,由于温度低,滑油黏度较大,因此滑油的压力较高。随着柴油机的被暖热,滑油的温度不断升高,黏度下降,从而滑油的压力稍有降低。

(2) 随柴油机运行累计时数的增加,轴承的磨损量不断增加,使轴承间隙不断增大,从而泄漏的滑油量就不断增多,主油路滑油压力就逐渐降低;但只要其最低压力保持在规定值的最低点以上,仍可正常工作。

(3) 滑油泵工作时间太长,超过检修期限仍未检修,使之工作间隙超标,泄漏增加,使滑油排量大大降低,造成滑油压力下降。

(4) 滑油泵安全阀卡死在开起位置或安全阀弹簧折断,造成泵的排出口与吸入口旁通,从而使滑油排量减少,压力降低。

滑油压力过低不行,滑油压力过高也不行。因为滑油压力过高,势必增加滑油泵的能量损耗,使柴油机的机械损失增大;同时,由于滑油压力增高,飞溅到气缸壁上的滑油量也会增多,造成进入燃烧室的滑油量增加,从而增加了滑油耗量使燃烧室组件的积碳和结胶加剧。

2. 滑油温度

滑油温度对柴油机的工作也有很大的影响。滑油温度过高,会使滑油黏度过低,不利于油膜的建立;同时,油温过高,也容易使滑油氧化变质,缩短了滑油的工作寿命。滑油温度过低也是有害的(如前所述)。所以滑油温度也必须保证在规定的范围内。

3. 滑油数量

滑油的基本数量应能在充满滑油滤清器、滑油冷却器、滑油管路系统及储油的油箱油室等的全部容积后,在油柜或承油盘中的滑油仍能高出滑油抽出泵的抽油口,保证大风浪中航行时舰体摇摆而不会使抽油口露出油面,以及滑油泵不吸入空气,如果滑油泵吸入空气,就会造成滑油泵的排量急剧下降,使柴油机无法工作。具体数量是由油标尺或油位计上的标记来确定的。滑油量过少不行,过多不仅没必要而且也有害。特别是在湿式承油盘中,油面过高会造成连杆下头部打击油面而使过多滑油进入燃烧室,滑油耗量增大、滑油氧化变质加快,使燃烧中的积碳、结胶增加,磨损加剧。滑油耗油率一般为 $0.5 \sim 5 g/(kW \cdot h)$,若滑油明显消耗过快,应检查原因及时处理。滑油量不仅不减少,反而增加,这也是不正常的,一般是滑油中进入冷却水或柴油引起的,也要及时查明原因,恰当处理。

4. 滑油质量

质量好的滑油的标志是:滑油的牌号符合规定,颜色呈深褐色、黏性好、无杂质水分和可溶性的酸、碱、盐。柴油机工作一段时间后,对滑油要定期检查化验,以确定是否继续使用。柴油机工作中,滑油的主要污染源是:从燃烧室漏入曲柄箱的未完全燃烧的燃烧产物,主要包括氢化物、氮化物、碳化物、氢氧化物及其滑油在高温下的分解产物;运动机件摩擦表面磨损时形成的金属微粒、腐蚀生成物和其他杂质。这些物质往往是造成柴油机拉缸、烧轴瓦、堵塞油路。为此,操纵管理人员在工作中应十分注意滑油的清洁,做到:及时清洗滤清器的滤芯,定期检查、化验滑油质量,质量不合格的滑油应立即更换,不用代用滑油;更换滑油时,必须将系统中的滑油全部放出,彻底清洗滤清器、冷却器、日用滑油柜和曲柄箱的承油盘。

9.1.2.3 冷却水系统的管理

冷却系统的作用是降低受热零部件的温度,保证柴油机的正常运转。

柴油机运行中对冷却水系统的管理主要是水温,同时还要注意冷却水的压力。冷却水温度过低或过高对柴油机的正常工作都是不利的。

冷却水温度过低的主要坏处如下:

(1) 增大了燃烧室组件的热应力,增加了产生裂纹的危险性。如某船用主机因调温阀失灵,使水温长期处于50℃以下工作,结果检修时很多气缸盖底部发现裂纹。

(2) 冷却水温度过低,带走的热量增多,从而降低了柴油机的热效率。

(3) 冷却水温度过低,配合间隙显然过大,运动机件在转动过程中容易产生敲击现象,造成机件的受力和振动加剧。

(4) 使燃烧恶化,造成燃烧不完全,冒黑烟,燃烧室积碳严重,活塞环卡滞,泄漏严重等不良倾向和故障。

(5) 冷却水温度过低,就会造成气缸壁温度较低,使燃气中的水蒸气凝结在镜面上,而燃气中的 SO_2 和 CO_2 等酸性气体溶于水时,就形成酸性腐蚀液,从而使气缸上部的腐蚀及磨损量增大。

由上可知,在柴油机负荷较大,机器过热时,不能采取突然降低冷却水温度的办法来降低柴油机的热负荷,应随柴油机负荷的增大相应提高冷却水的温度,增大冷却水流量。但是,冷却水温度的提高也受到一定条件的制约,主要条件如下:

(1) 燃烧室组件的温度过高,会使机件的材料强度下降,承载力减弱,大负荷时机件的受力相应较大,因而容易产生破损。

(2) 机件温度高,受热的膨胀量也大,当温度过高时,可能使机件的局部材料的膨胀变形量,超过材料的弹性极限,从而产生塑性变形,当温度恢复正常时,机件发生残余变形,就是热蠕变,最终使机件的某些部位产生热疲劳,发展成为热疲劳裂纹。

(3) 冷却水温度高,滑油温度也高。滑油在高温下容易变质老化。

(4) 水温过高可能沸腾汽化,造成冷却效果迅速下降,使机件发生过热现象。

在使用管理中对冷却系统应注意如下三个方面的问题:

(1) 确保冷却水温度和压力在规定的范围内。冷却水的压力变化,主要说明系统是否畅通,冷却水泵的工作是否正常。如果冷却水管路系统堵塞,水泵工作正常,则水的压力就会升高;管路系统破损,水压就会迅速降低;冷却水泵损坏,水压也会迅速降低。

(2) 确保冷却水量足够。在闭式冷却系统中可通过膨胀水箱上的水位计来检查系统中的水量。当系统中冷却水量不足时,冷却水温度会急剧升高,这时切忌立即向系统中加入大量的冷水。正确的做法是:首先应立即降低负荷运转,等水温恢复正常后,再向膨胀水箱或系统内徐徐注入冷水,最后再排除故障,避免冷却水再次泄漏。

(3) 注意冷却水的质量。冷却水的质量对散热和机件的腐蚀有着直接影响,对海水系统,水质取决于舰船航行的水域特点,是无法选择的,所以冷却水质量是针对淡水冷却系统而言的。冷却水质量的含义是指,冷却水必须清洁,水的硬度和酸碱度适当,氯离子含量较低,并根据需要在冷却水中加有一定比例的乳化防锈剂。

9.1.2.4 及时发现故障苗头、排除隐患

机舱的工作条件较差,主要是振动噪声大,温度高,容易使人疲乏,甚至头脑不清醒,如果再加上油气、烟味和晕船呕吐,给操纵管理柴油机带来更大困难。因此更要集中注意力:一是管理好柴油机就要充分利用好舰艇上现有的各种仪表和现代化的遥测、监控、报警装置,使它们保持完好状态,以便能及时、准确地发现和预防各种故障;二是充分训练机电管理人员的感

观技能,即利用耳、手、眼、鼻等人体感觉器官,通过听、摸、看、闻来直接感受和体查机器工作的各种信息,以提供分析、判断故障的依据。

人的耳朵可以听到 16～20000Hz 频域范围的声音。经过一定的训练,可以使操纵管理人员根据机器工作时各种振动和噪声的频率、声强以及声音的连续性等来判断柴油机的运转、气缸内的工作状态、增压器和各种泵等零部件的工作是否正常。例如,我们用一根金属棒或螺丝刀听气缸内燃烧爆发的声音,可以判断气缸内爆发压力的高低、柴油机转速的大小、活塞与气缸壁之间的配合间隙是否正常等问题。通过经常的听力训练,就能逐渐区分正常工作时各部件的声音和不正常时各部件的声音。例如,气阀间隙过大时的金属敲击声,气阀间隙正常时的金属敲击声,气阀间隙过小时的金属敲击声,通过反复对比,摸索和总结经验,就能不断提高自己的操纵管理水平。

利用手的灵敏感觉来正确断定柴油机的工作情况。利用手的触觉可以感知柴油机零部件的工作温度是否正常,振动是否太大等。例如,用手摸测轴承温度,凭手感的温度就可以断定轴承等部位的工作温度是否正常,如果手摸温度太高,就有可能烧坏轴承。用手摸运动部件引起的振动部位,就能感觉到机件振动的大小。通过反复对比,就能区分正常工作时振动是什么状况,故障振动是什么状况。如果发现振动加剧,就很可能是发生故障的先兆。通过摸高压油管可以大致判断高压油泵的工作情况。如果有的缸的高压油管内有剧烈的振动和不正常发热,说明气缸负荷过大或喷油器的喷嘴被堵塞;如果高压油管内根本没有振动,说明该气缸供油已完全停止或喷油量大少,或喷油器、高压油管严重泄漏,喷油泵建立不起高压。

在管理柴油机时,还应充分利用视觉,不断巡查各部件的工作状况。观看各种仪表读数是否正常,各种管路系统及管接头有否泄漏及裂纹,排气烟色是否正常等。各种仪表的读数,主要是指各种温度表、压力表和转速表等的读数是否在规定的范围内,还要定期将它们记入值班记录簿。

通过观察排气烟色可判断燃烧的质量。柴油机带负荷运转时,在正常情况下排烟一般应呈浅灰色,重负荷时,则可呈深灰色,蓝烟、白烟和黑烟都是不正常的烟色。

用鼻子闻各种气味,通过气味来判断柴油机各部件的工作是否异常。例如,应用嗅觉可检查滑油中有无柴油味,如果有,说明滑油已经被柴油稀释,就应立即查明原因,采取措施。又如,如果闻到焦臭味,有可能是水泵的水封圈、橡皮密封圈被烧坏,如果轴承过热,也会引起滑油烧焦和外部油漆烧焦的焦臭味。

总之,在管理柴油机中,通过听、摸、看、闻等感觉技能,能及时迅速地发现故障苗头。尤其是在各种非正常使用情况下,监控系统电源、线路和各种仪表、监测监控装置等发生损坏,这时操纵管理柴油机,听、摸、看、闻的感觉技能就会发挥重大作用。

9.1.3　柴油机停车

9.1.3.1　正常停车

柴油机在正常情况下停车,不允许从高负荷下突然停车,应该有一个逐渐降低负荷的过程,以使各部件的温度变化均匀使停车前受热机件的温度降低。因为在高速大负荷下工作时,受热机件处于高温,倘若突然停车,滑油和冷却水也就停止循环,大量的热量无法及时散出去,这样会造成燃烧室组过热,受热机件的温度突然升高。这可能导致以下后果:

(1) 活塞由于高温膨胀而卡死在气缸中;活塞环槽处的滑油因温度过高而变质结焦,造成活塞环卡死在环槽中。

（2）相对运动机件的表面所附着的滑油因温度过高而黏度下降,以致流失掉,这样增加了再启动的磨损。

（3）零部件因过热产生蠕变,热应力过大而产生裂纹。

所以,柴油机说明书中规定,在停机前要逐渐降低柴油机的转速、减少负荷,并在空车状态下运转数分钟后再停车。

停车后,还应完成以下工作：

（1）打开检爆阀,充油盘车,以排出气缸内的积油和废气,防止气缸套腐蚀,进一步降低气缸和轴承的温度。

（2）按条例规定定期打开曲柄箱检查孔盖及气缸盖进行检查,看运动机件有无损坏,锁紧装置是否松动,轴承是否过热等。

（3）废气涡轮增压柴油机,停车后应倾听增压器转子旋转的声音是否正常,测定转子惰转时间。

（4）将系统和各种阀门置于要求状态,并注意关闭海底门和舷侧排气挡板,防止海水倒灌。

（5）在寒冷季节,应放出柴油机中的冷却水,防止冻裂机件。（加防冻液的冷却水不应放）

9.1.3.2 紧急停车

在特殊情况下,为保证舰艇和柴油机的安全,即使在大负荷下也必须实行停车,即为紧急停车。

出现以下情况之一时,必须实行紧急停车：

（1）船舶有触礁、碰撞等危险。

（2）滑油压力急剧降低到规定值以下。

（3）飞车。

（4）有异常声响,或柴油机曲柄箱内有大量烟雾冒出。

紧急停车后,由于机器受热部件的温度很高,大量热量散发不出去,因此,必须采取以下措施：

（1）充油盘车。对于有检爆阀的柴油机应立即打开检爆阀,启动预供油泵,向柴油机内供给滑油,并人工盘车。如果有备用冷却水循环泵,应让冷却水继续循环一段时间,以降低柴油机受热机件的温度。但是,禁止用启动压缩空气转动柴油机,以防止活塞卡滞而拉毛气缸。

（2）禁止用低温冷却水循环冷却柴油机,以免产生过大的应力和应力集中,造成机件的损坏。

（3）只有在查明故障的原因并排除故障后,才能按程序重新启动柴油机。

9.2 柴油机故障分析及排除

9.2.1 概述

对于柴油机使用管理者来说,责任最重大也是最困难的事情,莫过于确保柴油机可靠安全地持续工作,在使用寿命的期限内不发生或少发生故障,能及时发现故障苗头,正确采取防范措施。一旦发生了某种故障,能及时正确地进行处理,防止故障进一步扩大,防止由小故障演变成大故障,防止由不停机故障演变成停机故障,防止由一般性故障演变成严重故障。

柴油机的可靠度是指柴油机不发生故障的概率。故障简单来说就是机器或技术装备出现无法实现功能问题或障碍。当机械设备内部处于不正常状态,在外部如声音、振动、转速、温度、压力、气味、外观等表现出不正常现象时,就称该机械设备出了故障。也就是说,机械设备不能完成人们预先设定的功能和任务。一般说来,故障会使机械设备功能降低甚至丧失。

9.2.1.1 引发柴油机故障的主要因素

柴油机是舰艇常用的一种动力机械,其结构比较复杂,所以故障分析一般难度较大,且具有广泛的代表性。掌握了柴油机故障分析,对于船舶其他设备的故障分析有普遍的指导意义。

引发柴油机故障的因素很多,归纳起来主要有以下因素:

(1) 机械设备的结构设计不合理,存在严重缺陷,或强度计算与校核错误,没有进行可靠性试验等引发的机械故障。

(2) 制造加工方面存在的问题,如机件加工的质量与精度,材料是否有缺陷,装配安装是否达到工艺标准要求等是引发早期故障的主要原因。

(3) 柴油机的操纵和使用管理不正确引发的故障。

(4) 金属材料的腐蚀,包括化学腐蚀、电解腐蚀、穴蚀等,使材料强度下降,表面形状发生变化,使机件功能降低甚至完成丧失功能。

(5) 运动机件的磨损。零件表面因磨损使尺寸、形状和表面质量发生变化,是造成80%左右的零件失效的原因。磨损的种类很多,除了正常的运转磨损以外,主要有磨粒磨损、黏着磨损、疲劳磨损、腐蚀磨损和微动磨损等。所以减少磨损保证柴油机寿命是管理使用者的重大责任。

(6) 疲劳破坏。柴油机受力部件在气体压力和往复惯性力等周期变化作用力的作用下,材料组织的强度迅速下降,产生疲劳裂纹,随着交变载荷的不断作用,疲劳裂纹逐渐加长、加深,直至疲劳断裂。

(7) 高温损伤。高温对材料的强度极限和疲劳极限都有明显的影响,随着温度的升高,材料强度极限和疲劳极限都呈下降的趋势。对于某种金属材料,高温达到某种程度时,这两个指标出现急剧下降的趋势,如铝合金当温度升高到100℃以上时,疲劳强度下降很快,到350℃时,疲劳强度就很低了。铸铁和碳钢在350~450℃范围内,疲劳强度有一个极大值,温度再升高,疲劳强度很快下降。在600~750℃时奥氏体镍铬钢无论是疲劳强度还是抗氧化性都有比较好。当温度达到750℃以上时,铁基合金已经不适应。高温损伤的主要形式是热蠕变、热疲劳和热应力。

除了上述几种损坏的因素以外,积碳、结胶、堵塞、变形等也会引起某些柴油机部件的损坏。

9.2.1.2 柴油机故障分类

故障诊断的目的是及时找出故障的部位和发生故障的原因,评估故障的后果,从而采取有力的措施,以防止故障的扩展和重现。将各种故障进行分类,有利于从客观上把握故障的分布,也有利于找出不同类型故障形成和发展的规律。一般可按故障形成的机理、故障的外部特征和故障的后果影响等将故障进行分类。

1. 按故障机理分类

故障形成的机理反映故障的本质。柴油机中不同机理形成的故障,其分析原因的思路有明显的差异。深入分析不同类型故障,调用的手段也明显不同。例如,对于柴油机热功转换失常形成的故障现象,往往须对气缸内过程进行分析、测量工质的热状态量,进行气缸内过程的模拟计算和预测。而机械传动的障碍则主要运用机械力学的分析、检测和计算手段。柴油机故障按不同机理可分为以下三类:

1) 热功转换失常

热功转换类故障是指柴油机在将燃料中的化学能经燃烧转化为热能并推动活塞做功过程失常而引发的故障。一般从两个方面加以划分:

(1) 燃烧失常类。柴油机的燃料在气缸内与空气混合实现间断的燃烧和膨胀做功。气缸内工质的状态量在 20ms 内急剧变化。在这个短暂时间内工质状态量及其变化规律一旦失控,就有可能引起热功转换的失常。而正常的燃烧取决于气缸内燃料与空气的混合和燃烧。

从燃油方面进行分析,主要着眼于燃料的数量、状态和喷入气缸内的时机。

燃料的数量是指进入气缸内的燃料量是否满足热功转换的需求。严格地说,这个数量不仅是每循环的总量,而且包括这个总量在缸内随时间和空间的分布。数量失常可能是高压喷射系统油量控制失常引起,有时数量不足是低压燃油系统供油不足引起。

燃料在气缸内的状态主要是指燃油在气缸内的雾化和分布。对气缸内混合的柴油机,混合时间短且与燃烧相继进行,要求更高一些。

混合的时机主要指燃料喷入气缸的曲柄转角位置,即喷油定时。这类故障主要由高压喷射系统的失常形成。

从气缸内空气方面来分析,包括缸内的空气量、空气的状态参数两个方面。

空气量与燃料量的匹配是燃烧正常进行的先决条件,过浓和过稀的混合物均不能迅速有效的燃烧。

气缸内空气的状态取决于气缸内压缩过程能否正常进行,从而使空气的压力、温度及涡流运动能达到正常燃烧的要求。

(2) 工质更换失常类。柴油机每个循环均要将燃烧产物(废气)排出气缸,并充入新鲜空气实现工质的更换。如果工质更换不正常,就不能保证气缸内空气满足燃烧所需的空气量和品质。工质更换失常需从进气和排气两个方面进行考查。

空气充入气缸有两种方式:一种是用压气机以高于环境压力的增压方式向气缸内充气;另一种是自然吸气。增压柴油机充气量不足的主要原因是增压系统的工作不正常,而自然吸气式则主要是进气通道不畅或气门定时不对。

废气排出受阻也会影响充气,对二冲程柴油机则更为明显。受阻的主要原因是排气背压过高或排气定时失常。

2) 机械传动故障

柴油机的机械传动极为复杂。除传递主要动力的曲柄连杆机构外,还有传动机带副件和机构的机械。这些机构都相互联锁,只要其中任一部件运动受阻都会形成机械传动故障,机械传动故障可分为以下三类:

(1) 磨损类。柴油机中有大量的摩擦副,如轴与轴承、活塞与气缸套之类。摩擦副之间的配合间隙失常或者摩擦副之间润滑剂的数量或质量没有保证,都会造成过度的磨损甚至形成卡滞。其中有一些偶件属于配合精度很高的精密偶件,如高压喷射系统的柱塞副、针阀副以及很多控制系统中的滑阀等。由于偶件的间隙很小,所以对它们的工作条件正常有更严格的要求。

(2) 运动干涉类。当柴油机中的运动机件在其固有的运动轨迹上与其他的机件发生碰撞，或者运动机件偏移了其固有的轨迹时均会产生运动干涉。运动干涉一旦出现，都会酿成严重的故障。运动干涉的出现一般有以下几种情况：

① 错位性干涉：如四冲程柴油机的气门与活塞顶发生运动干涉，高压喷射泵柱塞撞击输油阀座等。这类运动干涉还没有导致运动机件完全脱离固有的轨道。有些更严重的错位性干涉则是运动机件完全偏离了其固有轨道，如连杆松脱后撞击气缸套和机体、曲轴箱。

② 占位性干涉：指异物掉入了运动机件的运行轨道造成的干涉，如喷油嘴或预燃室喷嘴掉入燃烧室或异物进入涡轮的动、静叶栅。

③ 液压冲击干涉：主要是在气缸燃烧室内进入大量的液体，造成曲柄连杆机构的液压冲击，如海水或滑油等充入气缸，会使缸头螺栓拉断或连杆压弯的故障。

(3) 机件断裂。传动机件承载过大或强度不足会造成断裂。载荷过大的程度不同，会形成早期或晚期疲劳断裂。强度的不足则可能是设计的缺陷或材料及工艺方面的缺陷。这类故障分析的难度一般要比磨损及运动干涉的故障更大一些。

3) 外围系统故障

上述两大类故障有些是外围系统的故障诱发的。例如，低压燃油系统供油量不足造成热功转换的功率下降，柴油机只能承受一部分载荷；滑油中断供应引起柴油机主轴承和连杆轴承烧熔等。但是，外围系统障碍又有共同的规律和相对独立的机理。外围系统都是将一定品质和数量的工质（燃油、滑油、淡水、海水、空气等）按需求的状态向柴油机输送，因此形成外围系统故障的因素不外乎从以下四个方面进行分析：

(1) 工质的数量和品质。大部分工质均储存于一定的舱室或箱柜之中。如果容器内工质的数量过少或过多都会形成外围系统工作不正常。如日用燃油箱中燃油耗尽而导致柴油机自动停车。日用滑油柜油面过高而导致滑油抽至压气机进口而造成飞车。工质的品质亦极重要，如滑油中混入了海水会导致整机锈蚀，淡水中不按规定使用添加剂而导致缸套穴蚀等。工质的数量和质量是外围系统的源头，切不可忽视。

(2) 泵类。外围系统要依靠泵或压缩机提供其循环的能量。泵的工作出现障碍，就不能保证系统内的工质能充分地供应至柴油机。柴油机泵一般用机带泵，泵的传动出现故障，柴油机就不能正常工作。而泵本身的压头和供应量则与泵本身的性能相关，常见的是泵内高、低压空间的泄漏使泵的效率显著降低。

(3) 副件类。外围系统内有热交换器、过滤器、阀件等副件，这些副件功能失效或发生泄漏、堵塞，就会造成系统的功能故障。

(4) 通道类。船舶系统与柴油机系统之间有各种转换通道实现系统在不同工作条件下的功能。一般均通过各种转换阀来实现，一旦出现操作失误或者通道泄漏和堵塞，都会使系统的功能失常。

上述三大类机理的故障并不是孤立存在的，而是有着内在的联系，图 9-1 可以看出它们的关系。

2. 按故障症候分类

柴油机发生故障时，在运行或停车检查时可以发现故障的外部特征。故障的症候通常由仪表、监测报警系统显示，也可以凭使用者的直觉发现。

1) 仪表、系统显示

柴油机都装有或多或少的仪表系统来显示其运行状态。大部分故障的症候均可从仪表盘

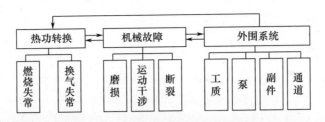

图 9-1 不同故障机理之间相互关系

的指示或监测报警系统中反映出来。近代的监测诊断系统甚至能将故障的部位直接显示。主要判断故障的参数如下：

(1) 转速。柴油机的转速能反映输出功率与负荷的平衡关系。各类转速表都能指示柴油机的平均转速。转速降低一般反映负荷增大，转速持续下降说明柴油机处于超负荷状态。转速持续上升直至超出最高转速称为飞车，反映出输出功率失控。转速的波动则反映出控制系统或负荷的不稳定。

(2) 温度。柴油机的排气温度能反映各气缸的热负荷状态。淡水温度是冷却状态的主要标志，主要反映燃烧室组件与冷却水间的热交换情况。滑油温度直接影响滑油的黏度，过低或过高都会使机件的润滑状态失常。温度的显示有较大的滞后效应。所以从温度发现的故障症候需特别引起重视，及时采取处理措施。

(3) 压力。气缸内最高压力是柴油机机械负荷的特征参数之一。气缸内压力的变化率反映了机械负荷冲击性。各外围系统的压力能反映出工质的供应量大小和通道的通畅程度。其中滑油压力特别是主油路的滑油压力是特别重要的，一旦压力急剧下降或无油压，将形成主要机件的恶性磨损或烧熔。

(4) 液位。油、水的液位是否正常可以反映外围系统工质源的现存数量和消耗状况。往往可以发现不同系统空间是否出现窜通或泄漏。其中，滑油日用油柜或曲轴箱的液位值得特别重视。一旦滑油油位过低或过高，都是重大故障的先兆。

2) 感官直觉

虽然监测诊断系统正日益完善，甚至已经实现了机旁无人看守，但感官直觉对发现和防止柴油机故障仍是不可少的。从大量故障发现的过程中可以发现，凭感观直觉发现的故障仍是最灵敏及时的。以下三种直觉更为重要：

(1) 振动与异常噪声。绝大部分的机械障碍出现均伴随着振动加剧和异常噪声的出现。气缸内压力变化率陡增而形成的敲缸，涡轮增压器的喘振声也是能及时发觉的。

(2) 排气烟色。在上甲板或机房外部观察到废气烟色，是判断燃烧过程是否完善的重要方法。

(3) 流体窜流或溢出。柴油机的各类工质的腔室都是严格分隔开的，一旦出现窜通或大量泄漏，是可以观察到的。例如，曲轴箱通气孔冒白烟或黑烟，是气缸内气体进入曲轴箱的症候，淡水膨胀水箱冒气是燃气进入冷却腔所致，至于各系统管接的工质泄漏等都是可直接观察到的现象。

3. 按故障后果分类

柴油机故障产生的后果，既是对故障程度的评定，也是处理故障的重要依据。在故障后果分类的论著中，有多种对故障后果进行分类的方法，比较适用于进行逻辑决断的分类法，是将故障后果划分为安全性故障、功能性故障和经济性故障三大类。

1) 安全性故障

安全性故障的后果直接威胁着人员和舰艇装备的安全,可能造成人员伤亡和舰艇装备的进一步损伤。因此,安全性故障的直接后果就是必须立即停止柴油机继续运行。安全性故障后果的严重程度差异很大,根据严重程度可以划分为已形成伤害和未形成伤害两种。

(1) 已形成伤害。已形成伤害的安全性故障,故障通常已使柴油机被迫停机(包括自动停机和人工紧急停机)。例如:柴油机曲轴箱爆炸,引起曲轴箱盖伤人、机舱起火;柴油机或涡轮增压器飞车造成的机毁人伤故障;连杆螺钉拉断引起连杆将机体、活塞等击穿等故障。这类故障一旦出现,使用者除停机外别无他法。对维修人员则意味着整机报废或翻修。

(2) 未形成伤害。未形成伤害的安全性故障,一般是指操作人员及时发现了安全性故障的先兆,及时停车而未使故障后果进一步扩展,或柴油机的安全报警系统及时自动停车。例如:滑油系统主油路压力过低而自动停车或人工停车;曲轴扭振使整机振动加剧而及时停车;发现排温超标及时使柴油机降速,以致停车后发现活塞已在缸内咬死而不能盘车等,避免了整机报废和人员伤亡的后果。

2) 功能性故障

功能性故障的根本特征是柴油机不能按原来规定的条件发挥其应有的功能。也就是要使柴油机的功能降低使用,才不至于发生安全性的故障。一般说来,功能性故障的后果比安全性故障要轻一些。例如:由于燃烧条件的恶化,一台柴油机在 100% 负荷运行时会出现排温过高和烟度加大,只能降低至 85% 负荷运行;润滑油主油路压力在最低稳定转速运行时低于规定的下限值,不得不提高最低稳定转速;低温启动困难或空车转速波动值加大;等等。但是,降低功能使用时,仍能正常运行。这类故障在实际运行的柴油机中占的比例较大,往往在故障汇编中很少列入。依其显现的方式可分为突发性和渐进性两种。

(1) 突发性故障。突发性柴油机功能性故障是偶然的因素造成,往往在操作或维修失误时形成。例如:启动前滑油进口阀未开足或误关,造成启动后滑油主油路压力不足;维修时将喷油定时调整错误引起柴油机功率不足;等等。突发性功能故障易于发现,也比较容易找出原因。

(2) 渐进性故障。渐进性功能故障是由于柴油机长期运行、磨损、老化和材料疲劳、杂质污染而逐渐形成。柴油机性能的下降也是随运行时间而加剧。例如:作为主机的柴油机最大运行转速的逐步下降;同一转速下滑油主油路的压力逐步降低。同样环境条件下,启动时间逐渐增长;涡轮增压器停车惰转时间逐渐缩短;等等。这些性能的变化有时还伴随着耗油率的增加,但这类故障往往不易发现,即使发现也可能被误认为根本不是故障而不被重视。长期积累,由量变而发生质变,往往会由功能性故障转化为安全性故障。

9.2.2 柴油机故障分析方法

9.2.2.1 柴油机故障征象

柴油机在使用过程中,零件的自然磨损和变形、使用维护不当、装配和修理质量不良等原因,使柴油机性能下降,出现不正常的现象,甚至不能继续工作,这种现象称为故障。当柴油机发生故障时,往往通过一个或几个征象表现出来。这些征象一般具有可观、可听、可嗅、可触摸、可测量的性质,总结起来有以下几方面:

(1) 工作不正常,如不易启动、转速不稳、不能带负荷、发不出规定的功率、自动停车等;

(2) 声音不正常,如发出不正常的敲击声、放炮声、吹嘘声等;

(3) 温度不正常,如排气温度过高、机油过热、冷却水过热、轴承过热等;

(4) 外观不正常,如排气管冒白烟、黑烟、蓝烟,以及漏油、漏水、漏气等;

(5) 消耗不正常,如柴油、冷却水、机油等消耗量增加,油面及水面突然升高或降低;

(6) 气味不正常,如排气带有很浓的柴油和机油的气味,以及不正常的臭味和焦味等。

柴油机故障的发生大部分是使用时不遵守操作规程,不注意保养工作,装配和调整不正确以及一些零件的磨损而引起的。因此,正确的使用和及时的保养是防止和与减少故障的有效办法。但有时发生了故障,也应当仔细地分析故障发生的原因,及时排除。

9.2.2.2 柴油机故障判断和排除的原则

柴油机发生故障后,要遵循以下排除原则:

1. 判断故障要有整体性,排除故障要有全面性

柴油机各个系统和机构及其所属的零部件之间是密切相关的,一个系统、机构或零部件有故障,必然要涉及其他系统、机构或零部件。因此,对于各个系统、机构或零部件的故障不能绝对孤立地对待,而必须要考虑其影响的系统、机构或零部件,以及本身又可能受到的影响,从而以整体观念来分析判断故障原因,并进行全面的检查排除。

2. 查找故障时应尽可能减少拆卸

在查找故障时,盲目地乱拆乱卸,或者由于侥幸心理与思路混乱而轻易拆卸,不仅会拖长排除故障的时间,而且可能造成不应有的损坏或产生新的故障。拆卸只能作为在经过缜密分析后采取的最后手段。在决定采取这一步骤时,一定要以结构和机构原理等知识作指导,建立在科学分析的基础上,并应在有把握恢复正常状态和确信不会由此而引起不良后果的情况下才能进行。此外,还应避免同时进行几个部位或同一部位几项探索性拆卸和调整,以防互相影响,引起错觉。

3. 切忌图存侥幸心理和盲目蛮干

当遇到较严重的、可能造成破坏性损坏的故障征兆时,切忌图存侥幸心理,盲目蛮干,在没有查找到故障原因,并予以排除时,不能轻易地开动机器,否则会进一步扩大故障损坏程度,甚至造成重大事故。实在需要开机检查时,应切实做好各种防范措施,谨慎地进行。如做好各项安全顺利启动的检查,盘车检查有无影响运转的任何阻碍,即使盘车稍感重一些,也应敏感地注意到,并做出相应的检查;对重要螺栓要检查有无松脱;重要摩擦副有无异常发热;等等。柴油机一旦启动后,仔细分辨运转声响,查看机油压力是否正常,并根据需要能够做到及时停机。

4. 注重调查、研究和合理分析

调查、研究和了解柴油机在使用维修方面的经历和现状。了解该机在使用管理和维修的经历,主要看常出些什么故障,发生在什么部位;检修中更换了那些机件;检验和装配的间隙数据等。对于现状的了解,主要是柴油机在故障出现前后观察到了哪些现象,已经采取过哪些措施,效果如何。通过对这些问题的了解,把思想引导到产生故障可能性大的方向上去,便于做出正确的分析和判断。

5. 亲自动手,用看、听、摸、嗅等手段掌握第一手材料

看:柴油机运转的外部特征,如机油颜色有无污染;排气烟色是白烟、黑烟还是蓝烟;观察仪表读数是否正常,柴油机有无漏油、漏水、漏气的地方等。

听:柴油机运转的声音是否正常,可用长螺丝刀(或长金属棒)贴耳或听诊器监听柴油机各部位的工作响声。同时改变油量,倾听柴油机在各种转速下,声响的变化,也可根据声音的有无节奏性,判断与工作循环的间隔是否一致。

摸：用手触摸检查柴油机各部位温度是否正常。轴承温度一般不超过60℃。用手触摸时，有经验的人认为：手摸记数，从1数到7(5~6s)，若达不到7数以上就感到灼热不能耐，非松手不可时，则认为该温度已超过60℃。手摸不仅可以用来感温，而且通过手感可以检查连接是否可靠，间隙大小，甚至机油有无稀释，黏度大小均可用手感来做初步判断。

嗅：可以辨别排气的烟味，机油气味，更明显的是电气元件和橡胶制品的焦味。

6. 遵循"从简到繁、由表及里、按系分段、推理检查"的原则

"从简到繁、由表及里"的含意比较明确，要求我们不要将故障看得都是那样复杂，分析排除故障与一般的工作方法一样，总是从简到繁、由近及远、由表及里地进行。

"按系分段、推理检查"则要求我们有层次，符合道理地去分析判断故障，不要东抓一把，西抓一把，毫无头绪。例如，柴油机排气冒黑烟的故障，主要与进、排气系统和燃油系统有关。进、排气系统是进气不足，还是排气受阻。燃油系统是油量过多，还是油质不好，油质包括喷油雾化质量、喷油压力和喷油时间。然后按系逐一检查，检查一项排除一个疑点，逐步缩小故障范围，最后找出故障的真正原因。

9.2.2.3 判断故障的主要方法及分析手段

1. 判断故障的主要方法

1）隔断法

在分析判断故障过程中，为了便于判断故障的具体部位或机件，常常需要断续地停止或隔断某一部分或某个系统的工作，以观察故障现象的变化，或者使故障暴露得更为明显。

逐缸断油法是常用的一种方法，依次使多缸机的某一缸停止供油（把高压油管松开一头，或者用平口螺丝刀撬起喷油泵分泵的滚轮体部件），若某缸断油后噪声消失或明显降低，则说明噪声来自该缸。通过逐缸断油除可以查找故障发生的部位外，还可以用来判断故障是局部性的还是普遍性的。例如，柴油机排气冒黑烟，在分别将各缸断油后，冒黑烟现象变化不明显，则表明此故障不是个别缸的原因造成的，而要查找对各缸都有影响的原因，有可能是总油量过大，或喷油提前角太小。如果将某缸断油后，黑烟消失或明显减弱，则表明该缸燃烧不好，就查找与该缸燃烧有关的因素，如喷油器喷油雾化不良，喷油泵油量调整不均等。

2）比较法

在分析判断故障原因时，若怀疑是某一缸或某一个零部件有故障，则可以进行对比检查。例如，对刚启动不久的柴油机，可用手触摸各缸排烟道口外壁，比较温度的高低，了解哪一缸喷油过少，或发现有无不发火的气缸。同样可用手触摸喷油泵各缸的高压油管，从油管的膨胀脉动中比较判断有无不供油的缸。

另一种比较法是将有怀疑的零部件用本机其他缸的相同机件来代替，或者用备件更换的方法检查，若故障现象转移或消失，则证明该零部件有故障。

3）验证法

对经过分析判断的故障原因，常常通过试探性的调整或拆卸，以验证原来分析的正确性，从而找到故障所在。例如，经过分析查找已知道某一缸排气冒烟异常，并知道是空气系统的原因——压缩不良，判断是气门泄漏，还是活塞与气缸套之间磨损过大而漏气，可向该气缸内注入少许机油(4~5g)，若压缩力提高了，说明是气缸漏气。

当然，试探性的验证也应该遵守"少拆卸"的原则，避免随便地进行分解拆卸，应从简到繁，先检查调整，从简单处着手。

4）变速法

在升降柴油机转速的瞬时,注意观察故障征象的变化情况,从中选择出适宜的转速,使故障的征象表现得更为突出。一般情况下多采用低转速运转,因为这时柴油机转得慢,故障征象持续时间长,便于人们观察和检查。如检查配气机构,有气门间隙过大引起的敲击声时,就采用这种方法。

在实际工作中,上述几种方法常常是综合采用,以达到相辅相成的效果。

2. 分析故障手段

为了准确地分析出柴油机故障产生的原因,只靠肉眼观测和听取当事人的陈述是远远不够的。较简单的故障分析,往往要运用柴油机运行和装配试车中的常规检测手段,如定时的测定、尺寸的复核等。对于更复杂的故障则还需调用计算分析,试验分析和模拟再现等更能探明故障实质的手段。

调用计算分析手段可以对故障进行定量的评估。在产品设计阶段已经普遍应用计算分析手段对产品进行定量评估。例如热力计算、动力计算和零部件强度计算等是技术设计必须提供的技术资料,而在故障分析中往往未受到充分的重视。随着计算机和计算技术的进步,计算分析手段更加完善,计算的精度和效率也日益提高。

计算分析的结果必须用试验加以验证,计算的输入参数也往往需从试验中获取,而且用试验方法来分析故障是应用最广的方法。试验方法在判断故障时往往能起到立竿见影之效,如柴油机冒烟,将其中一缸断油后就减轻或不冒了,这就可以找出这一缸燃烧不良。除了上述现场常规的实验方法之外,还有不少专门的试验检测的方法。

9.2.2.4 柴油机故障分析的流程

认真地对已发生的柴油机故障进行分析,才有可能找出产生故障的真正原因,只有找准了故障原因才能采取措施从根本上消除故障。制造、维修和使用人员只有理解了产生故障的原因,才能有效地防止同类故障再现和故障的隐患继续为害。故障分析的一般方法应从调查研究入手,拟订出分析故障的计划,充分调用各种分析手段,按照分析的结果采取相应的对策,最后将整个故障分析过程进行总结。

1. 调查研究

调查研究是分析故障的起点,全面调查获得的信息是整个故障分析的基础,调查的材料要力求全面、真实和准确;否则,分析的结果就很难准确,采取的措施也不可能达到效果。全面是指要了解故障发生的全过程和发生故障有关的各个方面。真实是指要排除和滤去可能掩盖故障实质的各种假象。准确是用科学的语言和数据来描述故障的现象,切忌用含混的和没有明确定义的表述。

1）调研的对象

调查研究要从与柴油机发生故障的各有关方面去了解故障的情况。一般来说,需对以下三个方面做全面调查:

（1）运行和维护的状态。主要是从用户了解柴油机发生故障前的使用和维修的情况。对舰船的主机和电站原动机则需在机电部门有关人员和技术文件、记录中做调查。根据具体的故障决定调查某一段时间内的运行和维护的记录。测量和拆检有关的状态,如定时关系、间隙等。

（2）制造和修理的状况。柴油机的制造厂和修理厂在制造、修理及装配调整过程中,有可能留下一些导致使用中故障的隐患,因此应对与具体故障有关的制造和修理环节进行调查,必要时做复查或拆检。

（3）设计和研制的状态。由于设计和研制条件限制，即使是名牌柴油机也难免会存在一些薄弱环节，在设计和制造过程中未能充分暴露出来，所以不能排除某些故障的解决要从设计环节入手进行产品的再设计，从根本上改进产品的固有可靠性。

在对上述三个方面进行调查时，都要强调调查一段时间过程的状态及其变化趋势。如故障发生当时柴油机的负荷状态不大，但是在前一段时间可能出现过负荷甚至超负荷运行的状态。新修过的柴油机，在试车时一切正常，但要追踪到修理前后的状态。涉及研制设计则要对同类型柴油机情况进行调查，以便判断是偶发事件还是常发事件。

2）调研的信息载体

所需调研的信息均附着在一定的载体上。调查者应从多方采集，并使其相互印证，以保证信息的可信度。柴油机故障信息的载体主要有以下三个方面。

（1）人员口述和现场勘查。柴油机故障的过程和现场最直接的信息往往来自故障现场人员的口述与故障留下的现场。这个信息是最直接的，最早注入调查人员的信息。调查者对此应予充分重视，要仔细地观察和聆听并做详细的记录。有时，这些信息是经过整理的文字材料。但是应该提醒调查者，这些信息是已经过人的大脑整理加工过的信息。由于现场提供信息的人员本身与故障发生往往有直接或间接的关系，这些信息往往需要反复进行核实。

（2）有关记录。一般来说，为了对故障进行分析，要将有关使用、修理和制造的记录和技术文件都加以冻结。保持这些记录的初始状态稳定可信，例如，舰艇航海日志、车钟命令记录簿、柴油机工作记录簿、检修工作登记簿、备品备件登记簿等舰艇技术管理登记文本。制造厂和修理厂的总装和试车记录，事故发生后的拆检记录等都是分析故障的重要依据。

3）调查研究的针对性和计划性

柴油机故障的调查研究有很明确的目的，是为分析故障提供依据。调研的质量主要取决于调研的针对性和计划性。针对性强就能事半功倍，根据故障现象提出问题，通过调查研究去找答案，防止漫无边际和遗漏主要故障原因两种倾向。计划性强才不会陷入盲目性，使调查能有序进行。例如，拆卸是调查常用的手段，但是一旦拆卸，则有关的配合状态信息再也找不回来。

（1）针对性。为了调查能逐步深入，必须加强调查的针对性，只有充分发挥调查者的主动性，才能做到针对性强。故障调查是人对故障由浅入深、由现象到本质的反复认识过程。首先是调查者对故障现象和故障发生过程有一个初步的了解。为了使初步了解能顺利进行，调查者应做一些准备工作，主要是对故障柴油机结构、性能、使用、维护要弄清楚，这样才能加深对故障现象的理解。即使是很有经验和理论水平的柴油机专家，也不可能对每一型具体的柴油机了如指掌，因此必须做好准备。其次根据初步了解提出有可能导致故障出现的原因，并形成一系列的问题。为寻求问题的答案，应进一步求解问题。最后对故障的原因进行逐一的排除和肯定。

（2）计划性。当提出一系列问题之后，就要对求解的预案进行排序。一般应先从外围系统进行检查，进一步检查各种定时和配合间隙，以及系紧度，最后才进行拆卸。对于调查的问题要列出统一的项目及检查顺序表，将调查的结果进行登记。有些原始的记录可以复制存档，供分析用。

综上所述，调查研究是搜集、观察、分析和判断的思维过程。调查研究既是故障分析的始点，又是不断深入，贯穿全程的一个分析手段。调查的计划不可避免要不断补充、更改。

2. 制订故障分析计划

由于柴油机故障形成的原因比较复杂,因此在着手分析前应制订一个尽可能周密的计划。计划一般包括两部分内容:一是根据调查的初步结果,提出各种可能形成故障的原因;二是拟订一个确定原因的途径。

1) 提出问题

根据故障现象提出问题不是一件容易的事,要求故障分析者对柴油机的结构、原理、故障机理及使用、维修有全面的理解,并有一定的经验积累。

例如,柴油机排气冒烟这种常见的故障现象。在分析时应该怎样提出问题?首先应该肯定柴油机的燃烧产物在燃烧正常时是无色的。出现可见烟色时,说明燃烧产物中夹杂有固态或液态的颗粒。因此,提出的问题就应该从寻找这些不完全燃烧产物出发。第一步要提出是什么物质未能完全燃烧,按照可能性的大小可提出四个问题:

(1) 是否燃油未完全燃烧产生了碳粒析出或不饱和碳氢化物析出;

(2) 是否因滑油过多产生了不完全燃烧产物;

(3) 是否有其他不可燃的液体进入了燃烧室或排气系统;

(4) 排气系统内是否存在一些异物。

在上述四个问题中都存在着多个子问题需进一步提出。

燃油未完全燃烧的问题,应考虑以下五个方面的问题:

(1) 柴油机是否超负荷运行。除了要考虑整机的负荷状况,还应考虑多缸机是否会出现个别缸超负荷状态。

(2) 柴油机进气是否充分。涉及增压柴油机增压器的运行状态,进气系统和气门定时的状态和排气背压的状态。

(3) 燃烧室的密封性如何。涉及气缸盖密封垫、气门密封性、气环的密封性等。

(4) 喷油的定时是否延迟。

(5) 喷油器的雾化分布是否正常。

超常量润滑油进入燃烧室的渠道有以下三个主要的途径,具体是否存在可能需要进行分析:

(1) 由曲柄箱经气缸壁下部进入而油环效能未充分发挥;

(2) 由增压空气和二冲程柴油机的扫气空气带入气缸;

(3) 由其他途径如气门导管的间隙进入。

不可燃烧液体进入燃烧室或排气管道主要是冷却水,包括淡水从冷却腔漏入和海水从排气管倒灌进入,具体是否存在可能需要进行分析。

留在排气管道和排气消声器内的可燃物质在排气高温作用下不完全燃烧或挥发也会产生冒烟现象。

从上述例子中不难看出,只有将这些问题都提出来,然后逐一解答才能不漏掉产生故障的原因,排除不存在或不可能存在的原因,准确找到故障的主要原因。

2) 解决问题

将提出的各种问题逐一解决,在制订分析计划中也是一个重要的环节。有计划的安排若干个子课题,可以节省人力、物力,避免重复的工作。一般可以用串行和并行两种方式来安排,仍用上例加以说明。

(1) 串行方式:即按照可能性的大小,逐一地排除或肯定故障原因。例如,首先将燃油不完全燃烧的各种可能性进行检查并逐一排除；然后再将滑油、冷却水等进行排除。这种方式适用于人员少、时间不紧迫的故障分析，有可能找出了故障原因，而省去了其他不必要的分析检查工作。

（2）并行方式：即将提出的问题按照所属系统或机理进行分类。像上述冒烟故障，可以考虑将问题划分为以下几个子课题：

① 燃油系统的检查。
② 燃烧室密封性检查。
③ 滑油系统的检查。
④ 冷却水系统的检查。
⑤ 排气系统的检查。

每个子课题均可制订出相应的检查项目。在人员较多和时间较紧的情况下五个子课题可并行运作，能较快地得出结论。

可以看出，解决问题的方式实际上可以灵活掌握，不一定拘泥于某一种形式，但是必须有故障分析的计划性，才能充分发挥分析人员的主动性和积极性。

3. 故障的后期处理

分析故障的直接目的是采取措施对故障进行处理。发生和分析一起故障是要付出代价的，有时要付出昂贵经费甚至人身的伤害。通过分析并进行处理，可以从中得到经验教训。事后处理一般可以分为以下三个阶段：

1）故障修复

针对故障进行修复一般是会执行的，只是在修复这个问题上要防止两个倾向：

（1）马虎从事。对于已发生的故障草率处理。最严重的是还没有真正找出原因和进行排除就重新启动柴油机再试，把故障归结于偶发事件，存侥幸心理，往往使故障后果进一步扩大。其次是尽量缩小修复范围，力图将故障能掩饰就掩饰，怕扩大不良影响，企图用少量手中已有的备品备件，靠自己手中的工具仪表来解决问题。

（2）任意扩大修理范围。对于比较大一些的故障，往往易采取扩大修理范围的措施。扩大修理范围不仅增加了维修费用，而且丧失了处于最佳磨合期的部件。

因此，故障修复问题需要进行科学决策，即需要有科学分析的依据和风险决策的技术，还需要有实事求是的科学态度和无私无畏的精神。

2）制定预防措施

在找出故障原因和进行修复的基础上，应该进一步制定防止类似故障再现的预防措施。一般应从以下三个方面制定措施：

（1）改善运行工况。一般来说，柴油机的研制单位和舰船的研制单位在规定柴油机运行条件时都会有一定安全裕度。有些用户由于种种原因超越了规定的使用条件。也有些用户未超过使用的安全范围，但制造材料、工艺等因素的误差分布使可靠度降低。一旦故障发生，就反映出具体的安全裕度已经不够了，因此，要针对薄弱环节重新规定相应的使用要求，以防止故障再现。如主机使用最高和最低转速的限制，最高排气温度的限制，最低润滑油压力限制，最低冷却水温的限制，甚至最大供油齿条位移量的限制等。

（2）改善维修工作。有些故障发生的原因是原来规定的维护工作与柴油机运行的环境不相适应，导致了原有维护工作不能满足要求。也有些是没能按原来规定的维护工作要求进行。因此，需要对维护工作进行改善。有的柴油机规定了定期清洗滑油过滤器和更换滑油的要求，而有的用户从新机至发生轴瓦烧损前就没有清洗过过滤器和换过滑油,最多是油量不够了再加一点新滑油。有的船舶的燃油储存条件不好,燃油比较脏而短期内又不能改善,那么燃油系统及精密偶件的维护周期就需做相应的调整。

(3) 加强监测。很多柴油机故障都是有先兆的,早期发现就能及时防止故障。

首先,要将已有监测系统和装置充分利用起来。舷侧排气的主、副机,在进、排气系统设有监测的旋塞,按规定应在停车后或启动前打开,检查有无海水倒灌。大量海水倒灌故障都是没有及时从放水旋塞中发现海水。海水泵水封前的漏水孔可用于防止海水漫入曲轴箱并及时发现和更换水封。但很多事故就是油脂堵塞了泄水孔造成。更为严重的是很多柴油机都有滑油低压报警和停车系统,但是竟会发生主轴瓦耐磨合金全部磨掉,而既未报警也没有自动停车。凡此种种都说明发挥现有监测报警装置和有关仪表装置的必要性。

其次,还要根据已发生的故障增添必要的监测手段。有的柴油机的一些薄弱环节是在使用和故障分析中暴露出来的,增添监测项目也是必要的。监测手段不一定要增加仪表或系统,有的监测仅是管理措施,如现有监测仪表和系统的定期校正。有的则需增设监测系统,如海军近年来配发的磨粒监测系统,热工检测仪等。必须强调指出,严格控制新监测系统的增加配置,一般在舰船上加配在线的监测系统要慎重,以免不成熟的监测系统影响原装备的可靠性。

3) 总结

当每个柴油机故障的分析和处理完毕之后,应将该项工作进行总结。对故障本身要做出结论,对故障分析和处理的经验和教训也应做总结,以便使柴油机故障分析的水平能在实践的基础上得到提高。

(1) 故障的结论。对于分析的每一起故障,应该做出结论。故障结论至少应包括:一是故障原因的确定;二是故障的进展过程;三是故障的后果。一个简明扼要的故障结论,往往需要用多种证据加以支撑。整个故障因果关系的描述,一般要有若干理论和实践的专门材料作为论据。依故障的繁简,调用手段的多少不同,可以选用多种材料作为分析的附件。其一般包括:

① 背景材料。力求把故障发生的历史和环境交待清楚,一般从使用条件、维修条件和原始(新机)的情况都说清楚。

② 计算分析材料。将分析故障进行过的计算作为附件列入结论的依据,如分析曲轴断裂故障的轴系扭振计算书,曲轴强度计算书等。

③ 试验分析材料。为分析故障进行的所有试验报告书都要列入附件,如材料成分的分析结果、断口分析报告、机械强度的测试、轴承磨损量及同心度的检测等。

④ 验证材料。例如,排除故障后的单项测试结果和台架试车的报告等。

(2) 故障分析的评估。故障结论和故障分析工作的结论既有相互联系又有显著区别。故障分析的评估应从以下三个方面进行:

① 分析结果的评估。大体上,故障分析的结果有三类:

第一类是结论明确。对于大部分原因单一、故障进展过程较短的故障,一般能分析出比较明确的故障原因。例如,海水倒灌入气缸引起连杆压弯甚至折断的故障,一般拆掉气缸盖就能从气缸内发现有海水或盐分的积淀,海水的来源一般也易于寻找,只要认真分析就能找出确切的故障原因。也有一些原因单一的故障结论不明确。例如,某部两条艇的主机反转离合器正车不能实现空车,虽发现了离合器摩擦锥体发生了黏结,但是发生黏结的原因不明确。

第二类是结论基本明确。上述的反转离合器黏结是一类基本明确的结论,这一类结论经过进一步分析是可以变成明确的。另一类则属于原因较复杂、故障进程时较长的故障,有多种原因影响故障的进展,难于做出明确的结论。例如,某舰主机曲轴断裂的故障,虽经较长期调用了多种先进的分析手段,但是也只能得出有三种因素影响疲劳裂纹的进展,最终导致曲轴在部分负荷运行时突然断裂。虽然每一因素都有充分的论据,但最终的结论仍是不明确的。

第三类是结论不明确。结论不明确的故障,大多由于分析不够认真和深入。例如,有一例主机飞车故障,千方百计把主机停了下来,只说检查调速器和喷油泵及操纵系统都正常。对整机进行了拆检,发现曲轴已弯曲变形,究竟什么原因造成的飞车则完全不明确。

从故障分析结论的明确程度,可以作为评估故障分析的一个重要的依据。但不能做出明确比基本明确要优的结论,要视故障的性质具体分析,可以认为结论不明确的故障分析肯定是不充分的。

② 分析效益的评估。故障分析作为一项技术经济活动,不仅要对分析结论的质量进行评定,而且应评估从事故障分析的效益,即要估算本次故障的损失与为防止此类故障再现的投入之比。这类活动的费效分析要做到相对合理,用同样的准则加以衡量。建议用效费系数作为指标,即

$$\eta_{ec} = C_f / C_a \tag{9-1}$$

式中:C_a 为分析故障的投入;C_f 为故障损失的费用,且有

$$C_f = C_s + C_r + LCC/(L \cdot h_0) \tag{9-2}$$

故障损失总费用至少应包括备品备件费 C_s、修理费 C_r 和由于停机造成的损失费用。L 为柴油机全寿命小时数(一般可用两个大修期计算),h_0 为故障停机的小时数。

可以看出,故障分析的效益与故障损失的大小成正比,而与分析的投入成反比。根据故障的大小来确定投入的人力和调用的手段,才能获得较好的效益。

③ 分析手段的评估。为分析某个故障,调用一定的计算、试验和模拟手段,分析完成后应对调用手段的先进性进行评估。调用先进的手段所获的结论一般比较准确、可信,但是相应的投入也要大一些。因此,评估时侧重于评估调用手段与分析故障的难度是否相适应。

总之,要从以上三个方面对故障分析过程做综合评估,以便总结经验教训,不断改进故障分析的水平。

9.3 柴油机的维护保养

9.3.1 概述

柴油机的维护保养是根据柴油机研制时制定的相应要求,结合修理制度形成的相应柴油机维修机制,是保证柴油机正常使用和安全运转的保障。根据维修性质,可分为预防维修和事后维修。

1. 预防维修

依据事先规定的维修内容、时机和预定的计划进行维修。目的是预防故障,防患于未然。预防维修又可分为以下两种维修:

(1) 经时维修:与使用对象的使用时间(或次数)没有直接联系,根据日期开展的相关维修,如规定的日检试、周维护等。

(2) 定期维修:以工作时数确定维修周期。按统一规定的时间,不管技术状态如何而进行

拆卸维修的方式。它通常以磨损作为维修的依据,取平均的管理水平,大部分机件能够坚持工作而不发生故障为出发点。将意外损坏的概率限制在一个较小的范围内。以时间为衡量标准的定时维修,掌握维修时机较为明确,便于组织计划;但针对性差,维修工作量大,经济性差。

2. 事后维修

事后维修无法预先安排计划,而是根据使用过程中临时发现的问题组织维修。它又可分以下两种维修:

(1) 机会维修:一般是预料不到的临时事故后的维修,如临时故障修理、战斗破损紧急维修等。

(2) 状态监测维修:根据机件实际技术状况,控制机件可靠性的方式进行有针对性的维修。它要求机件在发生功能故障前就及时采取措施,这是一种有效的预防性维修方式,也称为视情维修。

在掌握机器故障征兆的基础上实施提前修理,因此是事后维修的高级阶段。利用状态监测维修能够有效地预防故障,充分地利用机件的工作寿命,减少维修工作量,提高设备的可用率,减少人为差错和早期故障。当发展到状态连续监控方式时,使维修工作变被动为主动,是一种更为理想的维修方式。

9.3.2 船舶柴油机的维护保养制度

结合现有船舶修理制度,船舶柴油机的维护保养包括日常维护保养、预防性检修、定期的计划修理三类。

9.3.2.1 日常维护保养

目的是对装备进行定期检查和保养,以减少设备的腐蚀和磨损,及时发现和排除故障,使设备经常处于良好技术状态。

日常维护保养包括以下四种:

(1) 日检视:每日按照机械检试部署,对职掌的设备进行检查、清洁外部、润滑、转动或调整机械。检视时间一般为 30~45min。

(2) 周检修:每周半天。检查保养船体及各种装备,开动机器进行运转和调整,发现故障及时排除。

(3) 月检修:按各种设备使用保养条例规定的内容,对船体及各种装备进行检查、保养和排除故障。在平时船舶航行过程中发现的工程范围较大的毛病,可在月检修中排除和检修,如吊缸检查、调正喷油时间、检查和更换主轴瓦等。检修时间每月连续 3~5 天。

(4) 航行检修:船舶主动力装置按使用保养条例规定,使用到一定小时数以及长期航行前后,要按使用保养条例规定的内容,进行一次工程范围较大的检修,并结合进行船体水线附近和水线以上部分除锈保养。连续检修时间 10~15 天。

9.3.2.2 预防性检修

预防性检修是指在原位或现场,将修理时机控制在设备故障发生之前的修理,主要内容包括:

(1) 设备使用规程、保养规则规定的定时检测、调整、技术检查等项目的内容。

(2) 规定的设备管理人员定时、定期维修项目。

(3) 设备技术状态监测结果确认需进行预先维修的维修项目。

9.3.2.3 计划修理

计划修理包括以下三种：

（1）坞（排）修：指船舶定期进坞（上排）进行检修保养。目的是清除船体污锈,各种设备按规定工作小时和实际技术状况视情修理、保养及排除故障。

（2）小修：指船舶使用一定年限后,对船体及各种设备进行局部拆检修理。目的是在下次中修或小修之前使船舶设备基本保持其正常技术状态。

（3）中修：船舶经过若干次坞（排）修与小修后,所进行的较全面拆检修理。目的是使船舶保持或基本恢复各项技术性能。

9.3.3 典型柴油机维护保养要求

9.3.3.1 PA6-280柴油机

PA6-280柴油机维修保养分划为C、E、R的维修等级。

C级检查保养,这些结果必须记入发动机工作日记内,包括:C_1,停车前检查;C_2,停车时检查;C_3,停车以后检查。

E级检查保养,包括:E_1,每日检查;E_2,周期100h的检查;E_3,周期500h的检查;E_4,1500h的检查;E_5,周期3000h的检查。

R级为检查修理,包括:R_1,周期6000h,也称为小修;R_2,周期12000h,也称为中修;R_3,周期24000h,也称为大修。

PA6-280柴油机具体维修保养内容如下。

1. 停车前检查 C_1

此项工作须在额定转速下进行,最好在额定功率下进行。有下列内容须完成：

（1）滑油系统:测量柴油机进口压力、滤清器的压降、密封性。取样时进行斑点试验。

（2）燃油系统:滤清器压降、密封性。

（3）冷却水系统:高温水和低温水系统的压力、密封性;在水泵密封环的放水孔处不得有不正常的泄漏现象。

（4）进气系统:检查增压空气压力、密封性、空气过滤器污秽程度。

（5）排气系统:检查其密封性。

（6）通气管:检查工作是否正常。

2. 停车时检查 C_2

（1）增压器:检查增压器是否有异常声音。

（2）报警和停车:检查滑油低压报警和低压停车装置工作是否正常。

3. 停车后检查 C_3

冷却水系统高温水取样检查。

4. 每日检查 E_1

用于监测发动机的运行。

（1）滑油系统:检查柴油机油底壳或油箱的油位;检查柴油机进口压力及滤清器压降;检查自净或滑油滤清器工作是否正常并检查其密封性。

（2）燃油系统:检查日用油箱的油位;检查滤清器的压降及密闭性。

（3）冷却水系统:检查高温水和低温水（若有时）系统的液位;检查加压装置（若有时）的工作是否正常;检查水泵密封环的密封性是否良好。

（4）压缩空气系统：检查空气瓶的压力并放出冷凝水；检查空气启动器（若有时）和启动空气注油器的油位。

（5）涡轮增压器：检查涡轮增压器轴承里的油位；柴油机燃用重油时，在运行时进行空气侧的清洗。

（6）调速器：检查油位。

5. 周期 100h 的检查 E_2

（1）滑油系统：在柴油机最后停车之前，取油样进行斑点试验；当压降超过 0.12MPa 时，清洗滤清器；清洗离心式过滤器的转子，仔细地检查油泥并且确信油泥中没有金属粒子。

（2）燃油系统：放出自净式滤器的油泥；当压降大于干净滤器压降的 2 倍时，要清洗滤器。

（3）高温水系统：检查水的特性，如有必要，用浓缩剂再次处理。

6. 周期 500h 的检查 E_3

根据使用说明书，检查柴油机的运行参数和增压空气参数，并与验收试验记录相比较。

（1）滑油系统：在柴油机最后停车之前，取油样在实验室内进行分析。

（2）燃油系统：更换滤清器芯子，这项工作可根据机器工作情况延长至 1000h 更换。

（3）增压器：更换滑油。

7. 周期 1500h 检查 E_4

（1）滑油系统：更换柴油机滑油。

（2）喷油器：用试验泵检查喷油器的喷雾质量，密封性及起喷压力。

（3）机身：通过下部检查门，检查机身内部确信没有水；检查空冷器水腔盖板的密封性。

（4）换向机构：检查油瓶中油位。

8. 周期 3000h 检查 E_5

（1）进气系统：检查弹簧，检查摇臂支架的固定情况；检查冷却状态下的气阀间隙。

（2）排气系统：若发动机燃用柴油，检查项目同进气阀，若是燃用重油，则分解检查排气阀，修理还可以使用的零件，更换损坏的零件；对于更换过的阀应做好记录，以便协调下次检查时间，视情而定至 6000h。

（3）机身：通过上下观察门，检查机身的内部情况。

（4）凸轮轴：在不拆卸的情况下，检查凸轮及滚轮。

（5）调速器：放掉旧油，并重新注满新滑油。

（6）弹性联轴节：检查螺栓的锁紧情况，确信螺栓是锁紧的。

（7）喷油泵：检查齿条移动是否灵活自如，更换密封滑油的滤网。

（8）柴油机机座：检查地脚螺栓的紧固力矩。

（9）超速安全装置：发动机停车前，在惰转的情况下，也就是说在离合器脱开或无负荷状态下，按照使用说明书有关章节检查它的性能是否良好。

（10）空气启动器：检查啮合状态。

（11）曲轴：测量曲臂距差。

发动机的 R 级维修内容，包括小修、中修、大修均根据相关修理资料确定。

9.3.3.2 MTU396 柴油机

MTU396 柴油机维修保养属于预防性维修，包括 W1~W6 维修级。

（1）W1 维修：为运行检查。

（2）W2、W3 和 W4 维修：为周期性的维修工作，不需要分解柴油机，可在柴油机停机时进行。

(3) W5 维修:中修,需要拆卸柴油机的部分零部件。

(4) W6 维修:大修,需要将柴油机全部拆开。

MTU396 柴油机维修根据柴油机使用情况的不同而不同,其维修间隔时间见表 9-1,新机及 W5、W6 修理后运行 50h 后首次维修内容见表 9-2,W1 维修内容见表 9-3,W2~W4 维修内容见表 9-4。

表 9-1 MTU396 柴油机维修间隔时间

维修级别	维修间隔	
W1	运行检查,日常进行	
W2	工作时间	250h
	极限时间	6 个月
W3	工作时间	1000h
	极限时间	1 年
W4	工作时间	2000h
	极限时间	2 年
W5	工作时间	6000h
	极限时间	6 年
W6	工作时间	24000h
	极限时间	12 年

表 9-2 新柴油机或经 W5、W6 修理后 50h 首次保养

维修代码	维修部位	维修内容
G00.049	连接件	检查紧固螺栓及螺母的紧固性
G06.101	配气机构	检查气门间隙,必要时调整
G12.311	燃油粗滤器	清洗
G12.311	燃油粗滤器	更换滤芯
G12.321	燃油双联滤器	更换滤芯
G13.112	淡水泵	检查溢流孔是否堵塞
G13.123	海水泵	检查溢流孔是否堵塞
G13.511	排污泵	检查溢流孔是否堵塞
G14.019	冷却系统	检查回水管中的过滤器
G16.002	机油	采样分析
G16.121	缝隙式机油滤	操作手柄数次

表 9-3 W1 级维修保养内容

维修代码	维修部位	维修内容
G10.051	排气系统	检查排气颜色; 排掉冷凝水(如果装有排放阀)
G10.181	中冷器	检查排水管的排水及堵塞情况
G10.211	空气滤清器	检查脏污指示器

续表

维修代码	维修部位	维修内容
G10.401	顺序增压控制	执行气缸冷凝水的排放
G12.311	燃油粗滤器	检查压差
G14.011	冷却水	检查水位
G16.002	机油	检查油位
G84.001	机旁操作板	进行试灯试验
G84.002	柴油机运行	检查运转噪声； 检查柴油机及外部管路泄漏情况； 检查转速，压力及温度
G86.051	压缩空气系统	检查工作压力，排掉冷凝水

表9-4 W2~W4级维修保养内容

维修代码	维修部位	维修内容	维修级别 2	3	4
G10.111	进气管	检查气道泄漏及损坏情况	√	√	√
G10.151	进气管	检查紧急空气切断碟阀	√	√	√
G10.401	顺序增压控制	检查碟阀的灵活性	√	√	√
G16.001	机油	换油（根据机型不同，按说明书要求执行）	√	√	√
G16.002	机油	采样分析	√	√	√
G16.111	机油滤器	排掉油污，更换滤芯及密封圈（换油时进行）	√	√	√
G16.111	机油滤器	检查油污及滤芯中金属残余物	√	√	√
G16.121	机油缝隙式滤器	操作手柄数次，排掉油污（换油时进行）	√	√	√
G16.161	机油旁通滤器	更换滤芯、密封圈，清洗壳体（换油时进行）	√	√	√
G16.391	离心式机油滤器	清洗，检查污染情况，更换纸套	√	√	√
G86.291	齿轮箱驱动齿轮	检查V形卡箍紧固情况	√	√	√
G06.101	配气机构	检查气门间隙，必要时调整		√	√
G06.161	配气机构	检查气门室罩的衬垫，必要时更换		√	√
G10.051	排气系统	目测检查；检查排放孔堵塞情况		√	√
G10.121	空气滤器	清洗		√	√
G10.531	排气系统	检查排气管紧固性及绝缘性		√	√
G12.311	燃油粗滤器	更换滤芯		√	√
G12.321	燃油双联器	更换滤芯		√	√
G13.112	淡水泵	检查溢流孔堵塞情况		√	√
G13.123	海水泵	检查溢流孔堵塞情况		√	√
G13.511	排污泵	检查溢流孔堵塞情况		√	√
G14.012	冷却水	采样分析		√	√
G14.012	冷却水	更换冷却水，见MTU液体及润滑剂规范		√	√
G14.511	海水系统	清洗过滤器		√	√

续表

维修代码	维修部位	维修内容	维修级别		
			2	3	4
G16.009	润滑点	进行润滑		√	√
G84.311	冷却水系统	检查液位监测器功能		√	√
G86.211	蓄电池	检查充电状态,电解液液位和密度		√	√
607.106	电子调速器	线路紧固性及状态检查			√
G10.121	空气滤器	更换滤芯			√
G10.181	中冷器	清洗排水管			√
G11.311	喷油器	拆下,检查,更换密封圈			√
G14.019	冷却水系统	清洗回水管中的过滤器			√
G18.571	启动电机	检查电刷			√
G19.011	柴油机支承	检查弹性支承状况			√
		检查螺栓和螺母的紧固性			√
G19.171	齿轮箱支承	检查螺栓和螺母的紧固性			√
G84.011	监测系统	检查监测元件的功能			√
G86.241	充电发电机	检查电刷			√
G86.242	充电发电机	检查联轴器			√
G86.321	接线	检查紧固状态			√
G87.002	发动机/齿轮箱	检查			√

W1～W4级维修的特点是不需要对柴油机进行分解,而W5级维修须对柴油机进行部分分解。W5级维修除了W1～W4级维修外,还需进行以下的检查及维修工作：

(1)曲柄连杆机构:检查气缸套的磨合面;检查活塞顶部(目检)。

(2)气缸盖:拆下气缸盖,修整气门和气门座圈;检查气缸垫,更换冷却水和机油的过渡密封圈;更换保护套筒上的O形密封环;更换进气门杆油封。

(3)配气机构:拆下并检查摇臂;检查推杆挺柱是否磨损。

(4)涡轮增压器:拆下,分解、清洗,检查零部件,测量轴承间隙和压气机叶轮。

(5)进气管:拆下,清洗,更换衬垫。

(6)中冷器:拆下,清洗,检查是否泄漏更换密封圈。

(7)进气流量控制阀:更换进气流量控制阀止动块、密封圈,检查执行杆轴承。

(8)排气管路:清洗并对排气壳体和受热部件进行裂纹检查。

(9)相继增压控制:拆下,分解和清洗执行气缸及电磁阀,检查零部件,更换密封圈。

(10)排气流量控制阀:拆下,清洗和检查阀门、驱动轴和轴承。

(11)喷油泵:检查盘组式离合器(目检)。

(12)淡水泵:分解,检查零件,更换衬垫。

(13)海水泵:分解,检查零件,更换衬垫。

(14)淡水冷却器:检查是否泄漏。

(15)离心式机油滤清器:检查,必要时更换轴承。

W6级维修须对柴油机进行完全的分解。W6级维修内容根据相关修理资料确定。

9.3.3.3 MTU956 柴油机

MTU956 柴油机的维修保养是预防性维修,分成 W1~W6 的维修等级。

(1) W1 级维修:日常的运行监控。

(2) W2~W4 级维修:周期性的维修工作,不需对柴油机解体,可在运行间歇进行。

(3) W5 维级修:中修,部件修整,需对柴油机部分解体。

(4) W6 维修:大修,需将柴油机全部分解。

根据不同的用途,W2~W6 级维修间隔时间也不同,其维修间隔时间见表 9–5,新机及 W5、W6 修理后运行 50h 后首次维修内容见表 9–6,W1 维修内容见表 9–7,W2~W5 维修内容见表 9–8。

表 9–5 MTU396 柴油机维修间隔时间

维修级别	维修间隔	
W1	运行检查,日常进行	
W2	工作时间	250h
	极限时间	6 个月
W3	工作时间	500h
	极限时间	1 年
W4	工作时间	2000h
	极限时间	2 年
W5	工作时间	4000h
	极限时间	6 年
W6	工作时间	12000h
	极限时间	12 年

表 9–6 新柴油机或经 W5、W6 修理后 50h 首次保养

序号	维修部位	维修内容
1	紧固件	检查螺栓螺母的紧固情况
2	气阀机构	检查气阀间隙,若需要,作调整
3	燃油粗滤器	更换滤芯
4	燃油双联滤器	更换滤芯
5	柴油机冷却系统	清洁冷却水恒温阀前的滤网
6	柴油机滑油	提取油样并进行试验分析

表 9–7 W1 级维修保养内容

序号	维修部位	维修内容
1	排气系统	检查排气烟色; 排放冷凝水
2	进气系统	检查增压空气冷却器冷凝水排水管路的排; 水和畅通情况
3	燃油	检查储备情况
4	燃油粗滤器	检查和保养

续表

序号	维修部位	维修内容
5	柴油机冷却水	检查水位
6	柴油机滑油	检查油位
7	监控系统	检查指示灯
8	柴油机运行	检查运行噪声； 检查柴油机和外部管路的密封性； 检查柴油机转速、温度和压力
9	压缩空气	检查工作压力； 排放冷凝水

表9-8 W2~W5级维修保养内容

序号	维修部位	维修内容	维修级别			
			2	3	4	5
1	进气系统	检查进气侧有否泄漏和损坏	√	√	√	√
		检查紧急空气关闭阀的功能	√	√	√	√
2	燃油粗滤器	检查和维修	√	√	√	√
3	柴油机冷却水	提取冷却水样并进行试验	√	√	√	√
4	柴油机滑油	更换			√	√
		提取油样并进行试验	√	√	√	√
5	滑油滤器	排出油污并更换滤芯和密封圈	√	√	√	√
		检查油污和金属屑	√	√	√	√
6	旁通滑油滤器	更换滤芯和密封圈，清洗壳体		√	√	√
7	气阀机构	检查气阀间隙，如必要进行调整		√	√	√
8	排气系统	检验并检查排水系统的畅通情况		√	√	√
9	燃油双联滤器	更换滤芯		√	√	√
10	柴油机冷却水	取水样并进行试验		√	√	√
		更换冷却水，按流体和润滑规范		√	√	√
11	润滑部位	润滑		√	√	√
12	启动控制装置	检查功能		√	√	√
13	启动控制器	检查功能			√	√
14	柴油机冷却水系统	清洗滤器			√	√
		检查冷却水位监控仪的功能			√	√
15	压力调节阀	清洗			√	
16	进气系统	清洗中冷器冷凝水排水管路			√	√
17	喷油器	拆下，检查，更换密封圈			√	√
18	柴油机支承	检查固定螺栓螺母的固定和弹性支承情况			√	√
19	监控系统	检查监控仪功能			√	√
20	压力调节阀	更换			√	√
21	柴油机操纵	检查			√	√

续表

序号	维修部位	维修内容	维修级别			
			2	3	4	5
22	气阀机构	拆下摇臂,并检查摇臂、滚轮挺柱、挺杆和球形承座的磨损情况				√
23	气缸盖	拆下修整气阀座和气阀				√
		更换软铁气缸盖垫片和油、水密封圈				√
24	运动部件	通过检视孔盖进行目检				√
		检查气缸套的跑合面				√
		检查活塞顶(目检)并清洗				√
		每排气缸拆下1活塞和连杆并检验				√
		每排气缸拆下1只气缸套,检查气缸套和机身的冷却水腔有无腐蚀				√
		检查功能				√
25	气缸停排装置	检查隔热状况				√
26	排气系统	目检零件,更换旋转密封件和密封垫片				√
27	柴油机冷却水泵	目检零件,更换旋转密封件和密封垫片				√
28	海水泵	拆下,清洗和检查泄漏情况				√
29	淡水冷却器	更换热敏元件和密封垫片				√
30	冷却水恒温阀	清洗油箱,检查密封部位和管路				√
31	柴油机滑油辅助油箱	更换热敏元件和密封垫片				√
32	滑油恒温阀	拆下并清洗				√
33	启动空气管路	拆下并清洗				√
34	启动空气分配器	检验并重新调整(如必要)				√
35	柴油机支座	检查柴油机对中情况				√
36	监控系统	检查功能				√
	在第二次 W5 级维修时还需进行的工作					
37	运动件	拆下气缸套,重行珩磨,必要时更换;更换密封垫片。检查配合状况和水腔				√
38	齿轮系	目检安装状况				√
39	减振器	拆下,检查叠片弹簧组,必要时修理				√
40	连杆轴承	目检				√
41	活塞	拆下,检查活塞裙和活塞顶,更换活塞环				√
42	增压器	拆下,分解,清洗,检查零件,测量轴承间隙和压气机叶轮				√
43	增压空气冷却器	拆下,清洗和做密封性试验				√
44	空气管路	清洗,更换密封圈,清洗用于阀座润滑的喷嘴				√
45	排气管路	拆下,清洗,重填隔热材料,检查所有的V形管夹和弯管,必要时更换				√
46	喷油泵	更换				√
47	喷油泵摇臂	目检挺柱				√
48	柴油机滑油泵	拆下和检查				√

W6 级维修须对柴油机进行完全的分解。W6 级维修内容根据相关修理资料确定。

9.3.3.4 TBD620 柴油机

TBD620 柴油机根据使用工况的不同对柴油机的维修进行了分级,根据不同级别有不同的维修保养规程。柴油机功率分级如表 9-9 所列,各档维修保养规程如表 9-10 所列。各维修保养内容如表 9-11 所列。

除了以上的标准保养规程外,还有以下的维修保养项目不按维修表规定时间进行:

(1) 发动机带压缩空气储气瓶:如船检,按船级社要求进行维修;否则,至少每 2 年进行一次外观检查,至少每 4 年进行一次压力试验。

(2) 发动机带有硅油减振器:每年运行 >1000h,每 4 年更换一次;每年运行 500~1000h,每 6 年更换 1 次;每年运行 300~500h,每 8 年更换 1 次;每年运行 <300h,交机后 10 年更换。

(3) 机油离心滤清器:每工作 250h 清洗一次。

(4) 软管、橡胶管、波纹管的更换:每年运行大于 2000h,每工作 12000h 更换;每年运行不大于 2000h,每 6 年更换。

(5) 淡、海水节温器的更换:每年运行大于 2000h,16000h 更换;每年运行不大于 2000h,8 年更换。

表 9-9 TBD620 柴油机的功率等级

		机型	TBD620V8	TBD620V12	TBD620V16
	功率级	转速/(r/min)	功率/kW		
变速发动机	A①	1500	829	1240	1658
		1650	870	1304	1740
		1800	920	1380	1840
	B②	1500	915	1370	1830
		1650	960	1440	1920
		1800	1016	1524	2032
	C③	1860	1120	1680	2240
	D④	1860	1168	1752	2336
常速发动机	G⑤	1500	834	1251	1668
		1800	910	1364	1819

环境条件:空气温度 45℃、空气冷却器冷却液进口温度 32℃、大气压力 0.1MPa、空气相对湿度 60%
① 燃油限止有效持续功率,无时间限制,功率代码 ICFNISO3046/7-1995,发动机大修期 32000h。
② 燃油限止有效持续功率,功率代码 ICFNISO3046/7-1995,发动机大修期 24000h。
③ 燃油限止有效功率,有时间限制,12h 内允许工作 1h,或 1 年工作 1000h,发动机大修期 12000h。
④ 燃油限止最大有效功率,有时间限制,6h 允许工作 0.5h,或 1 年内工作 500h,发动机大修期 8000h。
⑤ 有效持续功率,具有 10% 超负荷能力,允许在 12h 内工作 1h,发动机大修期 24000h。
注:其他用途发动机按其最大功率,对应上述功率级。

表 9-10 TBD620 柴油机维修保养规程

运行时间/h	应遵循的维修表							维修记录		
	功率级							实际运行时间	维修日期	备注
	A	B	C	D	G					
50	a	a	a	a	a					

续表

运行时间/h	应遵循的维修表 功率级					维修记录		备注
	A	B	C	D	G	实际运行时间	维修日期	
500	b	b	c	d	b			
1000	c	c	d	e	c			
1500	b	d	c	d	d			
2000	d	b	e	f	d			
2500	b	c	c	d	b			
3000	c	e	f	e	c			
3500	b	b	c	d	b			
4000	e	c	d	g	e			
4500	b	d	c	d	b			
5000	c	b	e	e	c			
5500	b	c	c	d	b			
6000	d	f	g	f	d			
6500	b	b	c	d	b			
7000	c	c	d	e	c			
7500	b	d	c	d	b			
8000	f	b	e	h	f			
8500	b	c	c		b			
9000	c	e	f		c			
9500	b	b	c		b			
10000	d	c	d		d			
10500	b	d	c		b			
11000	c	b	e		c			
11500	b	c	c		b			
12000	e	g	h		e			
12500	b	b			b			
13000	c	c			c			
13500	b	d			b			
14000	d	b			d			
14500	b	c			b			
15000	c	d			c			
15500	b	b			b			
16000	g	c			g			
16500	b	d			b			

323

续表

运行时间/h	应遵循的维修表 功率级					维修记录		
	A	B	C	D	G	实际运行时间	维修日期	备注
17000	c	b			c			
17500	b	c			b			
18000	d	f			d			
18500	b	b			b			
19000	c	c			c			
19500	b	d			b			
20000	e	b			e			
20500	b	c			b			
21000	c	e			c			
21500	b	b			b			
22000	d	c			d			
22500	b	d			b			
23000	c	b			c			
23500	b	c			b			
24000	f	h			f			
24500	b	b			b			
25000	c	c			c			
25500	b	b			b			
26000	d	d			d			
26500	b	b			b			
27000	c	c			c			
27500	b	b			b			
28000	e	e			e			
28500	b	b			b			
29000	c	c			c			
29500	b	b			b			
30000	d	d			d			
30500	b	b			b			
31000	c	c			c			
31500	b	b			b			
32000	h	h			h			

注：功率级分类见发动机技术规格。对于功率级 A、B、G 级的发动机，如需具有 10% 的超负荷能力，那么其功率级应进一级，即"应遵循的维修表"中的原功率级 A、G 变为功率级 B，"应遵循的维修表"中的原功率级 B 变为功率级 C。功率级 C、D 无超负荷能力。

表9-11 TBD620柴油机维修内容

	维修部位	维修内容	符号
维修表a	一般性检查	检查外部螺纹连接、软管、密封	●
	气缸盖	检查进排气门间隙	●
		重新拧紧气缸盖上进气管螺栓	●
	机体	检查发动机对中和弹性支座	●
	进、排气系统	保养空气滤清器	●
	燃油系统	重新拧紧喷油器压紧夹	●
	润滑系统	更换机油	●
		保养滤器,更换滤芯,清洗滤网	●
		清洗离心滤清器	○
	冷却系统	清洗海水滤清器(用户自装)	○
维修表b	速度调节	检查发动机速度调节	○
	进、排气系统	保养空气滤清器	■
	燃油系统	保养燃油滤清器	●
	润滑系统	更换机油	●
		保养单、双联滤清器,更换纸质滤芯	●
		清洗离心滤清器(每工作250h)	○
	冷却系统	检查冷却液状况	●
		清洗海水滤清器(用户自装)	□
	压缩空气系统	清洗压缩空气管污物收集器	□
		清洗启动器前的污物收集器	□
	监控系统	检查监控仪器和停车装置	●
	电气设备	检查蓄电池充电	○
		检查电缆线	○
		检查发电机皮带	○
维修表c	气缸盖	检查进排气门间隙	■
	机体	检查发动机对中及弹性支座	●
		清洗呼吸器	○
	速度调节	检查发动机速度调节	○
	进、排气系统	保养空气滤清器	■
	燃油系统	重新拧紧喷油器压紧夹	●
		保养燃油滤清器	●
	润滑系统	更换机油	●
		保养单、双滤清器,更换纸质滤芯	●
		清洗离心滤清器(每工作250h)	○
	冷却系统	检查冷却液状况	●
		清洗海水滤清器(用户自装)	□

续表

维修表 c	压缩空气系统	清洗压缩空气管污物收集器	□
		清洗启动器前的污物收集器	□
	监控系统	检查监控仪器和停车装置	●
	扭振减振器	检查橡胶减振器(620V8)	○
	电气设备	检查蓄电池充电	○
		检查电缆线	○
		检查发电机皮带	○
维修表 d	气缸盖	检查进排气门间隙	■
		检查气缸盖和气缸套内部	●
	主要运动件	检查弹性联轴节	●
	机体	检查发动机对中和弹性支座	●
		检查呼吸器	○
		检查V形夹角内排泄孔	○
	速度调节	检查连接,检查调整	●
		检查发动机速度调节	○
	进、排气系统	保养空气滤清器	■
	燃油系统	检查喷油器	●
		保养燃油滤清器	●
	润滑系统	更换机油	●
		保养单、双联滤清器,更换纸质滤芯	●
		清洗离心滤清器(每工作250h)	○
	冷却系统	检查冷却液状况	●
		检查冷却水预热装置	○
		清洗海水滤清器(用户自装)	□
	压缩空气系统	清洗压缩空气管污物收集器	□
		清洗启动器前的污物收集器	□
	监控系统	检查监控仪器和停车装置	●
	扭振减振器	检查橡胶减振器(620V8)	○
	电气设备	保养启动器	○
		保养检查发电机	○
		检查蓄电池充电	○
		检查电缆线	○
		检查发电机皮带	○
维修表 e	气缸盖	检查进排气门间隙	■
		检查气缸盖和气缸套内部	●
	主要运动件	检查弹性联轴节	●
	机体	检查发动机对中和弹性支座	●
		清洗呼吸器	○

续表

维修表e	速度调节	检查连接,检查调整	●
		检查发动机速度调节	○
	进、排气系统	保养空气滤清器	■
		清洗中冷器海水腔	□
	燃油系统	检查喷油提前角	●
		检查喷油器	●
		保养燃油滤清器	●
	润滑系统	更换机油	●
		保养单、双联滤清器,更换纸质滤芯	●
		清洗离心滤清器(每工作250h)	○
	冷却系统	检查冷却液状况	●
		检查冷却系统紧固件及控制件	■
		检查冷却水预热装置,润滑预热装置水泵	○
		检查海水节温器	□
		保养机带热交换器	□
		清洗蜂窝状散热器	□
		清洗海水滤清器(用户自装)	□
	压缩空气系统	根据船级社要求外观检查至少每2年检查一次空气瓶	○
		清洗压缩空气管污物收集器	□
		清洗启动器前的污物收集器	□
	监控系统	检查监控仪器和停机装置	●
	扭振减振器	检查橡胶减振器(620V8)	○
	电气设备	保养发电机	○
		保养启动器	○
		检查蓄电池充电	○
		检查电缆线	○
		检查发电机皮带	○
维修表f	气缸盖	检查进排气门和门座,必要时,修理	■
	主要运动件	检查弹性联轴节	●
	机体	清洗呼吸器	○
	速度调节	检查连接,检查调整	●
		检查发动机速度调节	○
	进、排气系统	保养空气滤清器	■
		清洗中冷器海水腔和气腔	■
		检查废气涡轮增压器	■
	燃油系统	检查喷油提前角	●
		检查喷油器	●
		保养燃油滤清器	●

续表

维修表f	润滑系统	更换机油	●
		保养单、双联滤清器,更换纸质滤芯	●
		清洗机油冷却器水腔、油腔	■
		清洗离心滤清器(每工作250h)	○
	冷却系统	检查冷却液状况	●
		保养淡水泵	■
		检查淡水节温器	■
		检查冷却水预热装置	○
		保养海水泵	□
		检查海水节温器	□
		保养机带热交换器	□
		清洗蜂窝状散热器	□
		清洗海水滤清器(用户自装)	□
	压缩空气系统	根据船级社要求对空气瓶进行压力试验,至少每4年检查一次	○
		清洗压缩空气管污物收集器	□
		清洗启动器前的污物收集器	□
	监控系统	检查监控仪器和停机装置	●
	扭振减振器	更新硅油减振器(每年连续运行<4000h,每4年更换1次)	○
		检查橡胶减振器(620V8)	○
	电气设备	保养发电机	○
		保养启动器	○
		检查蓄电池充电	○
		检查电缆线	○
		检查发电机皮带	○
维修表g	气缸盖,机体主要运动件	检查和修理每个气缸单元(气缸套、活塞、连杆大端轴承、气门、气门传动)	■
		检查弹性联轴节	●
	机体	检查发动机对中和弹性支座	●
		清洗呼吸器	○
	速度调节	检查连接,检查调整	●
		保养调速器	●
		检查发动机速度调节	○
	进、排气系统	保养空气滤清器	■
		清洗中冷器水腔和气腔	□
		检查废气涡轮增压器	■
	燃油系统	检查喷油泵	●
		检查喷油提前角	●
		保养燃油滤清器	●

续表

维修表g	燃油系统	检查喷油器	●
	润滑系统	更换机油	●
		保养单、双联滤清器,更换纸质滤芯	●
		清洗机油冷却器水腔、油腔	■
		清洗离心滤清器(每工作250h)	○
	冷却系统	检查冷却液状况	●
		保养淡水泵	■
		更新淡水节温器,检查壳体	■
		检查冷却水预热装置	○
		保养海水泵	□
		保养机带热交换器	□
		清洗蜂窝状散热器	□
		更新海水节温器芯子	□
		清洗海水滤清器(用户自装)	□
	压缩空气系统	根据船级社要求对空气瓶进行压力试验,至少每4年检查一次	○
		清洗压缩空气管污物收集器	□
		清洗启动器前的污物收集器	□
	监控系统	检查监控仪器和停机装置	●
	扭振减振器	更新硅油减振器(每年连续运行<4000h,每4年更换1次)	○
		保养盖斯林格减振器	○
		检查橡胶减振器(620V8)	□
	电气设备	保养发电机	○
		保养启动器	○
		检查蓄电池充电	○
		检查电缆线	○
		检查发电机皮带	○

注:"●"执行维修保养工作;"■"执行维修保养工作,根据发动机的运行参数和发动机零部件状况,此项维修保养工作有可能提前;"○"对带这种装置的发动机执行维修保养工作;"□"对带这种装置的发动机执行维修保养工作,根据发动机的运行参数和发动机零部件状况,此项维修保养工作有可能提前。

思考题

1. 为何要尽量减少柴油机起动次数?
2. 柴油机暖机分为几个阶段,每个阶段的注意事项有哪些?
3. 引起柴油机故障的因素有哪些?
4. 柴油机故障判断和排除的原则是什么?
5. 船舶柴油机的维护保养制度有哪三类?

第 10 章　柴油机动力学及热力学分析

往复活塞式内燃机的特征之一是运动的不均匀性。虽然作为内燃机功率输出的曲轴转动基本是均匀的,但活塞连杆组的运动极不均匀,伴随着很大的加减速度,产生很大的惯性负荷,导致振动和噪声。因此,对曲柄连杆机构运动规律和受力分析很有必要。

柴油机的热力学分析包括三个方面:一是通过对柴油机燃烧理论的研究,从基本原理中确定影响柴油机热功转换的影响因素,从而提出改进柴油机性能的措施和手段,包括柴油机热平衡分析和柴油机循环参数分析;二是对柴油机实际循环进行热力分析,包括柴油机实际循环近似热力计算和随计算机技术发展而日益成熟的柴油机工作过程数值计算;三是柴油机燃烧分析技术,它通过对柴油机实测示功图的分析,获取柴油机燃烧过程进行情况的相关信息,提出对其性能改进的措施和手段,它已成为分析柴油机运行状态和改进柴油机性能的重要手段之一。本章主要对前两个方面进行分析。

10.1　曲柄-连杆机构的运动学和动力学

图 10-1 为正置直列式曲柄-连杆机构的几何关系图,图中:A 为活塞销中心;B 为曲柄销中心;L 为连杆长度;R 为曲柄半径;S 为活塞冲程,等于 $2R$;α 为曲柄转角;β 为连杆摆角;λ 为曲柄半径与连杆长度比,$\lambda = R/L$。

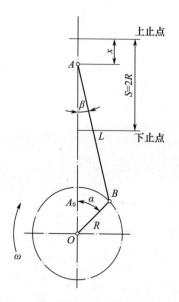

图 10-1　正置式曲柄-连杆机构几何关系图

为了统一以后计算中的正、负号,规定:从柴油机自由端看,曲柄顺时针方向回转时,从上止点位置的转角 α 为正,自气缸中心线向右的连杆摆角 β 为正,活塞位移 x 从上止点位置向下量为正;反之,为负。

10.1.1 活塞的位移、速度、加速度

10.1.1.1 活塞位移的计算

当曲柄自上止点位置转过 α 角时,活塞下行至 A 点处,相应位移为 x。由图 10-1 的几何关系可得

$$x = R(1-\cos\alpha) + L(1-\cos\beta) \tag{10-1}$$

$$\lambda = \frac{R}{L} = \frac{\sin\beta}{\sin\alpha} \tag{10-2}$$

可将式(10-1)近似简化为

$$x = R(1-\cos\alpha) + \frac{R\lambda}{4}(1-\cos2\alpha) \tag{10-3}$$

从式(10-3)可看出,活塞的位移可以视为两个简谐运动位移之和,它的物理意义可用图 10-2 曲线表示。当 $\alpha = \frac{\pi}{2}$ 时,$x = R\left(1+\frac{1}{2}\lambda\right)$。这说明当 α 转过 90°曲柄转角时,活塞已下行到冲程长度中点以下 $\frac{R\lambda}{2}$ 位置处;即当曲柄转角还在 90°之前时,活塞已行至其冲程一半处,而且连杆越短,则到得越早。

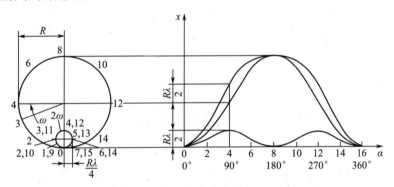

图 10-2 活塞位移曲线的构成

10.1.1.2 活塞运动速度的计算

将式(10-1)和式(10-3)对时间求导一次,就分别求得活塞运动速度的精确公式及近似式,即

$$v = R\omega \frac{\sin(\alpha+\beta)}{\cos\beta} \tag{10-4}$$

$$v = R\omega\left(\sin + \frac{\lambda}{2}\sin2\alpha\right) \tag{10-5}$$

从式(10-5)可以看出,活塞运动速度也可以视为两个简谐之和,其物理意义可用图 10-3 表达。

活塞在上、下止点时,速度为零,这时活塞运动方向发生改向。对于活塞速度符号,选定自上止点向下运动为正,反之为负。

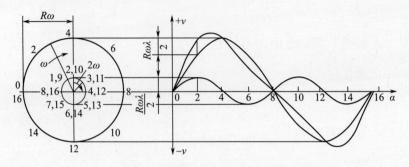

图 10-3 活塞速度曲线的构成

活塞运动最大速度时的曲柄转角,可由 $\frac{dv}{d\alpha}=0$ 来求:

$$\alpha_{v\max} = \arccos\frac{1}{4\lambda}[\sqrt{1+8\lambda^2}-1] \tag{10-6}$$

则活塞运动速度的最大值为

$$v_{\max} = R\omega\sqrt{1-\frac{1}{16\lambda^2}[\sqrt{1+8\lambda^2}-1]^2}\left[1+\frac{1}{4}\sqrt{1+8\lambda^2}-1\right] \tag{10-7}$$

$v_{\max}$ 一般是出现在曲柄转角 $\alpha=90°$ 之前。

对于活塞运动,除了应知道 $v_{\max}$ 值之外,还希望知道它的运动平均速度,因为它是表征柴油机工作参数和磨损的一个重要指标。活塞平均速度为

$$C_m = v_m = \frac{1}{\pi}\int_0^\pi v d\alpha = \frac{2}{\pi}R\omega = \frac{Sn}{30}$$

10.1.1.3 活塞加速度的计算

把式(10-4)对时间再进行一次求导,就得到活塞加速度的精确公式,即

$$a = R\omega^2\left[\frac{\cos(\alpha+\beta)}{\cos\beta}+\lambda\frac{\cos^2\alpha}{\cos^2\beta}\right] \tag{10-8}$$

将式(10-5)对时间求导,就得常用的活塞加速度近似公式,即

$$a = R\omega^2(\cos\alpha+\lambda\cos 2\alpha) \tag{10-9}$$

显然,从式(10-9)可以看出,活塞加速度也可以视为两个简谐之和,其物理意义可用图 10-4 来表达。

活塞加速度出现最大值和最小值的曲柄转角可由下式来决定:

$$\frac{da}{d\alpha} = \sin\alpha(1+4\lambda\cos\alpha) = 0$$

因此,它的极值发生在:

$$\alpha_1 = 0°, \alpha_2 = 180°, \alpha_3 = \arccos\left(-\frac{1}{4\lambda}\right)$$

对于 α_3,只有当 $\lambda \geq \frac{1}{4}$ 时才有意义。

当 α 为 $0°$ 和 $180°$ 时,即上、下止点时,有

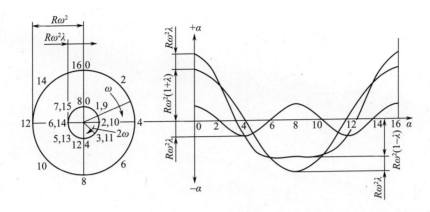

图 10-4 活塞加速度曲线的构成

$$(a)_{\alpha=0°} = R\omega^2(1+\lambda)$$

$$(a)_{\alpha=180°} = -R\omega^2(1-\lambda)$$

此外,当 $\lambda > \dfrac{1}{4}$ 时,在 $\alpha_3 = \arccos\left(-\dfrac{1}{4\lambda}\right)$ 处,尚出现极限值:

$$(a)_{\alpha=\alpha_3} = R\omega^2[\cos\alpha_3 + \lambda(2\cos^2\alpha_3 - 1)] = -R\omega^2\left(\lambda + \dfrac{1}{8\lambda}\right)$$

10.1.2 曲柄-连杆机构的往复惯性力和离心惯性力

运动机件惯性力的大小随其加速度和质量大小而变,而惯性力的方向则与加速度的方向相反。根据曲柄-连杆机构各部分运动情况,它的惯性力来自三个方面:一是活塞组件往复运动产生的惯性力;二是曲柄不平衡质量回转运动产生的离心惯性力;三是连杆运动产生的惯性力。

10.1.2.1 活塞组件的往复惯性力

活塞是作具有加速度的往复运动,因此当它运动时所产生的往复惯性力为

$$P_{jp} = -m_p a \tag{10-10}$$

式中:m_p 为活塞组件的往复质量,在十字头式柴油机中,它应包括活塞、活塞杆、十字头及它们附件的质量;a 为活塞加速度;负号表示惯性力方向与活塞加速度方向相反。

10.1.2.2 曲柄不平衡质量的换算

若先不计及平衡重块的质量,则曲柄不平衡质量主要包括曲柄销和两边曲臂的不平衡部分,如图 10-5 所示。计算时把不平衡部分的质量换算到曲柄半径 R 的位置处,是按照使换算质量与原来不平衡质量的产生的离心惯性力相等的原则进行的。这样,换算到曲柄半径 R 处的曲柄不平衡质量为

$$m_k = m_s + 2m_w \dfrac{\rho}{R} \tag{10-11}$$

式中:m_s 为曲柄销部分的质量;$2m_w$ 为曲臂部分的不平衡质量;ρ 为曲臂不平衡质量部分的重心与曲柄回转中心的距离。

对于形状比较复杂或不等厚度的曲臂结构,可将其划分成若干等厚度的简单形状的小块体积,分别算出它们质量和重心位置;然后再换算到曲柄半径 R 处,并予以合成。

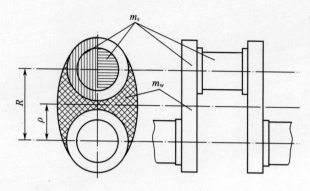

图 10-5 曲柄不平衡质量的计算

在柴油机稳定工况下,可设曲柄是作等角速度回转,它产生的离心惯性力为

$$P_{rk} = m_k \cdot R\omega^2 \qquad (10-12)$$

10.1.2.3 连杆的惯性力

连杆是进行复杂的平面运动,因此它的惯性力分析也较复杂。但是,分析曲柄-连杆机构惯性力的主要目的之一是,找出这些惯性力对于固定支承件产生什么作用,从而判断柴油机的平衡性及各部分受力情况。显然,对于连杆的惯性力也是主要了解它在大、小端头的表现,也就是它传给活塞销和曲柄销的力是怎样的。

在柴油机动力学计算中,连杆惯性力的问题常常可用代替系统的方法来处理,也就是,用假想的集中质量来代替连杆实际上的分布质量,使前者所产生的动力效果与后者相同。目前,用得最普遍的,也较简单的是二质量代替系统,如图 10-6 所示。在这系统中,一个代替质量 m_{cA} 集中在连杆小端中心,活塞做往复运动;另一个代替质量 m_{cB} 集中在大端中心,随曲柄做回转运动。

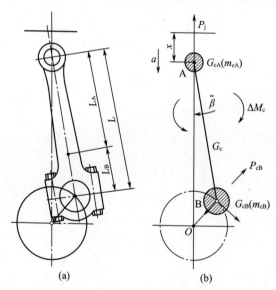

图 10-6 连杆的代替质量

根据力学原理,代替系统的动力效应与实际连杆应相同,为此,应满足以下三个条件:
(1) 代替系统质量之和等于原连杆的质量,即

$$m_{cA} + m_{cB} = m_c \qquad (10-13)$$

式中：m_c 为连杆的质量。

（2）代替系统的重心与原连杆的重心应重合，即
$$m_{cA} l_A = m_{cB} l_B \tag{10-14}$$

式中：l_A 为连杆重心至连杆小端中心的距离；l_B 为连杆重心至连杆大端中心的距离。

从式（10-13）和式（10-14）可得
$$m_{cA} = m_c \frac{L - l_A}{L} \tag{10-15}$$

$$m_{cB} = m_c \frac{l_A}{L} \tag{10-16}$$

式中：L 为连杆大、小端中心的距离。

（3）代替系统各质量对连杆重心的转动惯量之和应该与原来连杆的转动惯量相同。

实际计算表明，按上述两个质量分配的代替系统对连杆重心的转动惯量并不等于原来连杆的转动惯量，而是稍为偏大。

10.1.2.4 曲柄-连杆机构的往复惯性力和离心惯性力

综合上述，在动力学计算中，用两质量代替连杆时，沿气缸中心线做往复运动的总质量为
$$m_j = m_p + m_{cA} \tag{10-17}$$

则曲柄-连杆机构的总往复惯性力为
$$p_j = -m_j a \tag{10-18}$$

集中曲柄销处并随曲柄作回转运动的总质量为
$$m_r = m_k + m_{cB} \tag{10-19}$$

曲柄-连杆机构的总离心惯性力为
$$p_r = m_r R \omega^2 \tag{10-20}$$

10.1.3 曲柄-连杆机构的作用力分析与动力学计算

10.1.3.1 燃气作用力和运动质量惯性力的合成

作用在曲柄-连杆机构上的力，除了由于本身的运动所产生的惯性力外，还有气缸内作周期性循环变化的气体压力 p_g。p_g 作用在活塞上，传递到活塞销处与运动机件的往复惯性力 p_j 合成。故实际上气缸中心线连杆小端处总作用力为
$$P = p_g \frac{\pi D^2}{4} + p_j = p_g \frac{\pi D^2}{4} - \left(m_p + m_c \frac{l_B}{L} \right) \cdot a$$

为了计算和分析比较方便，在动力学计算时还常按单位活塞面积进行计算，则上式可改写成
$$P = p_g - \frac{\left(m_p + m_c \dfrac{l_B}{L} \right) \cdot a}{\dfrac{\pi D^2}{4}} \tag{10-21}$$

式中：第二项前面出现负号是因为规定的气体压力 p_g 或往复惯性力 p_j 都是向下指向回转中心为正。

10.1.3.2 曲柄-连杆机构各元件处力的作用情况及其计算

连杆小端处的作用力 p 可以分解为如图 10-7 所示的两个分力:一个分力 p_H 垂直于气缸壁,称活塞侧推力;另一个分力 p_c 沿连杆中心线方向,称连杆推力。它们分别为

$$p_H = p\tan\beta = p\frac{\sin\alpha}{\sqrt{\frac{1}{\lambda^2} - \sin^2\alpha}} \qquad (10-22)$$

$$p_c = p\frac{1}{\cos\beta} = p\frac{\frac{1}{\lambda}}{\sqrt{\frac{1}{\lambda^2} - \sin^2\alpha}} \qquad (10-23)$$

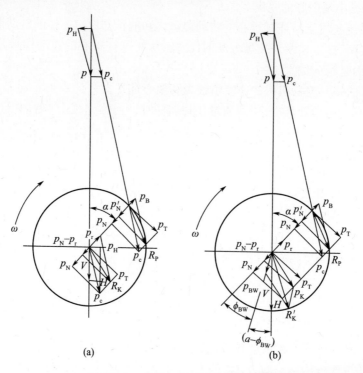

图 10-7 曲柄-连杆机构上作用力

如果将 $p_H = f(\alpha)$ 转化为 $p_H = f(\chi)$ 的关系,后者在理论上反映了气缸套磨损的趋势(未计及活塞环弹力的影响)。$p_c = f(\alpha)$ 则可说明连杆受载的变化情况。

连杆推力 p_c 沿着连杆中心线传递到曲柄销处又可分解为沿着曲柄方向的法向力 p_N 及曲柄方向垂直的切向力 p_T:

$$p_N = p_c\cos(\alpha+\beta) = p\frac{\cos(\alpha+\beta)}{\cos\beta} \qquad (10-24)$$

$$p_T = p_c\sin(\alpha+\beta) = p\frac{\sin(\alpha+\beta)}{\cos\beta} \qquad (10-25)$$

若将表征 β 与 α 关系的式(10-2)代入式(10-25),可得

$$p_T = p\left(\sin\alpha + \frac{\lambda}{2}\sin2\alpha \cdot \frac{1}{\sqrt{1-\lambda^2\sin^2\alpha}}\right) \qquad (10-26)$$

在式(10-26)中,由于 $\lambda \approx \frac{1}{4}$ 或更小的一个分数, $\sqrt{1-\lambda^2\sin^2\alpha}$ 很接近1,在近似计算时,式(10-26)可改写为

$$p_T = p\left(\sin\alpha + \frac{\lambda}{2}\sin2\alpha\right) \quad (10-27)$$

曲柄销处的作用力除了有连杆推力 p_c 之外,还承受着连杆大端回转质量所产生的离心惯性力 p_{cB} 的作用。故曲柄销处承受的法向力应为 $p'_N = p_N - p_{rB}$,式中 $p_{rB} = m_{cB} \cdot R\omega^2$。因此曲柄销处的作用力应为

$$R_p = \sqrt{p_T^2 + (p_N - p_{rB})^2} \quad (10-28)$$

当没有平衡重块时,它的法向作用力等于曲柄销的法向力 p'_N 及曲柄不平衡质量离心惯性力 p_{rk} 之和,主轴颈处作用力应为

$$R_K = \sqrt{p_T^2 + (p_N - p_r)^2} \quad (10-29)$$

如将它分解为沿气缸中心线和垂直于气缸中心线方向的作用力 V 和 H,则得

$$V = p_g + p_j - p_r\cos\alpha \quad (10-30)$$

$$H = p_H + p_r\sin\alpha \quad (10-31)$$

在设有平衡重块,且设其重心与曲柄间的夹角为 φ_{BW} 时,则式(10-29)~式(10-31)应写为

$$R'_K = \sqrt{(p_T + p_{BW}\sin\varphi_{BW})^2 + (p_N - p_r + p_{BW}\cos\varphi_{BW})^2} \quad (10-32)$$

$$V = p_g + p_j - p_r\cos\alpha + p_{BW}\cos(\alpha - \varphi_{BW}) \quad (10-33)$$

$$H = p_H + p_r\sin\alpha - p_{BW}\sin(\alpha - \varphi_{BW}) \quad (10-34)$$

式中: p_{BW} 为平衡重块的离心惯性力。

10.1.3.3 单缸柴油机的输出扭矩和颠覆力矩

切向力 p_T 是构成柴油机对外作功的主要作用力。在单缸柴油机中, p_T 与曲柄半径 R 的乘积就是使曲轴回转的输出扭矩,即

$$M_k = p_T \cdot R = p \cdot R \frac{\sin(\alpha+\beta)}{\cos\beta} = (p_g + p_j) \cdot R \frac{\sin(\alpha+\beta)}{\cos\beta}$$

$$= p_g \cdot R \frac{\sin(\alpha+\beta)}{\cos\beta} + p_j \cdot R \frac{\sin(\alpha+\beta)}{\cos\beta} = (M_K)_g + (M_K)_j \quad (10-35)$$

由式(10-35)看出:单缸柴油机的扭矩可理解为两部分组成,一是由气体压力 p_g 产生的扭矩;二是由往复惯性力 p_j 产生的扭矩。

为简单起见,切向力按式(10-27)计算:

$$(M_K)_j = (p_T)_j \cdot R = m_j R^2 \omega^2 \left(\frac{\lambda}{4}\sin\alpha - \frac{1}{2}\sin2\alpha - \frac{3}{4}\sin3\alpha - \frac{\lambda^2}{4}\sin4\alpha\right)$$

进行积分,可得

$$W_j = \int_0^{2\pi} (M_K)_j d\alpha = 0$$

从上面的推导显而易见,往复惯性力在柴油机曲轴一转内所做的功为零。这就是说,往复

惯性力只对输出扭矩的各瞬时值产生影响,而对柴油机输出功率无作用。输出扭矩的变化规律同切向力相同。

由图 10-8 还可看出,在柴油机体上垂直气缸中心线方向还存在着一对大小相等、方向相反的 p_H 力,力间的距离为 A。它们构成使柴油机倾倒的颠覆力矩。它在数值上同柴油机各瞬时的输出扭矩相等、方向相反,即

$$M_d = -p_H \cdot A = -p \cdot R \frac{\sin(\alpha+\beta)}{\cos\beta} = -M_K$$

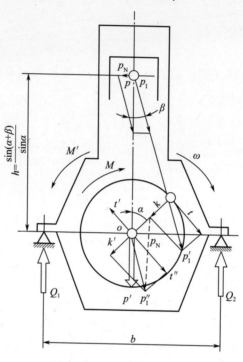

图 10-8 机体受力的平衡

但要注意到它们不是作用于同一部件上。扭矩 M_K 是作用在曲轴上对外做功,而 M_d 则是作用在柴油机机体上。机体上承受的惯性力和颠覆力矩,通过底座传给基础。Q_1 和 Q_2 就是作用在底座上的力,即

$$Q_1 = \frac{p_j}{2} + \frac{M_d}{b}, \quad Q_2 = \frac{p_j}{2} - \frac{M_d}{b}$$

10.1.3.4 曲柄-连杆机构上作用力性质综述

从式(10-30)和式(10-31)可以看出,由曲轴传给机体的力有:

沿气缸中心线方向:气体压力 p_g、往复惯性力 p_j、离心惯性力 p_r 及其在气缸中心线方向分量 $p_r\cos\alpha$;

垂直气缸中心线方向:与气缸侧推力大小、相等方向相反的力 p_H,离心惯性力 p_r 在垂直气缸中心线方向的分量 $p_r\sin\alpha$。

其中,气体压力 p_g,力源是产生在燃烧室里的。它是同时作用于活塞顶和气缸盖的,向上与向下作用力正好互相抵消。所以 p_g 是使得柴油机机体受拉伸应力,但它不传到机外去。

往复惯性力 p_j,它是运动而产生的一个自由力,将传到机外去,并且由于它是作周期性变化的力,将使柴油机振动。

颠覆力矩 M_d，它是作用在机体上两个 p_H 力所形成的，大小和方向都是做周期性变化的，所以也要传出机外，并使柴油机产生摇摆性振动。

此外，连杆（修正）力偶 ΔM_c，也会使柴油机产生摇摆性的振动。但由于其数值较小，一般可以忽略不计。

从上述作用力分析知道，柴油机工作时产生的各种作用力均随 α 而变化。进行动力学计算就是要求对整个工作循环中不同 α 角下各作用力进行计算，找出它们变化情况并绘制成曲线图，以便进一步分析它的平衡性及为进行主要零件强度计算与轴承负荷计算提供必要的数据。

在进行动力计算时，对各种力的符号一般可作如图 10-9 所示的规定：

气体压力 p_g 和往复惯性力 p_j——向下为正；

连杆推力 p_c——以压缩连杆为正；

侧推力 p_H——以对曲轴中心线产生之力矩同曲柄回转方向相反的为正；

切向力 p_T——以顺曲柄转向的为正；

法向力 p_N——以向着曲轴中心为正。

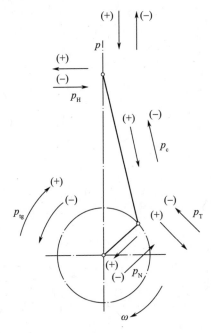

图 10-9 作用力符号的规定（从自由端看）

10.2 柴油机平衡性计算和平衡方法

内燃机曲柄连杆机构的往复质量在内燃机高速旋转时会产生很大的往复惯性力和旋转惯性力。这些惯性力必须通过内燃机的总体布置、在曲轴上加适当的平衡块或设置专门的平衡轴等方法加以平衡，以免发生强烈振动。

10.2.1 单缸柴油机振动力源分析及平衡

10.2.1.1 单缸柴油机振动力源分析

由上一节柴油机动力学可知，单缸柴油机振动力源由以下各项组成：

(1) 作用在活塞的气体压力 p_g。
(2) 往复惯性力 p_j。
(3) 离心惯性力 p_r。
(4) 连杆力偶 ΔM_e。
(5) 由气体压力及往复惯性力所引起之综合颠覆力矩 M_d。

在上述各项力源中:气体压力 p_g 对外并不引起振动,但将构成颠覆力矩;连杆力偶,因其数值较小,一般予以忽略;而对于综合颠覆力矩 M_d 由动力学一节中可知,它是柴油机输出扭矩的反作用扭矩,如要研究颠覆力矩,可分析输出扭矩,而输出扭矩与切力之间只相差一常数 R,因此通过单缸和多缸柴油机切力分析即可达到目的。由前几节可知,单缸或多缸切力均为一复杂的周期性函数,并可做简谐分析,经分析各次谐波分量的影响和作用可知,对于多缸切力之各次合成谐波分量 Σp_{Tv},如为均匀发火柴油机,存在的只是那些同气缸数成整数倍的 v 次谐波分量,而其他各次谐波分量都将自行抵消。因此,采用较多的气缸数时,则多缸切力的各次不平衡合成谐波分量次数也就越高,振幅也就更小,其产生的振动影响就减弱。这就说明,如增加缸数,并适当加强机座地基,就完全可克服颠覆力矩对柴油机平衡带来的影响。这样剩下的就只有往复惯性力和离心惯性力两项需加以平衡。以下逐项进行讨论。

10.2.1.2 单缸柴油机平衡

1. 离心力及其平衡方法

如图 10-10 所示的单拐曲轴,其单位曲柄不平衡质量及连杆大端回转质量之总和为 m_r,则当曲轴以 ω 角速度旋转时,离心力应为

$$p_r = m_r \cdot R \cdot \omega^2 \tag{10-36}$$

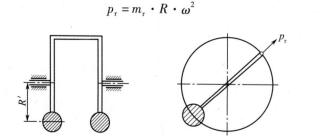

图 10-10 单缸柴油机离心力平衡

对于离心力 p_r 的平衡方法比较简单。一般可在曲臂上同离心力相反方向配置一对质量相同之平衡重块 m_{BW},并合该质量所产生的离心力恰好与离心力 p_r 相等,即可达到消除单缸不平衡离心力之目的。

设每块平衡重块的质量为 m_{BW},平衡重块重心到曲轴回转中心线之回转半径为 R',则其平衡条件为

$$m_{BW} = \frac{m_r R}{2R'} \tag{10-37}$$

增大平衡重的回转半径 R' 显然使平衡重块的质量可较轻,但它受到曲轴箱空间等结构尺寸的限制,因此一般可根据总体结构布置条件,做出合理安排。

2. 往复惯性力及其平衡方法

由曲柄-连杆机构运动学和动力学计算中可知,往复惯性力的傅里叶级数表达式为

$$p_j = p_{j1} + p_{j2} + p_{j4} + \cdots + p_{jn} \tag{10-38}$$

其中

$$p_{j1} = a_1 m_j R\omega^2 \cos\alpha = m_j R\omega^2 \cos\alpha$$

$$p_{j2} = -a_2 m_j R(2\omega)^2 \cos2\alpha = \frac{\lambda}{4} m_j R(2\omega)^2 \cos2\alpha \tag{10-39}$$

$$p_{j4} = +a_4 m_j R(4\omega)^2 \cos4\alpha$$

$$\vdots$$

$$p_{jn} = a_n m_j R(n\omega)^2 \cos n\alpha \tag{10-40}$$

由上一节可知,高于二次以上的加速度系数值已很小,因此本节平衡分析时,可以只考虑影响较大的一、二次往复惯性力平衡。

一次往复惯性力 p_{j1} 的物理概念,可视为一个在半径 R 上的质量 m_j,以角速度 ω 回转时,其所产生之离心力在垂直方向的投影值。而对二次往复惯性力 p_{j2},即相当于是在半径 R 上以角速度 2ω 回转的质量 $\frac{\lambda}{4}m_j$ 所产生离心力在垂直方向上的投影值。这样,也可同样把往复惯性力 p_{j1}(或 p_{j2})看作两个质量 $\frac{1}{2}m_j$(或 $\frac{1}{2} \cdot \frac{\lambda}{4}m_j$)在半径 R 上以角速度 ω(或 2ω)朝相反方向回转时,所产生离心力的向量和。对于朝相反方向回转之两个相等质量所产生之离心力,称为正转矢量和反转矢量,这样显然可得出比较直观形象的概念。图 10-11 为正、反转矢量位置图。为了分析讨论方便,特别是对于多列式柴油机平衡分析的方便,还可将正反转矢量用复数来表示。设 n 次正反转矢量为 $\boldsymbol{A}_n$ 和 $\boldsymbol{B}_n$,可得

$$|\boldsymbol{A}_n| = \frac{a_n m_j}{2} R(n\omega)^2 \tag{10-41}$$

$$|\boldsymbol{B}_n| = \frac{a_n m_j}{2} R(n\omega)^2 \tag{10-42}$$

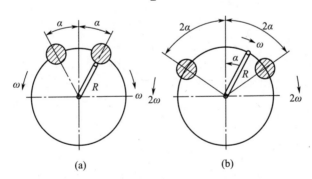

图 10-11 正、反转矢量位置及其复矢量表示法

由欧拉公式得知,上述 n 次正、反转矢量的复数三角函数和指数函数表示为

$$\boldsymbol{A}_n = \frac{1}{2} a_n m_j R(n\omega)^2 [\cos n\alpha + \mathrm{i}\sin n\alpha]$$

$$= \frac{1}{2} a_n m_j R(n\omega)^2 \mathrm{e}^{\mathrm{i}n\alpha} = \frac{1}{2} Q_n \mathrm{e}^{\mathrm{i}n\alpha} \tag{10-43}$$

$$\boldsymbol{B}_n = \frac{1}{2} a_n m_j R(n\omega)^2 [\cos n\alpha - \mathrm{i}\sin n\alpha]$$

$$= \frac{1}{2}a_n m_j R(n\omega)^2 e^{-in\alpha} = \frac{1}{2}Q_n e^{-in\alpha} \qquad (10-44)$$

它们的合成矢量为

$$\boldsymbol{p}_{jn} = \boldsymbol{A}_n + \boldsymbol{B}_n = \frac{1}{2}a_n m_j R(n\omega)^2 \{[\cos n\alpha + i\sin n\alpha] + [\cos n\alpha - i\sin n\alpha]\}$$

$$= a_n m_j R(n\omega)^2 \cos n\alpha \qquad (10-45)$$

以上把往复惯性力的平衡转化为如图 10-12 所示两个正、反转矢量力,就可利用平衡离心力方法来平衡往复惯性力,也称正反转矢量法。图 10-12 中设每块平衡重块质量为 m_1,平衡重块重心与平衡重回转中心间距离为 R_1,则平衡重质量之离心力分别在垂直坐标轴方向和水平坐标轴方向的分力之合力为

$$p_{j1} = m_1 R_1 \omega^2 \cos\alpha + m_1 R_1 \omega^2 \cos\alpha$$

$$= 2m_1 R_1 \omega^2 \cos\alpha$$

$$p_{j1H} = m_1 R_1 \omega^2 \sin\alpha - m_1 R_1 \omega^2 \sin\alpha = 0$$

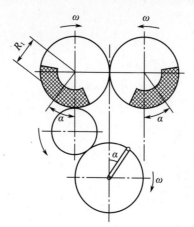

图 10-12 一次往复惯性力平衡

由上可以看出,平衡重块离心力水平方向分力自相平衡抵消,而垂直方向的合成分力,其大小应与一次往复惯性力相等,方向应与一次往复惯性力方向相反,即

$$m_j R \omega^2 \cos\alpha = 2m_1 R_1 \omega^2 \cos\alpha$$

$$m_1 = \frac{m_j R}{2R_1} \qquad (10-46)$$

图 10-12 中所示的正、反转平衡机构,除必须保证平衡重块同曲轴有相同回转角速度外,还应保证平衡重块的方向与曲轴有一定的正时关系。即当曲轴处于上止点位置时,两平衡重块位置均应垂直上;当曲轴转至下止点位置时,两平衡重块均应垂直向上。否则,即使加了平衡装置,也起不了平衡效果。

二次往复惯性力的平衡原理和方法基本上与一次往复惯性力的平衡相同。其差别是,二次平衡重的回转角速度,必须是曲柄回转角速度的 2 倍,即为 2ω。因此,当曲柄转角为 α 时,平衡重应已转 2α 角。图 10-13 为二次往复惯性力正、反转矢量力平衡装置原理图。

由式(10-39)可知,二次往复惯性力为

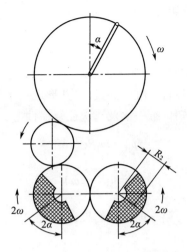

图 10-13 二次往复惯性力平衡装置原理图

$$P_{j2} = \frac{\lambda}{4}m_j R (2\omega)^2 \cos2\alpha$$

设平衡块的质量为 m_2，平衡重块重心至平衡重回转中心之距离为 R_2，则平衡重块的产生的离心力在垂直方向及水平方向的合成力为

$$p_{j2} = m_2 R^2 (2\omega)^2 \cos2\alpha + m_2 R_2 (2\omega)^2 \cos2\alpha$$
$$= 2m_2 R_2 (2\omega^2) \cos2\alpha$$
$$p_{j2H} = m_2 R_2 (2\omega)^2 \sin2\alpha - m_2 R_2 (2\omega)^2 \sin2\alpha = 0$$

平衡条件为

$$\frac{\lambda}{4}m_j R (2\omega)^2 \cos2\alpha = 2m_2 R_2 (2\omega)^2 \cos2\alpha$$

$$m_2 = \frac{\lambda m_j R}{8R_2}$$

平衡重块同曲柄之正时关系是，当曲轴处在上止点位置时，两平衡重块均应垂直向下。

10.2.2 直列式多缸柴油机振动力

直列式多缸发动机振动力源是由各个气缸的振动力源所组成的一个空间力系，因此除有各种合成惯性力外，还有合成惯性力矩。这样，直列式多缸柴油机振动力源应由下列各项所组成：

(1) 多缸合成离心惯性力 Σp_r；
(2) 多缸合成离心惯性力矩 ΣM_r；
(3) 多缸合成往复惯性力 Σp_j；
(4) 多缸合成往复惯性力矩 ΣM_j；
(5) 总颠覆力矩 ΣTR；
(6) 连杆力偶 M_e 形成的力矩。

如同单缸振动力源分析一样，在上述各项中，连杆力偶所形成的不平衡力矩数值较小，可予以忽略。总颠覆力矩 ΣTR 是总输出力矩之反扭矩，无法平衡，只能通过增多气缸数并使发火间隔比较均匀,来减小输出总切力之谐波分量。因而尚需平衡的振动力源主要有第一至第四项。下面分别加以讨论。

10.2.2.1 解析分析法

1. 多缸合成往复惯性力和惯性力矩分析

多缸往复惯性力都作用在各自气缸中心线内,并形成一平面力系,因此合成往复惯性力即为各缸往复惯性力代数和。已知单缸一次及二次往复惯性力为

$$p_{j1} = m_j R\omega^2 \cos\alpha$$

$$p_{j2} = \frac{\lambda}{4} m_j R (2\omega)^2 \cos 2\alpha$$

设直列式多缸柴油机的各曲柄与第一曲柄间的夹角为 $\theta_1, \theta_2, \cdots, \theta_z$,则柴油机一次及二次合成往复惯性力分别为

$$\sum p_{j1} = m_j R\omega^2 [\cos(\alpha+\theta_1) + \cos(\alpha+\theta_2) + \cdots + \cos(\alpha+\theta_z)] \quad (10-47)$$

$$\sum p_{j2} = \frac{\lambda}{4} m_j R (2\omega)^2 [\cos 2(\alpha+\theta_1) + \cos 2(\alpha+\theta_2) + \cdots + \cos 2(\alpha+\theta_z)] \quad (10-48)$$

式中:$\theta_1 = 0(°)$CA,z 代表发动机气缸数。

直列式多缸发动机的合成往复惯性力矩 $\sum M_j$ 是往复惯性力对发动机重心所形成的力矩,所以直列式多缸机中,一、二次往复惯性力所形成的往复惯性力矩可分别用下式表示:

$$\sum M_{j1} = m_j R\omega^2 [l_1\cos(\alpha+\theta_1) + l_2\cos(\alpha+\theta_2) + \cdots + l_z\cos(\alpha+\theta_z)] \quad (10-49)$$

$$\sum M_{j2} = \frac{\lambda}{4} m_j R (2\omega)^2 [l_1\cos 2(\alpha+\theta_1) + l_2\cos 2(\alpha+\theta_2) + \cdots + l_z \cdot \cos 2(\alpha+\theta_z)]$$

$$(10-50)$$

式中:$l_1, l_2, \cdots, l_z$ 为曲柄端面图上相应气缸中心线到柴油机重心的距离。

当柴油机的往复惯性力已达到平衡时,即 $\sum p_j = 0$ 时,求往复惯性力矩就可以不对柴油机重心取矩,而可选择任一对计算方便的基准面取矩,以简化计算。考虑力矩的方向,可假定基准面以前各惯性力取矩为正值,基准面以后各惯性力取矩为负值。为求得一次与二次往复惯性力及往复惯性力矩之最大值,及其相对第一曲柄之位置,只要将式(10-47)~式(10-50)分别对 α 求导并令之等零,即

$$\frac{\mathrm{d}\sum p_{j1}}{\mathrm{d}\alpha} = 0, \frac{\mathrm{d}\sum p_{j2}}{\mathrm{d}\alpha} = 0, \frac{\mathrm{d}\sum M_{j1}}{\mathrm{d}\alpha} = 0, \frac{\mathrm{d}\sum M_{j2}}{\mathrm{d}\alpha} = 0$$

就可求得相应一次与二次往复惯性力及惯性力矩为最大值时,它们与第一曲柄的相位角。将所求得之相位角 α 再代入式(10-47)~式(10-50)即可求得最大值 $\sum p_{j1\max}$、$\sum p_{j2\max}$、$\sum M_{j1\max}$、$\sum M_{j2\max}$。

必须强调指出,上述往复惯性力和往复惯性力矩,其数值大小虽然随曲轴转角 α 而变化,但其方向始终在气缸垂直平面内。只有当第一曲柄处在上述各相应相位角 α 时,才出现最大的往复惯性力和往复惯性力矩值。

2. 多缸合成离心力及离心力矩的分析

在以上讨论中,都把各次往复惯性力当作一矢量力绕曲柄中心线旋转,而其数值为该矢量

在气缸中心线上的投影值。至于离心力也可以当作一矢量力,只是其作用方向将永远在曲柄的离心力方向,而其数值大小不变。离心力实际上也同样具有一次惯性力的性质,当曲轴回转一圈时,它也正好回转一圈,并完成一个周期的循环,因此以上有关往复惯性力计算公式基本通用。但对于多缸机,一般曲柄总是呈均匀分布排列,所以一次性质的离心力将永远自行抵消面平衡。可是,即使柴油机各气缸所产生之合成离心力为零,但并不等于完全平衡,还可能存在不平衡的离心力矩,作用在通过曲轴中心线的平面内,并随同曲轴以角速度ω回转。显然,离心惯性力矩(简称离心力矩)的位置和曲柄位置间有一定相位关系。多缸柴油机的离心力和离心力矩是一个空间力,计算时可先将离心力分解在垂直及水平两方向的分力,然后再分别求出离心力偶在水平和垂直面内的分力矩。显而易知:

离心力垂直方向分力为

$$p_{rV} = m_r R \omega^2 \cos\alpha$$

离心力水平方向分力为

$$p_{rH} = m_r R \omega^2 \sin\alpha$$

因此,多缸离心力矩在垂直及水平方向之分力矩只需分别将各缸在垂直及水平方向的离心分力分别对某截面取矩即可。其结果如下:

垂直平面内离心力矩为

$$\Sigma(M_r)_V = m_r R \omega^2 [l_1 \cos(\alpha+\theta_1) + l_2 \cos(\alpha+\theta_2) + \cdots + l_z \cos(\alpha+\theta_z)] \quad (10-51)$$

水平平面内离心力矩为

$$\Sigma(M_r)_H = m_r R \omega^2 [l_1 \sin(\alpha+\theta_1) + l_2 \sin(\alpha+\theta_2) + \cdots + l_z \sin(\alpha+\theta_z)] \quad (10-52)$$

比较式(10-49)和式(10-51)可以看出,柴油机一次往复惯性力矩与离心力矩不同的只是常数 m_j 和 m_r,故多缸离心惯力矩 ΣM_r 及其作用方向(离心合力偶与第一曲柄的夹角)都可由一次往复惯性力矩计算中得出,不须另行计算,只是常数不一样而已。对直列多缸柴油机,如曲柄为均匀排列(较为普遍),则气缸合成离心力及合成一次往复惯性力将自行抵消而为零值。二次往复惯性力在一般情况下也可为零。而合成离心力矩及合成的一次及二次往复惯性力矩,其大小完全由曲柄排列方式决定。

3. 直列多缸发动机不平衡性解析分析法举例

某直列二冲程六缸船用柴油机,发火顺序为 1-6-2-4-3-5,如图 10-14 所示,试用解析方法求其合成一次及二次往复惯性力和惯性力矩,以及合成离心力和离心力矩。

按式(10-47)~式(10-50)分别求得往复惯性力和往复惯性力矩。

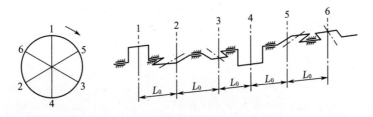

图 10-14 解析法进行多缸平衡计算

(1)计算合成往复惯性力。

一次合成往复惯性力为

$$\Sigma p_{j1} = m_j R\omega^2 [\cos\alpha + \cos(\alpha+60°) + \cos(\alpha+120°) +$$
$$\cos(\alpha+180°) + \cos(\alpha+240°) + \cos(\alpha+300°)]$$
$$= 0$$

二次合成往复惯性力为
$$\Sigma p_{j2} = \frac{\lambda}{4} m_j R(2\omega)^2 [\cos2\alpha + \cos2(\alpha+60°) + \cos2(\alpha+120°) +$$
$$\cos2(\alpha+180°) + \cos2(\alpha+240°) + \cos2(\alpha+300)°]$$
$$= 0$$

（2）计算多缸合成往复惯性力矩。因为 $\Sigma p_{j1} = 0$，$\Sigma p_{j2} = 0$，所以可取任意气缸中心面为基准面，现取第四气缸中心为基准平面，并对其取矩，设气缸中心距为 L_0，则：

一次往复惯性力矩为
$$\Sigma M_{j1} = m_j R\omega^2 [3L_0\cos\alpha + 2L_0\cos(\alpha+120°) + L_0\cos(\alpha+240°) -$$
$$L_0\cos(\alpha+300°) - 2L_0\cos(\alpha+60°)]$$
$$= 0$$

二次往复惯性力矩为
$$\Sigma M_{j2} = \frac{\lambda}{4} m_j R(2\omega)^2 [3L_0\cos2\alpha + 2L_0\cos2(\alpha+120°) + L_0\cos2(\alpha+240°) -$$
$$L_0\cos2(\alpha+300°) - 2L_0\cos2(\alpha+60°)]$$
$$= \frac{\lambda}{4} m_j R(2\omega)^2 2L_0\sqrt{3}\left(\frac{\sqrt{3}}{2}\cos2\alpha + \frac{1}{2}\sin2\alpha\right)$$

令
$$\frac{d\Sigma M_{j2}}{d\alpha} = 0$$

即
$$\frac{\lambda}{4} m_j R(2\omega)^2 2\sqrt{3}L_0(\cos2\alpha - \sqrt{3}\sin2\alpha) = 0$$

则有
$$\cos2\alpha - \sqrt{3}\sin2\alpha = 0$$
$$\tan2\alpha = \frac{1}{\sqrt{3}}$$

$2\alpha = 30°$，则 $\alpha = 15°$。

将 $\alpha = 15°$ 代入公式 ΣM_{j2} 中，可得
$$\Sigma M_{j2} = \frac{\lambda}{4} m_j R(2\omega)^2 2\sqrt{3}L_0\left(\frac{\sqrt{3}}{2}\cos30° + \frac{1}{2}\sin30°\right)$$
$$= 2\sqrt{3}\lambda m_j R\omega^2 L_0$$

（3）多缸合成离心力及离心力矩计算。由于曲柄排列为均匀发火，因此多缸合成离心力为零。对于多缸合成离心力矩，由于 $\Sigma M_1 = 0$，显然 ΣM_r 也应为零，处理时，若把它分解为垂直方向和水平方向两个分量计算，则垂直平面内离心力矩可按式（7-99）求得，同样，如取第四气缸中心为基准面，则得

$$(\Sigma M_r)_V = m_r R\omega^2 [3L_0\cos\alpha + 2L_0\cos(\alpha+120°) + L_0\cos(\alpha+240°) -$$
$$L_0\cos(\alpha+300°) - 2L_0\cos(\alpha+60°)] = 0$$

水平平面内离心力矩为

$$(\Sigma M_r)_H = m_r R\omega^2 [3L_0\sin\alpha + 2L_0\sin(\alpha+120°) + L_0\sin(\alpha+240°) -$$
$$L_0\sin(\alpha+300°) - 2L_0\sin(\alpha+60°)] = 0$$

由以上计算结果可知,该六缸二冲程直列式发动机,需要平衡的项目就只有二次往复惯性力矩ΣM_{j2},其大小应为

$$\Sigma M_{j2} = 2\sqrt{3}\lambda m_j R\omega^2 L_0$$

当第一曲柄回转至上止点前15°时,二次往复惯性力矩可达最大值。二次往复惯性力矩矢量与第一曲柄之相位关系如图10-15所示。

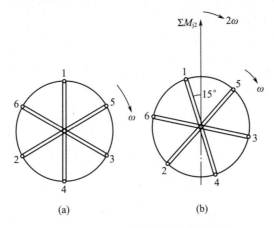

图10-15 二次往复惯性力矩相位图

10.2.2.2 图解分析法

发动机平衡特性计算,除可采用前述解析法外,还可采用图解分析法进行分析,其主要是利用闭合多边形原理,求解平面力系或平面力矩的合力和合力矩。图解法比较形象直观,物理概念比较清楚,尤其是需要定性地估计发动机平衡特性大小和方向时,更为方便,因此得到广泛应用。为了便于同解析法做比较,下面仍以上述二冲程六缸直列发动机为例,进行作图分析。

1. 多缸合成离心力的图解

由离心力讨论中,已知道离心力的作用方向和各相应曲柄中心线是完全重合的,那么在曲柄端面图上各曲柄离心方向的矢量就代表各缸离心力的大小和方向。而求它们的矢量合成,即为各缸离心力之合力,并可利用工程力学中画矢量多边形方法,求其合成矢量。具体步骤可按图10-16所示进行。

作图时,使多边形的各边与相应曲柄平行,并使各边之长度等于各缸不平衡离心力矢量p_r。如果最后所得多边形为闭合多边形,即其最末一个矢量的终点,如与第一个矢量之起始点相重合时,则表明合力为零。如不重合,则由第一个矢量之起始点,同最末个矢量的终点连线所作出的矢量,即代表多缸不平衡合成离心力的数值及方向。由图10-16(c)作图结果看出,第一个离心力矢量之起点"0",正同最末个离心力矢量之终点"5"相重合,表明正六边形为"封

闭",合成离心力为零($\Sigma M_r = 0$)。

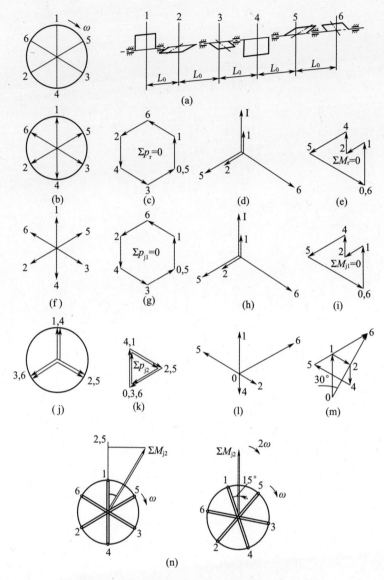

图 10-16 多缸发动机不平衡特性图解分析

2. 多缸合成离心力矩图解

由工程力学中知,力矩矢量可用右手法则来表示,矢量方向将同力矩所在平面相垂直。如要求解空间力矩的合力矩,可通过求各力矩矢量的合矢量得到,那么同合矢量相垂直之平面,即为合力矩所在平面。为更直观地利用曲柄端面图,并考虑作图方便,将各离心力矩矢量都画成同各自曲柄相平行,即都已转过 90°,这样离心力矩合矢量的位置也就代表合成离心力矩所在平面,而无须再转回 90°。由以上作图中知,本例 $\Sigma M_r = 0$,因此所取基准面同所求力矩无关。

图 10-16(d)为以第三曲柄气缸中心为基准面所求得之离心力矩矢量图。假定在基准面左侧各离心力取矩为正,在基准面右侧各离心力取矩为负,因而作图时,正值力矩矢量用曲柄之离心方向表示,而负值力矩矢量用向心方向表示。此外,各力矩矢量数值大小必须按同一比

例尺作图。图10-16(1)为多缸合成离心力矩矢量多边形。由于本例第一个矢量起点同第末个矢量终点完全重合,表明本例合成离心力矩为零($\Sigma M_r = 0$)。

3. 往复惯性力同惯性力矩的图解

任何次往复惯性力 p_{jn},可以把其看作一个在半径 R 上,以角速度 $n\omega$ 回转的质量 $a_n m_j$ 所产生之离心力在垂直方向轴上的投影。因此一次往复惯性力同二次往复惯性力之基本差别在于:前者回转质量为 m_j,回转速度为 ω (曲柄回转角速度);而后者,回转质量为 $\frac{\lambda}{4}m_j$,角速度为 2ω (为曲柄回转角速度之2倍)。据此,在分析往复惯性力和惯性力矩问题时,仍可采用上述求算离心力合力和离心合成力矩之闭合多角形作图法。但由于二次惯性力或惯性力矩矢量之回转角速度为原曲柄角速度的2倍,因此首先要确定各缸往复惯性力矢量之相对位置关系,作出二次往复惯性力矢量的分布图。

由式(10-45)可知,任意 n 次往复惯性力 $p_{jn} = a_n m_j R (n\omega)^2 \cos n\alpha$,即当曲柄转角为 α 角时(α 由上止点量起),n 次往复惯性力矢量,应离开上止点为 $n\alpha$,其数值相当于离心力 $a_n m_j R (n\omega)^2$ 在气缸中心线方向的投影值。以图10-16(a)所示的曲柄端面图为例,当第一曲柄位于上止点,即 $\alpha = 0°$ 位置时,第五曲柄的一次及二次往复惯性力矢量位置,将分别位于 θ 和 2θ 位置。对于第三曲柄将分别在 2θ 和 $2(2\theta)$ 位置,对于第四曲柄将位于 3θ 和 $2(3\theta)$ 处。其他各曲柄之一次及二次往复惯性矢量位置,可依此类推。由此可推断,表示各曲柄一次往复惯性力矢量位置的一次曲柄图(图10-16(f)),实际上与曲柄端面图完全一致,而对于表征各气缸二次往复惯性力矢量位置的二次曲柄图,将为各曲柄同第一曲柄(设位于上止点位置)间夹角的2倍,如图10-16(j)所示。此后即可按求离心力合力及合成离心力矩的同样方法,通过图解法求得一次及二次往复惯性力之合力 Σp_j 的多边形图、力矩矢量之大小和方向布置图以及合力矩的矢量多边形图。从图解结果可得 $\Sigma p_{j1} = 0$,$\Sigma M_{j1} = 0$。图10-16(k)、(l)、(m)则分别为二次往复惯性力之合力 Σp_{j2} 的索多边形图,以及二次往复惯性力矩矢量之大小和方向布置图和二次合力矩之矢量多边形图。图解结果表明 $\Sigma p_{j2} = 0$,但从图10-16(m)可看出,二次往复惯性力矩矢量多边形并不闭合,即第六气缸的二次往复惯性力矩矢量的终点"6"点,同第一气缸之二次往复惯性力矩矢量的起点"0"并不重合,因此矢量 $\overrightarrow{06}$ 的大小即为该六缸直列发动机合成二次往复惯性力矩。根据作图比例尺,及各边相互间的夹角可求得多缸合成二次往复惯性力矩矢量值为 $\Sigma M_{j2} = 2\sqrt{3}\lambda m_j R\omega^2 L_0$。合成二次往复惯性力矩矢量,在第一曲柄前30°,即当第一曲柄在上止点时,其合成二次力矩数值,应为图10-16(n)中合成二次力矩矢量在垂直轴的投影值。只有当第一曲柄位于上止点前15°时,合成二次往复惯性力矩矢量 $\overrightarrow{06}$ 正好处在垂直位置,如图10-16(n)所示,亦即这时气缸平面内出现合成二次往复惯性力矩最大值。显然,以上图解法所得到的结果与计算分析法所得结果完全一致,而且更为形象化。

以上讨论的均为发动机对外部所产生的力和力矩。如果发动机的 $\Sigma p_r = 0$,$\Sigma p_{j1} = 0$,$\Sigma p_{j2} = 0$,$\Sigma M_r = 0$,$\Sigma M_{j1} = 0$,$\Sigma M_{j2} = 0$,$M_c = 0$,则只表明发动机达到了"外部平衡"(一般只须平衡到二次)。在讨论"外部平衡"时,是基于假定曲轴为绝对刚体,但实际曲轴在弯曲力矩作用下总会产生弯曲变形。这种变形将使弯曲力矩部分传到机体,使机体产生周期性变形,并使机体在这种周期性力的作用下产生振动。因此,除研究外部平衡性外,还须研究发动机内部平衡问题。

10.2.3 直列式多缸柴油机平衡

直列多缸机的平衡主要是离心力矩的平衡和惯性力矩的平衡。

10.2.3.1 离心力矩的平衡方法

1. 各缸平衡法

各缸平衡法也称为各曲柄平衡法,如图 10 - 17(a) 所示,这是一种最彻底的平衡方法,即在每一曲柄上都正置一对平衡重块,分别平衡掉每一曲柄的不平衡离心力。由于每个曲柄的离心力都已平衡掉,也就不再存在总的不平衡合力或合力矩问题。各缸平衡法可使发动机曲轴以及机身中的受力情况最为良好,并且由于平衡重都是正置的(正对各曲柄下方设置),因而工艺性良好。但这种平衡方案需放置较多的平衡重,使发动机质量增大;同时,也将使各曲柄的转动惯量增加很多,可能会影响到发动机扭转振动性能。因此,在采用该平衡方法时,应对发动机扭转振动性能予以一定的重视。

2. 分段平衡法

分段平衡法是在采取平衡措施时,将曲轴分成二至数段,分别对各段曲轴采取平衡措施,最后达到全部平衡。图 10 - 17(b) 中将六缸曲轴分成二段三缸曲轴,分别加以平衡。这种平衡方案可适当地减小曲轴的质量,同时对曲轴以及机身受力均有所改善,因此是一种比较折中的平衡方案。

3. 整体平衡法

整体平衡法是只用一对平衡重块分别加在头尾两个曲柄上,以达到发动机平衡要求,如图 10 - 17(c) 所示。这种方法。曲轴质量最小,但对曲轴以及机身受力情况改善则比较有限。

从上述各平衡方法中,无论是分段平衡法还是整体平衡法中,平衡重块就不一定再是正放了。

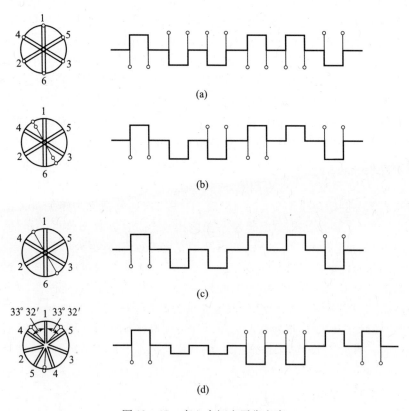

图 10 - 17 离心力矩之平衡方案

4. 不规则平衡法

不规则平衡法如图 10-17(d)所示，在曲轴中的若干个曲柄上配置一定的平衡重，最终是使得这些平衡重所产生合力矩，正好抵消原有的不平衡离心合力矩。采用此方法的目的是既能改善曲轴及机身中的受力，又可使平衡重的布置尽可能方便，如尽量使平衡重正置布置等。

10.2.3.2 一次及二次惯性力及惯性力矩平衡法

一次及二次惯性力及惯性力矩的平衡机理在前面已作阐述，这里着重介绍平衡机构的尺寸布置和确定。

由直列多缸发动机平衡系数可知，多缸发动机中，除二曲柄及四曲柄发动机中某些曲柄排列还存在不平衡二次往复惯性力外，一般采用均匀曲柄排列，使往复惯性力自行平衡，因此剩下主要问题是往复惯性力矩的平衡。根据往复惯性力矩性质，它同样可用正、反转矢量来表示，因此同样可以用正、反转平衡轮系来予以消除。图 10-18 为二次往复惯性力矩的平衡机构线示图。它是通过设置在发动机两端并由曲轴前后端来传动的两对正、反转平衡重块来实现。又如，某型二冲程六缸柴油机，把正转平衡轮系分别设置在凸轮轴的两端，而在另一根与凸轮轴同高而又相平行的平衡轴的两端分别设置了反转平衡轮系。这样，两端正、反转平衡轮系所产生之离心力矩，正好同发动机不平衡往复惯性力矩相抵消而达到平衡。在采用上述正、反转平衡轮系结构时，必须注意以下两个方面：

（1）平衡机构或正、反转平衡回转齿轮必须同曲轴有严格的正时关系，以保证由平衡机构所产生的平衡力矩正好能全部消除发动机所存在的不平衡力矩。

（2）必须保证平衡机构以及平衡齿轮等结构可靠，以减小发动机转速突变时对其所造成的冲击和振动，从而避免平衡机构的磨损及降低使用寿命，乃至出现事故。

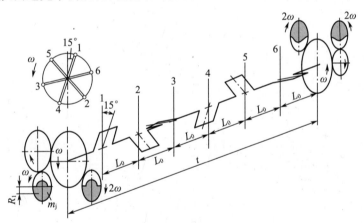

图 10-18 正反转平衡机构线示图

在发动机两端敷设平衡重块方法，对机身或曲轴所受弯矩状况影响很小。因此，类似消除离心力及离心力矩的方法，可采用各缸平衡方法来消除各缸的往复惯性力，进而使内力矩为零值（这种由二次往复惯性力对曲轴所产生的弯矩应属二次内力矩）。这样，虽然对内力矩平衡产生完好的结果，但将使柴油机结构变得极其复杂，也是难以实现的。因此，这种往复惯性力矩对内部平衡性的影响只能通过选择适当的曲柄排列予以解决。

10.2.3.3 平衡装置结构

由于发动机长期处在变工况、变转速条件下工作，使平衡装置内正、反转平衡齿轮受到很大的冲击和振动，平衡装置在使用中枢轴烧瓦、轴承过速磨损，乃至平衡齿轮破损、点蚀等事故,屡见发生。由此,对平衡装置结构可靠性必须足够重视。

目前,国内外低中高速柴油机中,往复惯性力矩平衡装置常采用两种结构形式:一种是采用齿轮平衡装置;另一种是采用链传动平衡装置。前者在高速和部分中速柴油机中得到较为普遍采用,考虑后者尺寸布置较大,多用在低速大型船用柴油机上。下面仅对齿轮平衡装置作简要介绍。

图10-19为齿轮式平衡装置结构,其主要特点是为了减少工况和扭矩变化对平衡齿轮所产生的冲击、振动,采用一种齿轮的缓冲装置,也称为弹性齿轮装置。图10-20为一种弹性挡

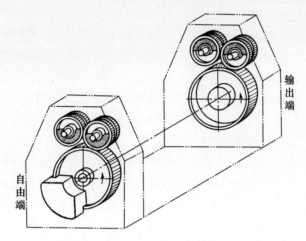

图10-19 齿轮式结构平衡装置

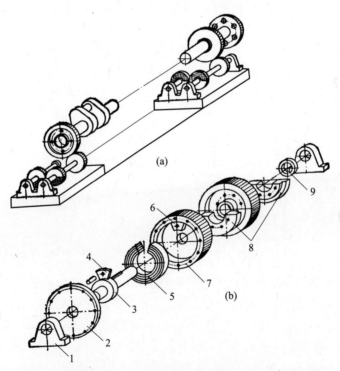

1—轴承;2—减振器盖;3—平衡重驱动轴;4—从动凸块;5—缓冲弹簧;
6—驱动凸块;7—驱动齿轮;8—平衡重块;9—垫块。

图10-20 弹性挡环式弹簧缓冲装置

环式弹簧缓冲装置,为防止弹簧柔软性过大,造成齿轮变形及应力增大,使用大体积的弹簧。这种齿轮式平衡装置具有小型紧凑、维修保养简单等优点。例如,某型二冲程六缸低速柴油机,安装在某些等级船舶中,曾多次发现柴油机固有的二次往复惯性力矩,同船体垂直 4、5 节点振动产生共振现象,由于采用上述平衡齿轮装置,使二次往复惯性力矩得到平衡,经实船测量,取得较好的平衡效果。

10.2.4 V 型发动机振动力源与直列式发动机振动力源的主要区别

V 型发动机同单列式一样,当发动机工作时,其机架上将受到一系列力的作用,如颠覆力矩、离心惯性力、离心惯性力矩以及一次和二次往复惯性力及往复惯性力矩。同单列式发动机相仿,平均颠覆力矩力图使发动机在横向摇倒,而颠覆力矩之谐波分量将引起发动机械向摇晃性振动。

V 型机中的离心力和离心力矩情况同直列式发动机一样,完全取决于曲轴的曲柄排列,可直接取用直列式发动机分析结果,也可通过前面所介绍的直列式发动机平衡特性系数表来查得。

V 型发动机与直列式发动机在振动力源上的主要差别是往复惯性力。由于 V 型发动机结构布置上,左、右两列气缸斜置,而其各气缸往复惯性力显然是分别作用在各自斜置的气缸中心方向。其往复惯性力的综合结果,将为左、右两列气缸往复惯性力的合成。因此同两列气缸的气缸夹角 γ 有很大关系。此外,对于 V 型叉形连杆结构的发动机或主副连杆式结构的发动机,因左、右两列气缸往复质量或往复运动加速度不同,造成两列气缸往复惯性力数值大小的差异,因而使往复惯性力的分析更复杂。

10.3 柴油机循环参数分析

柴油机循环理论分析,就是从柴油机理论循环出发,根据柴油机实际循环进行相应的修正分析,从原理上分析提高柴油机效率和性能的措施。

10.3.1 柴油机热平衡分析

柴油机的热平衡就是通过试验测定在加入柴油机的总燃油发热量中,转变为有效功和各种热量损失的数量关系。研究柴油机的热平衡,可以为检验、分析和提高柴油机的效率和工作性能,以及充分利用废热、节约能源提供依据。

10.3.1.1 柴油机中的各项热量计算

柴油机中燃油的总热量大致分为四部分,其热平衡方程式为

$$Q_T = Q_e + Q_W + Q_r + Q_s \tag{10-53}$$

式中:Q_T 为燃油在气缸中的总发热量;Q_e 为由曲轴输出有效功的热当量;Q_W 为冷却介质带走的热量;Q_r 为废气带走的热量;Q_s 为其余热损失。

各项热量的单位除用 kJ/h 外,为了便于进行比较,还经常用百分比表示,即将燃油发出的总热量作为 100%,其余各项热量占总热量百分比表示,即

$$Q_T = Q_r + Q_e + Q_W + Q_s = 100\% \tag{10-54}$$

在大功率增压柴油机中,除了柴油机本身冷却水带走的热量 Q_W 外,还有空气冷却器循环

水带走的热量 Q'_W、润滑油冷却器循环水带走的热量 Q_{OW}、增压器的润滑油或冷却水带走的热量 Q'_{OW}，因此大功率柴油机的热平衡方程式为

$$Q_T = Q_e + Q_W + Q'_W + Q_{OW} + Q'_{OW} + Q_r + Q_s \tag{10-55}$$

在增压柴油机的热平衡试验中，首先将测功器上测量的功率变换为 Q_e，然后分别测量柴油机冷却水、空气冷却器冷却水、润滑油冷却器冷却水、增压器润滑油热交换器冷却水的流量及各进口、出口的温度差乘以液体的比热容，以分别计算出 Q_W、Q'_W、Q_{OW}、Q'_{OW}。而废气和其余项的热损失合并作为一项，用下式表示：

$$Q'_r = Q_r + Q_s = Q_T - (Q_e + Q_W + Q'_W + Q_{OW} + Q'_{OW}) \tag{10-56}$$

柴油机的热平衡试验一般是在柴油机的额定工况稳定运转情况下进行的。热平衡方程式中的各项热量用试验求出其有关参数值后，按下列各式计算：

1. 燃油在气缸中发热量 Q_T

$$Q_T = G_f H_u \tag{10-57}$$

式中：G_f 为燃油消耗量；H_u 为燃油低热值。

Q_T 也可由试验所测出的油耗 b 与有效功率 P^d 直接求出，即

$$Q_T = bP^d H_u \tag{10-58}$$

2. 有效功转化的热量 Q_e

有效功率转化的热量可由柴油机输出有效功率直接计算确定。

3. 冷却水热量损失 Q_W 和 Q'_W

$$Q_W = G_W c_W (t_{W2} - t_{W1}) \tag{10-59a}$$

$$Q'_W = G'_W c_W (t'_{W2} - t'_{W1}) \tag{10-59b}$$

式中：G_W、G'_W 为柴油机、空气冷却器的冷却水流量；c_W 为水的比热容；t_{W2}、t'_{W2} 为柴油机、空气冷却器冷却水的出口温度；t_{W1}、t'_{W1} 为柴油机、空气冷却器冷却水的进口温度。

4. 润滑油及增压器润滑油冷却水的热量损失 Q_{OW} 和 Q'_{OW}

$$Q_{OW} = G_{OW} c_W (t_{OW2} - t_{OW1}) \tag{10-60a}$$

$$Q'_{OW} = G'_{OW} c_W (t'_{OW2} - t'_{OW1}) \tag{10-60b}$$

式中：G_{OW} 为润滑油冷却器的冷却循环水流量；G'_{OW} 为增压器润滑油冷却器的循环水流量；t_{OW2}、t'_{OW2} 为柴油机滑油冷却器、增压器滑油冷却器冷却循环水出口温度；t_{OW1}、t'_{OW1} 为柴油机滑油冷却器、增压器滑油冷却器的冷却循环水进口温度。

5. 废气带走热量 Q_r

在非增压柴油机中，废气带走的热量 Q_r 可以从废气中所含的热量减去进入气缸中的空气所含的热量之差求出，即

$$Q_r = MG_f c_{ppm} T_g - LG_T c_{pam} T_d \tag{10-61a}$$

式中：M 为燃油的燃烧产物质量；L 为燃油完全燃烧所需的空气量；c_{ppm} 为燃烧产物的等压平均比热容；c_{pam} 为新鲜空气的等压平均比热容；T_g 为排气管内排气温度；T_d 为进气管进口处新鲜空气的温度。

在废气涡轮增压柴油机中 Q_r 可用下式求出，即

$$Q_r = G_{exh} c_r (T_g - T_d) \tag{10-61b}$$

式中：G_{exh} 为进入柴油机空气量与消耗燃油量之和；c_r 为废气的比热容；T_g 为废气涡轮后面的废

气温度；T_d 为进入增压器入口处的空气温度。

6. 余项损失 Q_s。

余项损失 Q_s 不单独测量，而是用下式计算：

在非增压柴油机中，有

$$Q_s = Q_T - (Q_e + Q_W + Q_r) \tag{10-62a}$$

在废气涡轮增压柴油机中，有

$$Q_s = Q_T - (Q_e + Q_W + Q'_W + Q_{ow} + Q'_{ow} + Q_r) \tag{10-62b}$$

10.3.1.2 热平衡图示法

为了更形象地反映柴油机中热量的分配关系以及能量在转换中的演变关系，常用热流图表示。图 10-21 为法国 SEMT12VPC-4 型柴油机的热平衡图。该型机气缸直径为 570mm，行程为 620mm，转速为 400r/min，单缸功率为 1125kW，V-12 缸机总功率为 13500kW，油耗为 194.7g/(kW·h)。

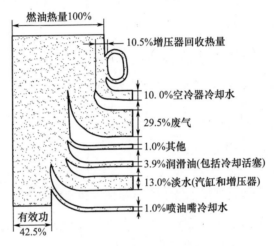

图 10-21 SEMT12VPC-4 型柴油机的热平衡图

从图中可以看出，有效功热当量占 42.5%，冷却水与润滑油的热损失占 13% + 3.9% + 0.1% + 10% = 27%。废气热损失为 40%，其中又分为两部分：一部分被废气涡轮增压器所回收，占 10.5%；另外 29.5% 自涡轮后的排气中流入大气。而废气涡轮吸收的 10.5% 热量中，又有绝大部分（10% 的热量）在空气冷却器中被冷却水带走，只有 0.5% 的热量随增压空气回到气缸中。

10.3.1.3 增压柴油机与非增压柴油机热平衡比较

增压柴油机与非增压柴油机的热平衡是有较大区别的。表 10-1 是两部 700r/min 的中速大功率柴油机非增压与用废气涡轮增压两种情况下的热平衡比较。

表 10-1 增压柴油机和非增压柴油机比较

项目	柴油机 A		柴油机 B	
	非增压	涡轮增压	非增压	涡轮增压
有效功率/kW	517.5	712.5	600	937.5
增压后功率增加/%		37.7		56.3
油耗/(g/(kW·h))	230.7	226	249.3	242.7

续表

项目	柴油机 A		柴油机 B	
	非增压	涡轮增压	非增压	涡轮增压
有效功热当量/%	36.0	37.0	33.1	34.1
冷却水带走热量/%	25.0	15.5	28.2	18.0
润滑油带走热量/%	3.3	3.0	2.4	2.8
废气及其他带走热量/%	35.7	44.5	36.3	45.0

从表 10-1 可以看出，增压后功率提高，循环喷油量增加，燃油总热量增加。为防止受热部件过热，需加大气阀重叠角以加大扫气空气量，加大对受热部件的冷却。

增压前后润滑油带走热量的百分比大体相同，但增压后实际热量数值增加了，所以柴油机进行增压后，润滑油冷却器的容量应加大。

增压后废气损失热量的百分比大增，这主要由于重叠角加大，扫气量增多，扫气空气由大气温度提高到排气温度，吸收了大量热量。废气涡轮增压器就是利用废气中的部分能量来提高进入气缸的新鲜空气密度。

10.3.2 柴油机机械损失与机械效率分析

由指示参数和有效参数之间的关系可知，要保证和提高柴油机的输出有效功，不仅应提高平均指示压力 p_{mi} 和指示效率，还需减少机械损失，提高机械效率 η_m。为此，就应了解机械损失的组成及其影响因素。

10.3.2.1 柴油机机械损失的组成

柴油机的机械损失由摩擦损失功、泵气功、带动辅助机械耗功和机械驱动压气机或扫气泵耗功四个部分组成，可用平均机械损失压力和机械损失功率表示为

$$p_{mm} = p_{mmf} + p_{mmp} + p_{mma} + p_{mmc} \quad (10-63a)$$

$$P_m = P_{mf} + P_{mp} + P_{ma} + P_{mc} \quad (10-63b)$$

式中：p_{mmf}、P_{mf} 为平均摩擦损失压力和摩擦损失功率；p_{mmp}、P_{mp} 为平均泵气压力和泵气功率；p_{mma}、P_{ma} 为平均带辅助机械损失压力和带辅助机械损失功率；p_{mmc}、P_{mc} 为平均带压气机或扫气泵损失压力和带压气机或扫气泵损失功率。

1. 摩擦损失

摩擦损失是在活塞将所获得的指示功经连杆、曲轴向外传递时因摩擦而损耗的功。这些损失包括活塞、连杆、曲轴、凸轮轴及配气机构等处轴承和摩擦副的摩擦损耗。整个摩擦损失功占指示功的 10%~15%。在整个摩擦损耗中，活塞与缸壁之间的摩擦损失占 55%~65%，连杆、曲轴等处的摩擦损失占 35%~45%，配气机械的摩擦损失占 2%~3%，曲轴、飞轮、连杆机构在运动时与空气间的摩擦损失甚微，可忽略。

活塞的摩擦损失主要是由活塞裙部与缸壁之间润滑油的黏度摩擦引起，这一损失随转速增加而迅速增长，在高速机中甚至可达很高的数值，而与燃气压力的大小几乎无关；其次是活塞环与缸壁之间的摩擦损失，这一损失与燃气压力的大小成正比，而与柴油机的转速几乎无关。

曲轴轴承在正常情况下应为完全液体润滑，摩擦系数很小，滑油的黏度阻力是这部分损失的决定因素，它与轴承表面圆周速度的平方成正比。但在启动和润滑不足时，摩擦系数将显著

增大,转动阻力和摩擦都显著增加。

2. 泵气功

泵气功是指四冲程柴油机在排气和进气过程中,工质流动时活塞所消耗或获得的能量。对非增压四冲程柴油机来说,这部分功为损失,在标定工况下,为$(2\% \sim 3\%)p_{mi}$。对增压柴油机来说,在$p_K > p_T$的情况下,这部分功为活塞获得的正功。实际上,它是压气机所输出的推挤功$(p_s - p_T) \cdot V_h \cdot \phi_s$的回收部分。在涡轮增压时,推挤功$(p_s - p_T) \cdot V_h \cdot \phi_s$来源于废气涡轮的输出功;在机械增压时,则来源于曲轴驱动压气机的耗功p_{mmc}。

理论上讲,换气过程属于整个循环的一部分,泵气功应与指示功同时计算。但是,由于在实际测定机械损失时很难将它与其他机械损失区分开,因此习惯上将它计算在机械损失中。

3. 带动辅助机械耗功

辅助机械是指为保证柴油机正常工作所必不可少的部件总成,如冷却水泵、滑油泵、燃油泵、调速器等。这些机械所消耗的能量随柴油机转速和滑油、燃油黏度的增高而增加,其数值一般为$(1\% \sim 3\%)p_{mi}$。其中冷却水泵和滑油泵耗功较多。

4. 驱动压气机和扫气泵耗功

机械增压柴油机的压气机和一般二冲程柴油机的扫气泵都由曲轴驱动,需耗费指示功。这部分损失随柴油机转速、空气流量、空气压力的提高而增加。四冲程柴油机机械传动压气机耗功一般为$(5\% \sim 10\%)p_i$,二冲程柴油机扫气泵耗功一般为$(5\% \sim 15\%)p_{mi}$。

综上所述,各部分损失在下列范围内:

摩擦损失功 p_{mmf} $(0.10 \sim 0.15)p_{mi}$

泵气损失功 p_{mmp} $(0.02 \sim 0.03)p_{mi}$

压气机耗功(四冲程)p_{mmc} $(0.05 \sim 0.10)p_{mi}$

扫气泵耗功(二冲程)p_{mma} $(0.01 \sim 0.03)p_{mi}$

辅助机械耗功 p_{mma} $(0.01 \sim 0.03)p_{mi}$

在机械损失内部各项损失所占比例如下:

活塞摩擦损失 $(0.45 \sim 0.65)p_{mm}$

活塞、连杆、曲轴总摩擦损失 $(0.60 \sim 0.75)p_{mm}$

泵气损失 $(0.10 \sim 0.20)p_{mm}$

传动配气机构损失 $(0.02 \sim 0.03)p_{mm}$

由以上数据可以看到,机械损失占指示功的相当一部分,其中活塞与缸壁的摩擦损失又占最大比例,其次是曲轴、连杆等轴承的摩擦损失。从而应认识到,在管理工作中保证这些机件的正确配合和润滑是非常重要的,既可以减少机械损失,提高机械效率,又可减少机件的磨损,延长使用寿命。

10.3.2.2 影响机械损失的因素

1. 柴油机转速和活塞平均速度

柴油机转速和活塞平均速度提高,将使摩擦损失、带动辅助机械耗功、驱动压气机或扫气泵以及无增压柴油机的泵气损失都增加。当n增高时,p_{mm}按一接近直线的抛物线上升。一般可写为

$$p_{mm} = a + bn + cn^2 \tag{10-64}$$

式中:a、b、c为常数,视柴油机具体类型而定。无增压或增压度较低的四冲程或二冲程柴油机,一般c值很小,可视为

$$p_{mm} = a + bc_m \tag{10-65a}$$

或

$$p_{mm} = a + b'n \tag{10-65b}$$

其中

$$c_m = \frac{ns}{30}(\text{m/s})$$

a、b、b' 为常数，$b' = b \cdot \dfrac{S}{30}$，视柴油机具体类型而定。

因机械效率 $\eta_m = 1 - \dfrac{p_{mm}}{p_{mi}}$，若射油量不变，可认为 p_{mi} 变化不大，则 η_m 将随着 n 增加而下降。

2. 滑油和水的温度

滑油黏度影响摩擦损失功和带动滑油泵耗功。当油温升高时，因滑油黏度降低，将使机械损失功减少。但油温过高，使滑油黏度过小，以致不能保证润滑处油膜的建立，使 p_{mm} 增加。适宜的滑油温度，应根据柴油机不同类型和所用不同的滑油而定。在正常情况下，一般应使滑油温度保持为 60~75℃，最高不超过 85℃。

冷却水温度不仅影响滑油黏度，而且影响活塞与气缸间的间隙。水温增加时，因滑油黏度降低，将使 p_{mm} 下降。水温对活塞与气缸间间隙的影响，不同的试验结果常不同，这可能是机件的金属材料不同所致。所需具体温度也应根据试验确定，开式冷却系统柴油机，冷却水用海水，为不使水中盐分离析沉淀以致加速水垢生成，一般控制出机器水温在高负荷时不超过 65℃；闭式冷却系统柴油机，主要部位用淡水冷却。额定负荷时出口温度，低速机一般为 60~70℃，中高速机一般为 80~90℃。在某些加压冷却柴油机，如法国 PA4-185 型柴油机，在一般循环压力（大气压）时，正常出口水温为 85℃，最高不得超过 95℃，在压力循环（0.2MPa）时，正常出口水温为 95℃，最高不得超过 110℃。

3. 负荷

负荷增加，必然要加大射油量。此时，一方面 p_{max} 大，使活塞侧推力增加；另一方面滑油温度将升高，使滑油黏度阻力降低。综合各方面影响的结果，负荷增大对 p_{mm} 的实际影响不大。涡轮增压柴油机也是如此。

既然负荷增大时，p_{mi} 随射油量加大而增加，与此同时 p_{mm} 却变化不大，则由 $\eta_m = 1 - p_{mm}/p_{mi}$ 关系式可知，η_m 将随之提高。

10.3.2.3 机械效率的测定方法

从机械效率的定义可以知道，分别测定有效功率和指示功率就可以确定机械效率。因此，测量柴油机机械效率通常采用以下四种方法。

1. 直接法

直接测取缸内示功图可以计算出平均指示压力，从测功器的读数可以计算出有效功率和平均有效压力。这种直接法运用时受到很多限制，多数小缸径内燃机没有检爆阀，即使有检爆阀的内燃机，多数用户也不具备绘制示功图的条件。

2. 倒拖法

倒拖法是通过分别测得有效功率和机械损失功率以求机械效率的方法，可以避免求指示功率的诸多不便。在试车台上测量有效功率之后，停止燃油喷射，然后用电动机拖动内燃机至原来有效功率测定时的转速,电动机消耗的功率即为该内燃机的机械损失功率。显然,所测得的机械损失功率没有考虑内燃机不发火引起的负荷影响,也没考虑涡轮增压柴油机的泵气损失变化。

3. 轮流断油法

对多缸机可以采取各缸轮流断油的方法即用 $i-1$ 个缸发火的办法来带动 i 缸内燃机运转。断油前后的有效功率差就是断油缸的指示功率,即

$$P_i^j = P_{i1} - P_{i2} \qquad (10-66)$$

式中:P_{i1} 为断油前整机指示功率;P_{i2} 为断油后整机指示功率。

$$P_i = \sum_{j=1}^{n} P_i^j \qquad (10-67)$$

显然,首先要保证断油前后各缸的喷油量不变,其次要保证断油前后内燃机的转速不变。这就需要将各缸喷油泵的油量调节齿条固定,断油后通过减少负荷来恢复内燃机转速。这样测得的结果会比倒拖法测得的结果更准一些。但操作难度相对大一些,但这种方法也未考虑断油前后涡轮增压器的变化。倒拖法和轮流断油法均不适用涡轮增压柴油机的机械效率测定。

4. 油耗线法

在转速一定时,柴油机低负荷范围内的油耗量与负荷成正比。利用这种线性关系就可推算出空车运行时的平均机械损失压力,即

$$p_{mm} = \frac{G_{fo}}{c} \qquad (10-68)$$

式中:G_{fo} 为空车时的耗油量;c 为油耗线的斜率,$c = G_f/p_{me}$。

测量柴油机在低负荷时的油耗,然后将油耗线从 $p_{me} = 0$ 空车的油耗点,沿直线延伸至与横坐标的交点至 $p_{me} = 0$ 点的距离即为该转速的平均机械损失压力。相对来说这是最易实现的方法。

10.3.3 柴油机指示效率分析

为了进一步提高对柴油机指示效率的理解,需要在第1章的基础上对柴油机实际循环与理想循环的差别有进一步的认识,并概括出提高效率的途径。

10.3.3.1 实际循环与理想循环的差别

在第1章中,已对柴油机实际循环与理想循环的基本差别做了阐述,这些差别包括:理想循环只考虑热变功,而实际循环还有燃油的化学能转化为热能的问题;理想循环中为理想气体,而实际循环中的工质为实际气体;理想循环中在气缸内工质与器壁之间是绝热的,而实际循环中却存在着传热;理想循环中,是在等容、等压下对工质加热,再在等容下放热,而实际循环中,并非如此;理想循环中工质是封闭循环使用的,而实际循环中,工质需要更换。这些差别使实际循环所损失的热量远比理想循环多。这些损失可以从 $p-V$ 示功图 $10-22$ 中比较形象地反映出来。为便于比较,假定两种循环的加热量、压缩比和循环最高压力都相等,并假定理想循环按图 a_0—c_0—y_0—z_0—b_0—a_0 所示路线进行。曲线所围面积代表理想循环功 W_{t0},远大于图中 b—1—f—c—z—z''—e_0—b 面积所示的指示功 W_i。在这两种循环之间,由于其他损失而使所得循环供变化如下:

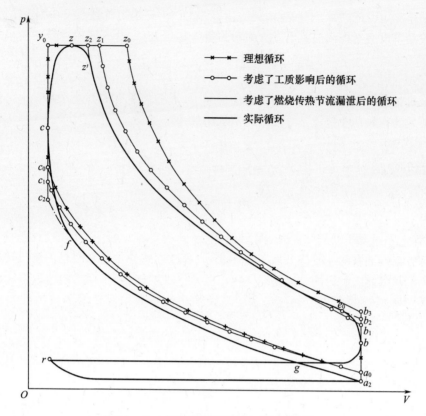

图 10-22 柴油机理论循环和实际循环对比

$a_0—c_1—y_0—z_1—b_1—a_0$ 所围面积为考虑了实际工质后所得循环功 W_{tl};

$a_2—c_2—y_0—z_2—b_2—a_2$ 所围面积表示考虑了传热损失后所得循环功 W'_i;

$b—1—f—c—z—z''—e_0—b$ 所围面积表示考虑了过程进行的速度有限(简称时间影响)后,最后所得指示功 W_i。

为了便于分析,可将指示效率写为

$$\eta_{it} = \frac{W_i}{g_f H_u} = \frac{Q_i}{g_f H_u} \cdot \frac{W_{t0}}{Q_t} \cdot \frac{W_{tl}}{W_{t0}} \cdot \frac{W'_t}{W_t} \cdot \frac{W_i}{W'_i} \tag{10-69}$$

式中:g_f 为循环射油量;Q_1 为在缸内经燃烧后燃油所实际放出的热量。令放热系数 $x = \dfrac{Q_1}{g_f H_u}$,理想循环热效率 $\eta_t = \dfrac{W_{t0}}{Q_t}$,工质影响系数 $M = \dfrac{W_{tl}}{W_{t0}}$,传热影响系数 $W = \dfrac{W'_t}{W_{tl}}$,时间影响系数 $\Phi = \dfrac{W_i}{W'_i}$。则式(10-69)可写为

$$\eta_{it} = x\eta_t MW\Phi \tag{10-70}$$

10.3.3.2 对影响和提高指示效率基本因素的分析

1. 燃烧不完全损失

燃烧不完全损失是指喷入气缸内的燃油不能在燃烧、膨胀过程中燃烧完,因而不能在气缸内释放出全部发热量,使循环内所实际获得的加热量 q_1 少于循环射油量 g_f 所具有的发热量 $g_f \cdot H_u$。

在理想循环中,只研究热变功,而不研究燃油化学能转变成热能的燃烧问题,也就不存在燃烧完全与否,在实际柴油机中却存在这项损失。在正常情况下,其值很小,当过量空气系数

$\phi_{at} > 1$ 时,一般在发热量的 0.5% 以下,但随柴油机转速升高和供气不足,燃烧恶化而增加。减少此项损失的主要途径是保证供气量和改善油气混合,以及保证压缩终点的热状态。

2. 工质的影响

理想循环中的工质是理想的双原子气体,实际循环的工质是空气和燃烧产物,这一情况将产生如下的影响:

1) 工质成分变化

在理想循环中,理想气体不仅数量不变,而且物理化学性质不变,比热容也不随温度变化。但是,在实际循环中,在燃烧前后工质的成分有很大变化,并与燃烧时的空气量、燃烧温度的变化有关。燃烧前工质是空气和少量的上一循环残留废气的混合气体;燃烧后,工质为燃烧产物,其中含有多原子气体(CO_2、H_2O、SO_2 等)。这不仅使气体常数 R、绝热指数 k 发生变化,更重要的是比热容比双原子气体(O_2、N_2、空气等)大,且随温度上升而增大。这意味着,同样的加热量在实际循环中所引起的压力和温度的升高要比理想循环低得多,导致实际循环的热效率和循环功减少。

2) 工质数量的变化

在实际循环中,燃烧后的工质数量将增加,其增长量通常用分子变化系数来表示。若燃烧前工质数量为 M_c(kmol),则燃烧后工质数量应为 βM_c,则燃烧后工质的状态方程为

$$pV = 8314.3 \beta M_c T$$

式中:8314.3 为通用气体常数 J/(kmol·K);p 为压力(N/m^2);V 为容积(m^3);T 为温度(K)。

根据热力学第一定律,若燃烧前工质状态一定,加热量一定,及燃烧前后容积的变化一定,燃烧后工质内能 $\beta M_c c_V T$ 应保持不变,即 β 增加时,将引起 $c_V T$ 的下降,另因比热容 c_V 本身受温度 T 的影响,随 T 的降低而降低。这样,由关系式

$$\beta M_c T = \frac{\beta M_c c_V T}{c_V} = \frac{\text{const}}{c_V}$$

可知,随 β 增加时 $\beta M_c T$ 的数值将因 c_V 值下降而增大,在相同容积 V 的情况下,必使压力 p 增高。从理论上讲,这对增加循环和热效率是有利的,只是由于 β 一般为 1.03~1.05,数值变化有限,所以实际上这项受益很小。

在工质的影响中,比热容的影响起着主要作用。由于工质的影响,将使膨胀线和压缩线在图 8-2 中分别按 $z_1 - b_1$ 和 $a_0 - c_0$ 线进行,都比 $z_0 - b_0$ 和 $a_0 - c_0$ 线为低。由于膨胀线降得更多,因而使整个循环所获得的循环功 W_{t1} 比理想循环功 W_{t0} 为少,热效率降低。

3. 后燃、冷却、泄漏及缸内气体运动所带来的损失

在理想循环中假定工质与器壁之间没有热的交换。在实际柴油机中,缸内工质与气缸周壁之间在工作过程中始终存在着热量交换,不仅工质在膨胀过程中大量向外传热,而且在压缩过程中一般也是散热多于吸热;另外,后燃将加大这项损失。如第5章所述,后燃是由两部分燃烧组成:一是急燃和稳燃两主燃阶段找不到氧而未能燃烧的燃油,在膨胀阶段找到了氧而产生的燃烧;二是在主燃阶段高温分解吸热的燃油,在膨胀阶段因工质温度降低而重新燃烧释放出的热量。后燃将使膨胀前期工质温度降低,后期温度增高,加大传热损失,使所得膨胀功减少。

另外,在某些柴油机中,由于活塞的高速运动、燃烧室的特殊结构,工质在气缸内产生宏观或微观的涡流运动,这种运动不仅因引起节流而直接构成能量损失,而且加强传热损失。

综合以上损失及因进气系统的阻力,使压缩起点压力 p_{a2} 低于环境压力 p_a,压缩线和膨胀线最终将下移到口 $a_2 - c_2$ 和 $z_2 - b_2$。由于膨胀线除受压缩线下降的影响而下降外,还因膨胀过程中存在散热损失,因此膨胀线下移比压缩线更多,结果使所得循环功 W_i' 不小于 W_{t1}。

在正常情况下,减少传热损失的主要途径应为减轻后燃和漏气损失,避免过分的冷却。

4. 换气带来的损失

在理想循环中没有工质更换问题,也就不存在换气带来的损失。但是在实际柴油机中存在这项损失,在具体计算时,一般将这部分损失分为两部分来处理:一部分是排气阀(或孔)在下止点前开启使膨胀功减少,如图 10-22 中 $e_0 - b_2 - b - e_0$ 和 $b - 1 - a_2 - b$ 面积所示的功,算作指示功的损失,并具体放在下面所讨论的时间损失中计算;另一部分,如图 10-22 中 $a_2 - l - \gamma - a_2$ 所示的损失(泵气功)是计算在机械损失中。

5. 时间损失

时间损失是指燃烧速度和排气速度有限,使实际过程不可能是等容、等压过程,并为此要提早喷油和排气所带来的损失。与考虑了传热影响后的循环相比,由于燃烧速度有限,喷油和发火多在上止点以前进行(如图 10-22 中 f 点所示),使整个燃烧过程按 $f - c - z - z''$ 线进行,因此而增加了压缩功(如图 10-22 中 $f - c_2 - c - f$ 面积所示),减少了膨胀功(如图 10-22 中 $c - z - y_0 - c$ 和 $z - z_2 - z'' - z$ 面积所示);另外,还要加上 $e_0 - b_2 - b - e_0$ 及 $b - a_2 - 1 - b$ 排气阀提早开而引起的损失功。这四块面积之和即为时间损失。

减少时间损失的主要措施是调整好喷油定时和进排气定时。

由以上分析和式(10-70)可知,提高指示效率 η_i,应减少前述五项损失所占比例,即提高放热系数 x、工质影响系数 M、传热影响系数 w 和时间影响系数及理想循环热效率。

10.3.4 对平均指示压力的分析

10.3.4.1 平均指示压力分析式的建立

由平均指示压力的定义可知

$$p_{mi} = \frac{W_i}{V_s} (\text{MPa})$$

由 $W_i = g_f \cdot H_u \cdot \eta_{it} (\text{kJ})$ 可得

$$p_{mi} = \frac{g_f \cdot H_u \cdot \eta_{it}}{V_s} (\text{MPa}) \tag{10-71}$$

式中:W_i 为循环指示功(kJ);V_s 为气缸工作容积(L);g_f 为循环射油量(kg);H_u 为燃油低发热量(kJ/kg)。

当所用燃油确定后,因 H_u 为定值,式(10-71)可写为

$$p_{mi} = K \cdot \frac{g_f}{V_s} \cdot \eta_{it} \quad (\text{MPa}) \tag{10-72}$$

若取 $H_u = 42600 \text{kJ/kg}$,则式(10-71)可写为

$$p_{mi} = 4.26 \times 10^4 \frac{g_f}{V_s} \cdot \eta_{it} \quad (\text{MPa}) \tag{10-73}$$

又因过量空气系数可写为

$$\phi_{at} = \frac{g_1}{g_f l_0} = \frac{V_s \cdot \rho_d \cdot \phi_c}{g_f \cdot l_0} \times 10^{-3}$$

即

$$g_f = \frac{V_s \cdot \rho_d \cdot \phi_c}{\phi_{at} l_0} \times 10^{-3} \quad (\text{kg}) \tag{10-74}$$

将式(10-74)代入式(10-71),可得

$$p_{mi} = \frac{1}{10} \cdot \frac{H_u}{l_0} \cdot \frac{\eta_{it}}{\phi_{at}} \cdot \rho_d \cdot \phi_c \quad (\text{MPa}) \tag{10-75a}$$

又因为

$$\rho_d = \frac{p_d}{RT_d} \cdot 10^5 \quad (\text{kg/m}^3)$$

则式(10-75a)又可写为

$$p_{mi} = 3.484 \frac{H_u}{l_0} \cdot \frac{\eta_{it}}{\phi_{at}} \cdot \frac{p_d}{T_d} \cdot \phi_c \quad (\text{MPa}) \tag{10-75b}$$

式(10-75a)和式(10-75b)都是平均指示压力 p_{mi} 的分析式。

由 p_{mi} 分析式可进一步推导出平均有效压力和有效功率的分析式为

$$p_{me} = p_{mi} \cdot \eta_m = \frac{1}{10} \cdot \frac{H_u}{l_0} \cdot \frac{\eta_{it}}{\phi_{at}} \cdot \rho_d \cdot \phi_c \cdot \eta_m \quad (\text{MPa}) \tag{10-76}$$

$$P^d = \frac{1}{3 \times 10^4} \frac{H_u}{l_0} \cdot \frac{\eta_{it}}{\phi_{at}} \cdot \rho_s \cdot \phi_c \cdot \eta_m \cdot \frac{n}{\tau} \cdot i \cdot V_s \quad (\text{kW}) \tag{10-77}$$

式(10-75)~式(10-77)中:l_0 为 1kg 燃油完全燃烧所需理论空气质量,一般约为 14.3kg/kg;ρ_d 为空气的密度(kg/m³);p_d 为进气压力(MPa);T_d 为进气温度(K);V_s 为气缸工作容积(L);n 为曲轴转速(r/min);τ 为循环冲程数。

10.3.4.2 对 p_{mi} 分析式的讨论

对 p_{mi} 分析式(10-75a)中所表明的影响因素分析如下:

1. $\frac{H_u}{l_0}$

H_u 及 l_0 都取决于燃油的成分,表明燃油成分对 p_{mi} 的影响。对管理工作而言,一般可视为常数。

2. $\rho_d \cdot \phi_c$

$$\frac{g_1}{V_s} = \frac{V_s \cdot \rho_d \cdot \phi_c}{V_s} = \rho_d \cdot \phi_c \tag{10-78}$$

由此可以看出,$\rho_d \cdot \phi_c$ 表示单位气缸工作容积的充气量。显然提高 $\rho_d \cdot \phi_c$ 对改善燃烧、提高 p_{mi} 有利,也为加大射油量提供了条件,这些都有利于提高 p_{mi}。

3. η_{it}/ϕ_{at}

这一项表明过量空气系数 ϕ_{at} 对射油量和 η_{it} 有双重影响。例如,当 ϕ_{at} 减小时,对于同样的充气量 g_1 来说,一方面可相应加大射油量,变化比例为 $1/\phi_{at}$;另一方面引起指示效率 η_{it} 的降低。前者的效果是欲使 p_{mi} 增加,后者却相反,最终结果取决于两种影响的综合,即 η_{it}/ϕ_{at} 的变化。ϕ_{at} 变化时,η_{it}/ϕ_{at} 的一般变化规律如图 10-23 所示。当 ϕ_{at} 降低时(混合比例中油加浓):

在 ϕ_{at} 较大时因为 η_{it} 变化不大，所以 η_{it}/ϕ_{at} 上升；在 ϕ_{at} 较小时（图中点 2—1），η_{it}/ϕ_{at} 上升更快。点 2 时已开始明显冒黑烟，在这一范围内，实际上是以明显地牺牲效率来换取 p_{mi} 的增加，到点 1（ϕ_{at} 接近 1）以后，η_{it}/ϕ_{at} 达到最大值，也就是用不顾效率而单纯依靠增加射油量的方法来增加 p_{mi} 的措施已达到其能增加 p_{mi} 的极限；之后，若再增加射油量，即使不考虑冒烟和排温等情况，就以提高 p_{mi} 的目的来说，也将引起反效果，其实质是加大射油量的结果，反而因浓度过大而使更多的油无法燃烧，甚至完全熄火。

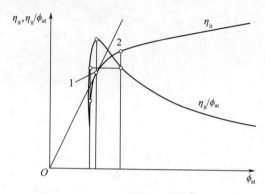

图 10 – 23　η_{it}/ϕ_{at} 随 ϕ_{at} 变化的一般规律

当然，实际使用的非增压柴油机，一般是不允许进入点 2 以左范围内工作，也就是以点 2 作为允许工作的最大射油量的界限。对增压柴油机，特别是增压度较高的涡轮增压柴油机来说，随着增加射油量，涡轮增压器转速升高，循环充气量也随之增加，使 η_{it}/ϕ_{at} 值下降程度减少。以至常常发生这样的情况：虽因增加射油量而使 p_{max}、T_g 以及增压器转速 n_t 等参数已达到允许的界限，但排气烟色并未明显恶化到允许界限。在这种情况下，就不能再以排气烟度作为判断和限制负荷的标准，而应以 T_g、n_t 及 p_{max} 等参数中首先达到其限制的一个作为判断和限制负荷的标准。

10.4　柴油机近似热力计算

柴油机工作过程近似热力计算，是参照热力学计算柴油机理想循环的方法，将实际工作循环中很多因素做了简化，将循环划分为进气、压缩、燃烧、膨胀和排气等由始、终点工质状态决定的简单热力过程，并引用了大量的统计数据、平均数值以及经验数据，通过计算各热力过程，求得柴油机的状态参数和性能参数，以便进一步探讨柴油机循环中各过程参数之间的关系，了解各个过程以及该过程中的重要参数对柴油机性能的影响。其目的是：在一台新柴油机的设计过程中，大致地确定气缸内的压力和温度的变化情况，绘制其示功图，为以后必须进行的动力计算和强度计算提供原始数据。同时，它还可以对发动机方案设计中所确定的指标、尺寸、结构起到一定程度的校核作用。

本节将讨论四冲程柴油机的实际循环近似计算法，并列出一些参数的经验数据范围，以资选用时参考。必须注意这些数据都是相对于标定工况而言，对于其他工况是不适用的，须另找试验统计资料选取。

10.4.1　燃料热化学计算

理论循环的工质是理想气体，但实际柴油机的工质是燃料和空气，并且随着工作过程的进行,工质的组成成分和热力学性质也不断变化。

10.4.1.1 燃烧所必需的空气量

燃料的燃烧就是燃料中的可燃成分和空气中的氧发生氧化放热反应的过程。根据化学反应原理,可求出 1kg 燃料完全燃烧时所需要的空气量。

柴油机燃料主要含碳、氢气、氧气。设 1kg 燃料中有 g_C 千克的碳,g_H 千克的氢气,g_O 千克的氧气,即

$$g_C + g_H + g_O = 1 \text{ (kg)} \tag{10-79}$$

碳完全燃烧时,C 与 O_2 化合生成二氧化碳;氢气燃烧时,H 与 O_2 化合生成水蒸气。它们的反应方程式如下:

$$C + O_2 = CO_2 \tag{10-80}$$

$$H_2 + \frac{1}{2}O_2 = H_2O \tag{10-81}$$

化学反应前后各成分的数量关系,可以用千克作单位计算,也可以用摩尔(mol)来表示。1kg 燃料完全燃烧时,其中 g_C kg 的碳需要 $8/3 g_C$ kg 的氧气,g_H kg 的氢气燃烧需要 $8g_H$ kg 的氧气,由于燃料本身含有 g_O kg 的氧,因此 1kg 燃料完全燃烧理论上所需的氧气为

$$O_{2\min} = \frac{8}{3}g_C + 8g_H - g_O \tag{10-82}$$

空气主要由氧气和氮气组成,按质量计算,O_2 占 23.2%,N_2 占 76.8%;而若按体积计算,则 O_2 占 21%,N_2 占 79%。1kg 燃料完全燃烧,理论上所需要的空气量为

$$l_0 = \frac{1}{0.23}\left(\frac{8}{3}g_C + 8g_H - g_O\right) \tag{10-83}$$

$$L_0 = \frac{1}{0.21}\left(\frac{g_C}{12} + \frac{g_H}{4} - \frac{g_O}{32}\right) \tag{10-84}$$

轻柴油的成分是 $g_C = 0.87$,$g_H = 0.126$,$g_O = 0.004$,代入上述公式即可求出 $l_0 = 14.3$ kg/kg 燃料,$L_0 = 0.495$ kmol/kg 燃料。

10.4.1.2 燃烧前后工质摩尔数变化及理论分子变化系数

柴油机燃烧前吸入的空气量 $M_1 = \phi_{at} L_0$(kmol/kg 燃料)

根据前面所述的化学反应方程式,1kg 燃料完全燃烧时,生成 $g_C/12$ kg 二氧化碳及 $g_H/2$ kg 水蒸气;燃烧时消耗了 $0.21 L_0$ 的氧气,燃烧后剩下 $(\phi_{at} - 0.21) L_0$ 的氧气和氮气,所以燃烧后工质的摩尔数为

$$M_2 = (\phi_{at} - 0.21) L_0 + \frac{g_C}{12} + \frac{g_H}{2} \tag{10-85}$$

将式(10-84)代入式(10-85)可得燃烧后,工质的摩尔数增加:

$$\Delta M = M_2 - M_1 = \frac{g_H}{4} + \frac{g_O}{32} \quad (\text{kmol/kg 燃料}) \tag{10-86}$$

在近似热力计算中,通常采用工质相对变化量来表示,燃烧后工质的摩尔数 M_2 与燃烧前工质的摩尔数 M_1 之比称为理论分子变化系数,用 μ_0 表示。轻柴油的成分是 C 为 0.87,H 为 0.126,O 为 0.004,代入上述公式即可求出:

$$\mu_0 = 1 + \frac{0.066}{\phi_{at}} \tag{10-87}$$

不同柴油机在全负荷时 ϕ_{at} 为 1.2~2.0,因此 μ_0 在 1.03~1.055 之间变化,柴油燃烧后摩尔数相对增大,这对提高柴油机的热效率是有利的。

10.4.1.3 实际分子变化系数

柴油机工作时,每一个循环都将新鲜空气吸入气缸,经过燃烧膨胀以后,再将废气排出气缸;但是,由于气缸中废气不能排出干净,每次燃烧时都有上一个循环留下来的残余废气。

设 1kg 燃料燃烧后在气缸中留下的残余废气为 M_r,则燃烧前气缸中工质总量为

$$M_1' = M_1 + M_r = \phi_{at} L_0 + M_r \tag{10-88}$$

燃烧后气缸内工质总量为

$$M_2' = M_2 + M_r$$

残余废气时燃烧后的工质摩尔数 M_2' 与燃烧前工质摩尔数 M_1' 之比称为实际分子变化系数,即

$$\mu = \frac{M_2'}{M_1'} = \frac{M_2 + M_r}{\phi_{at} L_0 + M_r} = \frac{\mu_0 + \phi_r}{1 + \phi_r} \tag{10-89}$$

当燃烧室完全扫气($\phi_r = 0$)时,$\mu = \mu_0$。

10.4.2 过程参数估算

10.4.2.1 换气过程参数确定

在实际过程的近似计算中,考虑换气损失和充气量损失,有必要计算其进气终点状态参数 p_{ca}、T_{ca},残余废气系数 ϕ_r 和充气系数 ϕ_c。

1. 进气终点压力 p_{ca}

这个参数是影响充气效率的主要因素,也对泵气损失有影响。要使 p_{ca} 具有较高的数值,必须尽量减少吸气过程中的压力降 Δp_a。

非增压柴油机 $\quad p_{ca} = p_a - \Delta p_a$

增压柴油机 $\quad p_{ca} = p_b - \Delta p_a$

气体在进气系统内的流动损失 Δp_a 主要是发生在最小流动截面——进气阀处,从流体力学中得知

$$\Delta p_a = K_1 \cdot \rho_v \cdot \frac{v_{vm}^2}{2} = K_2 \cdot n^2 \tag{10-90}$$

式中:v_{vm} 为进气阀最小截面处的气体平均流速;ρ_v 为进气阀处空气的密度;K_1、K_2 为与进气系统设计有关的常数;n 为柴油机转速。

因此,柴油机转速越高,进气阀开启截面越小,进气管道流动阻力越大,则 Δp_a 越大。在初步估算中,一般可取下列统计数据:

四冲程非增压柴油机 $\quad p_{ca} = (0.85 \sim 0.95) p_0$

四冲程增压柴油机 $\quad p_{ca} = (0.90 \sim 0.95) p_b$

2. 残余废气系数 ϕ_r

气缸中残留的废气越多,则可能吸入的新鲜充量越少。在四冲程柴油机中,当气阀重叠角

较小,不考虑燃烧室扫气作用时,残余废气系数为

$$\phi_r = \frac{M_r}{M_1} = \frac{p_r V_r}{p_d V_s} \cdot \frac{T_d}{T_r} \cdot \frac{1}{\phi_c} \tag{10-91}$$

式中:p_r、T_r、V_r 为排气终点工质的压力、温度和容积;p_d、T_d 为进气阀前的充量压力和温度,对于非增压柴油机可取大气状态 p_a 和 T_a。

设 $V_r = V_{cc}$,则 ϕ_r 的表达式为

$$\phi_r = \frac{1}{\varepsilon_c - 1} \cdot \frac{p_r}{p_a} \cdot \frac{T_a}{T_r} \cdot \frac{1}{\phi_c} \tag{10-92}$$

可见,压缩比 ε_c、排气终点的参数 p_r、T_r 和 ϕ_c 将影响 ϕ_r 的大小。当 p_r/T_r 增大和 ε_c 减小时,废气的密度和燃烧室所占容积比例都增加,ϕ_r 值便随之而上升。对于具有强烈燃烧室扫气作用的增压柴油机,ϕ_r 值可以得到很大的降低,直到等于零。

p_r 值和 p_{ca} 值一样,与发动机的转速、排气阀开启截面积、排气管道的流动阻力等有着相似的关系。

$$\text{非增压柴油机} \quad p_r = p_a + \Delta p_r$$

$$\text{增压柴油机} \quad p_r = p_T + \Delta p_r$$

式中:$\Delta p_r = K_3 n^3$,K_3 是与排气系统设计有关的系数;p_T 为排气管中的背压。

根据统计资料:

$$\text{高速四冲程非增压柴油机} \quad p_r = (1.05 \sim 1.15) p_a$$

$$\text{废气涡轮增压柴油机} \quad p_r = (0.75 \sim 1.00) p_k$$

T_r 的大小与发动机的负荷、转速、压缩比等都有关系。负荷增加时,后膨胀比减小,T_r 就上升;n 提高时,部分燃烧延至膨胀过程中进行,也使 T_r 上升;压缩比大则膨胀比大,T_r 可被降低下来。T_r 和 ϕ_r 的一般范围如下:

	T_r/K	ϕ_r
四冲程非增压柴油机	700~900	0.03~0.06
四冲程增压柴油机	800~1000	0.00~0.03

3. 进气终点温度

T_{ca} 的大小受到进气温度、残余废气的热焓量、高温零件对新鲜充量的加热和充量动能转化为热能等因素的影响。如将后面两种因素使新鲜充量得到 ΔT 的温升,则进气终点的热平衡方程式为

$$(M_1 + M_r) \cdot C_p' \cdot T_{ca} = M_r C_p'' T_r + M_1 C_p (T_d + \Delta T) \tag{10-93}$$

设 $C_p \approx C_p' \approx C_p''$,则简化后的公式为

$$\Delta T = \frac{T_a + \Delta T + \phi_r T_r}{1 + \phi_r} \tag{10-94}$$

ΔT 和 T_{ca} 的一般范围如下:

	ΔT/℃	T_{ca}/K
四冲程非增压柴油机	10~20	300~340
四冲程增压柴油机	5~10	310~380

4. 充气系数

充气系数为

$$\phi_c = \frac{M_1}{M_0} \quad (10-95)$$

进气终点气缸充入的空气量为

$$M_1 + M_r = M_1(1+\phi_r) = \phi_c M_0(1+\phi_r) \quad (10-96)$$

由于

$$M_1 + M_r = \frac{p_{ca} V_{ca}}{RT_{ca}}, M_0 = \frac{p_d V_s}{RT_d}, V_{ca} = V_s + V_{ce}$$

将上式代入式(10-96),并予以整理,可得

$$\phi_c = \frac{\varepsilon_c}{\varepsilon_c - 1} \cdot \frac{p_{ca}}{T_{ca}} \cdot \frac{T_d}{p_d} \cdot \frac{1}{1+\phi_r} \quad (10-97)$$

式(10-97)对四冲程和二冲程发动机均适用,ϕ_c 的统计范围如下:

四冲程非增压柴油机　　0.75~0.90

四冲程增压柴油机　　接近于1

10.4.2.2 压缩过程计算

将吸入气缸中的充气量在燃烧前予以压缩,其作用是提高工作循环的最高温度,使工质得到最大限度的膨胀比和为燃料着火燃烧创造必要条件。

实际的压缩过程与理论的压缩过程之间存在着很大的不同。在实际的发动机中,真正对工质的压缩是开始于进气阀完全关闭之时;在压缩的整个过程中,不断地和气缸壁进行着数量和方向不断变化的热交换;工质的数量由于泄漏而变化,其比热容也要变化;在压缩末期燃料已经开始燃烧等。其中占主要地位的是热交换和比热容的不同,因其他因素影响较小,在此近似计算中不予考虑。

热交换和比热容变化两方面的影响使得实际的压缩过程不再是绝热压缩过程。在压缩初期,由于工质温度低于气缸壁温度而受到气缸壁的加热,过程是按照高于绝热压缩指数 k_1 的多变压缩指数 n_1 来进行的;到压缩的后期,当工质温度超过气缸壁温度时,工质向气缸壁放热,则过程是按低于绝热压缩指数 k_1 的多变压缩指数 n_1 来进行的。图10-24给出了 n_1 的变化规律。一般 n_1 在1.1~1.5之间变化。

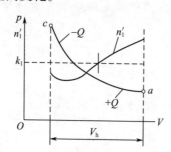

图10-24　多变压缩指数在压缩过程的变化

在实际循环近似计算中,采用变化的 n_1 值进行计算是困难的,而且也无必要。为简便起见,可以用一个不变的平均多变压缩指数 $\bar{n}_1$ 来取代,条件是以这个指数所进行的压缩过程,其

起点 a 和终点 c 的工质状态与实际过程的相符。根据试验测定，所得 $\bar{n}_1$ 的变化范围大致如下：

  高速柴油机（活塞不冷却） $\bar{n}_1 = 1.38 \sim 1.42$

  低速及中速柴油机（活塞冷却） $\bar{n}_1 = 1.32 \sim 1.37$

  增压柴油机 $\bar{n}_1 = 1.35 \sim 1.37$

可见，平均多变压缩指数 $\bar{n}_1$ 虽然接近于 k_1，但一般还是偏低，这说明工质在压缩过程中存在着热量损失和泄漏损失，其实际压缩压力低于绝热压缩压力。

根据相类似发动机的试验或统计数据，并考虑到上述因素的影响选取 $\bar{n}_1$ 值后，即可按下式求取压缩终点工质的状态参数：

$$p_{c0} = p_{ca} \cdot \varepsilon_c^{\bar{n}_1} \tag{10-98}$$

$$T_{c0} = T_{ca} \cdot \varepsilon_c^{\bar{n}_1 - 1} \tag{10-99}$$

压缩比 ε 是发动机的一个重要结构参数。因此，对于它的选择主要是在避免过高的爆发压力前提下，保证柴油机的冷启动性与在所有工况下获得可靠和有效的燃烧。

在空气压力为 3MPa 时，柴油的自燃温度为 $200 \sim 300 ℃$，为了保证柴油喷入气缸后能及时迅速燃烧，以及冷启动时的可靠着火，所选择的压缩比应使实际压缩终点温度比柴油的自燃温度高出 $200 \sim 300℃$。例如：在非增压135型柴油机中，压缩终点温度为 920K 左右。

一般说来，直喷式柴油机的压缩比要比具有分隔式燃烧室的要低些，这是因为前者的相对传热面积较小和具有较大的压力升高比。同样，传热的原因，缸径小的柴油机需要采用较高的压缩比。另外，压缩比的提高可以使燃烧速度增加，为转速的提高带来有利的影响，所以对于高转速柴油机可以适当提高压缩比值。但这也有一定的限度，过大的压缩比会使燃烧恶化。因为高压缩比的燃烧室是非常紧凑的，为了防止活塞在上止点时活塞顶和气缸盖以及开启着的进、排气阀相碰，必须要保证彼此间具有一定的间隙，在活塞顶上要设有避让气阀的凹坑，这时所有集聚在这间隙和凹坑里的空气，往往由于柴油无法喷到而不能参与活塞在上止点时最有效的燃烧。显然，压缩比越大，这部分未得到高效率利用的空气所占的比例越大，虽然它还可在迟些时候，即膨胀行程中加以利用，但毕竟降低了燃烧的效率。

在增压柴油机中，为了抑制爆发压力的增长，一般采用较低的压缩比。对于长时期在接近满负荷情况下工作的柴油机，其压缩比大部分时间在部分负荷情况下工作的柴油机低一些，其着眼点是前者可以不致受到过大的机械负荷，使用寿命可长些，而后者则在经常的部分负荷工况下获得较高的经济性。

各类柴油机压缩比的一般范围如下：

  低速柴油机 $\varepsilon_c = 12 \sim 13$

  中速柴油机 $\varepsilon_c = 14 \sim 15$

  高速柴油机 $\varepsilon_c = 14 \sim 18$

  增压柴油机 $\varepsilon_c = 11 \sim 14$

在非增压柴油机中压缩终点压力 p_{ca} 为 $3 \sim 5$MPa，温度 T_{ca} 为 $750 \sim 1000$K，增压以后，即使采用较低的压缩比，p_{ca} 达 $5 \sim 7.5$MPa，T_{ca} 在 1000K 以上。

10.4.2.3 燃烧过程计算

在柴油机实际燃烧、膨胀和排气过程的近似计算中，为了能够应用热力学中一些基本过程方程式来简化计算,先假设燃烧、膨胀和排气过程按照图 10-25(a)虚线所示的由等容过程 $c-z'$、等压过程 $z'-z$、多变过程 $z-b$ 和等容过程 $b-a$ 所组成的理论过程来处理。当最后求得 z'、z、b 点的状态参数后,可以用棱角修圆的简单办法(图 10-25 图上的实线)来使所得燃烧、膨胀和排气过程的 $p-V$ 线近似于实际循环的相应过程 $p-V$ 线。

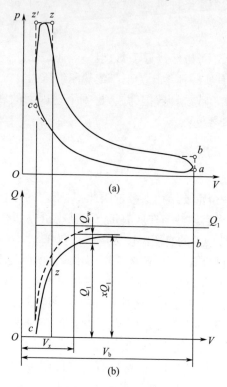

图 10-25 实际燃烧过程的近似以及对应放热规律

图 10-25(b)是与此燃烧膨胀过程相对应的燃烧规律。$c-z'-z$ 阶段是显著燃烧阶段。在这阶段中,大部分的燃料都燃烧了,只有小部分在继续膨胀中过后燃烧和高温分解后复合放热。设 H_u 为 1kg 燃料的低热值,x 为燃烧放热系数,在任一时刻放出的热量中,一部分作为传热损失传给气缸壁,另一部分用于完成机械功和增加工质的内能,即

$$\xi H_u = x H_u - Q_w \tag{10-100}$$

式中:ξ 为在该时刻内的吸热系数。

在 z 点,有

大型固定式柴油机　　　　$\xi_z = 0.80 \sim 0.88$

机车及船用柴油机　　　　$\xi_z = 0.78 \sim 0.85$

汽车拖拉机用柴油机　　　$\xi_z = 0.65 \sim 0.85$

高速增压柴油机　　　　　$\xi_z = 0.60 \sim 0.80$

ξ_z 是反映实际燃烧过程中燃烧完善程度、通道节流、高温分解和传热等损失大小程度的一个重要参数,它的数值主要受柴油机燃烧品质的影响。凡是能改善燃烧过程和减少传热损失的因素及措施一般都有利于提高 ξ_z。例如:转速的提高,促使过后燃烧增强,ξ_z 减小;采用分隔式燃烧室的柴油机,具有较大的传热损失,ξ_z 也就比直接喷射式柴油机的小;增压后,燃烧产

物的高温分解现象减少,于是 ξ_z 可以提高一些。

根据在 z 点的能量守恒方程式,可得

$$\xi_z H_u = U_z - U_c + W_{cz} \tag{10-101}$$

式中:U_z、U_c 为工质在 z 点和 c 点的内能;W_{cz} 为工质在等容、等压过程中所做机械功。

方程式右面各部分为

$$U_z = (M_2 + M_r) c_V'' T_z' \tag{10-102}$$

$$U_c = (M_1 + M_r) c_V' T_c \tag{10-103}$$

式中:M_1、M_2 和 M_r 分别为新鲜充量、燃烧产物和残余废气的摩尔数;T_z、T_c 为在 z 点和 c 点的温度;c_V''、c_V' 分别为燃烧产物和空气残余废气混合气的平均等容摩尔比热容。

应该说明,在 z 点,燃烧产物尚不是最后成分,但由于影响不大,故作为燃烧终了看待。以下对比热容、分子变更系数等均与此同。

$$W_{cz} = p_z V_z - p_z' V_z' = p_z V_z - \lambda p_c V_c$$
$$= 8.314 [(M_2 + M_r) T_z - \lambda (M_1 + M_r) T_c] \tag{10-104}$$

式中:$\lambda = p_{max}/p_{c0}$ 为压力升高比。

将式(10-102)~式(10-104)代入式(10-101),可得

$$\xi_z H_u + (M_1 + M_r)[c_V' T_c + 8.314 \lambda T_c] = (M_2 + M_r)[c_V'' T_z + 8.314 T_z] \tag{10-105}$$

由于

$$M_1 + M_r = M_1 (1 + \phi_r), M_2 + M_r = M_1 (\mu_0 + \phi_r), c_p'' = c_V'' + 8.314, M_1 = \phi_{at} \cdot L_0, \mu = \frac{\mu_0 + \phi_r}{1 + \phi_r}$$

将以上式代入式(10-105),经整理最后得到柴油机的燃烧方程式为

$$\frac{\xi_z \cdot H_u}{(1 + \phi_r) \phi_{at} L_0} + c_V' T_c + 8.314 \lambda T_c + 2270(\lambda - \mu) = \mu c_p'' T_z = \mu i_z'' \tag{10-106}$$

式中:c_p'' 为燃烧产物的平均等压摩尔比热容;i_z'' 为 z 点处燃烧产物的热焓值。

c_V' 和 c_V'' 可根据 T_c 和 ϕ_{at} 以及从图 10-26 上查出的 c_p 和 c_p'' 计算得到。这样,就可把实际工质的比热容变化反映到实际循环的计算中。

压力升高比 λ 主要取决于最大燃烧压力 p_{max},而 p_{max} 是根据柴油机的结构强度和寿命要求凭经验选定。

现有非增压柴油机的 p_{max} 和 λ 如下:

	p_{max}/MPa	λ
直喷式柴油机	6~9	1.7~2.2
预燃室柴油机	4.5~6.0	1.4~1.6
涡流室柴油机	5~7	1.5~1.7

其中,较高值属于高速柴油机。至于增压柴油机,其 p_{max} 可高达 12~18MPa。

这样,方程式左边的数值均属已知,T_z 可应用图 10-26,采取逐步试算法求得。柴油机的 T_z 为 1800~2000K。

初膨胀比 ρ 可从气体状态方程中求出,根据:

$$p_{max} V_z = (M_2 + M_r) R T_z$$

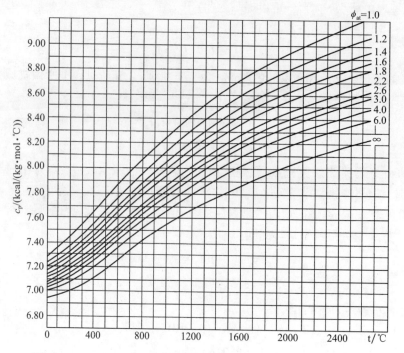

图 10-26 不同过量空气系数时,燃烧产物的平均等压摩尔比热容

$$p_c V_c = (M_1 + M_r) R T_c$$

可得

$$\lambda \rho = \mu \frac{T_z}{T_c}$$

式中:μ 为分子变化系数;ρ 一般为 1.1~1.7,大的 λ 值对应小的 ρ 值。

10.4.2.4 膨胀过程

在显著燃烧阶段,工质已进行了初期膨胀(z'—z 线)。在 z 点以后是属后期膨胀(z—b 线)。膨胀过程的进行比压缩过程更复杂。除了它像压缩过程一样具有热交换和漏气损失外,还发生过后燃烧和高温分解物质的复合放热现象。

在柴油机中,显著燃烧阶段所未烧完的燃料,在后期膨胀的开始还要进行剧烈的过后燃烧,它随着工质的膨胀而逐渐减弱,一直延续到膨胀行程的大部分。与此同时,高温分解的物质从膨胀一开始就产生复合放热现象。因此,尽管在膨胀过程的整个时期内,工质温度始终高于气缸壁温度而通过它向外传热,但其不断变化着的多变膨胀指数 n_2 在相当一段时间里小于绝热膨胀指数 k_2(图 10-27),甚至小于 1,这说明工质还在不同程度上获得热量的加入。直到过后燃烧和分解物质复合所放出热量小于气缸壁的传热损失后,n_2 才开始越来越大于 k_2。可见,n_2 在整个膨胀过程中,是从 1 到 1.5 的变数。

在实际计算中,为简便起见,可以用一个不变的平均多变膨胀指数 $\bar{n}_2$ 来代替变化着的 n_2。条件是以该指数计算的膨胀过程,其终点状态和实际膨胀终点状态相符。

$\bar{n}_2$ 的一般范围如下:

高速柴油机(活塞不冷却)　　　1.15~1.25

中低速柴油机(活塞冷却)　　　1.20~1.30

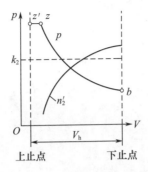

图 10-27 膨胀过程中,多变膨胀指数的变化

同压缩过程一样,在 $\bar{n}_2$ 的选用中,已经考虑实际膨胀过程中的比热容变化、燃烧损失、传热损失、泄漏损失等;但 $\bar{n}_2$ 对燃烧损失的影响显著要大些,因为它与循环中的燃烧损失有着密切的联系,而热量的传出又是在高温和越来越大的接触面积下进行的。非但如此,$\bar{n}_2$ 降低时,其膨胀终了温度势必上升,致使排气温度过高,直接影响到排气阀和废气涡轮叶片等零件的高温工作可靠性。为此,尽量促使 n_2 保持较高的数值,是提高循环效率和发动机工作可靠性的一个不可忽视的方面。

选定了 $\bar{n}_2$ 值后,膨胀终点的压力和温度可从下式求出:

$$p_b = p_{\max} \cdot \left(\frac{V_z}{V_b}\right)^{\bar{n}_2} = p_z/\delta^{\bar{n}_2} \tag{10-107}$$

$$T_b = T_z \cdot \left(\frac{V_z}{V_b}\right)^{\bar{n}_2 - 1} = T_z/\delta^{\bar{n}_2 - 1} \tag{10-108}$$

式中:δ 为后膨胀比,且有

$$\delta = \frac{V_z}{V_b} = \frac{\varepsilon_c}{\rho}$$

在 b 点处的压力和温度:

	p_b/MPa	T_b/K
高速柴油机	0.3~0.6	1000~1200
低速柴油机	0.25~0.35	900~1000

10.4.3 四冲程柴油机实际近似 $p-V$ 示功图的绘制

根据各过程始点和终点的 p、V 坐标值和从式(10-98)和式(10-107)求出的压缩线和膨胀线,画出有棱角的混合循环 $p-V$ 图。然后再参考柴油机的供油提前角、燃烧基本终止点、排气提前角等对有棱角处修圆,得到与实际循环相近似的、过渡圆滑的示功图。

10.4.4 平均指示压力 p_{mi} 和指示热效率 η_{it} 的计算

在计算 p_{mi} 时,先按带有棱角的 $p-V$ 图计算其平均指示压力:

$$p'_{mi} = \frac{W'_i}{V_s}$$

而

其中
$$W'_i = W_{ca} + W_{zb} - W_{az}, V_s = V_{ce}(\varepsilon - 1)$$

$$W_{cz} = p_{\max}(V_z - V_c) = \lambda p_c V_{ce}(\rho - 1)$$

$$W_{zb} = \frac{1}{n_2 - 1}(p_{\max}V_z - p_b V_b) = \frac{\lambda \rho}{n_2 - 1} p_c V_{ce}\left(1 - \frac{1}{\delta^{n_2-1}}\right)$$

$$W_{ac} = \frac{1}{n_1 - 1}(p_{co}V_{ce} - p_{ca}V_{ca}) = \frac{p_{co}V_{co}}{n_1 - 1} p_{co} V_{ce}\left(1 - \frac{1}{\varepsilon^{n_1-1}}\right)$$

代入这些关系,即得

$$p'_{mi} = \frac{p_{co}}{\varepsilon - 1}\left[\lambda(\rho - 1) + \frac{\lambda\rho}{n_2 - 1}\cdot\left(1 - \frac{1}{\delta^{n_2-1}}\right) - \frac{1}{n_1 - 1}\left(1 - \frac{1}{\varepsilon^{n_1-1}}\right)\right] \tag{10-109}$$

实际循环近似示功图经过修圆后,其有效功面积要比有棱角的示功图面积小,于是用一个小于1的示功图丰满系数 φ_i 来对 W'_i 或 p'_{mi} 进行修正,可得所需平均指示压力,即

$$p_{mi} = \varphi_i p'_{mi} \tag{10-110}$$

对于四冲程柴油机,在有利的配气定时和喷油提前角条件下,φ_i 一般为 0.92~0.97,转速较高的发动机,由于排气提前角和供油提前角均较大,φ_i 应取较低值。

η_{it} 可由下式进行计算:

$$\eta_{it} = 8.314 \frac{\phi_{at}}{H_u} \cdot \frac{T_d}{p_d} \cdot \frac{1}{\phi_c} p_{mi} \tag{10-111}$$

思考题

1. 以某型柴油机为例,对其曲柄－连杆机构的运动学和动力学进行计算。
2. 曲柄排列决定了多缸机各缸之间的相位关系,合理排列有哪些要求?
3. 曲轴担负着汇集和传递功率的使命,它的受力情况复杂,对它有哪些要求?
4. 什么叫连杆的代替系统?怎样进行连杆的代替系统的计算?
5. 在决定柴油机的曲柄排列和发火顺序时,应注意到哪些方面?
6. 用图例来说明离心力矩的平衡方法,并简要说明其优、缺点。
7. 简叙直列式多缸柴油机平衡内容及方法。
8 分析柴油机的负荷和转速对柴油机机械效率的影响。
9. 柴油机机械效率的测定方法有哪些?
10. 影响柴油机平均指示压力的因素有哪些?

参 考 文 献

[1] 欧阳光耀,常汉宝. 内燃机[M]. 北京:国防工业出版社,2011.
[2] 周龙保. 内燃机学[M]. 北京:机械工业出版社,2015.
[3] 刘永长. 内燃机原理[M]. 武汉:华中理工大学出版社,1993.
[4] 刘元诚,吴锦翔,崔可润. 柴油机原理[M]. 大连:大连海运学院出版社,1992.
[5] 周龙保. 内燃机学[M]. 北京:机械工业出版社,2015.
[6] 安士杰. 船舶柴油机结构[M]. 北京:国防工业出版社,2015.
[7] 欧阳光耀,常汉宝,杨彦涛. TBD620 系列柴油机[M]. 北京:海潮出版社,2006.
[8] 吴欣颖,刘镇. MTU956 柴油机结构、使用与维修[M]. 北京:海潮出版社,2007.
[9] 朱建元. 船舶柴油机[M]. 北京:人民交通出版社,2008.
[10] 周明顺. 船舶柴油机[M]. 大连:大连海事大学出版社,2006.
[11] 孙建新. 船舶柴油机[M]. 北京:人民交通出版社,2006.
[12] 徐立华. 船舶柴油机[M]. 哈尔滨:哈尔滨工程大学出版社,2006.
[13] 陈大荣. 船舶柴油机设计[M]. 北京:国防工业出版社,1980.
[14] 黄言华,武步辗,陈乃杨[M]. 舰用柴油机结构. 武汉:海军工程学院,1984.
[15] 刘峥,张扬军. 柴油机一维非定常流动. 北京:清华大学出版社,2007.
[16] 齐纳. 柴油机增压与匹配(理论、计算及实例)[M]. 侯玉堂,禹惠生,译. 国防工业出版社,1982.
[17] 顾宏中. MIXPC 涡轮增压系统研究与优化设计[M]. 上海交通大学出版社,2006.
[18] 宋百玲. 柴油机控制系统硬件在环仿真技术[M]. 国防工业出版社,2011.
[19] 李惠彬,等. 车用涡轮增压器噪声与振动机理和控制[M]. 北京:机械工业出版社,2012.
[20] 宋守信. 柴油机增压技术[M]. 上海:同济大学出版社,1993.
[21] 沈权. 柴油机增压技术[M]. 北京:中国铁道出版社,1990.